"101 计划"核心教材

数学领域

代数学（三）

冯荣权　邓少强　李方　徐彬斌　编著

中国教育出版传媒集团

高等教育出版社·北京

内容提要

代数学是研究数学基本问题的一门学问，本书是此系列五卷本《代数学》的第三卷，包含了通常抽象代数课程的内容。本书系统地介绍了抽象代数中的群、环和域的基本理论，力图强调代数学的思想和方法。具体来说，本书从常见的例子出发，首先介绍了群、环、域的基本概念，之后依次介绍了群的基本性质，群作用，群的结构，环的一般理论，整环中的因子分解理论，域扩张理论等内容。本书特别强调群在集合上的作用，并由此给出群论中的主要内容。本书各部分均包含具体的例子来使读者对所介绍的抽象理论有更直观的感受，同时读者也可以通过习题加深对所涉及的抽象理论的理解。

本书可作为高校数学类专业以及对数学要求较高的理工类专业二年级本科生的抽象代数课程的教材，也可供高校数学教师作为教学参考书和科研工作者作为专业参考书使用。

总　序

　　自数学出现以来，世界上不同国家、地区的人们在生产实践中、在思考探索中以不同的节奏推动着数学的不断突破和飞跃，并使之成为一门系统的学科。尤其是进入 21 世纪之后，数学发展的速度、规模、抽象程度及其应用的广泛和深入都远远超过了以往任何时期。数学的发展不仅是在理论知识方面的增加和扩大，更是思维能力的转变和升级，数学深刻地改变了人类认识和改造世界的方式。对于新时代的数学研究和教育工作者而言，有责任将这些知识和能力的发展与革新及时体现到课程和教材改革等工作当中。

　　数学 "101 计划" 核心教材是我国高等教育领域数学教材的大型编写工程。作为教育部基础学科系列 "101 计划" 的一部分，数学 "101 计划" 旨在通过深化课程、教材改革，探索培养具有国际视野的数学拔尖创新人才，教材的编写是其中一项重要工作。教材是学生理解和掌握数学的主要载体，教材质量的高低对数学教育的变革与发展意义重大。优秀的数学教材可以为青年学生打下坚实的数学基础，培养他们的逻辑思维能力和解决问题的能力，激发他们进一步探索数学的兴趣和热情。为此，数学 "101 计划" 工作组统筹协调来自国内 16 所一流高校的师资力量，全面梳理知识点，强化协同创新，陆续编写完成符合数学学科 "教与学"特点，体现学术前沿，具备中国特色的高质量核心教材。此次核心教材的编写者均为具有丰富教学成果和教材编写经验的数学家，他们当中很多人不仅有国际视野，还在各自的研究领域作出杰出的工作成果。在教材的内容方面，几乎是包括了分析学、代数学、几何学、微分方程、概率论、现代分析、数论基础、代数几何基础、拓扑学、微分几何、应用数学基础、统计学基础等现代数学的全部分支方向。考虑到不同层次的学生需要，编写组对个别教材设置了不同难度的版本。同时，还及时结合现代科技的最新动向，特别组织编写《人工智能的数学基础》等相关教材。

　　数学 "101 计划" 核心教材得以顺利完成离不开所有参与教材编写和审订的专家、学者及编辑人员的辛勤付出，在此深表感谢。希望读者们能通过数学 "101计划" 核心教材更好地构建扎实的数学知识基础，锻炼数学思维能力，深化对数学的理解, 进一步生发出自主学习探究的能力。期盼广大青年学生受益于这套核心教材, 有更多的拔尖创新人才脱颖而出!

田 刚

数学 "101 计划" 工作组组长

中国科学院院士

北京大学讲席教授

前　言

——代数学的基本任务和我们的理解

（一）

数学的起源和发展包括三个方面:

(1) 数的起源、发展和抽象化;

(2) 代数方程 (组) 的建立和求解;

(3) 几何空间的认识、代数化和抽象化。

它们是数学的基本问题。代数学是数学的一个分支, 是研究和解决包括这三个方面问题在内的数学基本问题的学问。

一个学科 (课程) 的发展有两种逻辑, 即: 历史的逻辑和内在的逻辑 (公理化)。

首先我们来谈谈**历史的逻辑**。顾名思义, 就是学科产生和发展的实际过程。这一过程对后人重新理解学科和课程的产生动机和本质是至关重要的。并且, 历史的逻辑常常也能成为后学者作为个体学习的自然引领, 我们可以把它称为人类认识的"思维的自相似性"。

自然界和社会中普遍存在"自相似"现象。比如: 原子结构与宇宙星系的相似性; 树叶茎脉结构与树的结构的相似性; 人从胚胎到成人与人类进化的相似性, 等等。其实这种现象也是分形几何研究的对象。类似地, 人类个体对事物认识的过程也常常在重复人类社会历史上对该事物的认识过程。当然, 不能把这个说法绝对化, 否则总能找到反例。

从这个观点出发, 我们在学习过程中应该关注数学史上代数学的一些具体内容是怎么产生和发展的, 以此引导自己的理解。比如, 代数最早的研究对象之一就是代数方程和线性方程组。所以从上述观点出发, 后学者学习线性代数就可以从线性方程组或多项式理论出发。为此我们先来体会一下历史上著名的数学著作《九章算术》(成书于公元 1 世纪左右, 总结了战国、秦、汉时期我国的数学发展) 中的一个问题:

"今有上禾三秉, 中禾二秉, 下禾一秉, 实三十九斗; 上禾二秉, 中禾三秉, 下禾一秉, 实三十四斗; 上禾一秉, 中禾二秉, 下禾三秉, 实二十六斗。问上、中、下禾实一秉各几何?"

用现代语言, 是说 "现有三个等级的稻禾, 若上等的稻禾三捆、中等的稻禾两捆、下等的稻禾一捆, 则共得稻谷三十九斗; 若上等的稻禾两捆、中等的稻禾三捆、下等的稻禾一捆, 则共得稻谷三十四斗; 若上等的稻禾一捆、中等的稻禾两捆、下等的稻禾三捆, 则共得稻谷二十六斗。问每个等级的稻禾每捆可得稻谷多少斗?"

在《九章算术》中, 这个问题是通过言辞推理的方法求出答案的。

"荅曰: 上禾一秉九斗四分斗之一, 中禾一秉四斗四分斗之一, 下禾一秉二斗四分斗之三。"

相对于现代数学的符号表示法, 言辞推理的表达复杂琐碎, 反映了中国古代数学方法上的局限性。现在我们用 x, y, z 分别表示一捆上、中、下等稻禾可得稻谷的斗数, 则可列出如下关系式:

$$\begin{cases} 3x + 2y + z = 39, \\ 2x + 3y + z = 34, \\ x + 2y + 3z = 26。 \end{cases}$$

然后用《代数学 (一)》中介绍的 Gauss 消元法, 不难得到

$$x = 9\frac{1}{4}, y = 4\frac{1}{4}, z = 2\frac{3}{4}。$$

这和前面 "荅曰" 的结果是一致的。

这是一个典型的线性方程组的实例。从这个问题在《九章算术》中的解题方法可见, 它所用的方法本质上就是 Gauss 消元法。所以在这个知识点上, 我们的方法与历史上的方法是符合 "自相似性" 这个特点的。

(二)

然后我们来谈谈学科的**内在逻辑**, 往往学科越成熟, 内在逻辑越重要。学科一旦成熟, 相对稳定了以后, 其内在逻辑可以从公理化的角度重新思考, 使得学科整体的逻辑更清楚, 更容易理解, 而不需要完全依赖于历史的逻辑。我们认为这方面最好的例子也许是 Bourbaki 学派对数学所做的改造。

基于这一观点, 我们希望对代数学找到一条主线, 以此来贯穿和整体把握代数学的整个理论。就代数学而言 (也许可以包括相当部分的数学领域), 我们认为: 不论当初发展的过程如何, 现在的代数学的整体理解应该抓住**对称性**这一关键概念, 来统领整个学科的方法。

我们认为, 对称性的思想是代数学的核心; 各个代数类的表示的实现与代数结构的分类, 是代数学的两翼。

后文中将要介绍的群论, 是刻画对称性的基本工具。但所有代数学的思想和理论, 都在不同层面完成对某些方面的对称性的刻画。比如线性空间、环、域、模 (表示), 乃至进一步的结构, 等等。人类之所以以对称性为美学的基本标准, 就是因为自然规律蕴含的对称性。这也决定了我们学科 (课程) 每个阶段都会面对该阶段对于对称性理解的重要性。

人们通常认为对群的认识是 Galois 理论产生后才逐步建立的。但其实对于对称性的认识, 人们在对数和几何空间的认识过程中就已经逐步建立起来了。对这一事实的认识很重要, 因为这说明, 对于对称性思想的认识, 在人类的整个数学乃至科学发展阶段都是起到关键作用的, 而不仅仅是群论建立之后才是这样。

在《代数学 (一)》的第 2 章中, 我们将通过数的发展来理解人类对于对称性的认识。对于对称性认识的另一方面, 就是人们最终认识到对几何的研究, 就是对于对称性及它的群的不变量的研究。Klein 在他著名的 Erlangen 纲领中将几何学理解为: 表述空间中图形在一已知变换群之下不变的性质的定义和定理的系统称为几何学。换言之, 几何学就是研究图形在空间的变换群之下不变的性质的学问, 或研究变换群的不变量理论的学问。

我们将通过抓住代数学中对称性这一主线, 以前面提到的代数学三大基本问题来引导出整个代数学课程的教学与学习, 从而使我们有能力来回答来自自然界或现实生活中与此相关的实际数学问题。

1. 数的问题: 对数的认识的扩大和抽象化

由正整数半群引出整数群、整数环 $\mathbb{Z}$、有理数域 $\mathbb{Q}$、实数域 $\mathbb{R}$ 和复数域 $\mathbb{C}$。以对称性引出交换半群、交换群、交换环 (含单位元)、域的概念, 再以剩余类群、剩余类环、剩余类域为例, 给出特征为素数 p 的一般的环和域的概念。这里 $\mathbb{Z}$ 是离散的, $\mathbb{R}$ 和 $\mathbb{C}$ 是连续的, 而 $\mathbb{Q}$ 是 $\mathbb{R}$ 中的稠密部分。

2. 解方程的问题

数学的根本任务之一是解方程。这里说的方程包括微分方程、三角方程、代数方程等。作为代数课程, 一个基本任务就是解决代数方程的问题, 包括: 一元代数方程 (一元多项式方程)、多元线性方程 (组)、多元高次方程组等。与此相关的内容, 就涉及多项式理论、线性方程组理论、二元高次方程组的结式理论等。

3. 对几何空间的代数认识问题

对几何空间的认识, 就是人类对自身的认识, 因为人类是生活在几何空间中的。但对几何空间的认识, 只有通过代数的方法才能实现, 这就是由众所周知的 Descartes 坐标系思想引申出来的。由向量空间 $\mathbb{R}^n$ 到一般的线性空间, 就是几何的代数化和抽象化, 也是线性代数的核心内容。

上述三个方面, 是《代数学》的基本任务, 也是我们展开《代数学 (一)》和《代数学 (二)》所有内容的出发点, 是带动我们思考的引导性问题。我们将学习的矩阵和行列式, 则是完成这些任务的基本工具。其他所有内容, 都是上述这些方面的交融和发展。

(三)

前面我们提到, 对称性的研究是代数学的核心课题, 而群论是描述对称性的最重要的工具。虽然群论的思想在很早就萌芽了, 但是对群的严格公理化定义和研究则起源于 Galois 对一元代数方程的研究。回顾这段历史对于我们学习代数学甚至是数学这门学科都是非常有益的。古巴比伦人知道如何求解一元二次方程, 但是一元三次方程和一元四次方程的求解问题比二次方程要困难得多, 因此直到 16 世纪才找到求根公式, 这得益于 15 世纪前后发展起来的行列式和线性方程组的理论。人们总结二次、三次和四次方程的求根公式发现一个非常有趣的现象, 那就是所有的求根公式都只涉及系数的加、减、乘、除和开方运算, 这样的求根公式被称为根式解公式。按照人们习惯性的思维方式, 次数小于五的一元代数方程的解都是根式解, 自然会猜测五次或更高次的一元代数方程也有根式解公式。事实上, 很多数学家都试图去证明这一点, 或者试图找出这样的根式解公式, 但都没有获得成功。此后 Abel-Ruffini 定理证明了五次及以上的一元代数方程不存在普遍适用的根式解公式 (这一结果先由 Ruffini 发表, 但是证明有漏洞, 最后 Abel 给出了完整的叙述和证明)。这一定理的发表彻底打破了人们寻求高次方程根式解公式的幻想。

Abel-Ruffini 定理的结论无疑是重要的。但是一个更重要的问题还是没有解决, 因为很多特征非常突出的高次方程肯定是存在根式解的, 因此寻找一般的一元代数方程存在根式解的充要条件成了摆在数学家面前的核心问题。这一问题最终是由 Galois 解决的。1830 年, 19 岁的 Galois 完成了解决这一问题的论文并投稿到巴黎科学院, 因审查人去世, 论文不知所终。次年, Galois 再次提交了论文, 但被审稿人以论证不够充分为由退稿。1832 年 5 月, Galois 在决斗前夕再次修改了他的论文, 并委托朋友再次向巴黎科学院投稿。

由于 Galois 的理论过于超前, 直到他死于决斗后 15 年才发表, 而其中包含的新思想立即引起了众多数学家的极大兴趣。Galois 在他的理论中用到了两种重要的思想。首先是借鉴了 Lagrange 的思想, 将方程的根看成一个集合, 然后考虑根的置换, 这就是最早的群的实例。其次, Galois 将对于四则运算封闭的数集定义为一个域 (数域), 而将解方程的过程看成把新的元素添加到域中的过程, 这里产生的思想就是域的概念和域的扩张理论。Galois 理论的出现吸引了后来的大批数学家系统研究群和域的扩张, 并形成了数学中一个非常重要的分支, 即所谓的抽象代数或近世代数。一般我们将具有运算的非空集合称为一个代数结构。从数学内在的逻辑来看, 群是只有一种运算的代数结构, 因此研究具有两种运算的代数结构是重要的。如果不考虑减法和除法, 域其实是有两种运算的代数结构, 即加法和乘法 (减法是加法的逆运算, 除法是乘法的逆运算)。但是域的条件过于严苛, 因而很多数学中出现的代数结构都不是域, 例如整数集、多项式的集合等。因此人们系统研究了具有两种运算 (一般称为加法和乘法) 且满足一定条件的代数结构, 这就是环的概念。但是我们必须强调, 数学的发展往往与数学内在的逻辑并不一致。环论的发展并不是按照逻辑进行的。虽然历史上第一个使用环这一名称的数学家是 Hilbert, 但是在他之前有很多数学家已经在环的研究中取得很多重要的成果。环论是现代交换代数的主要研究课题之一。历史上在环论的研究中取得重要成就的数学家包括 E. Artin, E. Noether, N. Jacobson 等。这里特别需要提到的是女数学家 Noether, 她不但在环论中做出杰出的贡献, 而且第一次发现了群的表示理论与模之间的联系, 使得模和表示理论的研究产生了极大的飞跃。

　　群、环、域、模的理论是本系列教材中《代数学 (三)》和《代数学 (四)》的主要内容。我们这里所说的域论包含了 Galois 理论, 也就是关于一元高次方程根式解存在性的完整理论。此外, 为了适应现代代数学的发展趋势, 我们还在《代数学 (四)》中介绍了范畴的基本知识。范畴论是一门致力于揭示数学结构之间联系的数学分支, 是不同的抽象数学结构的进一步抽象, 因此应用极其广泛。此外, 我们还介绍了 Gröbner 基的一些基础知识, 特别是给出了 Hilbert 零点定理的证明。我们认为在大学的抽象代数课程中适当介绍这些内容是有益的。

(四)

　　回到数学中对于对称性的研究。群论是描述和研究对称性的重要理论, 特别地, 对称产生群, 而群又可以用来描述对称性。利用群来研究对称性的最重要的途径就是群在集合上的作用的理论。当一个群作用到线性空间时, 我们自然会希望群的作用保持线性空间的结构, 这就是群的表示的概念。表示理论经过一个多世纪的发展, 已经成为数学中非常庞大的核心领域之一, 而且已经不再局限于群的表示。另一方面, 有限群的表示作为表示理论的基础, 已经渗透到几乎所有的数学分支中, 而这正是《代数学 (五)》的主要内容。最后, 作为表示理论的一本入门教材, 我们也在《代数学 (五)》中对李群和李代数的表示理论做了简单的介绍。

　　回顾前面提出的观点: 对称性的思想是代数学的核心; 各个代数类的表示的实现与代数结构的分类, 是代数学的两翼。大体上说, 《代数学 (三)》是以研究各代数类的结构为主, 而《代数学 (四)》和《代数学 (五)》分别以研究环上的模和群的表示为核心。所谓研究代数类的结构, 就是研究这类代数的本身, 或者说是研究代数类的内部刻画。而研究代数类特别是群和环类的表示 (模), 以及李代数等非结合代数的表示, 都可以认为是研究它们的外部刻画。Gelfand 曾说："所有的数学就是某类表示论"，席南华在他的著名演讲"表示，随处可见"(见文献《基础代数 (三)》) 中认为这就是一种泛表示论的观点，并指出"数学上需要表示的更明确的含义"，这是非常中肯的。但尽管如此，Gelfand 的观点其实也告诉我们表示的重要意义。在数学上来说，表示的意义和"作用"是等价的，也就是一个群或环只有发挥它的"作用"才能体现其用处。这就如同我们去认识一个人，不会限于理解他作为一个实体的"人"的生物性存在，更重要的是去了解他的社会关系，也就是他作为个体对社会整体的作用，这才是他作为一个人存在的价值。所以我们可以理解为什么有些数学家认为"只有表示才是有意义的"，这其实并没有否定代数结构的重要性，它们就是"皮之不存，毛将焉附"的关系。

最后体会一下：我们的《代数学 (一)》和《代数学 (二)》的高等代数内容，就是在"线性关系"或"矩阵关系"下，给各代数类提供让人们尽可能简单地理解一个复杂代数结构的"表示"的可能性。

(五)

上面叙述的就是我们这套教材的主要内容和对它们的理解。需要指出的是，考虑到数学 "101 计划" 对于教材的高要求，本套教材无论从内容的选取还是习题设计来说都有一定的难度，因此不一定适合所有的高校。但是我们认为，这套教材对于我国高水平高校，包括 985、211、双一流高校或其他数学强校都是适用的。此外，对于一些优秀学生，或者致力于自学数学的人员，本套教材也有很好的参考价值。

但需要特别强调的是，本套教材的部分内容完全可以灵活地作为选学内容，这取决于授课的对象、所在学校对学生在该课程上的要求等。

最后需要指出，人类对于数学的认识，本来就是以问题为引导的，所以我们应在问题引导下来学习、认识新概念和新内容。同时，希望注意下面两点 (供思考)：

(1) 一个结论是否成立，与其所处的环境有关; 环境改变，结论也会改变。比如: 多项式因式分解与所处域的关系。

(2) 知道怎么证明了，还需思考为什么这么证、关键点在哪里，从而通过比较，为解决其他问题提供思路。

数学的发展是一个整体，代数学更是如此，历史上并不是高等代数理论发展完善了，才开始抽象代数的发展。也就是说，课程内容的分类，不是从历史的逻辑，而是从其内在逻辑和人类对知识的需要来编排和取舍的。因此我们完全有必要重新审视整个代数学内容的安排，以期更合理也更有益于同学们的学习。本套教材并不认为有必要完全打乱现有的体系，而是尝试将抽象代数的部分概念和思想，以自然的状态渗透到高等代数阶段的学习中，并且希望这样做并不增加这一阶段的学习负担, 而是更好理解高等代数阶段出现的概念和思想, 也降低抽象代数阶段的 "抽象性", 自然也为后一阶段的学习打下更好的基础。我们希望读者不再觉得抽象代数是抽象的。当然我们这样做更重要的原因是, 希望以理解对称性来贯穿、统领整个代数学的学习, 从而更接近代数学的本质。

(六)

《代数学 (三)》和《代数学 (四)》适用于高等学校数学类专业的必修课 "抽象代数" 或 "代数学", 先修课程为 "高等代数", 全部讲完需要两个学期。该书的内容比较丰富, 建议根据课时的不同对讲授的内容进行调整。对一学期 64 学时抽象代数课程, 建议讲授《代数学 (三)》第一章 (4 学时)、第二章的前 8 节 (14 学时)、第三章的前 4 节 (12 学时)、第四章的 4.1, 4.4, 4.5, 4.6, 4.7 (8 学时)、第五章的前 4 节 (8 学时)、第六章不讲 6.1 节后面的代数闭包, 6.4 节只讲定理 6.4.1 (10 学时) 以及《代数学 (四)》第一章的前 3 节 (8 学时)。对一学期 48 学时抽象代数课程, 可从上面建议内容中选取一部分讲授。

作　者
2024 年 7 月

致　谢

　　本书的写作得到了很多专家、同行、同事和学生的帮助。首先感谢《代数学》教材编写组的召集人、南开大学副校长白承铭教授对我们的信任、支持和帮助。白承铭教授组织了多次教材编写的研讨会，传达教育部和数学"101 计划"教材专家委员会的相关指示精神，同时在教材内容的选择、写作风格的协调等方面给我们提出了大量指导性的意见。感谢高等教育出版社的领导和相关老师，特别是高旭老师，为本书的出版提供了方便的通道和周到细致的服务。感谢本套教材编写组的成员，浙江大学刘东文副教授和南开大学常亮副教授，在本书写作过程中提出的很多有价值的建议。感谢南开大学陈省身数学研究所的博士后郜东方博士和刘贵来博士，他们为本书的写作做了大量协调性的工作。最后感谢北京大学李一笑和杨舍两位同学，他们在本书初稿的试用、校对、习题的选取等方面做了很多有益的工作。

目 录

第一章

再探群、环、域

从本册开始, 我们将学习抽象代数部分. 抽象代数也称为近世代数, 它通常被认为是以 Galois (伽罗瓦) 理论的产生作为分界线的, 而在此之前的古典代数学则着重于研究求解代数方程. 法国数学家 Galois 在 19 世纪二三十年代用群的观点来研究代数方程的解, 给出了次数高于四的一元代数方程存在根式解的充要条件. Galois 理论再加上其他一些学科的需要, 代数学的研究逐渐转为研究各种代数结构和它们的运算性质. 特别是 20 世纪以来, 数学得到了蓬勃发展, 很多数学分支中都出现了代数结构, 这样代数学自然就渗透到这些数学分支中, 成为它们的基础.

为什么要研究代数结构的运算性质? 实际上求解代数问题利用的就是代数结构的运算性质. 我们来看一些例子.

例 1.0.1　解一元一次方程 $ax = b$, 其中 a, b 为已知数 (有理数或实数或复数或某个数域中的数), x 为未知数.

若 $a \neq 0$, 方程两端同时乘 a^{-1} 得到 $x = a^{-1}b$, 这里用到

$$a^{-1}(ax) = (a^{-1}a)x = 1 \cdot x = x.$$

(这需要存在数 1, 非零数 a 有逆 (倒数), 乘法满足结合律.)

若 $a = 0$, 则不论 x 取何值, 方程左端总为 0 (这需要 0 乘任何数均为 0). 所以若 $b \neq 0$, 则方程无解; 若 $b = 0$, 则 x 取任何数都是方程的解.

注意到我们在解决代数问题时用到的运算性质必须是所给的代数结构中具有的. 如在域中确实存在例 1.0.1 中需要的运算性质, 但在其他代数结构中却并不总是这样. 如在整数环中解方程 $3x = 6$, 虽然我们知道它的解为 $x = 2$, 但这却不能通过在方程两端同时乘系数 3 的逆得到. 因为在整数环中, 3 的逆是不存在的, 而不存在的事物是不能被使用的.

这是一个典型的代数问题, 特点是对一类问题 (不只是单个问题) 利用统一的方法 (即运算性质) 求出所有可能的解答, 故运算性质是解决代数问题的关键所在. 在解决各种问题的过程中, 人们常常主动地把与此问题有关的对象 (某个有特定关系的集合) 组织成一个可运算的结构并研究它的运算性质, 这个带有运算的集合就是代数结构. 下面我们看一个为解决问题而引入的代数结构的例子.

例 1.0.2　为解决 $x^2 + 1 = 0$ 在实数域 $\mathbb{R}$ 中无解的问题, 取 $\mathbb{R}$ 上的 2 维向量集

$$\mathbb{R}^2 = \{(a, b) \mid a, b \in \mathbb{R}\},$$

在其上定义加法和乘法为

$$(a, b) + (c, d) = (a + c, b + d), \quad (a, b)(c, d) = (ac - bd, ad + bc).$$

则 $\mathbb{R}^2$ 有着和 $\mathbb{R}$ 相同的运算性质 (加法和乘法的交换律和结合律, 乘法关于加法的分配律, 每个数有负数, 非零数有倒数等), 并且 $x^2 + 1 = 0$ 在其中有解 $(0, \pm 1)$. 注意到在 $\mathbb{R}^2$

中, 每个实数 a 被写成 $(a, 0)$, 即 $1 = (1, 0)$, $0 = (0, 0)$. 实际上这个 $\mathbb{R}^2$ 在如上加法和乘法下就是复数域.

随着代数学的发展, 人们引入了许多带有运算的结构, 开始是单个地、独立地研究各个具体的带有运算的结构. 但人们逐渐发现, 许多带有运算的结构有相同的运算性质, 可以抽象出来进行讨论, 抽象讨论得到的结果适用于具体的带有运算的结构. 英国著名哲学家 Alfred North Whitehead (怀特海) 说: "最高的抽象是控制我们对具体事物的思想的真正武器." 抽象是代数学研究乃至整个数学研究中最常用的手段. 直观地说, 给定一个抽象的非空集合, 在其中定义一些运算, 满足一些运算法则 (称为公理). 一组公理就定义了一种代数结构, 代数学就是在这些公理的基础上来研究代数结构的运算性质.

《代数学 (一)》中已经定义了群、环、域、模等代数结构, 给出了一些群、环、域的例子, 并详细地讨论了线性空间这种代数结构. 在接下来的抽象代数部分, 我们将进一步讨论群、环、域、模等代数结构和它们的运算性质. 作为开篇, 本章再次给出群、环、域这三种代数结构的定义、基本性质和更多的例子. 为了叙述清楚, 下面用符号 $\mathbb{Z}$ 表示整数集, $\mathbb{Z}^+$ 表示正整数集, $\mathbb{N} = \mathbb{Z}^+ \cup \{0\}$ 表示自然数 (非负整数) 集, $\mathbb{Q}$ 表示有理数集, $\mathbb{R}$ 表示实数集, $\mathbb{C}$ 表示复数集.

1.1 运算与运算法则

代数结构的灵魂就是运算, 代数结构的运算性质就是其中的运算所满足的结论. 小学时我们就熟悉了整数及分数的四则运算, 《代数学 (一)》中给出了运算的严格定义, 本书的前两册中我们学习了矩阵的加法和乘法运算、向量的加法运算、实向量的内积运算等. 下面再复述一下运算这个概念.

设 A, B, C 是三个非空集合, 一个 $A \times B$ 到 C 的映射称为 A 与 B 到 C 的**代数运算**. 特别地, 当 $A = B = C$ 时, 这样的代数运算也称为 A 上的一个**代数运算** (或称为 A 上的一个**二元运算**, 也简称为**运算**). 换句话说, 集合 A 上的代数运算是一个对应法则, 使得对于 A 中任意两个元素 a, b (它们可以相同), 按这个法则都有 A 中唯一一个元素 c 与其对应, 而 c 也称为元素 a, b 在此代数运算下的运算结果. 所以运算的核心是运算结果唯一并且运算结果还在集合 A 中.

例 1.1.1 设 $F^{m \times n}$ 是域 F 上的所有 $m \times n$ 矩阵构成的集合, 显然矩阵加法是 $F^{m \times n}$ 上的一个运算, 但若 $m \neq n$, 两个 $m \times n$ 矩阵不能相乘, 所以通常的矩阵乘法不是 $F^{m \times n}$ 上的运算. 若 $m = n$, 显然通常的矩阵乘法是 $F^{n \times n}$ 上的运算.

仍然考虑集合 $F^{m \times n}$, 任取 $P = (p_{ij})_{m \times n}, Q = (q_{ij})_{m \times n} \in F^{m \times n}$, 定义

$$P \circ Q = (p_{ij}q_{ij})_{m \times n},$$

则 $\circ$ 是 $F^{m \times n}$ 上的运算, 称其为矩阵的 **Hadamard (阿达马) 乘积**.

下面总假设非空集合 A 上有一个运算, 为方便起见, 把 A 上的这个运算称为乘法, 记为 "$\cdot$". A 中元素 a 和 b 的运算结果记为 $a \cdot b$, 或简记为 ab, 也称其为 a 与 b 的**积**. 对于 $a, b \in A$, 若 $a = b$, 则对任意 $c \in A$ 有 $(a, c) = (b, c) \in A^2$, 由运算结果的唯一性有 $ac = bc$. 类似地有 $ca = cb$, 分别称为等式 $a = b$ 两端同时右乘 c 或同时左乘 c.

对于 $a, b \in A$, ab 是 A^2 中元素 (a, b) 在该运算下的像, 而 ba 是 A^2 中元素 (b, a) 在该运算下的像. 若 $a \neq b$, 则 $(a, b) \neq (b, a)$, 所以对运算结果来说, 我们不能指望一定有 $ab = ba$. 但特别地, 若 $ab = ba$, 则称 a, b 在该运算下**可交换**. 若对任意的 $a, b \in A$, a 和 b 在运算下均可交换, 即均有 $ab = ba$, 则称该运算满足**交换律**. 例如通常数的加法和乘法运算、矩阵的加法运算、向量的加法运算都满足交换律, 例 1.1.1 中矩阵的 Hadamard 乘积运算也满足交换律. 但当 $n \geqslant 2$ 时, $F^{n \times n}$ 上通常的矩阵乘法运算则不满足交换律. 一般说来, 映射的合成运算也不满足交换律.

前面定义的集合 A 上的运算是二元运算, 即在该运算下集合 A 中的两个元素 a 和 b 有唯一的一个运算结果 ab. 那么对于 A 中的多个元素又当如何? 它们可以运算吗? 对集合 A 中的多个元素, 为了运算, 这需要组合成多次二元运算, 而组合是通过加括号来完成的, 但是元素的前后次序不能改变. 例如对于三个元素 $a, b, c \in A$, 可以通过加括号组合成两种运算方式, 即 $(ab)c$ 和 $a(bc)$, 前一种方式是先计算 ab, 再计算 A 中的元素 ab 和 c 的乘积. 后一种方式是先计算 bc, 再计算 A 中的元素 a 和 bc 的乘积. 对于 A 中四个元素 a, b, c, d, 有如下 5 种不同的运算方式, 分别为 $((ab)c)d$, $(a(bc))d$, $(ab)(cd)$, $a((bc)d)$, $a(b(cd))$.

如果对 A 中任意三个元素 $a, b, c \in A$, 均有

$$(ab)c = a(bc),$$

即它们组合成二元运算的两种运算方式的运算结果相等, 就称 A 上的该运算满足**结合律**. 例如通常数的加法和乘法运算、矩阵的加法和乘法运算、向量的加法运算、映射的合成运算都满足结合律, 例 1.1.1 中矩阵的 Hadamard 乘积运算也满足结合律. 而通常数的减法运算不满足结合律.

定理 1.1.1　若集合 A 上的运算有结合律, 则有广义结合律, 即对 A 中任意 $n \geqslant 3$ 个元素 $a_1, a_2, \cdots, a_n$ 组合成的多种运算方式所得的运算结果都相等.

证明　记

$$a_1 a_2 \cdots a_n = (\cdots(((a_1 a_2)a_3)a_4)\cdots a_{n-1})a_n,$$

即按照从前往后的方式组合所得的运算结果. 设 $\varphi(a_1, a_2, \cdots, a_n)$ 是任意一种组合成的

运算方式的运算结果, 广义结合律即为

$$\varphi(a_1, a_2, \cdots, a_n) = a_1 a_2 \cdots a_n.$$

下面通过对 n 做归纳来证明. $n = 3$ 时即为结合律, 结论显然成立. 设 $n > 3$ 且结论对任意 $m < n$ 已经成立.

对任一 $\varphi(a_1, a_2, \cdots, a_n)$, 这个乘积的最后一次乘法一定是对某个 $m < n$, 由 a_1, $a_2, \cdots, a_m$ 的某个乘积 $\varphi_1(a_1, a_2, \cdots, a_m)$ 和 $a_{m+1}, a_{m+2}, \cdots, a_n$ 的某个乘积 $\varphi_2(a_{m+1}, a_{m+2}, \cdots, a_n)$ 做乘积, 即

$$\varphi(a_1, a_2, \cdots, a_n) = \varphi_1(a_1, a_2, \cdots, a_m)\varphi_2(a_{m+1}, a_{m+2}, \cdots, a_n).$$

由归纳假设, $\varphi_1(a_1, a_2, \cdots, a_m) = a_1 a_2 \cdots a_m$, $\varphi_2(a_{m+1}, a_{m+2}, \cdots, a_n) = a_{m+1} a_{m+2} \cdots a_n$. 如果 $m + 1 = n$, 那么

$$\varphi_1(a_1, a_2, \cdots, a_m)\varphi_2(a_{m+1}, a_{m+2}, \cdots, a_n) = (a_1 a_2 \cdots a_m)a_n = a_1 a_2 \cdots a_n.$$

如果 $m + 1 < n$, 由运算满足结合律, 有

$$
\begin{aligned}
\varphi_1(a_1, a_2, \cdots, a_m)\varphi_2(a_{m+1}, a_{m+2}, \cdots, a_n) &= (a_1 a_2 \cdots a_m)(a_{m+1} a_{m+2} \cdots a_n) \\
&= (a_1 a_2 \cdots a_m)((a_{m+1} a_{m+2} \cdots a_{n-1})a_n) \\
&= ((a_1 a_2 \cdots a_m)(a_{m+1} a_{m+2} \cdots a_{n-1}))a_n \\
&= (a_1 a_2 \cdots a_{n-1})a_n \\
&= a_1 a_2 \cdots a_n.
\end{aligned}
$$

从而结论对 n 成立. 由归纳法原理, 定理对任意正整数 $n \geqslant 3$ 成立. □

上面定理表明, 若 A 上的运算有结合律, 则 A 中任意有限个元素组合成的多种运算方式的运算结果都相等, 这可以让我们自由地讨论多个元素组合的运算. 为此下面我们讨论的代数结构中的运算都满足结合律, 并用 $a_1 a_2 \cdots a_n$ 来表示 n 个元素 $a_1, a_2, \cdots, a_n$ 的任一种组合方式所得到的运算结果. 特别地, 设 n 为正整数, 若 $a_1 = a_2 = \cdots = a_n = a$, 则记

$$a^n = \underbrace{aa \cdots a}_{n \ \text{个}},$$

并称 a^n 为 a 的 n **次幂** (或 n **次方**). 显然, 对任意正整数 m, n, 有

$$a^m a^n = a^{m+n}$$

和

$$(a^m)^n = a^{mn}.$$

定义 1.1.1 A 中元素 e 称为**单位元**, 若对任意 $a \in A$ 均有 $ea = ae = a$.

命题 1.1.1   设 A 有单位元, 则单位元是唯一的.

证明   设 e_1 和 e_2 都是 A 的单位元, 则由单位元的定义有

$$e_2 = e_1 e_2 = e_1.$$ □

若 A 有单位元 e, 对任意 $a \in A$, 定义 $a^0 = e$, 即在有单位元的代数结构中定义每个元素的 0 次幂均为单位元.

定义 1.1.2   设 A 有单位元 $e, a \in A$, 若存在 $b \in A$ 使得

$$ab = ba = e,$$

则称元素 a **可逆**, 而元素 b 称为元素 a 的一个**逆元**.

由定义可以看出, 讨论 A 中元素是否可逆是在 A 有单位元的前提下进行的. 所以后面说到元素可逆时, 该代数结构必须有单位元, 而为简洁起见, 这一点我们以后就不重复说了.

命题 1.1.2   设 A 上的运算满足结合律, 若 $a \in A$ 可逆, 则 a 的逆元唯一.

证明   设 b_1 和 b_2 都是 a 的逆元, e 为 A 的单位元, 则有

$$b_2 = eb_2 = (b_1 a)b_2 = b_1(ab_2) = b_1 e = b_1.$$ □

由该命题, 运算具有结合律的代数结构中的可逆元的逆元唯一, 下面就用 a^{-1} 来记可逆元 a 的唯一逆元.

命题 1.1.3   设 A 上的运算满足结合律, 若 $a \in A$ 可逆, 则 a^{-1} 也可逆, 且 $(a^{-1})^{-1} = a$. 进一步地, 若两个元素 a, b 都可逆, 则它们的乘积 ab 也可逆, 且

$$(ab)^{-1} = b^{-1}a^{-1}.$$

证明   仍用 e 表示 A 中的单位元, 由定义有

$$aa^{-1} = a^{-1}a = e,$$

由此立得 a^{-1} 可逆, 且 $(a^{-1})^{-1} = a$.

设 $a, b \in A$ 都可逆, 则由广义结合律有

$$(ab)(b^{-1}a^{-1}) = (a(bb^{-1}))a^{-1} = (ae)a^{-1} = aa^{-1} = e.$$

同样地, 可以证明 $(b^{-1}a^{-1})(ab) = e$, 所以 ab 可逆且

$$(ab)^{-1} = b^{-1}a^{-1}.$$ □

类似地, 若 A 上的运算满足结合律, 归纳可证若 $a_1, a_2, \cdots, a_m \in A$ 均可逆, 则 $a_1 a_2 \cdots a_m$ 也可逆, 且其逆元

$$(a_1 a_2 \cdots a_m)^{-1} = a_m^{-1} \cdots a_2^{-1} a_1^{-1}.$$

该结论通常称为**穿脱法则**.

一般地, 对于 $a \in A$, 若存在 $b \in A$ 使得 $ab = e$, 则称 b 为 a 的一个**右逆**. 若存在 $c \in A$ 使得 $ca = e$, 则称 c 为 a 的一个**左逆**. 类似于命题 1.1.2 的证明可得若 A 上的运算满足结合律, 且 $a \in A$ 有右逆 b 和左逆 c, 则 $b = c$, 从而 a 可逆且 $a^{-1} = b = c$.

从符号上来说, 若 A 上的运算写为加法 "$+$", 则 A 中元素 a 和 b 的运算结果记为 $a + b$, 并称其为 a 与 b 的**和**. 若运算 "$+$" 满足结合律, 这时元素的幂就成为倍数, 即对于 $a \in A$, n 为正整数, 定义

$$na = \underbrace{a + a + \cdots + a}_{n \text{ 个}}.$$

类似地, 对任意正整数 m, n 有

$$ma + na = (m + n)a$$

和

$$n(ma) = (mn)a.$$

设 A 上的运算记为加法 "$+$", 若 A 中有单位元, 则该元素记为 0 并称为**零元**, 即对任意 $a \in A$ 有

$$0 + a = a + 0 = a.$$

这时也定义 $0a = 0$, 即元素的 0 倍为零元. 这里要注意等式左、右两端符号 0 的含义是不同的, 左端的 0 表示的是整数 0, 而右端的 0 是 A 中的零元. 若 $a \in A$ 可逆, 则 a 的唯一逆元记为 $-a$, 并称其为 a 的**负元**.

《代数学 (一)》第一章中定义了等价关系, 所谓等价关系就是一个满足自反性、对称性和传递性的二元关系. 设 R 是集合 A 上的一个等价关系, 对于 $a \in A$, 所有与 a 等价的元素做成的集合 $\bar{a}$ 为 R 的一个等价类, a 称为该等价类的一个代表元. 注意到等价类代表元不一定唯一, 等价类 $\bar{a}$ 中的任一元素都是 $\bar{a}$ 的代表元. A 在等价关系 R 下的所有等价类构成的集合称为 A 关于 R 的**商集**, 记为 A/R. 若 A 上有运算 "$\cdot$", 在商集 A/R 上定义

$$\bar{a} \circ \bar{b} = \overline{a \cdot b},$$

则 "$\circ$" 是否是 A/R 上的运算?

由于商集中的元素是等价类, 等价类的代表元选取不一定唯一, 而 "∘" 是由等价类的代表元来定义的. 所以若 "∘" 是 A/R 上的运算, 由运算结果的唯一性, 必然满足如下条件:

$$\text{若 } \overline{a_1} = \overline{a_2} \text{ 且 } \overline{b_1} = \overline{b_2}, \text{ 则 } \overline{a_1 \cdot b_1} = \overline{a_2 \cdot b_2}. \tag{1.1}$$

容易验证这个必要条件也是充分的, 即若条件 (1.1) 成立, 则 "∘" 是 A/R 上的运算. 条件 (1.1) 称为等价类的运算与代表元的选取无关, 这时称集合 A 上满足条件 (1.1) 的运算 "·" 与 A 上的等价关系 R **相容**, 也称 "∘" 是由 A 上的运算 "·" **诱导出**的商集 A/R 上的运算. 进一步地, 容易验证若 A 上的运算 "·" 满足交换律或 (和) 结合律, 则它诱导出的商集 A/R 上的运算 "∘" 也满足交换律或 (和) 结合律. 若 A 有单位元 e, 则易知 $\bar{e}$ 为 A/R 的单位元; 若 $a \in A$ 有逆元 a^{-1}, 则 $\overline{a^{-1}}$ 为 $\bar{a} \in A/R$ 的逆元.

习题 1.1

1. 判断下列论断是否正确, 若正确, 给出简要证明, 否则举反例说明:

(1) 设 $\mathbb{R}^+$ 是所有正实数构成的集合,

$$\mathbb{R} \to \mathbb{R}^+$$
$$y \mapsto y^2$$

是一个映射;

(2) 在 $\mathbb{R}$ 中, 对任意 $x, y \in \mathbb{R}$, 定义

$$xRy \Leftrightarrow |x - y| \leqslant 3,$$

关系 R 是一个等价关系;

(3) 在 $\mathbb{Z}$ 中, 对任意 $m, n \in \mathbb{Z}$, 定义

$$mRn \Leftrightarrow 2 \nmid m - n,$$

关系 R 不是一个等价关系;

(4) 在 n 阶复矩阵集合 $\mathbb{C}^{n \times n}$ 中, 对任意 $M, N \in \mathbb{C}^{n \times n}$, 定义

$$MRN \Leftrightarrow \text{存在 } P, Q \in \mathbb{C}^{n \times n}, \text{ 使得 } M = PNQ,$$

关系 R 是一个等价关系;

(5) 一个非空集合上的关系可以同时是等价关系和偏序关系.

2. 设 A, B 是两个集合, $f : A \to B$ 和 $g : B \to A$ 是映射. 如果 gf 为集合 A 上的恒等变换 id_A, 那么称 g 为 f 的一个左逆映射. 如果 fg 为集合 B 上的恒等变换 id_B, 那么称 g 为 f 的一个右逆映射. 如果 g 既是 f 的左逆映射又是 f 的右逆映射, 那么称 g 为 f 的逆映射. 证明

(1) f 有左逆映射当且仅当 f 是单射, f 有右逆映射当且仅当 f 是满射, 从而 f 有逆映射当且仅当 f 是双射;

(2) 若 f 有左逆映射 g, 同时又有右逆映射 h, 则 $g = h$.

3. 设 A, B 是两个有限集合, $|A| = m$, $|B| = n$, 证明

(1) 映射 $f : A \to B$ 的个数为 n^m;

(2) 若 $f : A \to B$ 为单射, 则有 $m \leqslant n$; 进一步地, 若 $m \leqslant n$, 则从 A 到 B 的单射个数为

$$n(n-1) \cdots (n-m+1) = \frac{n!}{(n-m)!};$$

(3) 若 $f : A \to B$ 为满射, 则 $m \geqslant n$; 进一步地, 若 $m \geqslant n$, 则从 A 到 B 的满射个数为

$$\sum_{j=0}^{n} (-1)^{n-j} \binom{n}{j} j^m;$$

(4) 设 $m = n$, 则从 A 到 B 的单射也是满射, 从 A 到 B 的满射也是单射, 从而从 A 到 B 的单射或满射都是双射.

4. 在 $\mathbb{Z}$ 中, 考虑如下定义的两个等价关系 $\sim_1$ 和 $\sim_2$. 对任意 $m, n \in \mathbb{Z}$, 定义

$$m \sim_1 n \Leftrightarrow 6 \mid m - n, \quad m \sim_2 n \Leftrightarrow 2 \mid m - n.$$

(1) 描述 $\sim_1$ 诱导的 $\mathbb{Z}$ 的划分 $\mathbb{Z}_6$ 和 $\sim_2$ 诱导的 $\mathbb{Z}$ 的划分 $\mathbb{Z}_2$;

(2) 以上两个划分中, 是否存在一个比另一个更细? 为什么?

5. 判断以下给出的集合上的运算是否满足结合律或者交换律. 若答案为否, 请举例说明原因:

集合	运算	结合律	交换律
$\mathbb{Z}$	$a * b = a - b$		
$\mathbb{Z}^+$	$a * b = 2^{ab}$		
$\mathbb{C}^{2 \times 2}$	$M * N = MN - NM$		

6. 设 $A = \mathbb{Q} \setminus \{-1\}$, 即不等于 -1 的所有有理数构成的集合, 对于 $a, b \in A$, 定义 $\circ$ 为

$$a \circ b = a + b + ab.$$

证明 $\circ$ 是集合 A 上的运算, 且满足交换律和结合律. 进一步判断 A 中是否有单位元? A 中元素是否有逆元? 在有逆元时求出元素 $a \in A$ 的逆元.

7. 考虑 $\mathbb{Q}$ 上的等价关系:

$$u \sim v \Leftrightarrow u - v \in \mathbb{Z},$$

证明 $\mathbb{Q}$ 上的加法与等价关系 $\sim$ 相容.

1.2　半群与群

下面我们将给出代数结构群、环、域的概念, 一些例子并讨论它们的基本性质.

定义 1.2.1　设 S 为一非空集合, 其上有一个代数运算, 且运算满足结合律, 则称 S 为一个**半群**. 进一步地, 若半群 S 有单位元, 则称 S 为**幺半群**.

例 1.2.1　自然数集 $\mathbb{N}$ 在通常数的加法运算下做成一个幺半群, 它的零元为自然数 0. $\mathbb{N}$ 在通常数的乘法运算下也做成一个幺半群, 它的单位元为自然数 1. 正整数集 $\mathbb{Z}^+$ 在通常数的加法运算下做成一个半群, 它没有零元. 而 $\mathbb{Z}^+$ 在通常数的乘法运算下做成一个幺半群, 它的单位元为正整数 1.

注意到半群中的运算满足结合律, 所以半群中有幂 (或倍式). 同样幺半群中可逆元的逆元唯一, 也有穿脱法则等.

例 1.2.2　整数集 $\mathbb{Z}$ 在通常数的加法运算下做成一个幺半群, 它的零元为整数 0; 并且每个元素都有负元, 即它的相反数. 而 $\mathbb{Z}$ 在通常数的乘法运算下也做成一个幺半群, 它的单位元为整数 1; 并且除 ± 1 外, 其他元素都没有逆元.

例 1.2.3　设 $F^{n \times n}$ 为域 F 上所有 n 阶方阵构成的集合, 运算为通常矩阵的乘法, 则 $F^{n \times n}$ 做成一个幺半群, 它的单位元为单位矩阵 I, 可逆元为所有可逆矩阵.

定义 1.2.2　设 G 是一个非空集合, 其上有一个代数运算, G 在这个运算下做成一个幺半群 (即运算有结合律, 且 G 中有单位元), 并且 G 中每个元素都有逆元, 则称 G 为一个**群**.

群一定是幺半群, 但反之不成立. 例如自然数集 $\mathbb{N}$ 在通常数的加法运算下做成一个幺半群, 但它不是群.

若群 G 的运算满足交换律, 则称 G 为**交换群**, 或称为 **Abel (阿贝尔) 群**. 元素个数有限的群称为**有限群**, 元素个数无限的群称为**无限群**, 有限群中的元素个数称为该群的**阶**, 通常有限群 G 的阶记为 $|G|$.

例1.2.4　若运算为通常数的加法, 则 $\mathbb{Z}, \mathbb{Q}, \mathbb{R}, \mathbb{C}$ 都是交换群, 零元都是数 0, 数 a 的负元是 a 的相反数. 若运算为通常数的乘法, 则 $\mathbb{Q}^* = \mathbb{Q} \setminus \{0\}, \mathbb{R}^* = \mathbb{R} \setminus \{0\}, \mathbb{C}^* = \mathbb{C} \setminus \{0\}$ 也都是交换群, 单位元都是数 1, 非零数 a 的逆元为 a 的倒数. 但是 $\mathbb{Z}^* = \mathbb{Z} \setminus \{0\}$ 在通常数的乘法下不构成群, 因为除 ± 1 外, $\mathbb{Z}^*$ 中其余元素都没有逆元.

例 1.2.5　令 μ_n 为 n 次单位复根的集合, 即

$$\mu_n = \{a \in \mathbb{C} \mid a^n = 1\},$$

运算为通常的复数乘法. 首先需要确认复数乘法确实是 μ_n 中的运算, 事实上, 若 $a, b \in \mu_n$, 即 $a^n = 1, b^n = 1$, 则

$$(ab)^n = a^n b^n = 1,$$

故 $ab \in \mu_n$, 即运算结果在 μ_n 中, 而运算结果唯一是显然的. 运算的结合律在复数集合上成立, 自然在 μ_n 上成立. μ_n 中存在单位元, 即数 1. 并且任意 $a \in \mu_n$ 在 μ_n 中有逆 a^{-1}. 所以 μ_n 是一个群, 称为 n 次**单位根群**. 由于 $x^n = 1$ 有 n 个复根, 故 μ_n 的阶为 n. 进一步地,

$$\mu_n = \{\varepsilon_0, \varepsilon_1, \cdots, \varepsilon_{n-1}\},$$

其中 $\varepsilon_k = \mathrm{e}^{\mathrm{i}\frac{2k\pi}{n}} (= \varepsilon_1^k), 0 \leqslant k \leqslant n-1$. 特别地, $\mu_2 = \{1, -1\}$.

例 1.2.6　设 $\mathrm{GL}_n(F)$ 为域 F 上所有 n 阶可逆矩阵构成的集合, 运算为矩阵乘法, 则容易验证 $\mathrm{GL}_n(F)$ 是一个群, 称为域 F 上的 n 级**一般线性群**. 设 $\mathrm{SL}_n(F)$ 为数域 F 上所有行列式为 1 的 n 阶矩阵构成的集合, 运算仍为矩阵乘法, 则 $\mathrm{SL}_n(F)$ 也是一个群, 称为域 F 上的 n 级**特殊线性群**. 注意, 这两个群在 $n \geqslant 2$ 时都是非交换的.

命题 1.2.1　设 S 为幺半群, 用 $U(S)$ 表示 S 中所有可逆元构成的集合, 则 $U(S)$ 在 S 的运算下构成一个群.

证明　显然 S 的单位元 $e \in U(S)$, 故 $U(S)$ 非空. 由命题 1.1.3 知可逆元的乘积仍然是可逆元, 所以 S 的运算限制在 $U(S)$ 上是 $U(S)$ 上的运算. 运算的结合律显然成立, 且 $U(S)$ 中有单位元 e. 仍由命题 1.1.3 知 $U(S)$ 中任一元素 a 在 S 中的逆元 $a^{-1} \in U(S)$, 所以它也是 a 在 $U(S)$ 中的逆元. 故 $U(S)$ 为群. □

半群 S 中的可逆元也称为 S 的**单位**, 故称 $U(S)$ 为**幺半群 S 的单位群**.

例 1.2.7　设 M 为一个集合, T_M 表示 M 上的全体变换 (即 M 到自身的映射) 构成的集合, 定义 T_M 上的运算为映射乘法 (合成), 则 T_M 为一个幺半群, 单位元为恒等变换 id_M. 此幺半群的单位群记为 S_M, 称为集合 M 的**全变换群**. 由习题 1.1 第 2 题知幺半群 T_M 中的元素可逆当且仅当它是 M 到自身的双射. 所以 S_M 是 M 的全体可逆变换 (即 M 到自身的双射) 构成的集合, 运算仍为映射乘法 (合成).

特别地, 若集合 M 有限, 不妨设 $M = \{1, 2, \cdots, n\} =: [n]$. 显然 $\sigma \in S_M$ 当且仅当 $\sigma(1), \sigma(2), \cdots, \sigma(n)$ 是 $1, 2, \cdots, n$ 的一个排列. $[n]$ 到自身的双射也称为 $[n]$ 上的一个**置换**, 或为一个 n 元置换. 所有 n 元置换在置换乘法下构成的群 $S_{[n]}$ 称为 n 元**对称群**, 也简记为 S_n. S_n 为有限群, 其阶为 n 元排列的个数, 即 $n!$.

下面给出群中一个基本的运算性质——消去律.

命题 1.2.2　设 G 为群, 则 G 中有消去律, 即对任意 $a, b, c \in G$, 若 $ab = ac$, 或者 $ba = ca$, 则有 $b = c$.

证明　若 $ab = ac$, 则等式两端同时左乘 a^{-1} 有

$$a^{-1}(ab) = a^{-1}(ac),$$

由结合律得 $(a^{-1}a)b = (a^{-1}a)c$, 即 $eb = ec$, 故 $b = c$.

同样, 若 $ba = ca$, 则等式两端同时右乘 a^{-1} 可推出 $b = c$. □

一般地, 若在半群中可由 $ab = ac$ 得到 $b = c$, 即可以消去左端的元素 a, 这称为**左消去律**. 而可由 $ba = ca$ 得到 $b = c$ 就称为**右消去律**. 例如在例 1.2.7 的半群 T_M 中, 在等式 $fg = fh$ 两端可左消去 f 当且仅当 f 为单射, 而在等式 $gf = hf$ 两端可右消去 f 当且仅当 f 为满射. 所以在半群 T_M 中既没有左消去律, 也没有右消去律.

群是半群, 所以群中也有穿脱法则, 即对群 G 中元素 $a_1, a_2, \cdots, a_m$ 有

$$(a_1 a_2 \cdots a_m)^{-1} = a_m^{-1} \cdots a_2^{-1} a_1^{-1}.$$

但是在群 G 中, 乘积的幂不一定等于幂的乘积, 即可能存在 $a, b \in G$, $n \geqslant 2$ 为正整数, 使得 $(ab)^n \neq a^n b^n$, 这是因为

$$(ab)^n = \underbrace{(ab)(ab) \cdots (ab)}_{n \uparrow},$$

而

$$a^n b^n = \underbrace{(aa \cdots a)}_{n \uparrow} \underbrace{(bb \cdots b)}_{n \uparrow}.$$

当然若对于 $a, b \in G$, a, b 可交换, 即 $ab = ba$, 则容易验证有 $(ab)^n = a^n b^n$.

注意到群中的元素都有逆元, 所以对于群 G 中的元素 a, n 为正整数, 定义

$$a^{-n} = (a^{-1})^n,$$

即可以定义群中元素的负整数次幂 (或者负整数倍, 若群的运算写成加法). 这时幂运算法则依然成立, 即对任意 $a \in G$, $m, n \in \mathbb{Z}$, 有

$$a^m a^n = a^{m+n}$$

和

$$(a^m)^n = a^{mn}.$$

习题 1.2

1. 设 S 为幺半群, $a, b \in S$, 若 ab 可逆, 是否有 a 和 b 均可逆? 证明或举出反例.

2. 设 S 为幺半群, $a_1, a_2, \cdots, a_m \in S$ 且两两可交换, 证明 $a_1 a_2 \cdots a_m$ 可逆当且仅当 $a_1, a_2, \cdots, a_m$ 均可逆.

3. 设 A 是一个非空集合, 其上有一个运算, e_l (或 e_r) $\in A$. 若对任意 $a \in A$, 均有 $e_l a = a$ (或 $a e_r = a$), 则称 e_l (或 e_r) 为 A 的一个左 (或右) 单位元. 对于 $a \in A$, 若存在 $b \in A$ 使得 $ba = e_l$ (或 $ab = e_r$), 则称 b 为 a 的一个左 (或右) 逆元.

(1) 若 A 中运算满足结合律, 存在左单位元, 且 A 中每个元素都有左逆元, 证明 A 是一个群;

(2) 若 A 中运算满足结合律, 存在右单位元, 且 A 中每个元素都有右逆元, 证明 A 是一个群.

4. 设 G 为具有一个运算的非空集合, 已知该运算满足结合律, 并且对于 G 中任意两个元素 a, b, 方程 $ax = b$ 和 $xa = b$ 都在 G 中有解, 证明 G 是一个群.

5. 设 G 是一个群, $a, b \in G$, 如果 $aba^{-1} = b^r$, 其中 r 是一个整数, 证明对任意正整数 i, 有 $a^i b a^{-i} = b^{r^i}$.

6. 设 G 是一个群, 如果对于任意 $a, b \in G$ 都有 $(ab)^2 = a^2 b^2$, 证明 G 为交换群.

7. 设 $n \geqslant 3$, 在 n 元对称群 S_n 中找两个元素 σ, τ 使得 $\sigma\tau \neq \tau\sigma$. 由此可知 S_n 不是交换群.

1.3 环与域

定义 1.3.1 设 R 是一非空集合, R 上有两种代数运算, 分别称为加法和乘法, 记为 " $+$ " 和 " $\cdot$ ", 且满足

(1) R 对加法做成交换群, 即 $(R, +)$ 为交换群.

(2) R 对乘法做成幺半群, 即 $(R, \cdot)$ 为幺半群.

(3) 乘法对加法的左、右分配律成立, 即对任意 $a, b, c \in R$, 有

$$a(b+c) = ab + ac, \quad (b+c)a = ba + ca.$$

则称 R 为一个**环**.

注意环中乘法不一定满足交换律, 满足乘法交换律的环称为**交换环**. 另外为讨论方便起见, 特别是一些有重要意义的环中都有乘法单位元, 所以定义中特别要求环中有乘法单位元, 但《代数学 (一)》中定义的环不要求这一点. 环中的乘法单位元称为**环的单位元**, 常记为 1, 而环中加法的零元也称为**环的零元**, 记为 0. 在环 R 中, $(R, +)$ 为交换群, 所以环中的加法满足消去律. 对乘法来说, R 的可逆元也称为环 R 的**单位**. 由于 $(R, \cdot)$ 为幺半群, 故有单位群, 幺半群 $(R, \cdot)$ 的单位群称为**环 R 的单位群**, 记为 $U(R)$. 环中的加法和乘法都满足结合律, 所以环中元素既有倍数 (包括负整数倍), 也有幂.

例 1.3.1 由《代数学 (一)》第三章知域 F 上的所有一元多项式集合 $F[x]$ 在多项式加法和乘法下构成一个交换环, 其中零元即零多项式 0, 单位元为零次多项式 1, 而它的单位群 $U(F[x])$ 为 F^*, 即域 F 的所有非零元构成的乘法群. 称 $F[x]$ 为域 F 上的**一元多项式环**.

例 1.3.2 设 $R = \{0\}$, 定义 $0 + 0 = 0, 0 \cdot 0 = 0$, 在这两种运算下 R 构成一个环, 称这个环为**零环**, 它的零元和单位元都是 0. 显然它是交换环.

例 1.3.3　　整数集 $\mathbb{Z}$ 在通常的整数加法和乘法运算下构成一个交换环, 称为**整数环**. 设 $k > 1$ 为正整数, 则所有 k 的倍数构成的集合 $k\mathbb{Z} = \{kn \mid n \in \mathbb{Z}\}$ 在通常的整数加法和乘法运算下不构成环, 因为 $k\mathbb{Z}$ 中没有单位元. 虽然它满足环中除乘法单位元这个要求外的所有条件.

例 1.3.4　　设 $R = F^{n \times n}$, 即域 F 上所有 n 阶方阵构成的集合, 运算为通常的矩阵加法和矩阵乘法, 则 R 构成一个环, 称为域 F 上的**全矩阵环**. 此环在 $n \geqslant 2$ 时为非交换环, 单位元是单位矩阵, 单位群为 $\mathrm{GL}_n(F)$.

命题 1.3.1　　设 R 是环, 则对任意 $a \in R$, 有 $0a = a0 = 0$.

证明　　由于 $(0 + 0)a = 0a$, 由分配律得

$$0a + 0a = 0a = 0a + 0,$$

再由加法的消去律得 $0a = 0$. 同理可证 $a0 = 0$.　　　　　　　　　　　□

若环 R 中单位元 $1 = 0$, 则对于任意 $a \in R$, 由命题 1.3.1 有

$$a = a \cdot 1 = a \cdot 0 = 0,$$

即 $R = \{0\}$ 为零环. 所以若 $R \neq \{0\}$, 则一定有 $1 \neq 0$, 从而 $|R| \geqslant 2$ 且环 R 中的零元 0 是不可逆的. 环中有单位元, 但也并不是环中每个非零元都有逆, 环中乘法可逆的元素称为**可逆元** (或单位). 环 R 中所有可逆元在乘法下构成一个群, 即环 R 的单位群 $U(R)$.

定义 1.3.2　　若环 R 至少含有 2 个元素且其中每个非零元都可逆, 则称 R 为**除环** (或体).

由定义, 除环 R 的单位群 $U(R)$ 为 $R^* = R \setminus \{0\}$, 即 R 的所有非零元构成的乘法群.

不是所有环的乘法都满足消去律, 即对于 $a, b, c \in R$, $a \neq 0$, $ab = ac$ (或 $ba = ca$), 则不一定有 $b = c$ (群中乘法满足消去律是因为群中每个元素都可逆, 但环中并不是每个非零元都可逆). 自然若 a 有逆, 且 $ab = ac$ (或 $ba = ca$), 则同样可得 $b = c$. 所以, 除环中的乘法满足消去律. 设 H 为除环, $a, b \in H$ 且 $a \neq 0$, 则方程 $ax = b$ 和 $xa = b$ 在 H 中有解, 分别为 $a^{-1}b$ 和 ba^{-1} (形式上说, 除环中可以做除法).

定义 1.3.3　　设 R 为环, $a \neq 0$, 若存在 $b \neq 0$ 使得 $ab = 0$, 则称 a 是 R 的一个**左零因子**. 若存在 $c \neq 0$ 使得 $ca = 0$, 则称 a 是 R 的一个**右零因子**. 左零因子或右零因子都称为 R 的**零因子**.

设 a 为环 R 的一个左零因子, 即存在 $b \neq 0$ 使得 $ab = 0$. 若 a 为可逆元, 则有

$$b = a^{-1}(ab) = 0,$$

矛盾. 这表明环中的左零因子一定不可逆. 同理, 环中的右零因子也不可逆. 故除环中没有左零因子, 也没有右零因子. 显然交换环的左零因子也是右零因子, 反之亦然. 容易证明在域 F 上的全矩阵环 $F^{n \times n}$ 中, 元素 A 为左零因子当且仅当 A 不可逆也当且仅当 A 为右零因子, 所以 $F^{n \times n}$ 中的左零因子也是右零因子, 虽然 $F^{n \times n}$ 不是交换环.

例 1.3.5　设 R 为环, X 为一非空集合. 从 X 到 R 的所有映射的集合 R^X 在逐点加法和逐点乘法下构成一个环. 所谓映射的逐点加法和逐点乘法定义为对任意映射 $f, g \in R^X$ 和任意 $x \in X$,

$$(f+g)(x) = f(x) + g(x)$$

和

$$(fg)(x) = f(x)g(x).$$

容易验证 R^X 交换当且仅当 R 交换, 若 R 不是零环且 $|X| \geqslant 2$, 则 R^X 有零因子.

定义 1.3.4　至少含有 2 个元素且没有零因子的交换环称为**整环**.

容易验证整数环 $\mathbb{Z}$ 和域 F 上的一元多项式环 $F[x]$ 都是整环.

定义 1.3.5　交换除环称为**域**.

由定义知域 F 是一个集合, 至少含有 2 个元素, 在 F 中有两个代数运算, 加法 "$+$" 和乘法 "$\cdot$", 且满足 $(F, +)$ 为交换群, $(F^*, \cdot)$ 为交换群, 它就是域 F 的单位群, 也称为域 F 的乘法群, 其中 $F^* = F \setminus \{0\}$, 且乘法对加法的分配律成立. 元素个数有限的域称为**有限域**. 显然 $\mathbb{Q}, \mathbb{R}$ 和 $\mathbb{C}$ 在通常数的加法和乘法下构成域, 分别称为**有理数域**、**实数域**和**复数域**, 它们都是无限域. 但是整数集 $\mathbb{Z}$ 在通常数的加法和乘法下不是域, 而是一个整环.

域是整环, 但整环不一定是域. 例如 $\mathbb{Z}$ 和 $F[x]$ 都是整环, 但它们不是域. 然而容易证明有限整环一定是域.

例 1.3.6　设 $\mathbb{F}_2 = \{0, 1\}$, 定义

$$
\begin{aligned}
0 + 0 &= 1 + 1 = 0, \\
0 + 1 &= 1 + 0 = 1, \\
0 \cdot 0 &= 0 \cdot 1 = 1 \cdot 0 = 0, \\
1 \cdot 1 &= 1,
\end{aligned}
$$

则在这两个运算下, $\mathbb{F}_2$ 构成一个域, 这是一个有限域.

习题 1.3

1. 设 R 为交换环, 对于任意 $a, b \in R$, 定义

$$a \oplus b = a + b - 1, \quad a \odot b = a + b - ab,$$

证明 R 在运算 $\oplus, \odot$ 下也构成一个交换环.

2. 设 R 为环, 定义 $a - b = a + (-b)$, 证明: 对任意 $a, b, c \in R$, 有

$$-(a+b) = (-a) + (-b) = -a - b,$$
$$-(a-b) = (-a) + b,$$
$$-(ab) = (-a)b = a(-b),$$
$$(-a)(-b) = ab,$$
$$a(b-c) = ab - ac.$$

3. 设 R 为环, $a, b \in R$, 且 a, b 可交换, 证明二项式定理: 对任意正整数 n,

$$(a+b)^n = \sum_{k=0}^{n} \binom{n}{k} a^{n-k} b^k.$$

4. 给出一个没有乘法消去律的环的例子.

5. 证明整环中有消去律.

6. 设 R 为环, $a \in R$, $a \neq 0$, 且存在 $b \in R$, $b \neq 0$ 使得 $aba = 0$, 证明 a 是 R 的一个左零因子或右零因子.

7. 设 R 为有限环, $a, b \in R$ 且 $ab = 1$, 证明 $ba = 1$.

8. 设 R 为环, $a, b \in R$ 且 $ab = 1$ 但是 $ba \neq 1$, 证明有无穷多个 $x \in R$ 满足 $ax = 1$.

9. 设 R 为环, $a \in R$. 如果存在正整数 n 使得 $a^n = 0$, 就称 a 为**幂零元**. 证明若 a 为幂零元, 则 $1 - a$ 可逆.

10. 设 R 为环, $a, b \in R$. 设 $1 - ab$ 可逆, 证明 $1 - ba$ 也可逆并求出 $(1 - ba)^{-1}$.

11. 证明有限整环是域.

12. 设 R 为除环, $a, b \in R$ 且 $ab \neq 0, 1$, 证明华罗庚等式

$$a - (a^{-1} + (b^{-1} - a)^{-1})^{-1} = aba.$$

13. 设 R 为一个无零因子环, $e \in R$ 满足对所有 $a \in R$ 有 $ea = a$, 证明 e 为 R 的单位元.

14. 设 D 是一个整环, 在 D 中解方程 $x^2 = 1$.

15. 设 R 为环, 若 $u \in R$ 存在右逆元但不唯一, 证明 u 有无穷多个右逆元.

1.4   整数模 n 的剩余类环

设 n 为正整数, 在整数集 $\mathbb{Z}$ 上定义关系 $\sim$ 如下: 对任意 $a, b \in \mathbb{Z}$,

$$a \sim b \text{ 当且仅当 } n \mid (a - b), \text{ 或记为 } a \equiv b \pmod{n}.$$

容易验证 $\sim$ 是整数集 $\mathbb{Z}$ 上的一个等价关系. 在该等价关系下, $j \in \mathbb{Z}$ 的等价类为

$$\bar{j} = \{kn + j \mid k \in \mathbb{Z}\},$$

且该等价关系的商集为

$$\mathbb{Z}_n := \mathbb{Z}/\sim = \{\overline{0}, \overline{1}, \cdots, \overline{n-1}\}.$$

若对 $a_1, b_1, a_2, b_2 \in \mathbb{Z}$ 有 $\overline{a_1} = \overline{a_2}$ 和 $\overline{b_1} = \overline{b_2}$, 即 $n \mid (a_1 - a_2)$ 且 $n \mid (b_1 - b_2)$, 则由

$$(a_1 + b_1) - (a_2 + b_2) = (a_1 - a_2) + (b_1 - b_2)$$

和

$$a_1 b_1 - a_2 b_2 = (a_1 - a_2)b_1 + a_2(b_1 - b_2),$$

得到

$$n \mid ((a_1 + b_1) - (a_2 + b_2))$$

和

$$n \mid (a_1 b_1 - a_2 b_2),$$

即 $\overline{a_1 + b_1} = \overline{a_2 + b_2}$ 且 $\overline{a_1 b_1} = \overline{a_2 b_2}$. 故整数环 $\mathbb{Z}$ 上的加法和乘法运算诱导了商集 $\mathbb{Z}_n$ 上的运算, 仍称其为加法和乘法并分别记为 $+$ 和 $\cdot$, 即对任意 $\overline{a}, \overline{b} \in \mathbb{Z}_n$, 有

$$\overline{a} + \overline{b} = \overline{a+b}, \quad \overline{a} \cdot \overline{b} = \overline{ab}.$$

又 $\mathbb{Z}_n$ 上的加法和乘法运算具有 $\mathbb{Z}$ 上的加法和乘法运算所满足的交换律、结合律和分配律, 所以 $\mathbb{Z}_n$ 在这样的加法和乘法运算下构成一个交换环, 称其为**整数模 n 的剩余类环**. 环 $\mathbb{Z}_n$ 中有 n 个元素, 所以它是有限环. $\mathbb{Z}_n$ 的单位群也称为**整数模 n 的乘法群**, 记作 $U(n)$, 这是一个有限交换群.

显然, 若 $n = 1$, 则 $\mathbb{Z}_1 = \{\overline{0}\}$, 即 $\mathbb{Z}_1$ 为零环, 它的单位群 $U(1) = \{\overline{0}\}$ 是 1 阶群.

例 1.4.1 若 n 是合数, 不妨设 $n = ab$, 其中 $1 < a, b < n$, 则在 $\mathbb{Z}_n$ 中, $\overline{a} \neq \overline{0}$, $\overline{b} \neq \overline{0}$, 但是

$$\overline{a}\overline{b} = \overline{ab} = \overline{n} = \overline{0},$$

故 $\overline{a}$ 和 $\overline{b}$ 都是 $\mathbb{Z}_n$ 的零因子, 所以 $\mathbb{Z}_n$ 不是整环.

命题 1.4.1 设 $n \geqslant 2, k \in \mathbb{Z}$, 则 $\overline{k}$ 在 $\mathbb{Z}_n$ 中可逆当且仅当 k 与 n 互素.

证明 由定义, $\overline{k}$ 在 $\mathbb{Z}_n$ 中可逆当且仅当存在 $\overline{l} \in \mathbb{Z}_n$ 使得 $\overline{k} \cdot \overline{l} = \overline{1}$, 即 $n \mid (1 - kl)$. 从而存在 $t \in \mathbb{Z}$ 使得

$$kl + tn = 1,$$

这就等价于 k 与 n 互素. $\qquad\square$

命题 1.4.1 告诉我们整数模 n 的乘法群 $U(n)$ 为有限群, 其阶为 $\phi(n)$, 这里 $\phi(n)$ 为 Euler(欧拉) ϕ-函数, 即小于 n 且与 n 互素的自然数的个数.

推论 1.4.1 环 $\mathbb{Z}_n$ 为域当且仅当 n 为素数.

证明   若 n 为素数, 则对任意 $1 \leqslant k \leqslant n-1$, k 与 n 互素, 所以 $\bar{k} \in \mathbb{Z}_n$ 可逆, 即 $\mathbb{Z}_n$ 中每个非零元都可逆, 所以 $\mathbb{Z}_n$ 为域.

反之, 若 n 不是素数, 则例 1.4.1 告诉我们 $\mathbb{Z}_n$ 有零因子, 即 $\mathbb{Z}_n$ 中有非零不可逆元, 所以 $\mathbb{Z}_n$ 不是域.   □

由推论 1.4.1 知, 对于任意素数 p, 存在 p 元域 $\mathbb{Z}_p$, 这是一个有限域. 例 1.3.6 就是 $p=2$ 时的域 $\mathbb{Z}_2$.

习题 1.4

1. 证明在 p 元域 $\mathbb{Z}_p$ 中有

$$(a+b)^{p^k} = a^{p^k} + b^{p^k},$$

其中 $a,b \in \mathbb{Z}_p$, k 为任意正整数.

2. 给出一个有限非交换群 G, 使得对任意 $a \in G$ 均有 $a^4 = e$.

3. 求出方程 $x^2 - 1 = 0$ 在环 $\mathbb{Z}_{360}$ 中的全部解.

4. 证明群 $U(3^5)$ 中一定有一个元素 g 使得 $U(3^5)$ 中每个元素都是 g 的幂. 这个结论对群 $U(2^5)$ 是否正确?

5. 在 $\mathbb{Z}_{29}$ 中计算 $\overline{28^{60}}$.

第二章

群的基本性质与
群作用

2.1   对称群和交错群

例 1.2.7 中定义了对称群 S_n, 本节我们继续讨论这些群的性质. 当 $n = 1$ 时, 对称群 S_1 中的元素只有恒等变换, 它是群的单位元, 即 S_1 是单位元群, 所以下面我们总是假设 $n \geqslant 2$.

对称群 S_n 中的元素是 n 元置换, 即集合 $[n]$ 到自身的双射. 任一 $\sigma \in S_n$ 可以表示为

$$\sigma = \begin{pmatrix} 1 & 2 & \cdots & n \\ \sigma(1) & \sigma(2) & \cdots & \sigma(n) \end{pmatrix},$$

这种表示就是把 $[n]$ 中元素 i 在 σ 下的像 $\sigma(i)$ 放在第二行中 i 的正下方, 称之为置换的**两行式表示**. 这种记法明确了 $[n]$ 中的所有元素在 σ 下的像, 但是 σ 的像与 $[n]$ 中元素的表示次序无关, 仅与 i 下方的元素 $\sigma(i)$ 有关, 所以置换 σ 又可以表示为

$$\begin{pmatrix} i_1 & i_2 & \cdots & i_n \\ \sigma(i_1) & \sigma(i_2) & \cdots & \sigma(i_n) \end{pmatrix},$$

其中 $i_1 i_2 \cdots i_n$ 是 $1, 2, \cdots, n$ 的任意一个排列. 例如 3 元置换 σ, 其中 $\sigma(1) = 2, \sigma(2) = 3, \sigma(3) = 1$, 可以表示为

$$\begin{pmatrix} 1 & 2 & 3 \\ 2 & 3 & 1 \end{pmatrix} \text{ 或 } \begin{pmatrix} 2 & 3 & 1 \\ 3 & 1 & 2 \end{pmatrix} \text{ 或 } \begin{pmatrix} 1 & 3 & 2 \\ 2 & 1 & 3 \end{pmatrix}.$$

S_n 中的运算是映射的合成, 所以这时的乘积顺序是从右向左. 例如两个 4 元置换之积如下:

$$\begin{pmatrix} 1 & 2 & 3 & 4 \\ 3 & 2 & 4 & 1 \end{pmatrix} \begin{pmatrix} 1 & 2 & 3 & 4 \\ 2 & 1 & 4 & 3 \end{pmatrix} = \begin{pmatrix} 1 & 2 & 3 & 4 \\ 2 & 3 & 1 & 4 \end{pmatrix}.$$

《代数学 (一)》第七章中给出了排列的逆序数这个概念, 利用它我们给出如下定义.

定义 2.1.1   设 n 元置换 σ 的两行式表示为

$$\sigma = \begin{pmatrix} 1 & 2 & \cdots & n \\ l_1 & l_2 & \cdots & l_n \end{pmatrix},$$

若排列 $l_1 l_2 \cdots l_n$ 为偶排列 (即逆序数为偶数), 则称 σ 为**偶置换**, 否则称为**奇置换**.

例 2.1.1   全部 6 个 3 元排列中, 123, 231, 312 为偶排列, 132, 213, 321 为奇排列. 故在 3 元对称群 S_3 中,

$$\begin{pmatrix} 1 & 2 & 3 \\ 1 & 2 & 3 \end{pmatrix}, \quad \begin{pmatrix} 1 & 2 & 3 \\ 2 & 3 & 1 \end{pmatrix}, \quad \begin{pmatrix} 1 & 2 & 3 \\ 3 & 1 & 2 \end{pmatrix}$$

是全部偶置换, 而

$$\begin{pmatrix} 1 & 2 & 3 \\ 1 & 3 & 2 \end{pmatrix}, \quad \begin{pmatrix} 1 & 2 & 3 \\ 2 & 1 & 3 \end{pmatrix}, \quad \begin{pmatrix} 1 & 2 & 3 \\ 3 & 2 & 1 \end{pmatrix}$$

是全部奇置换.

《代数学 (一)》第七章中已经证明了对任意 $n \geqslant 2$, n 元排列中奇偶排列各占一半, 所以 S_n 中奇偶置换各占一半, 即均为 $\frac{1}{2}n!$ 个.

定义 2.1.2 定义映射 $\mathrm{sgn} : S_n \to \{\pm 1\}$ 为

$$\mathrm{sgn}(\sigma) = \begin{cases} 1, & \text{若 } \sigma \text{ 为偶置换}, \\ -1, & \text{若 } \sigma \text{ 为奇置换}. \end{cases}$$

称 sgn 为 S_n 的**符号函数**, $\mathrm{sgn}(\sigma)$ 为置换 σ 的**符号**.

定义 2.1.3 设 $\sigma \in S_n$, $i \neq j \in [n]$. 若 σ 满足 $\sigma(i) = j$, $\sigma(j) = i$, 且对任意 $k \in [n] \setminus \{i, j\}$ 有 $\sigma(k) = k$, 即 σ 把 $[n]$ 中元素 i, j 互换而其他元素保持不动, 则称 σ 为一个**对换**, 记作 (ij).

将排列 $l_1 \cdots l_i \cdots l_j \cdots l_n$ 中的元素 l_i 和 l_j 互换位置, 得到排列 $l_1 \cdots l_j \cdots l_i \cdots l_n$, 这称为排列中元素 l_i 和 l_j 的对换, 记为 $\{l_i, l_j\}$-对换. 容易验证置换表示第二行排列中元素的对换, 可以得到置换的乘积为

$$\begin{pmatrix} 1 & \cdots & i & \cdots & j & \cdots & n \\ l_1 & \cdots & l_j & \cdots & l_i & \cdots & l_n \end{pmatrix} = (l_i l_j) \begin{pmatrix} 1 & \cdots & i & \cdots & j & \cdots & n \\ l_1 & \cdots & l_i & \cdots & l_j & \cdots & l_n \end{pmatrix}.$$

对任意 $\sigma \in S_n$, 设

$$\sigma = \begin{pmatrix} 1 & 2 & \cdots & n \\ l_1 & l_2 & \cdots & l_n \end{pmatrix}.$$

熟知可以用一系列元素的对换将排列 $12 \cdots n$ 变成 $l_1 l_2 \cdots l_n$, 设所用的对换依次为 $\{i_1, j_1\}$-对换, $\{i_2, j_2\}$-对换, $\cdots$, 和 $\{i_k, j_k\}$-对换, 则有

$$\begin{aligned} \sigma &= \begin{pmatrix} 1 & 2 & \cdots & n \\ l_1 & l_2 & \cdots & l_n \end{pmatrix} \\ &= (i_k j_k) \cdots (i_2 j_2)(i_1 j_1) \begin{pmatrix} 1 & 2 & \cdots & n \\ 1 & 2 & \cdots & n \end{pmatrix} \\ &= (i_k j_k) \cdots (i_2 j_2)(i_1 j_1). \end{aligned}$$

这样我们便证出如下命题.

命题 2.1.1 任一 n 元置换都可以写成对换的乘积.

注意到

$$\sigma = (i_k j_k) \cdots (i_2 j_2)(i_1 j_1)$$

当且仅当可以通过元素的 $\{i_1, j_1\}$-对换, $\{i_2, j_2\}$-对换, $\cdots$, 和 $\{i_k, j_k\}$-对换把排列 $12 \cdots n$ 变成排列 $\sigma(1)\sigma(2) \cdots \sigma(n)$. 由于通过若干对换把排列 $12 \cdots n$ 变成排列 $\sigma(1)\sigma(2) \cdots \sigma(n)$ 的方式不唯一, 但所做对换的个数与排列 $\sigma(1)\sigma(2) \cdots \sigma(n)$ 有相同的奇偶性, 故当把置换写成对换的乘积时, 写法不唯一, 但这些对换因子的个数与此置换有相同的奇偶性. 从而偶置换就是可以写成偶数个对换乘积的置换, 而奇置换是可以写成奇数个对换乘积的置换, 下面用 A_n 表示所有 n 元偶置换构成的集合.

定理 2.1.1 集合 A_n 对于置换的乘法构成一个群.

证明 显然两个偶置换的乘积依然是偶数个对换的积, 所以仍然是偶置换, 即置换乘法是 A_n 上的运算. 结合律自然成立, 恒等变换是偶置换, 为 A_n 的单位元. 若 σ 为偶置换, 则 σ 可写成偶数个对换的乘积. 不妨设

$$\sigma = (i_{2k} j_{2k}) \cdots (i_2 j_2)(i_1 j_1).$$

令

$$\tau = (i_1 j_1)(i_2 j_2) \cdots (i_{2k} j_{2k}),$$

则 τ 依然是偶置换且

$$\sigma\tau = \tau\sigma = \mathrm{id}_{[n]},$$

故 σ 在 A_n 中有逆元 τ. 所以 A_n 在置换乘法这个运算下构成群. $\qquad\square$

群 A_n 称为 n 元**交错群**. 显然 A_n 为有限群, $|A_1| = 1$, 而当 $n \geqslant 2$ 时, $|A_n| = \dfrac{1}{2} n!$.

定义 2.1.4 设 $1 \leqslant k \leqslant n$, $\sigma \in S_n$ 满足

$$\sigma(a_1) = a_2, \ \sigma(a_2) = a_3, \ \cdots, \ \sigma(a_{k-1}) = a_k, \ \sigma(a_k) = a_1,$$

且当 $a \in [n] \setminus \{a_1, a_2, \cdots, a_k\}$ 时, $\sigma(a) = a$, 其中 $a_1, a_2, \cdots, a_k$ 是 $[n]$ 中互不相同的元素, 则称 σ 为一个**长度为 k 的轮换**, 简称为一个 k-**轮换**, 记作

$$\sigma = (a_1 a_2 \cdots a_k),$$

即把 a_i 在 σ 下的像循环地放在 a_i 的后面.

例如

$$\begin{pmatrix} 1 & 2 & 3 & 4 & 5 & 6 \\ 3 & 2 & 4 & 5 & 1 & 6 \end{pmatrix} = (1345)$$

是一个长度为 4 的轮换. 注意到一个轮换在 $[n]$ 上的作用与轮换记法中第一个元素的选取无关, 因为轮换的确定仅仅取决于轮换记法中每个元素后面是什么元素, 所以定义 2.1.4 中的轮换也可表示为 $(a_2 a_3 \cdots a_k a_1)$, $(a_3 a_4 \cdots a_1 a_2)$ 或者 $(a_k a_1 \cdots a_{k-2} a_{k-1})$. 显然对换就是长度为 2 的轮换.

由定义 2.1.4, 不在轮换 σ 的表示中出现的元素在 σ 下的像仍为该元素本身, 这样的元素称为 σ 的**不动点**. 注意到 $[n]$ 中每个元素都是恒等变换的不动点, 所以我们可以用长度为 1 的轮换来表示恒等变换, 即 $\mathrm{id}_{[n]} = (a)$, 其中 a 为 $[n]$ 中任一元素, 但通常记为 $\mathrm{id}_{[n]} = (1)$.

计算两个轮换的乘积依然是从右到左按复合的方式进行. 例如, 设 $\sigma = (1345)$, $\tau = (25)$, 则

$$\sigma\tau = (1345)(25) = (13452), \quad \tau\sigma = (25)(1345) = (13425).$$

例 2.1.2 设 $k + t \leqslant n$, $\sigma = (a_1 a_2 \cdots a_k)$, $\tau = (b_1 b_2 \cdots b_t)$, 若集合 $\{a_1, a_2, \cdots, a_k\}$ 和 $\{b_1, b_2, \cdots, b_t\}$ 中无公共元素, 则称轮换 σ 和 τ **不相交**. 若 $a \neq a_i, b_j$, $1 \leqslant i \leqslant k$, $1 \leqslant j \leqslant t$, 则显然有 $(\sigma\tau)(a) = (\tau\sigma)(a) = a$. 又对任意 $1 \leqslant i \leqslant k$, 简单计算得到

$$(\sigma\tau)(a_i) = (\tau\sigma)(a_i) = a_{i+1},$$

其中 $a_{k+1} = a_1$. 类似地, $(\sigma\tau)(b_j) = (\tau\sigma)(b_j)$, $1 \leqslant j \leqslant t$. 所以对任意 $a \in [n]$ 都有

$$(\sigma\tau)(a) = (\tau\sigma)(a),$$

故 $\sigma\tau = \tau\sigma$, 即两个不相交轮换的乘积可交换.

任一置换都可以写成对换的乘积, 当然这也是轮换的乘积, 但写成对换乘积的这些对换中可能有相交的对换. 下面我们证明任一置换都可以写成不相交的轮换之积, 例如 7 元置换

$$\sigma = \begin{pmatrix} 1 & 2 & 3 & 4 & 5 & 6 & 7 \\ 3 & 7 & 5 & 2 & 1 & 6 & 4 \end{pmatrix} = (135)(274)(6)$$

是 3 个不相交轮换之积. 注意到其中长度为 1 的轮换 (6) 即恒等变换 (1), 它是群中的单位元, 也可以省略不写, 所以 σ 也可表示为 $\sigma = (135)(274)$.

定理 2.1.2 任一个 n 元置换都可以分解为不相交的轮换之积, 且若不计这些轮换因子的次序, 则分解式是唯一的.

证明 首先证明分解的存在性. 从 $[n]$ 中任选一个元素出发, 比如 a_1, 依次求出 $\sigma(a_1) = a_2$, $\sigma(a_2) = a_3$, $\cdots$, 继续下去得到序列 $a_1 a_2 a_3 \cdots$. 显然这个序列中一定会出现重复元素, 设此序列中第一次出现的重复元素为 $a_j = a_i$, 其中 $j > i \geqslant 1$. 若 $i > 1$, 则由

$$\sigma(a_{j-1}) = a_j = a_i = \sigma(a_{i-1})$$

和 σ 为双射有 $a_{j-1} = a_{i-1}$, 与 $a_1, a_2, \cdots, a_{j-1}$ 互不相同矛盾, 故这个第一次重复的元素必然是 a_1. 设第一次重复出现为 $\sigma(a_k) = a_1$, 于是得到轮换 $\tau_1 = (a_1 a_2 \cdots a_k)$. 若 $k < n$, 再任取 $b_1 \in [n] \setminus \{a_1, a_2, \cdots, a_k\}$, 重复以上过程可得 $\tau_2 = (b_1 b_2 \cdots b_t)$, 且由所选取的元素及置换定义知 τ_1 和 τ_2 不相交. 若 $k + t < n$, 则如此继续下去, 直至 $[n]$ 中每个元素

都在某一个轮换中出现, 设这样得到的轮换分别为 $\tau_1, \tau_2, \cdots, \tau_r$. 对任意 $a \in [n]$, a 出现在唯一的一个轮换 τ_i 中, 即 $\tau_i(a) = \sigma(a)$. 而对其余的 τ_j, $j \neq i$, $\tau_j(a) = a$, 由此有 $(\tau_1\tau_2\cdots\tau_r)(a) = \tau_i(a) = \sigma(a)$, 故 $\sigma = \tau_1\tau_2\cdots\tau_r$.

再证明分解的唯一性. 若有另一个分解, 则包含 a_1 的轮换反映了 σ 作用在 a_1 上形成的循环元素序列, 这是由 σ 唯一决定的, 故两个分解式中含有 a_1 的轮换完全相同. 类似地, 其他轮换也完全相同, 所以轮换分解是唯一的.   □

易知

$$(\alpha_1\alpha_2\cdots\alpha_k) = (\alpha_1\alpha_2)(\alpha_2\alpha_3)\cdots(\alpha_{k-2}\alpha_{k-1})(\alpha_{k-1}\alpha_k).$$

对任意 n 元置换 σ, 先把 σ 写成互不相交的轮换乘积, 再把每个轮换写成对换之积, 就可以把 σ 写成对换的乘积了. 显然长度为奇数的轮换是偶置换, 长度为偶数的轮换是奇置换. 所以 n 元置换 σ 为偶置换当且仅当把 σ 写成互不相交的轮换乘积时, 出现的长度为偶数的轮换有偶数个.

例 2.1.3   容易给出

$$S_3 = \{(1), (12), (13), (23), (123), (132)\},$$

所以 S_3 中每个元素都是轮换. 而 S_4 中的 24 个元素写成不相交的轮换乘积为

$$\begin{aligned}
S_4 = \{&(1), (12), (13), (14), (23), (24), (34),\\
&(123), (132), (124), (142), (134), (143), (234), (243),\\
&(1234), (1243), (1324), (1342), (1423), (1432),\\
&(12)(34), (13)(24), (14)(23)\},
\end{aligned}$$

所以 S_4 中有 3 个元素不是轮换, 而是两个不相交的 2-轮换的乘积.

定义 2.1.5   设 G 是群, G 中两个元素 a, b 称为**共轭的** (或 b 是 a 的**共轭元**), 若存在某个 $c \in G$ 使得 $b = cac^{-1}$. 这时也称 cac^{-1} 为用 c 对 a 做**共轭变换**.

下面考察对称群 S_n 中两个元素何时是共轭的, 为此先给出如下定义.

定义 2.1.6   设 $\sigma \in S_n$, 把置换 σ 写成不相交轮换的乘积, 其中长度为 i 的轮换出现 λ_i 次, $1 \leqslant i \leqslant n$, 则称 σ 的**型**为 $1^{\lambda_1}2^{\lambda_2}\cdots n^{\lambda_n}$.

若一 n 元置换的型为 $1^{\lambda_1}2^{\lambda_2}\cdots n^{\lambda_n}$, 则显然有 $\lambda_1 + 2\lambda_2 + \cdots + n\lambda_n = n$, 且每个 λ_i 为非负整数, 故 S_n 中置换的型的个数就是方程

$$\lambda_1 + 2\lambda_2 + \cdots + n\lambda_n = n \tag{2.1}$$

的非负整数解 $(\lambda_1, \lambda_2, \cdots, \lambda_n)$ 的个数. 把正整数 n 写成递降正整数和的一个表示,

$$n = r_1 + r_2 + \cdots + r_k, \quad r_1 \geqslant r_2 \geqslant \cdots \geqslant r_k \geqslant 1,$$

称为 n 的一个**分拆**, 而 n 的所有分拆的个数称为 n 的**分拆数**, 记为 $p(n)$. 例如

$$3 = 2 + 1 = 1 + 1 + 1$$

是 3 的所有分拆, 故 $p(3) = 3$. 正整数 4 的所有分拆为

$$4 = 3 + 1 = 2 + 2 = 2 + 1 + 1 = 1 + 1 + 1 + 1,$$

所以 $p(4) = 5$. 类似地, 可以求出 $p(5) = 7$, $p(6) = 11$, $p(7) = 15$ 等. 分拆数有许多优美的性质, 是数学中一个重要的数, 著名数学家 Euler 对它做了开创性的研究, 而 Hardy (哈代), Ramanujan (拉马努金) 等对 $p(n)$ 的系统研究是 20 世纪数学宝库的一颗明珠. 若在 n 的一个分拆中, 正整数 i 出现 λ_i 次, $1 \leqslant i \leqslant n$, 则 λ_i 为非负整数且满足 (2.1) 式, 所以 n 元置换的每一个型就对应着正整数 n 的一个分拆, 从而 S_n 中置换的型的个数即为分拆数 $p(n)$.

对于 $\rho, \sigma \in S_n$, 因为

$$(\rho\sigma\rho^{-1})(\rho(i)) = \rho(\sigma(i)),$$

所以

$$\rho\sigma\rho^{-1} = \begin{pmatrix} \rho(1) & \rho(2) & \cdots & \rho(n) \\ \rho(\sigma(1)) & \rho(\sigma(2)) & \cdots & \rho(\sigma(n)) \end{pmatrix}.$$

特别地,

$$\rho(a_1 a_2 \cdots a_k)\rho^{-1} = (\rho(a_1)\rho(a_2)\cdots\rho(a_k)),$$

即 k-轮换的共轭元仍为 k-轮换.

若 $\sigma = (a_1 a_2 \cdots a_k)(b_1 b_2 \cdots b_s) \cdots (c_1 c_2 \cdots c_t)$ 为不相交轮换的乘积, 则

$$\rho\sigma\rho^{-1} = (\rho(a_1 a_2 \cdots a_k)\rho^{-1})(\rho(b_1 b_2 \cdots b_s)\rho^{-1}) \cdots (\rho(c_1 c_2 \cdots c_t)\rho^{-1})$$

$$= (\rho(a_1)\rho(a_2)\cdots\rho(a_k))(\rho(b_1)\rho(b_2)\cdots\rho(b_s)) \cdots (\rho(c_1)\rho(c_2)\cdots\rho(c_t))$$

仍为不相交轮换的乘积, 从而共轭的两个置换有相同的型.

反之, 对于 $\sigma, \tau \in S_n$, 若它们有相同的型, 记它们的轮换分解式为

$$\sigma = (a_1 \cdots a_{k_1})(a_{k_1+1} \cdots a_{k_1+k_2}) \cdots (a_{k_1+\cdots+k_{s-1}+1} \cdots a_{k_1+\cdots+k_{s-1}+k_s}),$$

$$\tau = (b_1 \cdots b_{k_1})(b_{k_1+1} \cdots b_{k_1+k_2}) \cdots (b_{k_1+\cdots+k_{s-1}+1} \cdots b_{k_1+\cdots+k_{s-1}+k_s}),$$

其中 $n = k_1 + k_2 + \cdots + k_s$, 令 $\rho(a_i) = b_i$, $1 \leqslant i \leqslant n$, 则有 $\rho \in S_n$ 且 $\rho\sigma\rho^{-1} = \tau$, 即 σ 与 τ 共轭. 这便证明了如下定理.

定理 2.1.3 对称群 S_n 中两个元素共轭当且仅当它们有相同的型.

命题 2.1.2　在对称群 S_n 中, 型为 $1^{\lambda_1}2^{\lambda_2}\cdots n^{\lambda_n}$ 的置换个数为

$$\frac{n!}{\lambda_1!\lambda_2!\cdots\lambda_n!1^{\lambda_1}2^{\lambda_2}\cdots n^{\lambda_n}}.$$

证明　画出 $\lambda_1+\lambda_2+\cdots+\lambda_n$ 个小括号, 对于 $1\leqslant i\leqslant n$, 使得其中 λ_i 个小括号中放入 i 个元素. 由于

$$\sum_{i=1}^{n}i\lambda_i=n,$$

集合 $[n]$ 中的 n 个元素就可以完全放入这些小括号里, 且每一种放置就对应着一个型为 $1^{\lambda_1}2^{\lambda_2}\cdots n^{\lambda_n}$ 的置换, 而每一个型为 $1^{\lambda_1}2^{\lambda_2}\cdots n^{\lambda_n}$ 的置换也对应着一种放置. 集合 $[n]$ 中的元素有 $n!$ 种放置方式, 但是不相交轮换的乘积可交换, 所以这 λ_i 个 i-轮换可以任意交换位置得到同样的置换, 故有 $\lambda_i!$ 种不同的放置得到相同的置换. 同时, 每一个 i-轮换的第一个元素都不固定, 可以是这个 i-轮换中的任一个元素, 但是它们的前后次序是固定的, 所以对应着一个固定的 i-轮换, 有 i 种不同的放置得到相同的置换, 而这时有 λ_i 个 i-轮换, 对应于所有 i-轮换, 就有 i^{λ_i} 种不同的放置得到相同的置换. 利用组合计数中的除法法则, 得到型为 $1^{\lambda_1}2^{\lambda_2}\cdots n^{\lambda_n}$ 的置换个数为

$$\frac{n!}{\lambda_1!\lambda_2!\cdots\lambda_n!1^{\lambda_1}2^{\lambda_2}\cdots n^{\lambda_n}}. \qquad\Box$$

例 2.1.4　设 $n=4$, 则 $p(4)=5$, 即 S_4 中的置换有 5 个型, 它们分别为 1^4, 1^22^1, 1^13^1, 2^2 和 4^1. 型为 1^4 的置换就是恒等变换, 当然只有 1 个. 由命题 2.1.2, 可求出型为 1^22^1, 1^13^1, 2^2 和 4^1 的置换个数分别是

$$\frac{4!}{2!1!1^22^1}=6,\quad \frac{4!}{1!1!1^13^1}=8,\quad \frac{4!}{2!2^2}=3,\quad \frac{4!}{1!4^1}=6.$$

对比例 2.1.3 中 S_4 的所有元素的轮换分解表达式, 结果正是如此.

前面我们讨论了集合上的对称群, 下面来看图形的对称群. 设 S 是一个图形, 即欧氏空间 $\mathbb{R}^3$ 的一个子集, 保持 S 不变的空间运动, 即 $\mathbb{R}^3$ 上的旋转变换, 在映射合成下构成一个群, 这个群称为**图形 S 的对称群**. 本节我们给出平面上正多边形的对称群, 《代数学 (五)》中将详细讨论几类正多面体的对称群的表示性质.

例 2.1.5　设 P 为正 n 边形, 其中 $n\geqslant 3$, 我们记 P 的对称群为 D_n. D_n 中的元素为把 P 保持不变的空间运动, 所以把 P 的顶点集变到顶点集, 也把 P 的边集变到边集. 为方便起见, 下面用 $[n]$ 中的元素来表示 P 的顶点, 所以 D_n 中的元素可以看作 $[n]$ 上的置换. 对于 P 的顶点 a 与 b, 定义 $\{a,b\}$ 为 P 的一条边, 或记为 $a\sim b$, 当且仅当 $a-b\equiv\pm 1\ (\mathrm{mod}\ n)$, 这里的模 n 是 $[n]$ 上的模 n 运算, 即把余数 0 等同于 $[n]$ 中的元素 n, $-a$ 等同于 $n-a$. 所以 P 的边集为

$$\{\{a,b\}\mid a,b\in[n],\ a-b\equiv\pm 1\ (\mathrm{mod}\ n)\}.$$

对于 $i = 1, 2, \cdots, n$, 定义 $[n]$ 上的映射 σ_i 和 τ_i 如下: 对 $a \in [n]$,

$$\sigma_i(a) = a + i \pmod{n}, \quad \tau_i(a) = -a + i \pmod{n},$$

即 σ_i, τ_i 为 $[n]$ 上的变量系数为 1 和 -1 的全体线性函数, 所以它们都是 $[n]$ 上的置换. 比如

$$\sigma_1 = \begin{pmatrix} 1 & 2 & \cdots & n-1 & n \\ 2 & 3 & \cdots & n & 1 \end{pmatrix} = (123 \cdots n),$$

而当 n 为偶数时,

$$\tau_1 = \begin{pmatrix} 1 & 2 & \cdots & n-1 & n \\ n & n-1 & \cdots & 2 & 1 \end{pmatrix} = (1n)(2, n-1) \cdots \left(\frac{n}{2}, \frac{n}{2}+1\right),$$

当 n 为奇数时,

$$\tau_1 = \begin{pmatrix} 1 & 2 & \cdots & n-1 & n \\ n & n-1 & \cdots & 2 & 1 \end{pmatrix} = (1n)(2, n-1) \cdots \left(\frac{n-1}{2}, \frac{n+3}{2}\right)\left(\frac{n+1}{2}\right).$$

容易验证 σ_i 和 τ_i 都把 P 的边映到边. 事实上, σ_i 相当于 P 绕其中心 O 沿逆时针方向旋转 $\dfrac{2i\pi}{n}$ 角度, 而 τ_i 相当于 P 以直线 L_i 为轴作一次反射, 其中当 $i = 2t+1$ 时, L_i 是 O 点与边 $\{t, t+1\}$ 的中点之连线; 当 $i = 2t$ 时, L_i 是 O 点与顶点 t 的连线. 它们都是把 P 保持不变的 $\mathbb{R}^3$ 上的旋转变换. 所以对任意 $i = 1, 2, \cdots, n$, 有 $\sigma_i, \tau_i \in D_n$.

反之, 对任意 $\pi \in D_n$, 设 $\pi(1) = i$, 其中 $i \in [n]$. 因为 π 把 P 的边映成边, 所以有

$$a \sim b \Leftrightarrow \pi(a) \sim \pi(b).$$

由于 $1 \sim 2$, 故 $\pi(2) \sim \pi(1) = i$, 即 $\pi(2) = i+1 \pmod{n}$ 或 $\pi(2) = i-1 \pmod{n}$. 若 $\pi(2) = i+1 \pmod{n}$, 则由 $2 \sim 3$ 有 $\pi(3) = i+2 \pmod{n}$ 或 $\pi(3) = i$. 但 π 为 $[n]$ 到自身的双射且 $\pi(1) = i$, 所以 $\pi(3) = i+2 \pmod{n}$. 以此类推, 由归纳法容易得到 $\pi(a) = a+i-1 \pmod{n}$, $\forall a \in [n]$, 故 $\pi = \sigma_{i-1}$. 若 $\pi(2) = i-1 \pmod{n}$, 则类似地可以归纳得到 $\pi(a) = -a+i+1 \pmod{n}$, $\forall a \in [n]$, 即 $\pi = \tau_{i+1}$. 由此得到

$$D_n = \{\sigma_i, \tau_i \mid i = 1, 2, \cdots, n\}.$$

显然 $\sigma_1, \sigma_2, \cdots, \sigma_n$ 两两不同, $\tau_1, \tau_2, \cdots, \tau_n$ 也两两不同, 而对于任意的 $i, j = 1, 2, \cdots, n$ 有 $\sigma_i \neq \tau_j$. 事实上, 容易得到 $\sigma_1, \sigma_2, \cdots, \sigma_{n-1}$ 没有不动顶点也没有不动边, σ_n 固定所有 n 个顶点也固定所有的边. 当 n 为奇数时, 每个 τ_i 有唯一一个不动的顶点 $\dfrac{i}{2}$ 或者 $\dfrac{n+i}{2}$, 对应着 i 为偶数或奇数. 当 n 为偶数时, 若 i 为偶数, 则 τ_i 有两个不动

点 $\dfrac{i}{2}$ 和 $\dfrac{n+i}{2}$; 若 i 为奇数, τ_i 有两条不动边 $\left\{\dfrac{i-1}{2}, \dfrac{i+1}{2}\right\}$ 和 $\left\{\dfrac{n+i-1}{2}, \dfrac{n+i+1}{2}\right\}$.
故 D_n 为 $2n$ 阶群, 它包含 n 个旋转 σ_i 和 n 个反射 τ_i, $1 \leqslant i \leqslant n$, 其中 σ_n 为恒等变换,
即群 D_n 的单位元, 称此群为**二面体群**.

对任意 $i = 1, 2, \cdots, n$ 和任意 $a \in [n]$,

$$\tau_i^2(a) = \tau_i(\tau_i(a)) = \tau_i(-a+i) = -(-a+i)+i = a,$$

所以 τ_i^2 为 D_n 中的单位元, 即 $\tau_i^{-1} = \tau_i$. 又容易验证 $\sigma_i = \sigma_1^i$, $\sigma_i^{-1} = \sigma_{n-i}$, $1 \leqslant i \leqslant n$
和 $\sigma_i \tau_j = \tau_{i+j}$, 所以 $\tau_j = \sigma_1^{j-1} \tau_1$, 这表明 D_n 中每个元素都可以由 σ_1 和 τ_1 表出.
记 $r = \sigma_1$, $s = \tau_1$, 则有 $r^n = e$, $s^2 = e$ 且

$$rs = (rs)^{-1} = s^{-1} r^{-1} = sr^{-1},$$

其中 e 为 D_n 的单位元 σ_n, 所以

$$D_n = \{r^i s^j \mid i = 1, 2, \cdots, n; \ j = 0, 1\},$$

且满足 $r^n = e$, $s^2 = e$ 和 $rs = sr^{-1}$. 由此得到在二面体群 D_n 中, 对任意整数 k 有

$$r^k s = r^{k-1}(rs) = r^{k-1}(sr^{-1}) = r^{k-2}(rs)r^{-1} = r^{k-2} sr^{-2} = \cdots = sr^{-k}.$$

示意图参见图 2.1.

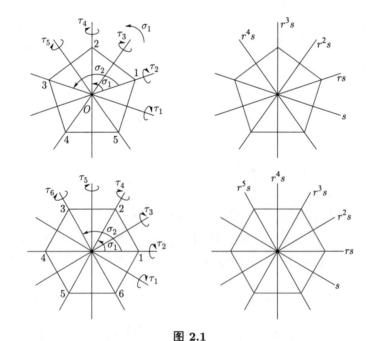

图 2.1

习题 2.1

1. 设 $n \geqslant 3$, $\sigma \in S_n$ 且 $\sigma \neq \mathrm{id}_{[n]}$, 证明存在 $\tau \in S_n$ 使得 $\sigma\tau \neq \tau\sigma$.

2. 设 $n \geqslant 3$, $\sigma = (12\cdots n)$, k 为正整数, 计算 σ^k. 进一步地, 对任意 $\tau \in S_n$, 若 τ 与 σ 可交换, 证明 τ 为 σ 的幂.

3. 证明: 如果一个置换是不相交的等长度的轮换的乘积, 那么该置换一定可以写为一个轮换的幂.

4. 把 S_9 中元素 $(147)(789)(39)(942)(356)$ 写成不相交轮换的乘积.

5. 找出 S_8 中与 $\sigma = (123)(45) \in S_8$ 交换的所有元素.

6. 设 p 为素数, $\sigma \in S_p$ 且 σ 不是恒等变换, 若 σ^p 为恒等变换, 证明 σ 是一个 p-轮换.

7. 给出交错群 A_5 中置换的型, 求 A_5 中与 (12345) 共轭的所有元素, 并证明 A_5 中型为 $1^1 2^2$ 的置换彼此共轭.

8. 交错群 A_n 中两个型相同的置换是否一定在 A_n 中共轭?

9. 求正四面体和正十二棱锥的对称群.

10. 在二面体群 D_4 中找 3 个元素 a, b, c 满足 $ab = bc$ 但是 $a \neq c$.

2.2 子群与同态

在前面的《代数学 (一)》和《代数学 (二)》中我们已经看到线性子空间在线性空间理论研究中起着重要的作用. 类似地, 群的子结构——子群也是群论中的重要概念.

定义 2.2.1　群 G 的非空子集 H 如果在 G 的运算下也构成一个群, 就称其为 G 的一个**子群**, 记作 $H \leqslant G$.

显然, 只包含 G 的单位元的集合 $\{e\}$ 和 G 本身都是 G 的子群, 称它们为 G 的**平凡子群**. 若 H 为 G 的子群且 $H \neq G$, 则也可以记为 $H < G$.

例 2.2.1　域 F 上的特殊线性群 $\mathrm{SL}_n(F)$ 是一般线性群 $\mathrm{GL}_n(F)$ 的子群, n 次单位根群 μ_n 是复数域的乘法群 $\mathbb{C}^*$ 的子群. n 元交错群 A_n 是 n 元对称群 S_n 的子群.

把正 n 边形的对称群 D_n 中每个元素看成它的 n 个顶点集合上的置换, 则 D_n 可以看成是 S_n 的子群. 特别地, 由于 D_3 和 S_3 都是 6 阶群, 故 D_3 和 S_3 可以看成是相同的群.

例 2.2.2　令 S_4 (或 A_4) 的子集

$$V_4 = \{(1), (12)(34), (13)(24), (14)(23)\},$$

则容易验证 V_4 在置换乘积下构成一个群, 所以 $V_4 \leqslant S_4$, 自然也有 $V_4 \leqslant A_4$.

我们知道线性空间 V 的一个非空子集为子空间当且仅当它对 V 的加法和数乘运算封闭, 那么群 G 的一个非空子集 H 满足什么条件才能构成 G 的子群? 由于子群的运算与原群的运算一致, 故 H 中结合律自然成立. 所以由定义有 H 是 G 的子群当且仅当 H 对 G 的运算是封闭的, H 自身有单位元, 并且 H 的每个元素在 H 中有逆元.

命题 2.2.1   若 $H \leqslant G$, 则有

(1) H 的单位元 e_H 就是 G 的单位元 e.

(2) 对任意 $h \in H$, h 在 H 中的逆元 h' 就是 h 在 G 中的逆元 h^{-1}.

证明   (1) 在群 G 中有 $ee_H = e_H$. 而在 H 中有 $e_H e_H = e_H$, 由于 H 中的运算是 G 中的运算, 故在 G 中也有 $e_H e_H = e_H$. 这样在 G 中有

$$ee_H = e_H = e_H e_H,$$

由消去律得 $e_H = e$.

(2) 由于在 H 中有 $hh' = e_H$, 故在 G 中也有 $hh' = e_H$. 又由 (1) 中结论 $e_H = e$, 知在 G 中有 $hh' = e$, 故 $h' = h^{-1}$.   □

定理 2.2.1   设 H 为群 G 的非空子集, 则下列陈述等价:

(1) $H \leqslant G$;

(2) H 对 G 的运算和求逆封闭, 即对任意 $a, b \in H$ 有 $ab \in H$, 且对任意 $h \in H$ 有 $h^{-1} \in H$;

(3) 对任意 $a, b \in H$ 有 $ab^{-1} \in H$.

证明   (1) $\Rightarrow$ (2): 设 $H \leqslant G$, 由定义, G 上的运算限制在 H 上为 H 的运算, 所以 H 对 G 的运算封闭显然成立. 再由命题 2.2.1 的结论 (2) 知对任意 $h \in H$ 有 $h^{-1} \in H$.

(2) $\Rightarrow$ (3): 对任意 $a, b \in H$, 首先由 $b \in H$ 得到 $b^{-1} \in H$, 再由 H 对 G 的运算封闭有 $ab^{-1} \in H$.

(3) $\Rightarrow$ (1): 任取 $b \in H$, 则

$$e = bb^{-1} \in H,$$

即 H 中有单位元. 再由 $e, b \in H$ 得到

$$b^{-1} = eb^{-1} \in H,$$

从而 H 中任意元素 b 的逆元 b^{-1} 仍在 H 中. 进一步地, 对任意 $a, b \in H$, 则由已证过的 $b^{-1} \in H$ 和条件 (3) 有

$$ab = a(b^{-1})^{-1} \in H,$$

即 H 对 G 的乘法封闭. 又 H 中的运算满足结合律自然成立, 所以 $H \leqslant G$.   □

我们知道子空间的交依然是子空间, 类似地, 由定理 2.2.1, 容易证明如下结论.

命题 2.2.2   群 G 的子群的交仍为 G 的子群, 即设 $\{H_i \mid i \in I\}$ 是以 I 为指标集的 G 的子群族, 则

$$\bigcap_{i \in I} H_i \leqslant G.$$

例 2.2.3　设 F 为域, $\mathrm{GL}_2(F)$ 是 F 上的 2 级一般线性群, 对于 $a \in F^*$, $b \in F$, 定义仿射矩阵

$$\mathrm{Aff}(a,b) = \begin{pmatrix} a & b \\ 0 & 1 \end{pmatrix}.$$

记

$$\mathrm{Aff}(F) = \{\mathrm{Aff}(a,b) \mid a \in F^*,\ b \in F\}.$$

由

$$\mathrm{Aff}(a,b)\mathrm{Aff}(c,d) = \mathrm{Aff}(ac, ad+b)$$

和

$$\mathrm{Aff}(a,b)^{-1} = \mathrm{Aff}(a^{-1}, -a^{-1}b)$$

得到 $\mathrm{Aff}(F) \leqslant \mathrm{GL}_2(F)$, 称其为域 F 上的**仿射群**.

容易验证, $G_1 = \{\mathrm{Aff}(1,b) \mid b \in F\}$ 和 $G_2 = \{\mathrm{Aff}(a,0) \mid a \in F^*\}$ 都是 $\mathrm{Aff}(F)$ 的子群, 分别称为仿射群 $\mathrm{Aff}(F)$ 的**平移子群**和**伸缩子群**.

类似地, 也可定义环 R 上的仿射群 $\mathrm{Aff}(R)$, 只是在仿射矩阵 $\mathrm{Aff}(a,b)$ 中把 $a \neq 0$ 变成 $a \in U(R)$, 即 a 为 R 中的可逆元.

设 S 为群 G 的一个非空子集, 则 G 的包含 S 的子群是存在的, 比如 G 本身就是其中之一. 而 G 的包含 S 的所有子群的交依然是 G 的包含 S 的子群, 并且是其中最小的一个. 我们称这个子群为 G 的**由 S 生成的子群**, 并记为 $\langle S \rangle$. 特别地, 如果 S 为有限集, 那么称 $\langle S \rangle$ 为 G 的**有限生成子群**. 进一步地, 若 $G = \langle S \rangle$, 则称群 G 由子集 S **生成**, 也称 S 是群 G 的一个**生成集**.

对任意 $s \in S$ 和任意整数 m, 由子群对运算和求逆的封闭性显然有 $s^m \in \langle S \rangle$. 进一步地, 对任意 $s_1, s_2, \cdots, s_k \in S$ 和任意整数 $m_1, m_2, \cdots, m_k$, 有 $s_1^{m_1} s_2^{m_2} \cdots s_k^{m_k} \in \langle S \rangle$. 令

$$H = \left\{ \prod_{i=1}^{k} s_i^{m_i} \,\middle|\, s_i \in S,\ m_i \in \mathbb{Z},\ k \in \mathbb{Z}^+ \right\},$$

上面的说明告诉我们 $H \subseteq \langle S \rangle$. 又容易验证 H 对 G 的乘法和求逆封闭, 所以 $H \leqslant G$. 又显然有 $S \subseteq H$, 故 H 是 G 的包含 S 的子群, 再由 $\langle S \rangle$ 的最小性有 $\langle S \rangle \subseteq H$. 所以

$$\langle S \rangle = H = \left\{ \prod_{i=1}^{k} s_i^{m_i} \,\middle|\, s_i \in S,\ m_i \in \mathbb{Z},\ k \in \mathbb{Z}^+ \right\}.$$

若 $S = \{a\}$, 则记 $\langle S \rangle = \langle a \rangle$, 并称 $\langle a \rangle$ 为 G 的**循环子群**. 显然

$$\langle a \rangle = \{a^m \mid m \in \mathbb{Z}\}.$$

定义 2.2.2　设 G 为群, 若存在 $a \in G$ 使得 $G = \langle a \rangle$, 则称 G 为**循环群**, a 为循环群 G 的一个**生成元**.

例 2.2.4 由例 1.2.5 知 n 次单位根群 μ_n 中元素 $\varepsilon_k = \varepsilon_1^k$, $0 \leqslant k \leqslant n-1$, 故 μ_n 是循环群, $\varepsilon_1 = \mathrm{e}^{\mathrm{i}\frac{2\pi}{n}}$ 是它的一个生成元. 又每个整数 m 可以写为 $m \cdot 1$ 或 $(-m) \cdot (-1)$, 故整数加法群 $(\mathbb{Z}, +)$ 是循环群, 1 和 -1 都是它的生成元.

设 G 为一个群, K, L 为 G 的非空子集, 定义

$$KL = \{ab \mid a \in K, b \in L\}, \quad K^{-1} = \{a^{-1} \mid a \in K\},$$

显然 KL 和 K^{-1} 都是 G 的子集, KL 称为 K 和 L 的**集合乘积**, K^{-1} 称为**集合 K 的逆**. 由于 G 的运算满足结合律, 故集合乘积也满足结合律, 即对 G 的任意子集 K, L, M 有 $(KL)M = K(LM)$. 所以我们也可以定义群中子集的幂, 即对 G 的任意子集 K 和任意正整数 n, 定义

$$K^n = \underbrace{KK \cdots K}_{n \text{ 个}}.$$

利用群中集合乘积的概念, 易得如下命题.

命题 2.2.3 设 G 为群, $H \subseteq G$ 且非空, 则 $H \leqslant G$ 当且仅当 $H^2 = H$ 且 $H^{-1} = H$.

映射用来表示集合之间的关系, 代数结构是带有运算的集合, 自然就用保持运算的映射来表示代数结构之间的关系, 例如我们用线性映射来表示线性空间之间的关系, 而表示群之间关系的映射就是下面定义的同态映射.

定义 2.2.3 设 G_1 和 G_2 为两个群, 若映射 $\sigma : G_1 \to G_2$ 保持运算, 即对任意 $a, b \in G_1$, 都有

$$\sigma(ab) = \sigma(a)\sigma(b), \tag{2.2}$$

则称 σ 是 G_1 到 G_2 的**同态映射**, 简称为**同态**. 进一步地, 若同态 σ 是满射, 则称 σ 为**满同态**; 若同态 σ 是单射, 则称 σ 为**单同态**; 若同态 σ 是双射, 则称 σ 是 G_1 到 G_2 的**同构映射**, 简称为**同构**. 若 G_1 与 G_2 间存在同构映射, 则称群 G_1 与 G_2 **同构**, 并记为 $G_1 \cong G_2$. 群 G 到自身的同态 (或同构) 映射称为 G 的**自同态** (或**自同构**).

注意到在式 (2.2) 中, $a, b \in G_1$, 故等号左端的 ab 是 G_1 中的运算, 而等号右端的 $\sigma(a)\sigma(b)$ 则是 G_2 中的运算. 群同态是群论中最重要的概念之一, 下面先看几个例子.

例 2.2.5 下面映射都是群同态.

(1) 设 F 为域, 定义 F 上的 n 级一般线性群 $\mathrm{GL}_n(F)$ 到 F 的乘法群 F^* 的映射

$$\sigma : \mathrm{GL}_n(F) \to F^*$$

为 $\sigma(A) = \det(A)$, 对任意 $A \in \mathrm{GL}_n(F)$. 由于

$$\det(AB) = \det(A)\det(B)$$

且 σ 为满射, 故 σ 为满同态.

(2) 定义 2.1.2 中给出的对称群 S_n 的符号函数 sgn 是 S_n 到 μ_2 的满同态.

(3) 设 $G = \langle a \rangle$ 为一个循环群, 定义 $\sigma : \mathbb{Z} \to G$ 为 $\sigma(k) = a^k$, 对任意 $k \in \mathbb{Z}$, 则 σ 为整数加法群 $\mathbb{Z}$ 到群 G 的满同态.

(4) 对任意正整数 n, 记
$$n\mathbb{Z} = \{nk \mid k \in \mathbb{Z}\},$$
容易验证 $n\mathbb{Z}$ 是整数加法群 $\mathbb{Z}$ 的子群. 定义 $\sigma : \mathbb{Z} \to n\mathbb{Z}$ 为 $\sigma(k) = nk$, 对任意 $k \in \mathbb{Z}$, 则 σ 为整数加法群 $\mathbb{Z}$ 到它的子群 $n\mathbb{Z}$ 的同构, 从而 $\mathbb{Z} \cong n\mathbb{Z}$.

(5) 设 V 是域 F 上的 n 维线性空间, V 上全体可逆线性变换在映射合成下构成的群 $\mathrm{GL}(V)$ 与 $\mathrm{GL}_n(F)$ 同构.

设 σ 是 G_1 到 G_2 的一个同构映射, 对任意 $a, b \in G_1$, $a \mapsto \sigma(a)$, $b \mapsto \sigma(b)$. σ 保持运算就是 G_1 中元素 a 与 b 的乘积 ab 在 σ 下的像就是 $\sigma(a)$ 与 $\sigma(b)$ 在 G_2 中的乘积. 由于 σ 是双射, 当 g 取遍 G_1 时, $\sigma(g)$ 也取遍 G_2, 且没有重复. 因此, 当把 g 和 $\sigma(g)$ 看成等同时, G_1 与 G_2 这两个集合也看成等同, 并且它们的运算也是一样的, 因而是相同的代数结构. 也就是说, G_1 与 G_2 除元素记号不同外, 运算结构是一样的. 代数学主要研究代数结构运算的一般性质, 而并不关注承载运算的集合, 因此同构的群作为代数结构看是一样的. 从同构的群中选择任意一个群来研究它的运算性质, 就能得到其他群的同样的运算性质.

例 2.2.6　设 G 为群, 用 $\mathrm{Aut}(G)$ 表示群 G 的所有自同构构成的集合, 它是 G 上的全变换群 S_G 的一个非空子集. 对任意 $\sigma, \tau \in \mathrm{Aut}(G)$ 和 $a, b \in G$, 有
$$\sigma\tau(ab) = \sigma(\tau(ab)) = \sigma(\tau(a)\tau(b)) = \sigma(\tau(a))\sigma(\tau(b)) = \sigma\tau(a)\sigma\tau(b),$$
所以 $\sigma\tau \in \mathrm{Aut}(G)$, 即 $\mathrm{Aut}(G)$ 对映射乘法封闭. 对任意 $\sigma \in \mathrm{Aut}(G)$ 和 $a, b \in G$, 由
$$\sigma(\sigma^{-1}(a)\sigma^{-1}(b)) = \sigma(\sigma^{-1}(a))\sigma(\sigma^{-1}(b)) = ab$$
得到
$$\sigma^{-1}(ab) = \sigma^{-1}(a)\sigma^{-1}(b),$$
所以 $\sigma^{-1} \in \mathrm{Aut}(G)$, 即 $\mathrm{Aut}(G)$ 对求逆封闭. 由定理 2.2.1 知 $\mathrm{Aut}(G) \leqslant S_G$. 群 $\mathrm{Aut}(G)$ 称为群 G 的**自同构群**.

例 2.2.7　设 G 为交换群, 运算记为 $+$, 用 $\mathrm{End}(G)$ 表示 G 的全体自同态构成的集合. 对于 $\varphi, \psi \in \mathrm{End}(G)$, 定义
$$(\varphi + \psi)(g) = \varphi(g) + \psi(g), \quad (\varphi\psi)(g) = \varphi(\psi(g)), \ \forall g \in G.$$
容易验证 $\mathrm{End}(G)$ 对于上面的运算构成一个环, 称之为**交换群 G 的自同态环**. 注意到环 $\mathrm{End}(G)$ 的单位群就是交换群 G 的自同构群 $\mathrm{Aut}(G)$.

由同态的定义, 容易证明下面的定理.

定理 2.2.2　设 $\sigma: G \to G'$ 为同态, 则有

(1) 设 e 为 G 的单位元, 则 $\sigma(e) = e'$ 是 G' 的单位元.

(2) 对任意 $g \in G$, $\sigma(g^{-1}) = \sigma(g)^{-1}$.

(3) 对任意 $S \subseteq G$, 令

$$\sigma(S) = \{\sigma(a) \mid a \in S\}.$$

显然 $\sigma(S) \subseteq G'$, 称 $\sigma(S)$ 为 S 在 σ **下的像**. 若 $H \leqslant G$, 则 $\sigma(H) \leqslant G'$. 特别地, $\sigma(G) \leqslant G'$.

(4) 对任意 $S' \subseteq \sigma(G)$, 令

$$\sigma^{-1}(S') = \{g \in G \mid \sigma(g) \in S'\}.$$

显然 $\sigma^{-1}(S') \subseteq G$, 称 $\sigma^{-1}(S')$ 为 S' 在 σ **下的原像**. 若 $H' \leqslant \sigma(G)$, 则 $\sigma^{-1}(H') \leqslant G$.

由上面定理的结论 (4), G' 的单位元 e' 的原像 $\sigma^{-1}(e')$ 是 G 的子群, 称它为**同态 σ 的核**, 记为 $\operatorname{Ker} \sigma$, 即

$$\operatorname{Ker} \sigma = \{g \in G \mid \sigma(g) = e'\}.$$

类似于可用线性映射的核来刻画线性映射的单射性质, 我们有如下定理.

定理 2.2.3　设 $\sigma: G \to G'$ 为同态, e 为群 G 的单位元, 则 σ 为单同态当且仅当 $\operatorname{Ker} \sigma = \{e\}$.

证明　设 σ 为单同态, e' 为 G' 的单位元. 若 $a \in \operatorname{Ker} \sigma$, 则有

$$\sigma(a) = e' = \sigma(e).$$

由 σ 为单射得到 $a = e$, 所以 $\operatorname{Ker} \sigma = \{e\}$.

反之, 对 $a, b \in G$, 设 $\sigma(a) = \sigma(b)$, 则有

$$\sigma(ab^{-1}) = \sigma(a)\sigma(b^{-1}) = \sigma(a)\sigma(b)^{-1} = e'.$$

所以 $ab^{-1} \in \operatorname{Ker} \sigma$, 由 $\operatorname{Ker} \sigma = \{e\}$ 得到 $ab^{-1} = e$, 即 $a = b$, 故 σ 为单射. 又 σ 为同态, 所以 σ 为单同态.　　□

定理 2.2.4 (挖补定理)　设 G 和 H' 是两个群且 $G \cap H' = \varnothing$, 又设 $H \leqslant G$ 且 $H \cong H'$, 则存在群 G' 使得 $H' \leqslant G'$ 且 $G \cong G'$.

证明　设 $\eta: H \to H'$ 为群同构映射, 令 $G' = (G \setminus H) \cup H'$ 并定义 $\varphi: G \to G'$ 为

$$\varphi(a) = \begin{cases} a, & \text{若 } a \in G \setminus H, \\ \eta(a), & \text{若 } a \in H. \end{cases}$$

由 $G \cap H' = \varnothing$ 显然有 φ 为双射.

对任意 $a',b' \in G'$, 则存在唯一的 $a,b \in G$ 使得 $\varphi(a) = a'$ 和 $\varphi(b) = b'$. 定义 "$\odot$" 为

$$a' \odot b' = \varphi(ab), \tag{2.3}$$

由 a,b 的唯一性易得 $\odot$ 是 G' 上的运算且 G' 在该运算下构成一个群. 由 (2.3) 知对任意 $a,b \in G$, 有

$$\varphi(ab) = \varphi(a) \odot \varphi(b),$$

即 φ 又是群同态, 所以 $G \cong G'$.

设群 H' 的运算记为 "$\circ$". 对任意 $g',h' \in H'$, 则存在唯一的 $g,h \in H$ 使得 $\eta(g) = g'$, $\eta(h) = h'$, 且由 H 为群得到 $gh \in H$. 所以

$$g' \circ h' = \eta(g) \circ \eta(h) = \eta(gh) = \varphi(gh) = \varphi(g) \odot \varphi(h) = \eta(g) \odot \eta(h) = g' \odot h',$$

即 H' 的运算与限制在 H' 上的 G' 的运算是一样的, 所以 $H' \leqslant G'$. □

注意到定理 2.2.4 中的群 G' 是关于群 G, H 和 H' 形式上构造出来的. 定理证明中已有 G' 的运算限制在 H' 上就是 H' 的运算, 再由 G' 运算的定义易知 G' 的运算限制在 $G \setminus H$ 上就是群 G 的运算. 因为 $G \cong G'$, G 与 G' 可等同起来, 我们把 H' 中的元素等同地看成是在同构映射 η 下对应的 H 中的原像, 则可以把 H' 看成是 G 的子群. 定理 2.2.4 被称为**挖补定理**, 形象上看就是把 G 的子群 H 挖出来, 再把与 H 同构的群 H' 补进去, 这样可把 H' 看成是 G 的子群.

特别地, 对于群 G_1 和 G_2, 设 $G_1 \cap G_2 = \varnothing$, 若存在单同态 $\sigma : G_1 \to G_2$, 则 G_1 同构于 G_2 的子群 $\sigma(G_1)$, 把 $\sigma(G_1)$ 挖掉, 再把 G_1 补上, 即把 G_1 中的元素 g 等同于 $\sigma(G_1)$ 中的元素 $\sigma(g)$, 则 G_1 可以看成是 G_2 的子群. 实际上这种看法也是很自然的, 如同我们习惯上把整数看成是分母为 1 的有理数, 把实数看成是虚部为 0 的复数一样.

习题 2.2

1. 设 H 是群 G 的非空子集, 在 G 中定义关系 $\sim$ 为对任意 $a,b \in G$, $a \sim b$ 若 $ab^{-1} \in H$, 证明 $\sim$ 是 G 上的等价关系当且仅当 $H \leqslant G$.

2. 考虑整数加法群 $\mathbb{Z}$, 设 $H \leqslant \mathbb{Z}$.

(1) 证明: 若 $m,n \in H$, 则 $\gcd(m,n) \in H$;

(2) 证明存在一个整数 $m \in \mathbb{Z}$, 使得 $H = m\mathbb{Z}$;

(3) 设 $m_1, m_2, \cdots, m_k$ 为两两不同的 k 个非零整数, 证明:

$$m_1\mathbb{Z} \cap m_2\mathbb{Z} \cap \cdots \cap m_k\mathbb{Z} = \mathrm{lcm}(m_1, m_2, \cdots, m_k)\mathbb{Z},$$

其中 $\mathrm{lcm}(m_1, m_2, \cdots, m_k)$ 表示 $m_1, m_2, \cdots, m_k$ 的最小公倍数;

(4) 任取无穷多个两两不同的整数 $\{m_k\}_{k\in\mathbb{N}}$, 利用 (3) 中结论证明

$$\bigcap_{k\in\mathbb{N}} m_k\mathbb{Z} = \{0\}.$$

3. 设 $n \geqslant 3$, 在对称群 S_n 中令 $\sigma = (12\cdots n)$, $\tau = (12)$, 证明 $S_n = \langle\sigma,\tau\rangle$.

4. 证明: 若 n 为大于 2 的偶数, 则 $A_n = \langle(123),(23\cdots n)\rangle$; 若 n 为大于 2 的奇数, 则 $A_n = \langle(123),(12\cdots n)\rangle$.

5. 考虑 2 阶整系数方阵的集合 $\mathbb{Z}^{2\times 2}$, 其上运算为矩阵乘法.

(1) 证明 $A \in \mathbb{Z}^{2\times 2}$ 可逆当且仅当 $|\det A| = 1$;

(2) 记所有满足 $|\det A| = 1$ 的整系数 2 阶方阵构成的集合为 $\mathrm{GL}_2(\mathbb{Z})$, 证明 $\mathrm{GL}_2(\mathbb{Z})$ 关于矩阵乘法构成一个群, 并且该群可以由

$$\left\{\begin{pmatrix} 1 & 1 \\ 0 & 1 \end{pmatrix}, \begin{pmatrix} 1 & 0 \\ 1 & 1 \end{pmatrix}, \begin{pmatrix} 1 & 0 \\ 0 & -1 \end{pmatrix}\right\}$$

生成.

6. 已知定义在 $\mathbb{R}\cup\{\infty\}$ 上的函数

$$f(x) = \frac{1}{x}, \quad g(x) = \frac{x-1}{x},$$

考虑这两个函数生成的 $\mathbb{R}\cup\{\infty\}$ 的全变换群 $S_{\mathbb{R}\cup\{\infty\}}$ 的子群 H, 其中的运算是函数复合. 证明 $H \cong S_3$.

7. 如果 G 是一个有限群, 我们可以构造 G 的子群图, 这个图的点是 G 的子群. 任给两个不同子群 H 和 K, 存在一条连接 H 和 K 的线段当且仅当 $H < K$ 且不存在其他子群 L 满足 $H < L < K$. 如果 $H < K$, 我们通常将 H 放在较低的位置, K 放在较高的位置. 例如以下给出 $\mathbb{Z}_3$ 的子群图:

以及 S_3 的子群图:

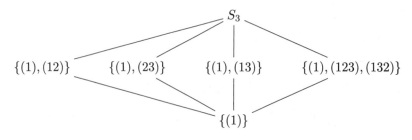

试画出 $\mathbb{Z}_{12}$ 和 D_4 的子群图.

8. 设 G 是群, $K, L \leqslant G$, 证明 $KL \leqslant G$ 当且仅当 $KL = LK$.

9. 证明定理 2.2.2.

10. 确定对称群 S_n 到 2 阶群 μ_2 的所有同态.

11. 证明 S_4 的子群 $V_4 = \{(1), (12)(34), (13)(24), (14)(23)\}$ 与 μ_4 不同构.

12. 设 G 为群, G 上的变换 σ 定义为对任意 $a \in G$, $\sigma(a) = a^{-1}$, 证明 σ 为 G 的自同构当且仅当 G 是交换群.

13. 求有理数加法群的自同构群.

14. 证明实数加法群与正实数乘法群同构.

15. 设 $\sigma : G \to G'$ 为群同态, $H \leqslant G$, $K = \text{Ker } \sigma$, 证明 $\sigma^{-1}(\sigma(H)) = HK$ 并且 $HK \leqslant G$.

2.3 循环群

上一节定义了循环群, 本节我们讨论循环群的更多特性. 循环群是由一个元素生成的群, 即存在 $a \in G$, 使得 $G = \langle a \rangle$, 而 a 是 G 的一个生成元. 对任意 $g, h \in G$, 存在整数 k 和 m 使得 $g = a^k$, $h = a^m$, 从而

$$gh = a^{k+m} = a^{m+k} = hg,$$

故循环群一定是交换群.

设循环群 $G = \langle a \rangle$, 则

$$G = \{\cdots, a^{-m}, a^{-(m-1)}, \cdots, a^{-1}, a^0 = e, a, \cdots, a^{m-1}, a^m, \cdots\}.$$

若 a 的任意两个不同幂皆不相等, 则显然 G 为无限群. 若 a 有两个不同幂相等, 不妨设有 $i < j$ 使得 $a^i = a^j$, 这时有 $j - i > 0$ 且 $a^{j-i} = e$. 由于正整数构成的非空集合中一定有最小元素, 取

$$n = \min\{m \in \mathbb{Z}^+ \mid a^m = e\},$$

即 $a^n = e$, 但对任意 $1 \leqslant m < n$ 有 $a^m \neq e$. 对 G 中任一元素 a^k, 用 n 去除 k, 由带余除法有 $k = qn + r$, 其中 q 为整数, $0 \leqslant r < n$, 从而

$$a^k = a^{qn+r} = (a^n)^q \cdot a^r = a^r,$$

故

$$G = \{a^0 = e, a, \cdots, a^{n-1}\}.$$

进一步地, 对任意 $a^s, a^t \in G$, 其中 $0 \leqslant s < t < n$. 若 $a^s = a^t$, 则 $a^{t-s} = e$, 又 $0 < t - s < n$, 这与 n 的最小性矛盾. 从而 $a^s \neq a^t$, 所以

$$a^0 = e, a, a^2, \cdots, a^{n-1}$$

两两不同, 故群 G 的阶为 n. 这样我们便证明了如下定理.

定理 2.3.1   设 $G = \langle a \rangle$ 为循环群, 若 a 的任意两个不同幂皆不相等, 则 G 为无限群. 若 a 有两个不同幂相等, 则存在 a 的某个正整数次幂为单位元且 G 为有限群. 进一步地, 设 n 为满足 $a^n = e$ 的最小正整数, 则 G 的阶为 n.

定义 2.3.1   设 G 为一个群, $a \in G$, 称 a 生成的循环子群 $\langle a \rangle$ 的阶为元素 a 的**阶**, 记为 $o(a)$.

由定义知元素 a 的阶 $o(a)$ 是使得 $a^n = e$ 成立的最小正整数 n, 而若这样的 n 不存在, 即不存在正整数 m 使得 $a^m = e$, 则称 a 的阶无限, 或称 a 为**无限阶元素**, 记为 $o(a) = \infty$.

由于 $a^n = e$ 当且仅当 $(a^{-1})^n = (a^n)^{-1} = e$, 故 $o(a) = o(a^{-1})$. 进一步地, 若 $\sigma: G_1 \to G_2$ 为同构, 则对于 $a \in G_1$, 也容易验证 $a^n = e$ 当且仅当 $\sigma(a)^n = e'$, 其中 e 和 e' 分别是群 G_1 和 G_2 的单位元, 从而 $o(a) = o(\sigma(a))$.

命题 2.3.1   设 G 为群, $a \in G$, k 为整数, 则 $a^k = e$ 当且仅当 $o(a) \mid k$.

证明   充分性显然, 下证必要性. 由带余除法, 设

$$k = qo(a) + r,$$

其中 q 为整数, $0 \leqslant r < o(a)$, 则

$$a^r = a^{k-qo(a)} = a^k (a^{o(a)})^{-q} = e,$$

由 $o(a)$ 的最小性得 $r = 0$. 所以 $o(a) \mid k$.   □

推论 2.3.1   设 G 为 n 阶交换群, $a \in G$, 则 $o(a) \mid n$.

证明   设 $G = \{a_1, a_2, \cdots, a_n\}$, 则有

$$aG = \{aa_1, aa_2, \cdots, aa_n\} \subseteq G. \tag{2.4}$$

进一步地, 若 $aa_i = aa_j$, 两端消去 a 得到 $a_i = a_j$, 故 n 个元素 $aa_1, aa_2, \cdots, aa_n$ 两两不同. 所以 $|aG| = n = |G|$, 再由式 (2.4) 得到 $aG = G$. 把 aG 和 G 中的元素分别相乘, 由 G 的可交换性得到

$$a^n a_1 a_2 \cdots a_n = a_1 a_2 \cdots a_n,$$

两端消去 $a_1 a_2 \cdots a_n$ 得到 $a^n = e$. 再由命题 2.3.1 得到 $o(a) \mid n$.   □

注意到推论 2.3.1 的结论对非交换群也成立, 但其中的证明对非交换群不成立.

命题 2.3.2 设 G 为有限交换群, 则

$$\prod_{g\in G} g = \prod_{a\in G,\, o(a)=2} a.$$

特别地, 若 G 中无 2 阶元, 则上式等号右端为单位元 e.

证明 对于 $a\in G$, $o(a)\leqslant 2$ 当且仅当 $a^2=e$, 或写为 $a=a^{-1}$. 所以若 $o(a)\geqslant 3$, 则 $a\neq a^{-1}$. 在群 G 的所有元素乘积中, 可以把阶至少为 3 的元素 a 和它的逆 a^{-1} 结合在一起相乘得到单位元. 又阶为 1 的元素只有单位元 e, 从而

$$\prod_{g\in G} g = \prod_{a\in G,\, o(a)=2} a. \qquad\square$$

定理 2.3.2 设 G 为群, $a\in G$ 且 $o(a)=n$. 设 k 为正整数, 则

$$o(a^k) = \frac{n}{\gcd(n,k)},$$

其中 $\gcd(n,k)$ 为正整数 n 与 k 的最大公因数.

证明 记 $d=\gcd(n,k)$, 且 $n=n_1 d$, $k=k_1 d$, 则 $\gcd(n_1,k_1)=1$. 设 $o(a^k)=m$, 由于

$$(a^k)^{n_1} = (a^{k_1 d})^{n_1} = (a^n)^{k_1} = e^{k_1} = e,$$

由命题 2.3.1 有 $m\mid n_1$. 另一方面, 由于

$$a^{km} = (a^k)^m = e,$$

仍由命题 2.3.1 得到 $n\mid km$, 即 $n_1\mid k_1 m$. 又 n_1 与 k_1 互素, 所以 $n_1\mid m$. 这样便有 $m=n_1$, 即

$$o(a^k) = n_1 = \frac{n}{\gcd(n,k)}. \qquad\square$$

设 $G=\langle a\rangle$ 为 n 阶循环群, $0\leqslant k\leqslant n-1$, 若 $\gcd(n,k)=1$, 即 n 与 k 互素, 则 $o(a^k)=n$, 这表明 $\langle a^k\rangle$ 为 G 的 n 阶子群, 也就是 G 本身. 所以 a^k 也是 G 的生成元. 反之, 设 $0\leqslant k\leqslant n-1$, 且 $\langle a^k\rangle=G$, 则 $o(a^k)=n$, 从而 $\gcd(n,k)=1$. 即 a^k 是 G 的生成元当且仅当 $\gcd(n,k)=1$. 由此得出 n 阶循环群的生成元有 $\phi(n)$ 个, 这里 $\phi(n)$ 是 Euler ϕ-函数, 即小于 n 且与 n 互素的自然数的个数. 进一步地, 因为循环群为交换群, 所以对任意 $b\in G$, 有 $o(b)\mid n$. 那么对于 n 的正因数 d, G 中阶为 d 的元素个数是多少? 由于 G 中元素为 a^k 的形式, 其中 $0\leqslant k\leqslant n-1$, 而 $o(a^k)=d$ 当且仅当 $\gcd(n,k)=\dfrac{n}{d}$, 这等价于 $\gcd\left(d,\dfrac{kd}{n}\right)=1$, 故这样的 k 有 $\phi(d)$ 个, 即群 G 中阶为 d 的元素有 $\phi(d)$ 个. 这样我们证明了如下命题.

命题 2.3.3 设 G 为 n 阶循环群, 则 G 中元素的阶为 n 的因子. 进一步地, 对 n 的任意正因子 d, G 中阶为 d 的元素有 $\phi(d)$ 个, 其中 $\phi(n)$ 是 Euler ϕ-函数.

把循环群 G 中的元素按它的阶来划分, 便可得到初等数论中的一个著名等式

$$\sum_{d \mid n} \phi(d) = n.$$

注 2.3.1　一般地, 设 G 为有限群, d 为正整数, 若 G 中有 d 阶元素 a, 则 $\langle a \rangle$ 是 G 的一个 d 阶循环子群, 且 $\langle a \rangle$ 中有 $\phi(d)$ 个 d 阶元素. 若 $G \setminus \langle a \rangle$ 中仍有 d 阶元素 b, 则 d 阶循环子群 $\langle b \rangle$ 中又有 $\phi(d)$ 个 d 阶元素, 而 $\langle b \rangle$ 中的 d 阶元素一定不在 $\langle a \rangle$ 中. 事实上, 若 d 阶元素 $b^r \in \langle a \rangle$, 则有 $\gcd(r,d) = 1$, 故存在整数 u, v 使得 $ur + vd = 1$, 从而

$$b = b^{ur+vd} = (b^r)^u (b^d)^v = (b^r)^u \in \langle a \rangle,$$

与 $b \notin \langle a \rangle$ 矛盾. 这表明 $\langle a \rangle$ 中的 d 阶元素与 $\langle b \rangle$ 中的 d 阶元素互不相同. 若 $G \setminus (\langle a \rangle \cup \langle b \rangle)$ 中还有 d 阶元素, 则同样继续下去可以得到 G 中另外 $\phi(d)$ 个 d 阶元素. 以此类推, 我们可以得到群 G 中阶为 d 的元素个数为 $\phi(d)$ 的倍数. 当然, 若 G 中无 d 阶元素, 即 G 中阶为 d 的元素个数为 0, 它也是 $\phi(d)$ 的倍数.

定理 2.3.3　设 G 是一个群, $a, b \in G$, $ab = ba$. 若 $o(a) = m$, $o(b) = n$ 且 $\gcd(m,n) = 1$, 则 $o(ab) = mn$.

证明　记 $o(ab) = r$. 由于 a, b 可交换, 故

$$(ab)^{mn} = a^{mn} b^{mn} = (a^m)^n (b^n)^m = e,$$

从而 $r \mid mn$. 另一方面, 由 $a^r b^r = (ab)^r = e$ 有 $a^r = b^{-r}$. 所以

$$a^{nr} = (a^r)^n = (b^{-r})^n = (b^n)^{-r} = e^{-r} = e,$$

因此 $m \mid nr$. 又 m 与 n 互素, 故 $m \mid r$. 同理可得 $n \mid r$. 再根据 m 与 n 互素得 $mn \mid r$. 所以 $r = mn$, 即 $o(ab) = mn$. □

注意到定理 2.3.3 中的条件 a, b 可交换以及 m 与 n 互素缺一不可, 条件不成立的反例请参见本节习题.

例 2.3.1　在对称群 S_n 中, 容易算出长为 k 的轮换的阶为 k. 进一步地, 对任一置换 $\sigma \in S_n$, 把 σ 写成互不相交的轮换乘积, 则 σ 的阶为这些互不相交轮换长度的最小公倍数. 这个结论的证明留给读者.

若群的运算写成加法, 则

$$\langle a \rangle = \{ ma \mid m \in \mathbb{Z} \}.$$

若 a 的任意两个不同倍数都不相等, 则 $\langle a \rangle$ 为无限群. 例如整数加法群 $\mathbb{Z} = \langle 1 \rangle$ 是无限循环加法群. 对于任意正整数 n,

$$n\mathbb{Z} = \{nk \mid k \in \mathbb{Z}\} = \langle n \rangle$$

也是无限循环加法群. 若存在 a 的两个不同倍数相等, 则一定有正整数 m 使得 $ma = 0$. 取 n 为满足此条件的最小正整数, 则 n 就是元素 a 的阶并且 $\langle a \rangle$ 为 n 阶群. 例如整数模 n 的加法群 $\mathbb{Z}_n = \langle \bar{1} \rangle$ 就是 n 阶循环加法群.

命题 2.3.4　任意无限循环群 G 与整数加法群 $\mathbb{Z}$ 同构.

证明　设 $G = \langle a \rangle$ 为无限循环群, 则容易验证

$$\sigma : \mathbb{Z} \to G$$
$$k \mapsto a^k$$

是同构映射. 事实上, 由例 2.2.5 中 (3) 知 σ 为满同态. 又因为 a 的任意两个不同幂都不相等, 所以 σ 为单射. 故 σ 为同构映射, 即 $G \cong \mathbb{Z}$. □

命题 2.3.5　两个有限阶循环群同构当且仅当它们的阶相等.

证明　两个群同构表明这两个群之间存在双射, 所以同构的有限群的阶一定相等, 故必要性显然.

充分性: 设 $G_1 = \langle a_1 \rangle$ 与 $G_2 = \langle a_2 \rangle$ 都是 n 阶循环群, 则有 $a_1^n = a_2^n = e$, 且 a_i^k, $0 \leqslant k \leqslant n-1$ 两两不同, $i = 1, 2$. 容易验证

$$\varphi : G_1 \to G_2$$
$$a_1^k \mapsto a_2^k, \ 0 \leqslant k \leqslant n-1$$

是同构映射, 故 G_1 与 G_2 同构. □

由命题 2.3.5 知任意 n 阶循环群都与 μ_n 同构, 当然也与整数模 n 的加法群 $\mathbb{Z}_n$ 同构.

子群在群论研究中起着重要的作用, 下面考察循环群的子群.

定理 2.3.4　循环群的子群仍为循环群.

证明　设 $G = \langle a \rangle$, $H \leqslant G$. 若 $H = \{e\}$, 则 $H = \langle e \rangle$ 为循环群. 若 $H \neq \{e\}$, 则存在 $a^m \in H$ 且 $a^m \neq e$, 显然 $m \neq 0$. 若 $m < 0$, 则有 $a^{-m} = (a^m)^{-1} \in H$, 从而存在 a 的正整数次幂在 H 中. 取满足 $a^s \in H$ 的最小正整数 s, 则必有 $H = \langle a^s \rangle$. 事实上, 由于 $a^s \in H$, 故 $\langle a^s \rangle \subseteq H$. 另一方面, 任取 $a^k \in H$, 做带余除法, 设 $k = ts + r$, 其中 t 为整数, $0 \leqslant r < s$, 则

$$a^r = a^{k-ts} = a^k (a^s)^{-t} \in H,$$

由 s 的最小性知 $r = 0$. 所以

$$a^k = (a^s)^t \in \langle a^s \rangle,$$

即 $H \subseteq \langle a^s \rangle$. 故 $H = \langle a^s \rangle$ 为循环群. □

若 $G = \langle a \rangle$ 是无限循环群, 则除单位元群 $\{e\}$ 外, G 的每个子群都是无限循环群. 因为这时存在某个正整数 s 使得 $H = \langle a^s \rangle$, 又 a 的任意不同幂都不同, 故 a^s 的任意不同幂也不同, 从而 $\langle a^s \rangle$ 为无限群. 反之对每个正整数 s, $\langle a^s \rangle$ 都是 G 的子群. 这样我们就得到无限循环群 $G = \langle a \rangle$ 的所有子群构成的集合为

$$\mathcal{G} = \{\langle a^s \rangle \mid s \in \mathbb{N}\}.$$

定理 2.3.5   设 $G = \langle a \rangle$ 为 n 阶循环群, 则 G 的子群的阶都是 n 的因子. 进一步地, 对于 n 的任意正因子 d, G 的阶为 d 的子群存在且唯一.

证明   设 $H \leqslant G$, 则存在某个 $0 \leqslant s \leqslant n-1$ 使得 $H = \langle a^s \rangle$, 所以 H 的阶为

$$o(a^s) = \frac{n}{\gcd(n, s)},$$

显然为 n 的因子.

进一步地, 对 n 的每一个正因子 d, 首先 G 有 d 阶子群 $\langle a^{\frac{n}{d}} \rangle$. 另一方面, 设 $H = \langle a^s \rangle$ 为 G 的任一 d 阶子群, 其中 s 是一个自然数, 则有 $o(a^s) = d$, 即

$$a^{sd} = (a^s)^d = e,$$

所以 $n \mid sd$, 即存在整数 t 使得 $nt = sd$. 从而 $s = \frac{n}{d}t$, 故 $a^s = \left(a^{\frac{n}{d}}\right)^t$, 由此得到 $a^s \in \langle a^{\frac{n}{d}} \rangle$, 从而 $H \subseteq \langle a^{\frac{n}{d}} \rangle$. 又 H 与 $\langle a^{\frac{n}{d}} \rangle$ 都是 d 阶群, 所以 $H = \langle a^{\frac{n}{d}} \rangle$. 这便证出 G 的 d 阶子群的唯一性.   □

由定理 2.3.5, 设 $G = \langle a \rangle$ 为 n 阶循环群, 则 G 的所有子群构成的集合为

$$\mathcal{G} = \{\langle a^{\frac{n}{d}} \rangle \mid d \text{ 为 } n \text{ 的正因子}\} = \{\langle a^d \rangle \mid d \text{ 为 } n \text{ 的正因子}\}.$$

我们知道循环群是交换群, 那么何时交换群为循环群? 下面看有限交换群的情形, 为此引入如下定义.

定义 2.3.2   设 G 为一个群, 对所有 $a \in G$, 都有 $a^t = e$ 的最小正整数 t 称为群 G 的**方次数**, 记为 $\exp(G)$.

若 G 为有限交换群, 推论 2.3.1 告诉我们对任意 $a \in G$ 有 $a^{|G|} = e$, 所以对有限交换群 G 有 $\exp(G) \leqslant |G|$.

引理 2.3.1   设 G 为有限交换群, g 为 G 中的一个最大阶元素, 即对任意 $h \in G$ 都有 $o(h) \leqslant o(g)$, 则 $\exp(G) = o(g)$.

证明   只需证明对任意 $h \in G$ 都有 $h^{o(g)} = e$. 设

$$o(g) = p_1^{e_1} p_2^{e_2} \cdots p_s^{e_s}, \quad o(h) = p_1^{f_1} p_2^{f_2} \cdots p_s^{f_s},$$

其中 $p_1, p_2, \cdots, p_s$ 是互不相同的素数, $e_i \geqslant 0$, $f_i \geqslant 0$, $1 \leqslant i \leqslant s$. 故问题转化为只需证明对每个 $1 \leqslant i \leqslant s$, 都有 $f_i \leqslant e_i$. 若否, 即存在某个 i 使得 $f_i > e_i$. 不妨设 $i = 1$, 令

$$g_1 = g^{p_1^{e_1}}, \quad h_1 = h^{p_2^{f_2} \cdots p_s^{f_s}},$$

则由定理 2.3.2 有

$$o(g_1) = \frac{o(g)}{p_1^{e_1}} = p_2^{e_2} \cdots p_s^{e_s}.$$

类似地, $o(h_1) = p_1^{f_1}$. 由 G 为交换群, g_1 与 h_1 可交换, 又 $o(g_1)$ 与 $o(h_1)$ 互素, 由定理 2.3.3 得到

$$o(g_1 h_1) = p_1^{f_1} p_2^{e_2} \cdots p_s^{e_s} > o(g),$$

与 g 为 G 中最大阶元素矛盾. □

定理 2.3.6　设 G 为有限交换群, 则 G 是循环群当且仅当 $\exp(G) = |G|$.

证明　循环群生成元的阶即为群的阶, 因此必要性显然. 反之, 设 $\exp(G) = |G|$, 由引理 2.3.1, 存在 $g \in G$, 使得 $o(g) = \exp(G) = |G|$, 于是 $\langle g \rangle$ 是 G 的子群且其阶为 $|G|$, 所以 $G = \langle g \rangle$, 即 G 为循环群. □

定理 2.3.7　设 G 为有限交换群, 则 G 为循环群当且仅当对于任意正整数 m, 方程 $x^m = e$ 在 G 中解的个数不超过 m.

证明　充分性: 设 $m = \exp(G)$, 则 G 中每个元素都是方程 $x^m = e$ 的解, 由所给条件得到 $|G| \leqslant m = \exp(G)$, 再根据 $\exp(G) \leqslant |G|$ 有 $\exp(G) = |G|$. 由定理 2.3.6 知 G 为循环群.

必要性: 设 $G = \langle g \rangle$ 的阶为 n, 对于任意正整数 m, 令

$$H = \{x \in G \mid x^m = e\},$$

即方程 $x^m = e$ 在 G 中的解构成的集合. 容易验证 H 对 G 的运算和求逆封闭, 所以 $H \leqslant G$, 故 H 为循环群. 不妨设 $H = \langle g^s \rangle$, 其中 $s \mid n$, 故 $|H| = o(g^s) = \frac{n}{s}$. 由 H 的定义知

$$(g^s)^m = g^{sm} = e,$$

所以 $n \mid sm$, 或写为 $\frac{n}{s} \Big| m$, 从而 $\frac{n}{s} \leqslant m$. 这便证出方程 $x^m = e$ 在 G 中解的个数不超过 m. □

推论 2.3.2　域的乘法群的有限子群是循环群.

证明　设 F 为域, $G \leqslant F^*$ 且 $|G| = n$. 由于域 F 上的 m 次多项式 $x^m - 1$ 在 F 中解的个数不超过 m, 自然在 G 中解的个数也不超过 m, 由定理 2.3.7 知 G 为循环群. □

例 2.3.2　由推论 2.3.2 得到有限域的乘法群为循环群. 设 p 为素数, 由于 $\mathbb{Z}_p$ 是有限域, 故它的乘法群 $U(p)$ 为循环群. 另外 μ_n 是复数域乘法群的有限子群, 故为循环群. 而对于对称群 S_4 的子群

$$V_4 = \{(1), (12)(34), (13)(24), (14)(23)\},$$

V_4 为交换群, 但其 4 个元素都是 $x^2 = (1)$ 的解, 故由定理 2.3.7 得到 V_4 不是循环群.

例 2.3.3　设 n 为正整数, 考察整数模 n 的乘法群 $U(n)$, 它是阶为 $\phi(n)$ 的交换群. 若 $n \geqslant 3$, 则群 $U(n)$ 中有 2 阶元素 $\overline{n-1} = \overline{-1}$, 故此群的阶 $\phi(n)$ 可被 2 整除, 即 $\phi(n)$ 为偶数.

设 $n \geqslant 2$ 且正整数 a 与 n 互素, 则 $\bar{a} \in U(n)$, 其阶整除 $\phi(n)$, 所以

$$\overline{a^{\phi(n)}} = \bar{a}^{\phi(n)} = \bar{1},$$

即

$$a^{\phi(n)} \equiv 1 \pmod{n},$$

这就是数论中著名的 **Euler-Fermat (欧拉–费马) 定理**. 特别地, 若 $n = p$ 为素数, 由 $\phi(p) = p - 1$ 得到 **Fermat 小定理**: 对任意整数 a, 若 $p \nmid a$, 则

$$a^{p-1} \equiv 1 \pmod{p}.$$

进一步地, 设 p 为奇素数, 例 2.3.2 告诉我们 $U(p)$ 为循环群, 它的 2 阶元素个数为 $\phi(2) = 1$, 即 $\overline{p-1} = \overline{-1}$ 是 $U(p)$ 的唯一 2 阶元素. 把 $U(p)$ 中的所有元素相乘, 由命题 2.3.2 得到 $\overline{(p-1)!} = \overline{-1}$, 即

$$(p-1)! \equiv -1 \pmod{p},$$

显然上式在 $p = 2$ 时依然成立. 这是著名的 **Wilson (威尔逊) 定理**.

一般地, 若群 $U(n)$ 为循环群, 则称模 n 有原根, 循环群 $U(n)$ 的生成元称为模 n 的**原根**. 类似地, 对于正整数 $n \geqslant 3$, 若模 n 有原根, 则 $U(n)$ 中所有元素的乘积为 $\overline{-1}$, 即小于 n 且与 n 互素的正整数的乘积模 n 同余于 -1.

下面我们来确定有限循环群的自同构群, 无限循环群的自同构群可参见本节习题.

定理 2.3.8　设 $G = \langle a \rangle$ 为 n 阶循环群, 则 $\mathrm{Aut}(G) \cong U(n)$.

证明　对于 $\bar{r} \in U(n)$, 其中 $0 \leqslant r \leqslant n - 1$ 且 $\gcd(r, n) = 1$, 定义 $\alpha_r : G \to G$ 为

$$\alpha_r(a^k) = a^{kr}, \quad 0 \leqslant k \leqslant n - 1,$$

容易验证 $\alpha_r \in \mathrm{Aut}(G)$. 反之, 任取 $\alpha \in \mathrm{Aut}(G)$, 设 $\alpha(a) = a^r$, 其中 $0 \leqslant r \leqslant n - 1$. 由于 $o(a) = n$, α 为群的自同构, 故

$$o(a^r) = o(\alpha(a)) = o(a) = n,$$

从而 $\gcd(r, n) = 1$, 所以 $\bar{r} \in U(n)$. 由 α 保持运算可得对任意 $a^k \in G$, 有

$$\alpha(a^k) = \alpha(a)^k = a^{kr}, \quad 0 \leqslant k \leqslant n - 1,$$

所以 $\alpha = \alpha_r$. 这便证出

$$\mathrm{Aut}(G) = \{\alpha_r \mid \bar{r} \in U(n)\}.$$

建立映射 $T:\ U(n) \to \mathrm{Aut}(G)$ 为 $T(\bar{r}) = \alpha_r$, 可以证明 T 是一个群同构. 事实上, 前面已证明 T 是满射. 又对于 $\bar{r}, \bar{s} \in U(n)$, 若 $T(\bar{r}) = T(\bar{s})$, 即 $\alpha_r = \alpha_s$, 则有 $\alpha_r(a) = \alpha_s(a)$, 即 $a^r = a^s$, 或者 $a^{r-s} = e$. 由于 $o(a) = n$, 故 $n \mid (r-s)$, 即 $\bar{r} = \bar{s}$, 这便证出 T 为单射. 进一步地, 对任意 $\bar{r}, \bar{s} \in U(n)$ 和任意 $0 \leqslant k \leqslant n-1$, 由

$$(\alpha_r \alpha_s)(a^k) = \alpha_r(a^{ks}) = a^{krs} = \alpha_{rs}(a^k)$$

得到 $\alpha_{rs} = \alpha_r \alpha_s$, 故

$$T(\bar{r} \cdot \bar{s}) = T(\overline{rs}) = T(\bar{r})T(\bar{s}). \qquad \square$$

注意到确定一个群时需要给出该群的运算, 所以在定理 2.3.8 中我们先给出了群 $\mathrm{Aut}(G)$ 中的元素, 接着考察了 $\mathrm{Aut}(G)$ 的运算情况.

习题 2.3

1. 群 S_5 中元素的阶有哪几种? S_{10} 中元素的阶最大是多少?

2. 证明不存在恰有两个 2 阶元素的群.

3. (1) 求出加法群 $\mathbb{Z}_{12}$ 的所有生成元, 并确定它的自同态集合 $\mathrm{End}(\mathbb{Z}_{12})$;

(2) 证明对任意正整数 m 和 n, 存在 $\mathbb{Z}_m$ 到 $\mathbb{Z}_n$ 的满同态当且仅当 $n \mid m$.

4. 证明: 若 $\exp(G) = 2$, 则 G 为交换群.

5. 证明偶数阶有限群中必有 2 阶元素.

6. 设 G 为群, $a, b \in G$, 证明 $o(ab) = o(ba)$.

7. 在群 $\mathrm{GL}_2(\mathbb{Q})$ 中令

$$A = \begin{pmatrix} 0 & -1 \\ 1 & 0 \end{pmatrix}, \quad B = \begin{pmatrix} 0 & 1 \\ -1 & -1 \end{pmatrix},$$

计算 $o(A)$, $o(B)$ 和 $o(AB)$.

8. 设 G 为交换群, 证明 G 中所有有限阶元素构成 G 的一个子群.

9. 设群 G 只有有限个子群, 证明 G 是有限群.

10. 证明 A_4 没有 6 阶子群.

11. 设 g 为群 G 中的 rs 阶元素, 其中 $\gcd(r,s) = 1$. 证明存在 $a, b \in G$ 使得 $g = ab$, $o(a) = r$, $o(b) = s$ 且 a, b 都是 g 的幂.

12. 设 $\sigma \in S_n$, σ 的阶为素数 p, 证明 σ 为若干个互不相交的长为 p 的轮换之积.

13. 设 G 为群, $g \in G$, 正整数 k 与 $o(g)$ 互素, 证明 $x^k = g$ 在 $\langle g \rangle$ 中恰有一个解.

14. 证明有理数加法群的任一有限生成子群都是循环群.

15. 设 G 是有限生成的交换群, 如果 G 的每个生成元的阶都有限, 证明 G 为有限群.

16. 设 $H \leqslant G$, $g \in G$. 若 $o(g) = n$, $g^m \in H$ 且 $\gcd(n,m) = 1$, 证明 $g \in H$.

17. 设 p 为奇素数, m 为正整数, 证明 $U(p^m)$ 为循环群. 若 $p = 2$, 结论是否正确?

18. 设 G 为 n 阶循环群, m 为正整数, 求方程 $x^m = e$ 在 G 中解的个数.

19. 设 G 为循环群, 分别就 G 无限或有限时给出 G 的自同态环. (由此也可以得到 G 的自同构群.)

20. 求二面体群 D_4 的自同构群.

21. 举例说明不同构的群可以有同构的自同构群.

22. 设 G 是群, 对任一正整数 k, 定义 $G^k = \{g^k \mid g \in G\}$, 证明

(1) 若 G 交换, 则 $G^k \leqslant G$;

(2) G 是循环群当且仅当 G 的任一子群都是某个 G^k.

2.4　群在集合上的作用

设 M 是一个非空集合, 则 M 到自身的所有双射在映射合成运算下构成一个群, 即 M 上的全变换群 S_M, S_M 的子群都称为**变换群**. 从历史发展来看, 人们最早研究的都是某一集合上的变换群, 抽象群的概念也是从变换群中来的. 从应用的角度看, 在实际问题中用的最多的也是变换群. 迄今为止, 变换群的研究仍是群论的重要组成部分, 一方面把抽象群论中得到的结果应用到变换群上, 另一方面也常利用变换群来研究抽象群的性质. 本节要引入一个重要的概念——群在集合上的作用, 来体现抽象群与变换群的联系.

1872 年, 23 岁的德国人 Klein (克莱因) 在 Erlangen (埃尔朗根) 大学为其教授就职的演讲中提出, 每一种几何对应一个变换群, 这种几何研究的对象是各种形体在相应变换群下不变的性质, 这个观点后来被称为 **Erlangen 纲领**. 按此纲领, 构成每种几何支柱的统一的基本概念是变换群. 例如欧氏几何对应的群就是所谓 "欧氏变换群", 也即正交变换群, 这些变换保持长度不变. 夹角不变. 我们说两个图形 "全等" 当且仅当有一个欧氏变换把一个图形变为另一个. 仿射几何对应的群是 "仿射变换群", 仿射变换是特殊的线性变换, 例 2.2.3 给出了 1 维的仿射变换群. 在仿射几何里, 长度、角度都失去意义, 圆和椭圆是同一种图形, 所有的平行四边形都 "全等". Erlangen 纲领取得了极大的成功, 现在有很多几何学家都在探索利用群论来解决几何问题的可能途径.

本章和下一章中关于抽象群的很多结论也是通过群在集合上的作用得到的, 而《代数学 (五)》中的群表示论就是群在线性空间上的一种特殊作用.

定义 2.4.1　设 G 是群, M 是一个非空集合, 若有映射

$$\rho : G \times M \to M$$
$$(g, m) \mapsto \rho(g, m) =: g \circ m$$

满足对任意 $m \in M$ 和任意 $g_1, g_2 \in G$, 有

(1) $e \circ m = m$, 其中 e 是群 G 的单位元;

(2) $g_1 \circ (g_2 \circ m) = (g_1 g_2) \circ m$,

则称**群 G 作用在集合 M 上**, 这个映射 ρ 也称为一个**群作用**.

例 2.4.1 设 F 为域, $G = \mathrm{GL}_n(F)$, $M = F^{n \times n}$, 即域 F 上所有 n 阶方阵构成的集合.

(1) 对任意 $C \in G$, $A \in M$, 定义 $\rho_1(C, A) = CA$, 则 ρ_1 是群 G 在 M 上的一个作用. 这个群作用是用可逆矩阵 C 左乘矩阵 A, 相当于对 A 做一系列初等行变换.

(2) 对任意 $C \in G$, $A \in M$, 定义 $\rho_2(C, A) = AC^{-1}$, 则 ρ_2 是群 G 在 M 上的一个作用. 这个群作用是用可逆矩阵 C^{-1} 右乘矩阵 A, 相当于对 A 做一系列初等列变换.

(3) 对任意 $C \in G$, $A \in M$, 定义 $\rho_3(C, A) = CAC^{-1}$, 则 ρ_3 是群 G 在 M 上的一个作用. 这个群作用是对矩阵做相似变换.

例 2.4.2 设 $G = \mathrm{GL}_n(F)$, $M = SF^{n \times n}$, 即域 F 上的所有 n 阶对称矩阵构成的集合. 对任意 $C \in G$, $A \in M$, 定义 $\rho(C, A) = CAC^{\mathrm{T}}$, 则 ρ 是群 G 在 M 上的一个作用. 这个群作用是对矩阵做合同变换.

例 2.4.3 设 G 为群, $H \leqslant G$.

(1) 对任意 $h \in H$, $g \in G$, 定义 $\rho_1(h, g) = hg$, 则 ρ_1 是子群 H 在 G 上的一个作用, 称为 H 在群 G 上的**左乘作用**.

(2) 对任意 $h \in H$, $g \in G$, 定义 $\rho_2(h, g) = gh^{-1}$, 则 ρ_2 是 H 在 G 上的一个作用, 称为 H 在群 G 上的**右乘作用**.

(3) 对任意 $h \in H$, $g \in G$, 定义 $\rho_3(h, g) = hgh^{-1}$, 则 ρ_3 是 H 在 G 上的一个作用, 称为 H 在 G 上的**共轭作用**.

注 2.4.1 定义 2.4.1 中的 ρ 也称为群 G 在集合 M 上的一个**左作用**. 若其中的条件 (2) 变为

(2′) $g_1 \circ (g_2 \circ m) = (g_2 g_1) \circ m$,

则称 ρ 为群 G 在 M 上的一个**右作用**. 若例 2.4.1 或例 2.4.3 中 ρ_2 的定义变为 $\rho_2(A, C) = AC$ 或 $\rho_2(h, g) = gh$, 则 ρ_2 为 $\mathrm{GL}_n(F)$ 在 $F^{n \times n}$ 或子群 H 在 G 上的右作用. 左作用与右作用仅相差一个顺序, 下面我们仅讨论左作用, 并称之为群作用.

定理 2.4.1 群 G 在集合 M 上有群作用的充要条件是 G 到 M 上的全变换群 S_M 存在群同态.

证明 必要性: 设 $\rho : G \times M \to M$ 是一个群作用. 对任意 $g \in G$, 定义 $T(g) : M \to M$ 为

$$T(g)(m) = g \circ m, \quad \forall m \in M,$$

则对任意 $m \in M$ 有

$$(T(g)T(g^{-1}))(m) = T(g)(T(g^{-1})(m)) = g \circ (g^{-1} \circ m) = (gg^{-1}) \circ m = e \circ m = m,$$

所以 $T(g)T(g^{-1}) = \mathrm{id}_M$. 同理 $T(g^{-1})T(g) = \mathrm{id}_M$, 即

$$T(g)T(g^{-1}) = T(g^{-1})T(g) = \mathrm{id}_M,$$

故 $T(g)$ 为 M 上的可逆变换, 即 $T(g) \in S_M$. 再定义映射 $T : G \to S_M$ 为

$$g \mapsto T(g), \quad \forall g \in G.$$

则对任意 $g_1, g_2 \in G$ 和 $m \in M$ 有

$$T(g_1 g_2)(m) = (g_1 g_2) \circ m = g_1 \circ (g_2 \circ m) = T(g_1)(T(g_2)(m)) = (T(g_1)T(g_2))(m),$$

所以 $T(g_1 g_2) = T(g_1)T(g_2)$. 故 T 为 G 到 S_M 的同态.

充分性: 设 $T : G \to S_M$ 为群同态, 定义映射 $\rho : G \times M \to M$ 为

$$\rho(g, m) = g \circ m = T(g)(m),$$

则容易验证 ρ 就是群 G 在 M 上的一个作用. □

由于如上的等价性, 我们也称群 G 到集合 M 上全变换群 S_M 的一个群同态为一个群作用.

定理 2.4.2 (Cayley(凯莱) 定理)　任意群都同构于一个变换群.

证明　设 G 是任意一个群, 考虑群 G 在自身上的左乘作用 $L_G : G \times G \to G$, 其中

$$L_G(g, a) = g \circ a = ga, \quad \forall g, a \in G,$$

这个群作用可导出群同态 $T : G \to S_G$, 其中 $T(g)(a) = ga$, 对所有 $g, a \in G$.

对任意 $g_1, g_2 \in G$, 若 $T(g_1) = T(g_2)$, 则对 G 中单位元 e 有

$$T(g_1)(e) = T(g_2)(e),$$

即 $g_1 e = g_2 e$, 从而 $g_1 = g_2$, 这便证出 T 为单同态. 所以 $G \cong T(G)$, 且 $T(G) \leqslant S_G$. 这便证出 G 与 G 上全变换群 S_G 的一个子群同构, 即 G 同构于一个变换群. □

特别地, 若 G 为有限群, 不妨设 $|G| = n$, 则 S_G 为 n 元对称群 S_n. Cayley 定理告诉我们任意 n 阶群都同构于 S_n 的一个子群. 通常称对称群的子群为**置换群**, 所以每个有限群都同构于一个置换群.

例 2.4.4　设 G 是一个群, 考虑群 G 在它自身上的共轭作用 $\rho : G \times G \to G$, 其中对 $g, a \in G$ 有

$$\rho(g, a) = gag^{-1}.$$

该作用对应的 G 到 S_G 的同态记为 $T : g \mapsto I_g$, 对于 $g \in G$, 其中 $I_g \in S_G$ 定义为

$$I_g(a) = gag^{-1}.$$

对任意 $a_1, a_2 \in G$ 有

$$I_g(a_1 a_2) = g(a_1 a_2)g^{-1} = (ga_1 g^{-1})(ga_2 g^{-1}) = I_g(a_1)I_g(a_2),$$

故 I_g 是群 G 的一个自同构. 称 I_g 为元素 g 对应的 G 的**内自同构**. 用 $\mathrm{Inn}(G)$ 表示群 G 的所有内自同构做成的集合, 对任意 $g, h \in G$, 容易验证

$$I_g I_h = I_{gh}, \text{ 且 } I_g^{-1} = I_{g^{-1}},$$

故 $\mathrm{Inn}(G) \leqslant \mathrm{Aut}(G)$, 称 $\mathrm{Inn}(G)$ 为群 G 的**内自同构群**.

设群 G 作用在集合 M 上, 在集合 M 上定义关系 R 如下: 对于 $x, y \in M$, xRy 当且仅当存在 $g \in G$ 使得 $y = g \circ x$. 对任意 $x \in M$, 由于 $x = e \circ x$, 所以 xRx, 即 R 具有反身性. 对于 $x, y \in M$, 若 xRy, 则存在 $g \in G$ 使得 $y = g \circ x$, 故

$$g^{-1} \circ y = g^{-1} \circ (g \circ x) = (g^{-1}g) \circ x = e \circ x = x,$$

所以 yRx, 即 R 具有对称性. 对于 $x, y, z \in M$, 若 xRy 且 yRz, 即存在 $g, h \in G$ 使得 $y = g \circ x$ 且 $z = h \circ y$, 则

$$z = h \circ (g \circ x) = (hg) \circ x,$$

从而 xRz. 这便证出 R 具有传递性, 所以 R 为等价关系. 在这个等价关系下, 对于 $x \in M$, x 的等价类为

$$\overline{x} = \{y \in M \mid \text{存在 } g \in G \text{ 使得 } y = g \circ x\} = \{g \circ x \mid g \in G\}.$$

称 $\overline{x}$ 为 x 在 G 作用下的**轨道**, 简称为过 x 的轨道, 记为 O_x. 利用等价关系的等价类所具有的性质, 我们立得如下定理.

定理 2.4.3 设群 G 作用在集合 M 上, 则有

(1) $O_y = O_x$ 当且仅当 $y \in O_x$.

(2) 对任意 $x, y \in M$, O_x 与 O_y 或相等或不相交.

(3) 在每一条轨道上各取一个元素组成 M 的一个子集 I, 称为 M 的**轨道代表元集**, 则

$$M = \bigcup_{x \in I} O_x,$$

且其中各 O_x 互不相交, 即群作用的轨道集合是 M 的一个划分.

例 2.4.5 继续例 2.4.1, 其中 $G = \mathrm{GL}_n(F)$, $M = F^{n \times n}$. 若作用为 $\rho_1(C, A) = CA$, 则两个方阵 A, B 在同一个轨道中当且仅当 B 可以通过初等行变换变成 A. 自然这等价于 A 可以通过初等行变换变成 B. 若作用为 $\rho_3(C, A) = CAC^{-1}$, 则两个方阵 A, B 在同一个轨道中当且仅当 A 与 B 相似.

例 2.4.6 任取 $\sigma \in S_n$, 考虑 σ 生成的循环子群 $\langle \sigma \rangle$ 在集合 $[n]$ 上的自然作用, 即对任意 $\tau \in \langle \sigma \rangle$ 和 $i \in [n]$, $\tau \circ i = \tau(i)$. 则此作用的轨道就是 σ 的互不相交的轮换分解中每个轮换中的元素所构成的集合, 即若 σ 的互不相交的轮换分解为

$$\sigma = (a_1 \cdots a_{k_1})(b_1 \cdots b_{k_2}) \cdots (c_1 \cdots c_{k_s}),$$

其中
$$[n] = \{a_1, \cdots, a_{k_1}, b_1, \cdots, b_{k_2}, \cdots, c_1, \cdots, c_{k_s}\},$$
则该作用的互不相同的轨道为
$$\{a_1, \cdots, a_{k_1}\}, \ \{b_1, \cdots, b_{k_2}\}, \ \cdots, \ \{c_1, \cdots, c_{k_s}\}.$$
由群作用轨道的唯一性就得到了置换 σ 互不相交的轮换分解的唯一性.

定义 2.4.2 设群 G 作用在集合 M 上, 若这个作用只有一个轨道, 则称 G 在 M 上的作用**传递**.

由定义易知, 群 G 在集合 M 上的作用是传递的, 即对任意 $x, y \in M$, 存在 $g \in G$ 使得 $y = g \circ x$.

习题 2.4

1. 设 X 是所有实函数构成的集合, 对任意 $a \in \mathbb{R}^*$, $f(x) \in X$, 证明
$$a \circ f(x) = f(ax)$$
给出实数域的乘法群 $\mathbb{R}^*$ 在集合 X 上的作用.

2. 设 $\mathcal{H}$ 为上半复平面 $\{z \in \mathbb{C} \mid \mathrm{Im}(z) > 0\}$, 对于 $\gamma = \begin{pmatrix} a & b \\ c & d \end{pmatrix} \in \mathrm{SL}_2(\mathbb{R})$ 和 $z \in \mathcal{H}$, 令
$$\gamma \circ z = \frac{az + b}{cz + d},$$
证明这是群 $\mathrm{SL}_2(\mathbb{R})$ 在集合 $\mathcal{H}$ 上的一个作用并求该作用的轨道个数. (注: 此作用称为**分式线性变换**或 **Möbius (默比乌斯) 变换**.)

3. 设 G 为群, 证明 G 在自身上的共轭作用传递当且仅当 $G = \{e\}$.

4. 设
$$V = \left\{ I = \begin{pmatrix} 1 & 0 \\ 0 & 1 \end{pmatrix}, A = \begin{pmatrix} 1 & 0 \\ 0 & -1 \end{pmatrix}, B = \begin{pmatrix} -1 & 0 \\ 0 & 1 \end{pmatrix}, C = \begin{pmatrix} -1 & 0 \\ 0 & -1 \end{pmatrix} \right\},$$
证明 $V \leqslant \mathrm{GL}_2(\mathbb{R})$. 令
$$M = \{(1,0),\ (1,1),\ (0,1),\ (-1,1),\ (-1,0),\ (-1,-1),\ (0,-1),\ (1,-1)\}$$
是实平面 $\mathbb{R}^2$ 的子集. 对任意 $g \in V$, $\alpha \in M$, 定义 $\rho(g, \alpha) = \alpha g^{\mathrm{T}}$, 其中 g^{T} 是矩阵 g 的转置. 证明 ρ 是一个群作用, 并求出该作用下的轨道.

5. 记实数域上 n 维向量空间 $\mathbb{R}^n$ 的所有 k 维子空间构成的集合为 $\mathrm{Gr}(k, n)$, 称为 **Grassmann (格拉斯曼) 流形**. 对任意 $\varphi \in \mathrm{GL}(\mathbb{R}^n)$, $W \in \mathrm{Gr}(k, n)$, 定义
$$\varphi \circ W = \{\varphi(\alpha) \mid \alpha \in W\}.$$
证明这给出了群 $\mathrm{GL}_n(\mathbb{R})$ 在 $\mathrm{Gr}(k, n)$ 上的一个传递作用.

6. (1) 证明对任意 $\varphi \in \mathrm{Aut}(S_n)$, 若对任意对换 $\sigma \in S_n$, 都有 $\varphi(\sigma)$ 仍为一个对换, 则 $\varphi \in \mathrm{Inn}(S_n)$;

(2) 证明若 $n \neq 2,6$, 则对任意 $\varphi \in \mathrm{Aut}(S_n)$ 和对换 $\sigma \in S_n$, 都有 $\varphi(\sigma)$ 是一个对换; 并由此证明 $\mathrm{Aut}(S_n) \cong S_n$;

(3) 当 $n = 2$ 或 6 时, 结论 $\mathrm{Aut}(S_n) \cong S_n$ 是否成立? 为什么?

2.5 陪集、指数、Lagrange 定理

设 G 为群, $H \leqslant G$, 则 H 在 G 上有左乘和右乘作用. 先看 H 在 G 上的左乘作用, 对于 $x \in G$, 这个群作用下过 x 的轨道为

$$O_x = \{hx \mid h \in H\} := Hx,$$

称为 H 在 G 中的一个**右陪集**. 类似地, 子群 H 在 G 上的右乘作用下过 x 的轨道为

$$\{xh^{-1} \mid h \in H\} = \{xh \mid h \in H\} =: xH,$$

称为 H 在 G 中的一个**左陪集**. 左 (右) 陪集是群作用的轨道, 所以它具有群作用轨道的性质, 下面以左陪集为例给出.

定理 2.5.1 设 G 为群, $H \leqslant G$, 则有

(1) 对任意 $x,y \in G$, $xH = yH$ 当且仅当 $y \in xH$, 当且仅当 $x^{-1}y \in H$ 或 $y^{-1}x \in H$.

(2) 对任意 $x,y \in G$, xH 与 yH 或相等或不相交.

(3) 在 G 的每一左陪集中各取一个元素组成 G 的一个子集 I, 称为 G 的**左陪集代表元集**, 则

$$G = \bigcup_{x \in I} xH,$$

且其中各 xH 互不相交.

群 G 关于子群 H 的左 (右) 陪集集合是 G 的划分, 即若 I 是 G 关于子群 H 的左陪集代表元集, 而 J 是 G 关于子群 H 的右陪集代表元集, 则有

$$G = \bigcup_{x \in I} xH = \bigcup_{y \in J} Hy, \tag{2.5}$$

称其为 G 的**左 (右) 陪集分解**.

显然, $h \mapsto xh$ 是 H 与 xH 之间的双射, 从而每个左陪集的基数都等于 H 的基数. 类似地, 每个右陪集的基数也都等于 H 的基数. 因为作为集合来说,

$$(xH)^{-1} = \{(xh)^{-1} \mid h \in H\} = Hx^{-1},$$

所以若 I 是 G 关于子群 H 的左陪集代表元集, 则 I^{-1} 就是 G 关于子群 H 的右陪集代表元集, 且反之亦然. 所以子群 H 在 G 中的左陪集个数和右陪集个数相等 (这个个数也可以无限), 此个数称为子群 H 在 G 中的**指数**, 记为 $[G:H]$. 由群 G 的陪集分解式 (2.5) 立得如下 Lagrange (拉格朗日) 定理.

定理 2.5.2 (Lagrange 定理)   设 G 为群, $H \leqslant G$, 则

$$|G| = [G:H]|H|.$$

特别地, 若 G 为有限群, $H \leqslant G$, 则 $|H|$ 整除 $|G|$.

推论 2.3.1 的结论对非交换群也成立, 下面我们给出结论和证明.

推论 2.5.1   设 G 为 n 阶群, $a \in G$, 则 $o(a) \mid n$.

证明   因为 $\langle a \rangle \leqslant G$, 又 $|\langle a \rangle| = o(a)$, $|G| = n$, 由 Lagrange 定理立得 $o(a) \mid n$.   □

有限群 G 中每个元素的阶都整除 G 的阶, 故 G 中每个元素的阶都有限且有 $a^{|G|} = e$, 由此得到 $\exp(G) \leqslant |G|$. 下面再给出 Lagrange 定理的几个推论.

推论 2.5.2   素数阶群是循环群.

证明   设群 G 的阶为素数 p, 任取元素 $g \in G$ 且 $g \neq e$, 则有 $o(g) \mid p$ 且 $o(g) \neq 1$, 从而 $o(g) = p$, 故 $|\langle g \rangle| = p$. 由 $\langle g \rangle \leqslant G$ 和 $|G| = p$ 立得 $G = \langle g \rangle$, 即 G 是循环群.   □

推论 2.5.3   素数有无穷多个.

证明   反证, 设素数有有限个并设 p 为最大的素数, 考虑 Mersenne (梅森) 数 $2^p - 1$. 取 $2^p - 1$ 的一个素因子 q, 则有 $2^p \equiv 1 \pmod q$. 由于 q 是素数, 故 $\mathbb{Z}_q$ 为域, 它的乘法群 $U(q)$ 的阶为 $q - 1$. 又 $2 \in U(q)$ 且 p 为素数, 所以 2 在群 $U(q)$ 中的阶为 p, 由 Lagrange 定理得 $p \mid (q - 1)$. 由此得到 $p < q$, 与 p 为最大素数矛盾.   □

推论 2.5.4   4 阶群是交换群.

证明   设群 G 的阶为 4, 则对任意 $g \in G$, $g \neq e$, 有 $o(g) \mid 4$ 且 $o(g) \neq 1$, 从而 $o(g) = 4$ 或者 2.

若 G 中有 4 阶元素 a, 则 $G = \langle a \rangle$ 为循环群, 显然为交换群. 若 G 中无 4 阶元素, 则对任意 $x \in G$, 均有 $x^2 = e$, 即 $x^{-1} = x$. 故对任意 $a, b \in G$, 有

$$ab = a^{-1}b^{-1} = (ba)^{-1} = ba,$$

因此 G 仍为交换群.   □

由推论 2.5.2 和推论 2.5.4 可知, 最小非交换群的阶至少为 6. 已知 6 阶非交换群是存在的, 例如 S_3 就是一个 6 阶非交换群, 从而 S_3 是一个最小的非交换群. 注意到我们可以证明 6 阶非交换群在同构意义下是唯一的, 即任意两个 6 阶非交换群同构.

定义 2.5.1   设 G 是群, $H \leqslant G$, H 的所有左陪集构成的集合称为 G **关于子群 H 的左商集**, 记为 $(G/H)_l$. 类似地, H 的所有右陪集构成的集合称为 G **关于子群 H 的右商集**, 记作 $(G/H)_r$. 显然左商集和右商集的基数都是 $[G:H]$.

例 2.5.1　设 $G = A_4$ 为 4 元交错群,

$$V_4 = \{(1), (12)(34), (13)(24), (14)(23)\},$$

则 $V_4 \leqslant G$, 且 $[G : V_4] = 3$. 计算得到其 3 个左陪集和 3 个右陪集分别是

$$(1)V_4 = V_4 = V_4(1),$$

$$(123)V_4 = \{(123), (134), (243), (142)\} = V_4(123)$$

和

$$(124)V_4 = \{(124), (143), (132), (234)\} = V_4(124).$$

例 2.5.2　设 $G = S_4$ 为 4 元对称群, 子群 V_4 如例 2.5.1 所示, 则 $V_4 \leqslant G$, 且 $[G : V_4] = 6$. 其左 (右) 陪集除例 2.5.1 中的 3 个外, 还有

$$(12)V_4 = \{(12), (34), (1324), (1423)\} = V_4(12),$$

$$(13)V_4 = \{(13), (24), (1234), (1432)\} = V_4(13)$$

和

$$(14)V_4 = \{(14), (23), (1243), (1342)\} = V_4(14)$$

这 3 个.

若群 G 为交换群, 则显然对任意 $g \in G$ 有 $gH = Hg$. 上面这两个例子表明, 若 G 为非交换群, 则对 G 的某些子群, 仍会有这个性质.

例 2.5.3　由 Lagrange 定理, 有限群 G 的子群的阶是 G 的阶的正因子, 反之对于 G 的阶的正因子 d, G 是否有 d 阶子群? 若 G 为有限循环群, 定理 2.3.5 告诉我们 G 有唯一的 d 阶子群. 但对一般群来说, 结论不一定成立, 例如交错群 A_4 的阶为 12, 但 A_4 没有 6 阶子群. 事实上, 若 A_4 有 6 阶子群 H, 则 H 在 A_4 中只有两个左陪集, 故对 A_4 的任一个 3 阶元素 α, 左陪集 $H, \alpha H, \alpha^2 H$ 中一定有相同的. 若 $H = \alpha H$, 则显然 $\alpha \in H$. 若 $H = \alpha^2 H$, 则 $\alpha^2 \in H$, 从而 $\alpha = (\alpha^2)^2 \in H$. 若 $\alpha H = \alpha^2 H$, 则 $\alpha^{-1} \alpha^2 \in H$, 即 $\alpha \in H$. 这表明不管哪种情形均有 $\alpha \in H$, 即 H 包含了 A_4 的所有 3 阶元素. 容易知道 A_4 有 8 个 3 阶元素, 而 $|H| = 6$, 矛盾.

若群 G 中的运算写为加法, $H \leqslant G$, 则 H 的左陪集记为

$$g + H = \{g + h \mid h \in H\},$$

右陪集记为 $H + g$.

例 2.5.4　设 V 是域 F 上的一个线性空间, W 是 V 的一个子空间. 考虑 V 上的加法运算, 则 V 是一个交换群, $W \leqslant V$, 这时 V 关于 W 的左 (右) 陪集为

$$\alpha + W = \{\alpha + \beta \mid \beta \in W\} = W + \alpha,$$

而 $V/W = \{\alpha + W \mid \alpha \in V\}$ 就是 V 关于 W 的商集.

下面我们考察子群指数的一些性质.

定理 2.5.3　　设群 G, H, K 满足 $K \leqslant H \leqslant G$, 则

$$[G : K] = [G : H] \cdot [H : K].$$

证明　设 G 关于 H 以及 H 关于 K 的左陪集分解分别为

$$G = \bigcup_{x \in I} xH, \qquad H = \bigcup_{y \in J} yK.$$

则

$$G = \bigcup_{(x,y) \in I \times J} xyK. \tag{2.6}$$

进一步地, 对于 $(x, y), (x', y') \in I \times J$, 若 $xyK = x'y'K$, 则 $xH \cap x'H \neq \varnothing$, 所以 $x = x'$. 在 $xyK = x'y'K$ 中消去 $x = x'$ 得到 $yK = y'K$, 故 $y = y'$. 这便证出式 (2.6) 为不交并, 所以 $\{xy \mid (x, y) \in I \times J\}$ 是 G 关于子群 K 的左陪集代表元集, 从而

$$[G : K] = [G : H] \cdot [H : K]. \qquad \square$$

定理 2.5.4　　设 G 为群, H, K 为 G 的有限子群, 则

$$|HK| = \frac{|H||K|}{|H \cap K|}.$$

证明　设 $H \cap K = L$, H 关于 L 的左陪集代表元集为 I, 而 K 关于 L 的右陪集代表元集为 J, 则

$$HK = \bigcup_{x \in I} xL \cdot \bigcup_{y \in J} Ly = \bigcup_{(x,y) \in I \times J} xLy. \tag{2.7}$$

进一步地, 若对 $x, x' \in I$ 和 $y, y' \in J$ 有 $xLy \cap x'Ly' \neq \varnothing$, 则存在 $a, b \in L$ 使得 $xay = x'by'$, 即 $(x')^{-1}xa = by'y^{-1}$. 上式左端在 H 中而右端在 K 中, 所以

$$(x')^{-1}xa = by'y^{-1} \in H \cap K = L.$$

故 $(x')^{-1}x, y'y^{-1} \in L$, 从而有 $xL = x'L$ 和 $Ly = Ly'$, 所以 $x = x'$ 且 $y = y'$. 显然对任意 $x \in I$, $y \in J$ 有 $|xLy| = |L|$, 由式 (2.7) 得到 $|HK| = |I||J||L|$. 又 $|H| = |I||L|$, $|K| = |J||L|$, 代入就得到

$$|HK| = \frac{|H||K|}{|H \cap K|}. \qquad \square$$

推论 2.5.5　　设 G 为有限群, H, K 为 G 的子群, 则

$$[G : H \cap K] \leqslant [G : H][G : K],$$

且等号成立当且仅当 $HK = G$. 特别地, 若 $[G : H]$ 与 $[G : K]$ 互素, 则等号一定成立.

证明 显然所证不等式

$$[G : H \cap K] \leqslant [G : H][G : K]$$

等价于

$$|H \cap K||G| \geqslant |H||K|,$$

由于 $|HK| \leqslant |G|$, 由定理 2.5.4 立得该不等式, 且等号成立当且仅当 $|G| = |HK|$, 即当且仅当 $HK = G$.

特别地, 由于 $[G : H]$, $[G : K]$ 均为 $[G : H \cap K]$ 的因子, 如果它们互素, 那么

$$[G : H][G : K] \mid [G : H \cap K].$$

从而 $[G : H][G : K] \leqslant [G : H \cap K]$, 再由前面的不等式知等号成立. $\qquad\square$

习题 2.5

1. 设 $\mathbb{R}^+$ 为所有正实数在通常数的乘法下构成的群, 求 $\mathbb{R}^+$ 在实数域的乘法群 $\mathbb{R}^*$ 中的指数.

2. 证明不存在恰有两个指数为 2 的子群的群.

3. 设 G 为群, $H, K \leqslant G$, 证明 $H \cap K$ 的任一左陪集都是 H 的一个左陪集与 K 的一个左陪集的交.

4. 设 G 为群, $H, K \leqslant G$, 且 $[G : H]$ 和 $[G : K]$ 均有限, 证明 $[G : H \cap K]$ 有限.

5. 设 G 为群, $H, K \leqslant G$, $a, b \in G$, 证明: 若 $Ha = Kb$, 则 $H = K$.

6. 设 $H = \{z \in \mathbb{C} \mid |z| = 1\}$, 给出 H 在群 $\mathbb{C}^*$ 中的左陪集的几何解释.

7. 设 H, K 是群 G 的两个子群, 对于 $g \in G$, 集合

$$HgK = \{hgk \mid h \in H, k \in K\}$$

称为 G 关于子群 H 和 K 的一个双陪集, 证明

(1) G 可以写成 G 关于子群 H 和 K 的双陪集的不交并;

(2) 若 H, K 均有限, 则

$$|HgK| = |H|[K : K \cap g^{-1}Hg] = |K|[H : H \cap gKg^{-1}].$$

2.6 轨道长度和类方程

设群 G 作用在集合 M 上, 对于 $x \in M$, 定义

$$G_x = \{g \in G \mid g \circ x = x\}.$$

容易验证 $G_x \leqslant G$, 称其为群 G 作用下 x 的**稳定化子**或**稳定子群**.

定理 2.6.1   设群 G 作用在集合 M 上, 则过 x 的轨道 O_x 的长度 (集合 O_x 的基数) 等于 G_x 在 G 中的指数, 即

$$|O_x| = [G : G_x].$$

证明   定义

$$\phi : O_x \to (G/G_x)_l$$

为

$$\phi(g \circ x) = gG_x,$$

对任意 $g \in G$, 可以验证 ϕ 为双射. 首先, 对于 $g_1, g_2 \in G$, 若 $g_1 \circ x = g_2 \circ x$, 则有

$$(g_2^{-1}g_1) \circ x = g_2^{-1} \circ (g_1 \circ x) = g_2^{-1} \circ (g_2 \circ x) = (g_2^{-1}g_2) \circ x = e \circ x = x,$$

所以 $g_2^{-1}g_1 \in G_x$, 从而 $g_1G_x = g_2G_x$, 这便证出 ϕ 为映射. 上面的步骤反推即可得到 ϕ 为单射, 而 ϕ 为满射是显然的. 于是集合 O_x 与 G 关于 G_x 的左商集之间存在双射, 故这两个集合的基数相等, 即

$$|O_x| = [G : G_x]. \qquad \square$$

从上面的证明过程可以知道, 若

$$O_x = \{x_1, x_2, \cdots, x_k, \cdots\}$$

且 $x_i = g_i \circ x$, 则

$$\{g_1, g_2, \cdots, g_k, \cdots\}$$

为 G_x 在 G 中的左陪集代表元集.

推论 2.6.1   设有限群 G 作用在集合 M 上, 则每个轨道的长度都有限且为 $|G|$ 的因子.

推论 2.6.2   设群 G 传递地作用在集合 M 上, 则有

$$|M| = [G : G_x],$$

其中 x 是 M 中任意一个元素.

定义 2.6.1   设 G 为群, $H \leqslant G$, 则对任意 $g \in G$, gHg^{-1} 也是 G 的子群, 称为与 H **共轭**的 G 的子群, 也称为 H 的一个**共轭子群**.

命题 2.6.1   群作用同一个轨道中两个元素的稳定化子共轭.

证明   设群 G 作用在集合 M 上, $x, y \in M$, 且 x, y 在群作用的同一个轨道中, 即存在 $g \in G$ 使得 $y = g \circ x$. 任取 $h \in G_x$, 则有

$$(ghg^{-1}) \circ y = (ghg^{-1}) \circ (g \circ x) = (gh) \circ x = g \circ (h \circ x) = g \circ x = y,$$

即 $ghg^{-1} \in G_y$, 所以

$$gG_xg^{-1} \subseteq G_y.$$

同理, 由于 $x = g^{-1} \circ y$, 类似地有

$$g^{-1}G_yg \subseteq G_x,$$

即 $G_y \subseteq gG_xg^{-1}$. 这便证出 $gG_xg^{-1} = G_y$, 所以群作用同一个轨道中两个元素的稳定化子共轭. $\square$

例 2.6.1 设 G 为群, Δ 为 G 的所有子群构成的集合. 考虑 G 在 Δ 上的共轭作用, 即对任意 $g \in G$, $H \in \Delta$, $g \circ H = gHg^{-1}$. 对于任意的 $H \in \Delta$, H 的轨道就是 H 的全部共轭子群构成的集合. 在这个作用下, H 的稳定化子为

$$N_G(H) = \{g \in G \mid gHg^{-1} = H\},$$

也称其为 H 关于 G 的**正规化子**, 由定理 2.6.1 可得 H 的共轭子群个数为

$$|O_H| = [G : N_G(H)].$$

例 2.6.2 设 G 是立方体的对称群, 标记立方体的六个面为 1 到 6 (图 2.2), 因为立方体的每一个对称都把立方体的面变成面, 而不同的对称诱导出面集上的不同置换, 所以 G 可以看成立方体的面集 M 上的一个置换群. 容易看出, G 在 M 上的作用是传递的. 考察面 1 的稳定化子 G_1, G_1 中至少包含 4 个元素, 分别为绕过面 1 的中心且与面 1 垂直的线逆时针旋转 $0°, 90°, 180°$ 和 $270°$ 这四个旋转变换. 从而

$$|G| = |M||G_1| \geqslant 24.$$

另外, 立方体的对称群 G 也可以看成是它的四条对角线集上的置换群, 所以 G 同构于 S_4 的一个子群, 从而 $|G| \mid 24$. 这便得到 $|G| = 24$ 且 $G \cong S_4$.

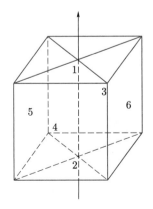
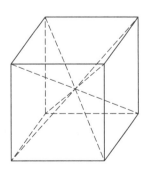

图 2.2

正八面体的八个面的中心组成一个立方体, 而正八面体的每个对称也把面的中心变到中心, 由此可以得到正八面体的对称群也同构于 S_4. 而正十二面体和正二十面体的对称群都同构于 A_5.

前面我们讨论了群作用的轨道长度, 下面我们来看群作用的轨道个数.

定理 2.6.2　设有限群 G 作用在集合 M 上, 对于 $g \in G$, 用

$$\psi(g) = \{x \in M \mid g \circ x = x\}$$

表示被 g 固定的 M 中元素构成的集合, 则 G 作用的轨道个数为

$$\frac{1}{|G|} \sum_{g \in G} |\psi(g)|.$$

证明　用两种方式来计算有序对 (g, x) 的个数, 其中 $g \in G$, $x \in M$ 且 $g \circ x = x$. 一方面对于 $g \in G$, 有 $|\psi(g)|$ 个元素 x 满足 $g \circ x = x$, 所以这样的有序对个数为

$$\sum_{g \in G} |\psi(g)|.$$

另一方面, 对 $x \in M$, 有 $|G_x|$ 个 $g \in G$ 固定 x, 所以这样的有序对个数又等于

$$\sum_{x \in M} |G_x|.$$

因为 $|G_x| = |G|/|O_x|$, 所以

$$\sum_{g \in G} |\psi(g)| = \sum_{x \in M} |G_x| = |G| \sum_{x \in M} \frac{1}{|O_x|}.$$

又因为 G 作用的轨道为集合 M 的划分且

$$\sum_{y \in O_x} \frac{1}{|O_y|} = 1,$$

所以

$$\sum_{x \in M} \frac{1}{|O_x|}$$

就是 G 作用的轨道个数.　　　　　　　　　　　　　　　　　□

定理 2.6.2 也被称为 Burnside (伯恩赛德) 引理, 常被用于解决一些计数问题.

设 G 为群, 考虑 G 在自身上的共轭作用, 此作用的轨道称为 G 的 **共轭类**, 含元素 $x \in G$ 的共轭类记为 C_x, 即

$$C_x = \{gxg^{-1} \mid g \in G\}.$$

对于 $x \in G$, x 在 G 的共轭作用下的稳定化子称为 x 在 G 中的**中心化子**, 记为 $C_G(x)$, 即

$$C_G(x) = \{g \in G \mid gxg^{-1} = x\} = \{g \in G \mid gx = xg\}.$$

由定理 2.6.1 得到 G 的含 x 的共轭类的基数为

$$|C_x| = [G : C_G(x)].$$

令

$$Z(G) = \bigcap_{x \in G} C_G(x) = \{g \in G \mid gx = xg, \forall x \in G\},$$

称 $Z(G)$ 为群 G 的**中心**. 事实上, $Z(G)$ 就是与 G 中所有元素都交换的 G 中元素组成的集合. 显然 $Z(G) \leqslant G$, 且 $y \in Z(G)$ 当且仅当 $C_y = \{y\}$. 容易看出交换群 G 的每个共轭类中都只有一个元素, 且 $Z(G) = G$.

例 2.6.3 设正整数 $n \geqslant 3$, 考虑二面体群

$$D_n = \{r^i s^j \mid i = 0, 1, \cdots, n-1; j = 0, 1\}$$

的共轭类, 其中 $r^n = e$, $s^2 = e$ 且 $rs = sr^{-1}$. 由于 D_n 中元素形如 r^i 或者 $r^i s$, 对某个 $i = 0, 1, \cdots, n-1$, 故对任意 $g \in D_n$, 包含 g 的共轭类为

$$C_g = \{r^i g r^{-i}, (r^i s) g (r^i s)^{-1} \mid 0 \leqslant i \leqslant n-1\}.$$

若 $g = r^j$, 对某个 $0 \leqslant j \leqslant n-1$, 则由

$$r^i r^j r^{-i} = r^j \quad \text{和} \quad (r^i s) r^j (r^i s)^{-1} = (r^i s) r^j (s r^{-i}) = (r^i s)(s r^{-j}) r^{-i} = r^{-j}$$

得到 $C_{r^j} = \{r^j, r^{-j}\}$. 若 $g = s$, 则由

$$r^i s r^{-i} = r^i (r^i s) = r^{2i} s \quad \text{和} \quad (r^i s) s (r^i s)^{-1} = r^i s r^{-i} = r^{2i} s$$

得到 $C_s = \{r^{2i} s \mid 0 \leqslant i \leqslant n-1\}$.

若 n 为奇数, 则对于 $j = 1, \cdots, n-1$ 有

$$r^j \neq r^{-j} = r^{n-j},$$

从而包含元素 $r^0 = e$ 的共轭类为 $C_e = \{e\}$, 包含元素 r^j 的共轭类为

$$C_{r^j} = \{r^j, r^{n-j}\}, \ j = 1, \cdots, \frac{n-1}{2},$$

共有 $\dfrac{n-1}{2}$ 个. 进一步地, 因为 r 的阶为 n, n 为奇数, 所以

$$\{r^{2i} \mid 0 \leqslant i \leqslant n-1\} = \{r^i \mid 0 \leqslant i \leqslant n-1\},$$

故包含 s 的共轭类为

$$C_s = \{r^i s \mid 0 \leqslant i \leqslant n-1\},$$

它包含了 D_n 中的所有反射.

若 n 为偶数, 则对于 $j = 1, \cdots, \dfrac{n}{2}-1$ 有 $r^j \neq r^{-j}$, 但是 $r^{-\frac{n}{2}} = r^{\frac{n}{2}}$. 集合 $\{r^{2i} \mid 0 \leqslant i \leqslant n-1\}$ 中元素跑遍所有 r 的偶次幂, 有 $\dfrac{n}{2}$ 个元素, 即

$$C_s = \{r^{2i} s \mid 0 \leqslant i \leqslant n-1\} = \left\{ r^{2i} s \mid 0 \leqslant i \leqslant \frac{n}{2}-1 \right\}.$$

C_s 中不包含元素 rs, 考虑包含元素 rs 的共轭类, 由于

$$r^i(rs)r^{-i} = r^{2i+1}s, \ (r^i s)(rs)(r^i s)^{-1} = (r^i s)(rs)(sr^{-i}) = (r^i s)r^{-i+1} = r^i r^{i-1}s = r^{2i-1}s,$$

故

$$C_{rs} = \{r^{2i+1}s, r^{2i-1}s \mid 0 \leqslant i \leqslant n-1\} = \left\{ r^{2i+1}s \mid 0 \leqslant i \leqslant \frac{n}{2}-1 \right\} = \{rs, r^3 s, \cdots, r^{n-1}s\}.$$

综上所述, 我们得到当 n 为奇数时, 二面体群 D_n 共有 $\dfrac{n+3}{2}$ 个共轭类, 其中只有一个共轭类包含一个元素, 即 C_e; 有 $\dfrac{n-1}{2}$ 个共轭类包含 2 个元素, 分别为 C_{r^j}, $j = 1, 2, \cdots, \dfrac{n-1}{2}$; 有一个共轭类包含 n 个元素, 即 C_s. 而当 n 为偶数时, D_n 共有 $\dfrac{n}{2}+3$ 个共轭类, 其中有 2 个共轭类包含一个元素, 分别为 C_e 和 $C_{r^{\frac{n}{2}}}$; 有 $\dfrac{n}{2}-1$ 个共轭类包含 2 个元素, 分别为 C_{r^j}, $j = 1, 2, \cdots, \dfrac{n}{2}-1$; 有 2 个共轭类包含 $\dfrac{n}{2}$ 个元素, 分别为 C_s 和 C_{rs}. 这样我们便求出了二面体群的所有共轭类.

由群的中心与它的共轭类的关系, 易知当 n 为奇数时, $Z(D_n) = \{e\}$; 当 n 为偶数时, $Z(D_n) = \{e, r^{\frac{n}{2}}\}$.

例 2.6.4 设 $n \geqslant 3$, 则由习题 2.1 第 1 题立得 $Z(S_n) = \{(1)\}$.

设 G 为有限群, 且 G 的全部互不相同的共轭类为 $C_{x_1}, C_{x_2}, \cdots, C_{x_n}$, 由群作用的集合分解为轨道的不交并得到

$$G = \bigcup_{i=1}^{n} C_{x_i}.$$

计算等式两端集合的元素个数, 有

$$|G| = \sum_{i=1}^{n} |C_{x_i}| = \sum_{i=1}^{n} [G : C_G(x_i)],$$

此式称为有限群 G 的**类方程**. 进一步地, 设 G 的元素个数多于一个的全部共轭类为 $C_{y_1}, C_{y_2}, \cdots, C_{y_m}$, 代表元分别为 $y_1, y_2, \cdots, y_m$, 又 $Z(G)$ 中每个元素构成恰含一个元素的共轭类, 从而类方程可写为

$$|G| = |Z(G)| + \sum_{i=1}^{m} [G : C_G(y_i)].$$

定义 2.6.2　设 p 是一个素数, 称有限群 G 为 p-**群**, 若 G 的阶 $|G|$ 为 p 的幂.

命题 2.6.2　设 G 为 p-群, 则 p 整除 G 的中心 $Z(G)$ 的阶, 从而 $Z(G) \neq \{e\}$.

证明　若 G 的每个共轭类中都含有一个元素, 则 $Z(G) = G$, 结论显然成立. 否则, 考虑 G 的类方程

$$|G| = |Z(G)| + \sum_{i=1}^{m} [G : C_G(y_i)].$$

对于每个元素多于一个的共轭类 C_{y_i}, 显然 $C_G(y_i) \neq G$. 又 $|G|$ 为 p 的幂, 由 $[G : C_G(y_i)] \mid |G|$ 得到 $[G : C_G(y_i)]$ 也是 p 的幂且不等于 1. 这表明对任意 $1 \leqslant i \leqslant m$, 有 $p \mid [G : C_G(y_i)]$. 又 $p \mid |G|$, 所以 $p \mid |Z(G)|$. 再由 $e \in Z(G)$ 立得 $Z(G) \neq \{e\}$.　$\square$

习题 2.6

1. 设 $G \leqslant S_n$, 证明

(1) $G \cap A_n \leqslant G$;

(2) 如果 G 中有奇置换, 那么 G 中奇偶置换的个数相等.

2. 设 n 为奇数, G 为 $2n$ 阶群, 证明 G 有指数为 2 的子群.

3. 设 $\sigma = (12\cdots n) \in S_n$, 求 σ 在 S_n 中的中心化子 $C_{S_n}(\sigma)$. 进一步地, 设 $\sigma \in S_n$ 的型为 $1^{\lambda_1} 2^{\lambda_2} \cdots n^{\lambda_n}$, 求 σ 在 S_n 中的中心化子的阶以及与 σ 共轭的置换个数.

4. 设群 G 作用在集合 M 上, 定义

$$M_0 = \{x \in M \mid g \circ x = x, \forall g \in G\}$$

为作用的不动点构成的集合. 证明: 若 G 为 p-群, 则有 $|M| \equiv |M_0| \pmod{p}$.

5. 设 H 是有限群 G 的真子群, 证明:

$$G \neq \bigcup_{g \in G} gHg^{-1}.$$

进一步地, 若 G 为无限群, 该结论是否成立? 请证明或举出反例.

6. 写出对称群 S_5 的类方程.

2.7　正规子群与商群

设 G 为群, $H \leqslant G$, 则何时 G 上的运算可以诱导出左商集 $(G/H)_l$ 上的运算? 由于左陪集是等价关系的等价类, 由第一章 1.1 节中的说明, 这等价于左陪集的运算与代表元的选取无关, 或者等价于对任意 $a_1, a_2, b_1, b_2 \in G$, 若 $a_1H = a_2H$ 且 $b_1H = b_2H$, 则

有 $(a_1b_1)H = (a_2b_2)H$, 这也等价于若 $a_1^{-1}a_2 \in H$ 且 $b_1^{-1}b_2 \in H$, 则 $(a_1b_1)^{-1}(a_2b_2) \in H$. 首先, 若上面条件成立, 对任意 $h \in H$ 和 $g \in G$, 令 $a_1 = e$, $a_2 = h$, $b_1 = b_2 = g^{-1}$, 则有 $ghg^{-1} \in H$. 反之, 若对任意 $h \in H$ 和 $g \in G$, 有 $ghg^{-1} \in H$, 则由 $a_1^{-1}a_2 \in H$ 且 $b_1^{-1}b_2 \in H$ 有

$$(a_1b_1)^{-1}(a_2b_2) = b_1^{-1}a_1^{-1}a_2b_2 = b_1^{-1}(a_1^{-1}a_2)(b_1^{-1})^{-1}(b_1^{-1}b_2) \in H.$$

这便证明了 G 上的运算可以诱导出左商集 $(G/H)_l$ 上的运算当且仅当对任意 $h \in H$ 和 $g \in G$, 有 $ghg^{-1} \in H$.

定义 2.7.1　设 G 是一个群, $H \leqslant G$, 若对任意 $h \in H$ 和 $g \in G$, 都有 $ghg^{-1} \in H$, 则称 H 是 G 的**正规子群**, 记为 $H \lhd G$.

若 $H \lhd G$, 即对任意 $h \in H$ 和 $g \in G$, 有 $ghg^{-1} \in H$, 或者写为 $gh \in Hg$, 从而 $gH \subseteq Hg$. 用 g^{-1} 代替 g 得到 $g^{-1}H \subseteq Hg^{-1}$, 即 $Hg \subseteq gH$, 所以有 $gH = Hg$. 反之容易验证若对任意 $g \in G$ 都有 $gH = Hg$, 则有 $H \lhd G$. 这样我们便证明了对 G 的子群 H, $H \lhd G$ 当且仅当对任意 $g \in G$ 有 $gH = Hg$. 而后面的说法也等价于对任意 $g \in G$ 有 $gHg^{-1} = H$ 或者 $g^{-1}Hg = H$, 由此我们有如下命题.

命题 2.7.1　设 G 为群, $H \leqslant G$, 则下面陈述等价:

(1) H 是 G 的正规子群;

(2) 对任意 $h \in H$ 和 $g \in G$, 有 $g^{-1}hg \in H$;

(3) 对任意 $g \in G$ 有 $gH = Hg$;

(4) 对任意 $g \in G$ 有 $gHg^{-1} = H$;

(5) 对任意 $g \in G$ 有 $g^{-1}Hg = H$.

例 2.7.1　设

$$V_4 = \{(1), (12)(34), (13)(24), (14)(23)\},$$

由例 2.5.1 和例 2.5.2 立得 $V_4 \lhd A_4$ 且 $V_4 \lhd S_4$.

单位元群 $\{e\}$ 和 G 都是群 G 的正规子群, 这两个群称为 G 的**平凡正规子群**. 显然交换群的每个子群都是正规子群, 但每个子群都是正规子群的群不一定交换.

例 2.7.2　设 G 是群, $H \leqslant G$. 若 $[G : H] = 2$, 则 H 有两个左陪集. 对任意 $g \in G$, 若 $g \in H$, 则 $gH = H$. 若 $g \in G \setminus H$, 则 $gH \neq H$, 即 gH 为另一个左陪集, 由群是左陪集的不交并可以得到另一个左陪集一定是 $G \setminus H$, 即这时 $gH = G \setminus H$. 类似地, G 有两个右陪集, 也分别是 H 和 $G \setminus H$, 并且若 $g \in H$, 则 $Hg = H$, 若 $g \in G \setminus H$, 则 $Hg = G \setminus H$. 这便证出对任意 $g \in G$ 有 $gH = Hg$, 所以 $H \lhd G$, 即指数为 2 的子群都是正规子群. 例如对任意正整数 $n \geqslant 2$, $A_n \lhd S_n$. 再由习题 2.6 第 2 题得到若 n 为奇数, 则 $2n$ 阶群一定有 n 阶正规子群.

命题 2.7.2　设 G, H 为群, $\sigma : G \to H$ 为群同态, 则 $\operatorname{Ker} \sigma \lhd G$.

证明　对任意 $g \in G, h \in \operatorname{Ker} \sigma$, 由于

$$\sigma(ghg^{-1}) = \sigma(g)\sigma(h)\sigma(g^{-1}) = \sigma(g)e'\sigma(g)^{-1} = e',$$

故 $ghg^{-1} \in \operatorname{Ker} \sigma$, 所以 $\operatorname{Ker} \sigma \trianglelefteq G$. □

命题 2.7.3　设 G 为群, $Z(G)$ 为 G 的中心, $H \leqslant Z(G)$, 则 $H \trianglelefteq G$. 特别地, $Z(G) \trianglelefteq G$.

证明　对任意 $g \in G, h \in H$, 由于 $H \leqslant Z(G)$, 故 $gh = hg$, 从而

$$ghg^{-1} = hgg^{-1} = h \in H,$$

所以 $H \trianglelefteq G$. □

例 2.7.3　由定义, 若群中元素 h 属于该群的某个正规子群, 则 h 的所有共轭元素 ghg^{-1} 也属于这个正规子群. 所以一个群的正规子群是一些共轭类的并. 反之, 若群的一些共轭类的并构成子群, 则必为正规子群. 下面求 S_4 的所有正规子群.

我们知道 S_4 有 5 个共轭类, 分别为

$$C_1 = C_{S_4}((1)) = \{(1)\},$$
$$C_2 = C_{S_4}((12)) = \{(12),(13),(14),(23),(24),(34)\},$$
$$C_3 = C_{S_4}((12)(34)) = \{(12)(34),(13)(24),(14)(23)\},$$
$$C_4 = C_{S_4}((123)) = \{(123),(132),(124),(142),(134),(143),(234),(243)\},$$
$$C_5 = C_{S_4}((1234)) = \{(1234),(1243),(1324),(1342),(1423),(1432)\},$$

它们的元素个数分别为 1, 6, 3, 8 和 6. S_4 的子群的阶整除 S_4 的阶 24, 还必须包含单位元 (即包含 C_1), 同时子群中的元素或者都是偶置换或者奇置换和偶置换各占一半. 注意到 C_1, C_3, C_4 中的元素为偶置换, 分别有 1, 3 和 8 个元素, C_2, C_5 中的元素为奇置换, 都有 6 个元素, 所以 S_4 的正规子群 N 有以下一些可能性: $N = \{(1)\}$, 或者 S_4, 这两个是平凡的正规子群; $N = C_1 \cup C_3 \cup C_4$, 即所有偶置换的全体, 它是交错群 A_4, 为正规子群; $N = C_1 \cup C_3$, $|N| = 4$ 是 24 的因子, 并且元素都是偶置换, 可以验证它是群, 从而为正规子群, 这个群就是前面定义的 V_4. 所以 S_4 有 4 个正规子群: $\{(1)\}$, V_4, A_4 和 S_4.

设 G 为群, 若 $H \trianglelefteq G$, 则 H 的任一左陪集也是右陪集, 这时可简称为 H 的**陪集**. H 在 G 中的所有陪集的集合记为 G/H, 即

$$G/H = \{gH \mid g \in G\},$$

称为 G 关于 H 的**商集**. 在商集 G/H 上有 G 上的运算所诱导的运算如下:

$$(g_1 H)(g_2 H) = (g_1 g_2) H,$$

即陪集的运算就是陪集代表元诱导出的运算. 由于 G 的运算满足结合律, 故 G/H 的运算也满足结合律. 又容易验证 $eH = H$ 是该运算下的单位元, 而对任意 $gH \in G/H$, gH 有逆元 $g^{-1}H$. 所以 G/H 在这个运算下构成一个群.

定义 2.7.2   设 G 为群, $H \trianglelefteq G$, 称商集 G/H 在 G 上的运算所诱导的运算下构成的群为 G 对 H 的**商群**.

商群这个概念 1889 年来源于 Hölder (赫尔德), Jordan (若尔当) 首先使用了符号 G/H. 当 H 在上下文中清楚时, 元素 gH 常被记为 $\bar{g}$, 而商群 G/H 也常记为 $\bar{G}$, 这时上面定义的乘法可写为

$$\bar{g_1} \cdot \bar{g_2} = \overline{g_1 g_2}.$$

注意对不同的 $g, g' \in G$, 可以有 $\bar{g} = \bar{g'}$, 因为这时只表示 $gH = g'H$. 单位元群 $\{e\}$ 和 G 都是群 G 的正规子群, 显然 $G/\{e\} \cong G$, $G/G = \{\bar{e}\}$ 为单位元群.

例 2.7.4   设 $\mathbb{Z}$ 为整数加法群, 它是循环群, 它的每个子群一定形为 $\langle n \rangle = n\mathbb{Z}$, 其中 n 为自然数. 若 $n = 0$, 则 $\langle 0 \rangle$ 为零群 (单位元群); 若 $n = 1$, 则 $\langle 1 \rangle$ 是群 $\mathbb{Z}$ 自身. 下面设 $n \geqslant 2$, 则 $\mathbb{Z}$ 关于子群 $n\mathbb{Z}$ 的商集为

$$\mathbb{Z}/n\mathbb{Z} = \{0 + n\mathbb{Z}, 1 + n\mathbb{Z}, \cdots, (n-1) + n\mathbb{Z}\},$$

对任意 $a + n\mathbb{Z}, b + n\mathbb{Z} \in \mathbb{Z}/n\mathbb{Z}$, 它们的和为

$$(a + n\mathbb{Z}) + (b + n\mathbb{Z}) = (a + b) + n\mathbb{Z}.$$

注意到对于 $0 \leqslant k \leqslant n - 1$, 陪集 $k + n\mathbb{Z}$ 是用 n 去除, 余数为 k 的全体整数构成的集合, 所以此陪集就是整数模 n 的剩余类, 而商群 $\mathbb{Z}/n\mathbb{Z}$ 就是整数模 n 的加法群 $\mathbb{Z}_n$.

商群很重要, 通过商群可以反映原群的一些性质. 设 G 为有限群, $H \trianglelefteq G$, 且 $H \neq \{e\}$, 则 G/H 的阶比 G 的阶要小, 结构通常比 G 要简单些. 如同无理数用有理数来近似, 我们可以把 G/H 看成是 G 的近似. 由于商群 G/H 并不是群 G 的子群, 这种近似更像是用正规子群 H 去 "过滤" 群 G.

例 2.7.5   设 G 为群, $H \trianglelefteq G$, 且 $[G : H] = s$. 则对任意 $g \in G$, 由于 $|G/H| = s$, 故

$$\overline{g^s} = \bar{g}^s = \bar{e},$$

所以 $g^s \in H$. 由此我们也可以证明 A_4 无 6 阶子群. 事实上, 若 A_4 有 6 阶子群 H, 则 $[A_4 : H] = 2$, 故 $H \trianglelefteq A_4$, 从而对任意 $g \in A_4$ 有 $g^2 \in H$, 与 $|\{g^2 \mid g \in A_4\}| = 9$ 矛盾.

定理 2.7.1 (G/Z 定理)   设 G 为群, $Z(G)$ 为 G 的中心, 若 $G/Z(G)$ 为循环群, 则 G 交换.

证明   由于 $G/Z(G)$ 为循环群, 不妨设 $G/Z(G) = \langle gZ(G) \rangle$. 对任意 $a, b \in G$, 存在整数 i, j 使得

$$aZ(G) = (gZ(G))^i = g^i Z(G), \quad bZ(G) = (gZ(G))^j = g^j Z(G),$$

所以有 $x, y \in Z(G)$ 使得 $a = g^i x$, $b = g^j y$. 故

$$ab = (g^i x)(g^j y) = (g^i g^j)(xy) = (g^j g^i)(yx) = (g^j y)(g^i x) = ba,$$

所以 G 交换. □

注 2.7.1 若 G 交换, 则 $Z(G) = G$, 这时 $G/Z(G) = \{\bar{e}\}$. 所以 G/Z 定理告诉我们若 $G/Z(G)$ 循环, 则 $G/Z(G)$ 为平凡的单位元群.

例 2.7.6 设 p, q 为素数, 则非交换 pq 阶群 G 的中心 $Z(G) = \{e\}$. 事实上, 若 $Z(G) \neq \{e\}$, 由 G 非交换又有 $Z(G) \neq G$, 所以 $|Z(G)| \neq 1$ 且 $|Z(G)| \neq pq$. 再由 $|Z(G)| \mid pq$ 得到 $|Z(G)| = p$ 或者 q, 从而 $|G/Z(G)| = q$ 或者 p, 即 $G/Z(G)$ 为素数阶群, 从而 $G/Z(G)$ 为循环群. 由 G/Z 定理得到 G 交换, 与已知矛盾.

推论 2.7.1 设 p 为素数, 则 p^2 阶群交换.

证明 设 $|G| = p^2$. 由于 G 为 p-群, 故 $Z(G) \neq \{e\}$. 再由 $|Z(G)| \mid p^2$ 得到 $|Z(G)| = p$ 或者 p^2. 若 $|Z(G)| = p$, 则 $|G/Z(G)| = p$, 即 $G/Z(G)$ 为循环群, 所以 $|G/Z(G)| = 1$, 矛盾. 故 $|Z(G)| = p^2$, 即 $Z(G) = G$, 从而 G 为交换群. □

一个群若有非平凡正规子群, 则可以做出非平凡的商群. 反之, 若一个群至少含有两个元素, 并且只有平凡的正规子群, 则称其为 **单群**. 这表明单群做不出非平凡的商群. 如同数论中的素数一样, 单群被认为是最基本的群, 是构造任意群的基础. 人们自然会问, 能不能找到所有的单群? 对于交换群, 这件事很容易.

定理 2.7.2 交换单群一定是素数阶循环群.

证明 因为交换群的子群都是正规子群, 所以交换群 G 是单群当且仅当 G 没有非平凡的子群.

若 $|G| = p$, 其中 p 为素数, 则对任意 $H \leqslant G$ 有 $|H| \mid p$, 所以 $|H| = 1$ 或者 p, 即 H 为单位元群或者 G 本身. 这便证出 G 只有平凡的子群, 所以 G 为单群.

反之, 设 G 为交换单群, 任取 $a \in G \setminus \{e\}$, 则 $\langle a \rangle \leqslant G$. 由 $\langle a \rangle \neq \{e\}$ 且 G 没有非平凡子群得到 $\langle a \rangle = G$, 所以 G 为循环群. 若 $o(a) = \infty$, 则 $\langle a^2 \rangle$ 为 G 的非平凡子群, 矛盾, 所以 a 的阶有限. 设 $o(a) = n$, 若 n 为合数, 令 $n = st$, 其中 $1 < s, t < n$, 则 $\langle a^s \rangle$ 为 G 的非平凡子群, 这时 G 仍不是单群, 矛盾. 所以 n 为素数, 即 G 为素数阶循环群. □

非交换单群的情况要复杂得多, 经过 150 多年的努力, 到 20 世纪后半叶, 数学家们给出了有限单群的分类, 这是代数学的一项重大成就. 有限单群可以分为下面几类:

(1) 素数阶循环群;

(2) $n \geqslant 5$ 时的交错群 A_n;

(3) Lie 型单群, 共 16 族;

(4) 26 个散在单群.

有限单群分类的主要贡献者有 Aschbacher, Brauer, Conway, Feit, Galois, Gorenstein, Janko, Mathieu, Suzuki, Thompson 等. 阶数最大的散在单群称为 **魔群**, 其阶为

$$808017424794512875886459904961710757005754368000000000,$$

或写成

$$2^{46} \cdot 3^{20} \cdot 5^9 \cdot 7^6 \cdot 11^2 \cdot 13^3 \cdot 17 \cdot 19 \cdot 23 \cdot 29 \cdot 31 \cdot 41 \cdot 47 \cdot 59 \cdot 71,$$

约为 8×10^{53}. 作为基础课程, 这里我们无法涉及如此庞大的问题, 仅仅介绍一类单群, 即 $n \geqslant 5$ 时的交错群 A_n, 这是由历史上的天才数学家之一 Galois 证明的. 在这一结论的基础上, 他证明了一般五次和五次以上的方程不可能有根式解.

定理 2.7.3 当 $n \geqslant 5$ 时, 交错群 A_n 为单群.

证明 首先证明 A_n 可以由所有 3-轮换生成. 设 $\sigma \in A_n$, 若 $\sigma = (1)$ 为单位元, 则 $\sigma = (123)(132)$ 为两个 3-轮换的乘积. 若 $\sigma \neq (1)$, 则 σ 为偶数个对换的乘积. 对任意两个对换的乘积, 设 i, j, k, l 互不相同, 由

$$(ij)(jl) = (ijl)$$

易得

$$(ij)(kl) = (ij)(jk)(jk)(kl) = (ijk)(jkl).$$

所以任意偶数个对换的乘积一定是 3-轮换之积, 即 A_n 中任意元素都是 3-轮换之积. 反之, 由于每个 3-轮换都是偶置换, 故 3-轮换的乘积也是偶置换, 从而所有 3-轮换之积一定在 A_n 中.

设 $N \trianglelefteq A_n$ 且 $N \neq \{(1)\}$, 为了证明 A_n 为单群, 只需证明 $N = A_n$, 而这只需证明 N 包含所有的 3-轮换. 下面先证明若 N 中有一个 3-轮换, 则 N 就包含所有的 3-轮换. 事实上, 设 3-轮换 $(i_1 i_2 i_3) \in N$, 则对任意 3-轮换 $(j_1 j_2 j_3)$ 来说, 定义置换 ρ 为 $\rho(i_t) = j_t$, $1 \leqslant t \leqslant 3$, 且 ρ 把 i_1, i_2, i_3 外的元素映到 j_1, j_2, j_3 外的元素. 若 $\rho \in A_n$, 则显然

$$\rho(i_1 i_2 i_3)\rho^{-1} = (j_1 j_2 j_3) \in N.$$

若 $\rho \notin A_n$, 由于 $n \geqslant 5$, 故在 j_1, j_2, j_3 外存在符号 i, j, 令 $\delta = (ij)\rho$, 则 $\delta \in A_n$, 且

$$\delta(i_1 i_2 i_3)\delta^{-1} = (ij)\rho(i_1 i_2 i_3)\rho^{-1}(ij)^{-1} = (ij)(j_1 j_2 j_3)(ij) = (j_1 j_2 j_3) \in N.$$

下面来证 N 中一定有 3-轮换. 对置换 σ 和符号 i, 若 $\sigma(i) = i$, 则称 i 为 σ 的不动元. 取 N 中一个不动元最多的非恒等置换 τ, 注意到 τ 不可能有 $n-1$ 个不动元 (因这时 τ 必有 n 个不动元, 即 $\tau = (1)$), 也不可能有 $n-2$ 个不动元 (因这时 $\tau = (ij)$ 为奇置换), 所以 τ 最多有 $n-3$ 个不动元. 若 τ 恰有 $n-3$ 个不动元, 则 τ 就是一个 3-轮换, 问题得证.

若 τ 的不动元个数小于 $n-3$, 我们来推出矛盾. 把 τ 写成互不相交的轮换的乘积, 则出现两种情形: (i) τ 中有长度 $\geqslant 3$ 的轮换 $(a_1 a_2 a_3 \cdots)$ 和 (ii) $\tau = (a_1 a_2)(a_3 a_4) \cdots$ 为对换的乘积.

注意到在情形 (i), τ 不可能有 $n-4$ 个不动元, 否则 $\tau = (a_1a_2a_3a_4)$ 是奇置换, 所以这时 τ 的不动元个数 $\leqslant n-5$, 即除符号 a_1, a_2, a_3 外还至少有两个符号 a_4, a_5 使得 $\tau(a_4) \neq a_4, \tau(a_5) \neq a_5$. 令 $\varphi = (a_3a_4a_5)$, 则有

$$\varphi\tau\varphi^{-1} = (a_1a_2a_4\cdots)\cdots.$$

令 $\tau_1 = \tau^{-1}\varphi\tau\varphi^{-1}$, 则 $\tau_1 \in N$. 计算得到 a_1 为 τ_1 的不动元. 注意到 τ 的不动元一定为 a_1, a_2, a_3, a_4, a_5 外的符号, 所以 τ 的不动元也一定是 τ_1 的不动元, 这样 τ_1 的不动元比 τ 的不动元多, 与 τ 的选取矛盾.

下面考察情形 (ii), 仍令 $\varphi = (a_3a_4a_5)$, 则

$$\varphi\tau\varphi^{-1} = (a_1a_2)(a_4a_5)\cdots,$$

依然令 $\tau_1 = \tau^{-1}\varphi\tau\varphi^{-1}$, 则 $\tau_1 \in N$. 计算得到 a_1, a_2 都是 τ_1 的不动元. 对于 a_1, a_2, a_3, a_4, a_5 外的符号, τ 的不动元也一定是 τ_1 的不动元, 而对于 a_1, a_2, a_3, a_4, a_5, τ 最多不动 a_5, 所以 τ_1 的不动元也比 τ 的不动元多, 与 τ 的选取矛盾.

这样我们证出 N 中不动元个数最多的非恒等置换一定为 3-轮换, 所以 N 中有 3-轮换, 就包含所有的 3-轮换了, 从而 $N = A_n$. $\qquad\square$

注意到 A_2 为单位元群, 由定义它不是单群. $A_3 = \{(1), (123), (132)\}$ 是 3 阶循环群, 故 A_3 是单群. A_4 有一个非平凡正规子群 $V_4 = \{(1), (12)(34), (13)(24), (14)(23)\}$, 所以 A_4 不是单群.

习题 2.7

1. 举例说明若 $H \trianglelefteq K$ 且 $K \trianglelefteq G$, 则不一定有 $H \trianglelefteq G$.

2. 设 G 为群且 $H, K \trianglelefteq G$, 证明 $HK \trianglelefteq G$.

3. 设 S 为群 G 的非空子集, 令

$$C_G(S) = \{x \in G \mid xa = ax, \forall a \in S\}, \quad N_G(S) = \{x \in G \mid xS = Sx\}$$

($C_G(S)$ 和 $N_G(S)$ 分别称为 S 在 G 中的**中心化子**和**正规化子**).

(1) 证明 $C_G(S)$ 和 $N_G(S)$ 都是 G 的子群;

(2) 证明 $C_G(S) \trianglelefteq N_G(S)$;

(3) 设 $n \geqslant 2$, 记 $G = \mathrm{GL}_n(\mathbb{R})$ 中上三角形矩阵构成的子群为 B, 上三角形且对角线元素全为 1 的矩阵构成的子群为 U, 证明 $N_G(U) = B$ 且 $N_G(B) = B$.

4. 考虑正方形的对称群, 即二面体群

$$D_4 = \{e, r, r^2, r^3, s, sr, sr^2, sr^3\},$$

其中 r 为逆时针旋转 $\pi/2$ 角度, s 为关于一条对角线的反射. 记

$$V = \{e, r^2, s, sr^2\}, \quad H = \{e, s\}.$$

证明: $V \trianglelefteq D_4$, $H \trianglelefteq V$, 但是 H 不是 D_4 的正规子群.

5. 给出二面体群 D_{10} 的全部正规子群.

6. 设 G 为一个群, H 为 G 的一个阶为 m 的子群.

(1) 证明: 若 H 是 G 的唯一阶为 m 的子群, 那么 $H \trianglelefteq G$;

(2) 如果 $H \trianglelefteq G$, H 是否为 G 的唯一阶为 m 的子群? 如果正确, 请给出证明; 如果错误, 请给出一个反例.

7. 设有限群 G 在集合 M 上的作用传递, $N \trianglelefteq G$, 证明 N 在 M 上的同样作用下每个轨道长度均相等.

8. 设 G 是有限群, $N \trianglelefteq G$, 且 $|N|$ 与 $|G/N|$ 互素. 对于 $a \in G$, 若 $o(a) \mid |N|$, 证明 $a \in N$.

9. 设 G 为一个群, 证明 G 的任意指数有限的子群都包含一个 G 的指数有限的正规子群.

10. 设 A, B, C 是群 G 的子群, 并且 $A \leqslant B$, 证明

(1) $AC \cap B = A(B \cap C)$;

(2) 若还有 $A \cap C = B \cap C$ 和 $AC = BC$, 则有 $A = B$.

11. 证明群的 2 阶正规子群必在群的中心里.

12. 设 $n \geqslant 5$, 证明 A_n 是 S_n 的唯一非平凡正规子群.

13. 证明有限群 G 是二面体群的充要条件是 G 可由两个 2 阶元素生成. (这里 A_4 的 4 阶子群 V_4 也看成 4 阶二面体群.)

14. 设 G 为一个有限群, 其类方程为 $20 = 1 + 4 + 5 + 5 + 5$.

(1) G 中有没有 5 阶子群? 如果有, 是否是 G 的正规子群?

(2) G 中有没有 4 阶子群? 如果有, 是否是 G 的正规子群?

15. 设 G 和 G' 为两个群, N 和 N' 分别为 G 和 G' 的正规子群, 判断以下说法是否正确, 证明或给出反例:

(1) 若 $G \cong G'$ 且 $N \cong N'$, 则有 $G/N \cong G'/N'$;

(2) 若 $N \cong N'$ 且 $G/N \cong G'/N'$, 则有 $G \cong G'$;

(3) 若 $G \cong G'$ 且 $G/N \cong G'/N'$, 则有 $N \cong N'$.

2.8　同态基本定理

设 G 为一个群, $N \trianglelefteq G$, 则有商群 $\overline{G} = G/N$, 它的元素为陪集 $gN = \overline{g}$, 其中 $g \in G$, $\overline{G}$ 中的运算为

$$\overline{g_1} \cdot \overline{g_2} = \overline{g_1 g_2}.$$

定义映射 $\eta: G \to \overline{G}$ 为 $\eta(g) = \overline{g}$, 对任意 $g \in G$. 显然 η 是满射且对任意 $g_1, g_2 \in G$ 有

$$\eta(g_1 g_2) = \overline{g_1 g_2} = \overline{g_1} \cdot \overline{g_2} = \eta(g_1)\eta(g_2).$$

故 η 是一个满同态, 称其为 G 到商群 $\overline{G}$ 的**自然同态**或**典范同态**. 容易验证 $\mathrm{Ker}\,\eta = N$, 从而每个正规子群一定是同态核. 由命题 2.7.2 知同态核是正规子群, 所以本质上说, 正规子群和同态核是一回事. 注意到前面这个自然同态 η 的同态像为 $\eta(G) = G/N$, 即商群一定是同态像, 那么同态像是否也一定是商群呢? 下面的同态基本定理表明群 G 的同态像一定同构于 G 的某个商群, 所以本质上说, 商群和同态像是一回事.

定理 2.8.1 (同态基本定理) 设 G, G_1 是两个群, $\pi: G \to G_1$ 为群同态, 则

$$G/\mathrm{Ker}\,\pi \cong \pi(G).$$

证明 记 $K = \mathrm{Ker}\,\pi$, 则 $K \trianglelefteq G$, 故有商群 G/K. 定义

$$\pi_1: G/K \to \pi(G)$$
$$gK \mapsto \pi(g).$$

先证明 π_1 为映射, 即要证明 $\pi(g)$ 不依赖于 gK 的代表元的选取, 这也是说对任意 $g, h \in G$, 若 $gK = hK$, 则 $\pi(g) = \pi(h)$. 事实上, 若 $gK = hK$, 则 $h \in gK$, 故存在 $k \in K$ 使得 $h = gk$, 从而

$$\pi(h) = \pi(gk) = \pi(g)\pi(k) = \pi(g)e' = \pi(g),$$

其中 e' 为群 G_1 的单位元.

显然 π_1 为满射, 再证明 π_1 为单射. 事实上, 对于 $a, b \in G$, 若 $\pi_1(aK) = \pi_1(bK)$, 则有 $\pi(a) = \pi(b)$, 故

$$\pi(a^{-1}b) = \pi(a^{-1})\pi(b) = \pi(a)^{-1}\pi(b) = e',$$

从而 $a^{-1}b \in \mathrm{Ker}\,\pi = K$, 所以 $aK = bK$. 这样我们便证出 π_1 为双射.

最后证明 π_1 为同态. 任取 $g_1 K, g_2 K \in G/K$, 其中 $g_1, g_2 \in G$, 则

$$\pi_1(g_1 K g_2 K) = \pi_1(g_1 g_2 K) = \pi(g_1 g_2) = \pi(g_1)\pi(g_2) = \pi_1(g_1 K)\pi_1(g_2 K).$$

综合起来有 π_1 为群同构, 所以 $G/\mathrm{Ker}\,\pi \cong \pi(G)$. $\square$

推论 2.8.1 设 G 为有限群, $\pi: G \to G_1$ 为群同态, 则 $\mathrm{Ker}\,\pi$ 和 $\pi(G)$ 都是有限群, 且有

$$|G| = |\mathrm{Ker}\,\pi| \cdot |\pi(G)|,$$

从而 $\pi(G)$ 的阶整除 G 的阶.

例 2.8.1   设 $G = \langle a \rangle$ 为循环群, $\mathbb{Z}$ 为整数加法群. 例 2.2.5 中 (3) 告诉我们由 $\varphi(k) = a^k$ 所定义的映射 $\varphi : \mathbb{Z} \to G$ 为满同态. 由同态基本定理知 $\mathbb{Z}/\mathrm{Ker}\,\varphi \cong G$. 下面来确定同态 φ 的核 $\mathrm{Ker}\,\varphi$.

由于 $\mathrm{Ker}\,\varphi$ 是循环群 $\mathbb{Z}$ 的子群, 故仍为循环群. 若 $\mathrm{Ker}\,\varphi = \{0\}$, 则 $\mathbb{Z} \cong G$. 若 $\mathrm{Ker}\,\varphi = \langle n \rangle = n\mathbb{Z}$, 其中 n 为某个正整数, 则 $\mathbb{Z}/n\mathbb{Z} \cong G$.

在第一种情形, 只有 a 的 0 次方为 G 中单位元, 这时 a 的任两个不同幂都不相等, 即 G 为无限循环群, 它与 $\mathbb{Z}$ 同构.

在第二种情形, a 的阶为 n, 这时 G 为 n 阶循环群, 它与整数模 n 的加法群 $\mathbb{Z}/n\mathbb{Z}$ 同构. 由于每个 n 阶循环群都与 $\mathbb{Z}/n\mathbb{Z}$ 同构, 故两个 n 阶循环群是同构的. 所以两个有限循环群同构当且仅当它们的阶相等.

本例我们利用同态基本定理又一次证明了命题 2.3.4 和命题 2.3.5.

例 2.8.2   设 G 是一个群, 由群 G 在 G 上的共轭作用可得到一个群同态 $T : G \to S_G$. 例 2.4.4 告诉我们 $T(G) = \mathrm{Inn}(G)$, 下面求 $\mathrm{Ker}\,T$.

设 $g \in \mathrm{Ker}\,T$, 即 I_g 为 G 上的恒等变换, 从而对任意 $x \in G$ 有 $x = I_g(x) = gxg^{-1}$, 即 $xg = gx$, 所以 $g \in Z(G)$. 显然上面的推导可以反向进行, 故有 $\mathrm{Ker}\,T = Z(G)$. 由同态基本定理得到对任意群 G 有

$$G/Z(G) \cong \mathrm{Inn}(G).$$

由于当 $n \geqslant 3$ 时有 $Z(S_n) = \{(1)\}$, 故 $\mathrm{Inn}(S_n) \cong S_n$. 进一步地又可以证明: 若 $n \neq 6$, 则对称群 S_n 的每个自同构都是内自同构 (参见习题 2.4 第 6 题), 所以这时有 $\mathrm{Aut}(S_n) \cong S_n$.

考虑二面体群 D_6, 由上面的结论有 $D_6/Z(D_6) \cong \mathrm{Inn}(D_6)$. 例 2.6.4 告诉我们 $|Z(D_6)| = 2$, 所以 $|\mathrm{Inn}(D_6)| = 6$, 故 $\mathrm{Inn}(D_6)$ 同构于循环群 $\mathbb{Z}_6$ 或者同构于对称群 S_3. 若 $\mathrm{Inn}(D_6) \cong \mathbb{Z}_6$, 即 $D_6/Z(D_6)$ 循环, 则由 G/Z 定理得到 D_6 交换, 矛盾. 从而 $\mathrm{Inn}(D_6) \cong S_3$.

例 2.8.3   设 V 为域 F 上的线性空间, W 是 V 的子空间, 只看 V 上的加法运算, 则 V 是一个交换群, W 是 V 的一个子群, 同时也是正规子群. W 的每个陪集形如 $\alpha + W$, 其中 $\alpha \in V$. V 关于 W 的商群为

$$V/W = \{\alpha + W \mid \alpha \in V\},$$

其上的加法运算为

$$(\alpha + W) + (\beta + W) = (\alpha + \beta) + W.$$

在 V/W 上定义数量乘法运算如下: 对任意 $a \in F$, $\alpha + W \in V/W$, 定义

$$a(\alpha + W) = a\alpha + W.$$

容易验证这确是一个运算, 即与陪集代表元的选取无关. 进一步地, 还容易验证 V/W 在上面的加法和数量乘法运算下是域 F 上的一个线性空间, 称为 V 关于 W 的**商空间**.

设 V, U 都是域 K 上的线性空间, 且 $\dim V = n$, 再设 $\varphi : V \to U$ 为线性映射. 记 $W = \mathrm{Ker}\, \varphi$, 则 W 是 V 的子空间. 只看 V 和 U 中的加法, 它们都是加法群, 而 φ 也是加法群同态. 由同态基本定理, 作为加法群 $V/W \cong \mathrm{Im}\, \varphi$. 再回头看其中的证明, 有 $\pi_1 : V/W \to \mathrm{Im}\, \varphi$ (定义为 $\pi_1(\alpha + W) = \varphi(\alpha)$) 是双射并且保持加法运算. 进一步考察 V/W 中的数乘运算,

$$\pi_1(a(\alpha + W)) = \pi_1(a\alpha + W) = \varphi(a\alpha) = a\varphi(\alpha) = a\pi_1(\alpha + W),$$

这表明 π_1 也保持数乘运算, 所以 π_1 是线性空间 V/W 与 $\mathrm{Im}\, \varphi$ 之间的同构, 即作为线性空间来说也有

$$V/\mathrm{Ker}\, \varphi \cong \mathrm{Im}\, \varphi,$$

这就是《代数学 (一)》中所讲的第一同构定理, 又称其为**线性映射基本定理**. 由于同构的线性空间有相同的维数, 故 $\dim \mathrm{Im}\, \varphi = n - \dim \mathrm{Ker}\, \varphi$. 这样我们就得到了线性映射中的维数公式

$$\dim \mathrm{Ker}\, \varphi + \dim \mathrm{Im}\, \varphi = n.$$

在习题 2.7 第 3 题中我们定义了群 G 的非空子集 S 的中心化子 $C_G(S)$ 和正规化子 $N_G(S)$, 它们都是 G 的子群并且 $C_G(S) \trianglelefteq N_G(S)$. 设 $H \leqslant G$, 则对任意 $g \in N_G(H)$ 及 $h \in H$ 有 $ghg^{-1} \in H$. 定义 $\sigma(g) : H \to H$ 为

$$\sigma(g)(h) = ghg^{-1}, \quad h \in H.$$

容易验证 $\sigma(g) \in \mathrm{Aut}(H)$, 并且

$$\begin{aligned} \sigma : N_G(H) &\to \mathrm{Aut}(H) \\ g &\mapsto \sigma(g) \end{aligned}$$

为群同态. 此同态 σ 的核为

$$\mathrm{Ker}\, \sigma = \{ g \in N_G(H) \mid ghg^{-1} = h, \forall h \in H \}$$

$$= C_{N_G(H)}(H) = C_G(H) \cap N_G(H) = C_G(H).$$

由同态基本定理, 有

$$N_G(H)/C_G(H) \cong \sigma(N_G(H)) \leqslant \mathrm{Aut}(H).$$

这样我们便证明了如下的 N/C 定理.

定理 2.8.2 (N/C 定理)　设 G 为群, $H \leqslant G$, 则 $N_G(H)/C_G(H)$ 同构于 $\mathrm{Aut}(H)$ 的一个子群.

命题 2.8.1　设 G 是有限群, p 是 $|G|$ 的最小素因子, 且 N 为 G 的指数为 p 的子群, 则 $N \trianglelefteq G$.

证明　设 $|G| = n \geqslant 2, n = pn'$. 因为 $[G:N] = p$, 所以 $|N| = n'$. 记

$$P = (G/N)_l = \{g_i N \mid g_i \in G\}$$

为 G 关于 N 的左商集, 容易验证 $g \circ (g_i N) = gg_i N$ 是群 G 在集合 P 上的一个作用, 其中 $g \in G, g_i N \in P$, 所以我们有群同态 $\varphi : G \to S_p$. 注意到 $g \in \mathrm{Ker}\, \varphi$ 当且仅当对所有的 $a \in G$ 有 $gaN = aN$ 成立, 即 $g \in aNa^{-1}$. 于是

$$\mathrm{Ker}\, \varphi = \bigcap_{a \in G} aNa^{-1}$$

是 N 的一个子群. 故 $|\mathrm{Ker}\, \varphi|$ 是 $|N|$ 的因子, 从而 $p = |G|/|N|$ 是 $|G|/|\mathrm{Ker}\, \varphi| = |\varphi(G)|$ 的因子.

由于 $\varphi(G) \leqslant S_p$, 故 $|\varphi(G)|$ 是 $p!$ 的因子. 又 p 为素数, 故 $p^2 \nmid p!$, 所以 $p^2 \nmid |\varphi(G)|$, 即 $|\varphi(G)|$ 只能被 p 整除, 但不能被 p^2 整除. 进一步地, 对于比 p 大的素数 $r, r \nmid p!$, 因此 $r \nmid |\varphi(G)|$. 而对于比 p 小的素数 q, 由于 p 是 $|G|$ 的最小素因子, 故 q 不整除 $|G|$, 自然 $q \nmid |\varphi(G)|$. 故 $|\varphi(G)| = p$, 于是 $|\mathrm{Ker}\, \varphi| = n'$. 但是 $\mathrm{Ker}\, \varphi \leqslant N$ 且 $|N| = n'$, 所以 $\mathrm{Ker}\, \varphi = N$. 由于同态核一定是正规子群, 故 $N \trianglelefteq G$.　□

同态基本定理又称为**第一同构定理**. 下面我们再给出两个同构定理.

定理 2.8.3 (第二同构定理)　设 G 是群, 若 $N \trianglelefteq G$, $H \leqslant G$, 则 $H \cap N \trianglelefteq H$, $N \trianglelefteq NH \leqslant G$, 且

$$NH/N \cong H/H \cap N.$$

证明　由于 $N \trianglelefteq G$, 故

$$NH = \bigcup_{h \in H} Nh = \bigcup_{h \in H} hN = HN,$$

所以 $NH \leqslant G$. 由 $N \trianglelefteq G$ 且 $N \leqslant NH$ 显然有 $N \trianglelefteq NH$. 定义映射 φ 如下:

$$\varphi : H \to NH/N$$
$$h \mapsto \overline{h} = hN.$$

容易验证 φ 为满同态, 且

$$\mathrm{Ker}\, \varphi = \{h \in H \mid hN = N\} = H \cap N.$$

故 $H \cap N \trianglelefteq H$, 再由同态基本定理, 有

$$NH/N \cong H/H \cap N.$$　□

注 2.8.1 在定理条件下有 $|NH||H \cap N| = |N||H|$. 进一步地, 第二同构定理中 N 和 H 的条件可以放弱为 $N, H \leqslant G$ 且 $H \leqslant N_G(N)$.

定理 2.8.4 (第三同构定理) 设 G 是群, 若 $N \trianglelefteq G$, $M \trianglelefteq G$, 且 $N \leqslant M$, 则

$$G/M \cong (G/N)/(M/N).$$

证明 定义 φ 为

$$\varphi : G/N \to G/M$$
$$gN \mapsto gM.$$

若对 $g_1, g_2 \in G$ 有 $g_1 N = g_2 N$, 则 $g_1^{-1} g_2 \in N$. 又 $N \leqslant M$, 所以 $g_1^{-1} g_2 \in M$, 从而 $g_1 M = g_2 M$, 这表明 φ 为映射, 又容易验证 φ 为满同态, 且

$$\mathrm{Ker}\, \varphi = \{gN \mid gM = M\} = \{gN \mid g \in M\} = M/N.$$

由同态基本定理有

$$G/M \cong (G/N)/(M/N). \qquad \square$$

第三同构定理可以推广为如下形式, 其证明也是类似的, 请读者自己给出证明.

定理 2.8.5 (第三同构定理) 设 G, H 为群, $\eta : G \to H$ 为群同态. 若 $M \trianglelefteq G$ 且 $M \supseteq \mathrm{Ker}\, \eta$, 则 $\eta(M) \trianglelefteq \eta(G)$ 且

$$G/M \cong \eta(G)/\eta(M).$$

设 G 是群, $N \trianglelefteq G$, 则有商群 $\overline{G} = G/N$. 取 $\eta : G \to G/N$ 为 G 到 G/N 的自然同态, 则 $\eta(G) = G/N$, 且 $\mathrm{Ker}\, \eta = N$. 对 $M \trianglelefteq G$, 且 $N \leqslant M$, 有 $\eta(M) = M/N$, 由此可得到定理 2.8.4 的形式.

定理 2.8.6 (对应定理) 设 G 是群, $N \trianglelefteq G$. 记 $\mathcal{M}$ 为 G 中包含 N 的所有子群的集合, 而 $\overline{\mathcal{M}}$ 为 $\overline{G} = G/N$ 的所有子群的集合, 即

$$\mathcal{M} = \{M \mid N \leqslant M \leqslant G\}, \quad \overline{\mathcal{M}} = \{\overline{M} \mid \overline{M} \leqslant \overline{G} = G/N\}.$$

则映射 $\pi : \mathcal{M} \to \overline{\mathcal{M}}$, $M \mapsto \overline{M} = M/N$ 为双射, 且此双射具有如下性质: 对于任意 $M_1, M_2, M \in \mathcal{M}$,

(1) $M_1 \leqslant M_2$ 当且仅当 $\overline{M_1} \leqslant \overline{M_2}$;

(2) 如果 $M_1 \leqslant M_2$, 那么 $[M_2 : M_1] = [\overline{M_2} : \overline{M_1}]$;

(3) $\overline{\langle M_1, M_2 \rangle} = \langle \overline{M_1}, \overline{M_2} \rangle$;

(4) $\overline{M_1 \cap M_2} = \overline{M_1} \cap \overline{M_2}$;

(5) $M \trianglelefteq G$ 当且仅当 $\overline{M} \trianglelefteq \overline{G}$, 且有 $G/M \cong \overline{G}/\overline{M}$.

证明　首先由于 $N \trianglelefteq G$, 则对所有 $N \leqslant M \leqslant G$, 有 $N \trianglelefteq M$, 故 $\overline{M} = M/N \leqslant G/N$, 所以 π 是 $\mathcal{M}$ 到 $\overline{\mathcal{M}}$ 的映射. 反之, 对于 $\overline{M} \in \overline{\mathcal{M}}$, 定义

$$\lambda(\overline{M}) = \{g \in G \mid \bar{g} \in \overline{M}\},$$

因为对任意 $g \in N$ 有 $\bar{g} = \bar{e} \in \overline{M}$, 由定义 $g \in \lambda(\overline{M})$, 所以 $\lambda(\overline{M}) \supseteq N$. 对任意 $g, h \in \lambda(\overline{M})$, 即 $\bar{g}, \bar{h} \in \overline{M}$, 由于 $\overline{M}$ 为群, 故 $\overline{gh} = \bar{g}\bar{h} \in \overline{M}$, 所以 $gh \in \lambda(\overline{M})$. 再由 $\overline{g^{-1}} = \bar{g}^{-1} \in \overline{M}$ 有 $g^{-1} \in \lambda(\overline{M})$, 这表明 $\lambda(\overline{M})$ 对乘积和求逆封闭, 从而 $\lambda(\overline{M}) \leqslant G$, 故 $\lambda(\overline{M}) \in \mathcal{M}$. 所以 λ 是 $\overline{\mathcal{M}}$ 到 $\mathcal{M}$ 的映射. 为了证明 π 为双射, 只需检查对任意 $M \in \mathcal{M}$ 和 $\overline{M} \in \overline{\mathcal{M}}$, 有 $\lambda\pi(M) = M$ 和 $\pi\lambda(\overline{M}) = \overline{M}$ 即可, 而这是显然的. 进一步地, $(1) \sim (5)$ 的证明由 π 的定义立得, 留作练习. □

习题 2.8

1. 设群 G 恰有两个自同构, 证明 G 为交换群.

2. 证明阶大于 2 的有限群至少有两个自同构.

3. 设 G 为群, H, K 都是 G 的正规子群且 $H \cap K = \{e\}$, 证明 H 与 K 之间元素的乘法可交换.

4. 设 G 为有限群, $H \leqslant G$ 且 $[G : H] = n > 1$, 证明 G 必有一个指数整除 $n!$ 的非平凡正规子群或者 G 同构于 S_n 的一个子群.

5. 证明对应定理.

6. 设 $N \trianglelefteq G$, $|N| = n$, $[G : N] = m$, 且 m 与 n 互素, 证明 G 的阶为 n 的正规子群一定为 N.

7. 设 σ 是群 G 到交换群 H 的一个群同态, $N \leqslant G$ 且 $\operatorname{Ker} \sigma \subseteq N$, 证明 $N \trianglelefteq G$.

8. 设 G 为单群, 且存在 G 到群 H 的满同态, 证明 H 为单群或者 H 为单位元群.

9. 证明有限 p-群的非正规子群的个数一定是 p 的倍数.

10. 设 G 为有限群, $\alpha \in \operatorname{Aut}(G)$, 令 $I = \{g \in G \mid \alpha(g) = g^{-1}\}$, 证明

(1) 若 $|I| > \dfrac{3}{4}|G|$, 则 G 交换;

(2) 若 $|I| = \dfrac{3}{4}|G|$, 则 G 有一个指数为 2 的交换正规子群.

2.9　自由群

任意群的元素都满足 a 与 a^{-1} 交换, a 与 a 交换, 单位元与任意元素交换等一些必要条件. 自由群被认为是除这些以外其元素之间没有任何关系的群, 因此任一群都可以

看成是自由群的商群.

设 X 为一个非空集合, 记 $X^{-1} = \{x^{-1} \mid x \in X\}$, $S = X \cup X^{-1}$, 并对 $x \in X$, 令 $(x^{-1})^{-1} = x$. 由 S 中的元素组成的有限序列

$$w = a_1 a_2 \cdots a_n, \quad a_i \in S, \ 1 \leqslant i \leqslant n$$

称为 S 上的一个**字**, 而 n 称为字 w 的**长度**. 允许空集组成的字, 称为**空字**, 记为 $\varnothing$. 空字的长度定义为 0. 字 w 称为**既约字** (或**简化字**), 如果 w 中没有形如 $a^{-1}a$ 的字串, 其中 $a \in S$. 任一字都可以通过削去其中的字串 $a^{-1}a$ 简化成既约字. 例如, xx^{-1} 可以简化为 $\varnothing$, 而

$$w = x^{-1}xyy^{-1}x^{-1}yz = x^{-1}x(yy^{-1})x^{-1}yz \to x^{-1}(xx^{-1})yz \to x^{-1}yz.$$

一个字可以有不同的简化方式, 例如上面的字 w 可以简化如下:

$$w = x^{-1}xyy^{-1}x^{-1}yz = (x^{-1}x)yy^{-1}x^{-1}yz \to (yy^{-1})x^{-1}yz \to x^{-1}yz.$$

命题 2.9.1 对任一字 w, w 有唯一的既约形式.

证明 对字 w 的长度 n 做归纳. 若 $n = 1$, 则 w 显然是既约的, 结论成立.

设 $n > 1$, 并设结论对长度小于 n 的字成立. 下面设 w 为长度为 n 的字, 若 w 本身既约, 则已证. 若 w 不是既约的, 则 w 一定形如

$$w = \cdots a^{-1}a \cdots.$$

为得到 w 的既约形式, 我们必须消去其中的 $a^{-1}a$. 设 w_0 是 w 的一个既约形式. 如果在得到 w_0 的某一步时消去 w 中的符号对 $a^{-1}a$, 我们可以在第一步就消去这一对而其他步骤不变, 则 w 仍然化为 w_0. 若符号对 $a^{-1}a$ 不是同时消去, 由于要得到既约形式, 故其中 a^{-1} 或 a 一定在某一步被消去, 则该步之前必为

$$\cdots a(a^{-1}a) \cdots \quad \text{或} \quad \cdots (a^{-1}a)a^{-1} \cdots$$

的形式, 此时消去 aa^{-1} 与消去 $a^{-1}a$ 的效果一样, 从而我们总可以在第一步就消去 $a^{-1}a$, 并且消去后得到的字的长度为 $n-2$. 由归纳假设可得唯一的既约形式. □

用 W 表示 S 上的字组成的集合, 对于 $u, v \in W$, u 和 v 的**连写** uv 就是把字 u 和 v 按先 u 后 v 连写在一起. 对于 $w, w' \in W$, 定义 $w \sim w'$ 当且仅当 w 与 w' 有相同的既约形式. 容易验证 $\sim$ 是集合 W 上的一个等价关系. 进一步地, 若 $w \sim w'$ 且 $u \sim u'$, 设 w_0 是 w 和 w' 的既约形式, u_0 是 u 和 u' 的既约形式, 则 wu 经简化可得 $w_0 u_0$ (不一定是既约的), 同时 $w'u'$ 经简化也可得 $w_0 u_0$. 继续简化 $w_0 u_0$ 可以得到 wu 和 $w'u'$ 有相同的既约形式, 故 $wu \sim w'u'$, 这表明等价关系 $\sim$ 保持连写性质. 用 $\overline{w}$ 表示如上等价关系下包含字 w 的等价类. 记

$$F(X) = W/\!\sim = \{\overline{w} \mid w \in W\}$$

为 W 在该等价关系下的商集, 即 $\sim$ 的等价类集合. 在 $F(X)$ 中定义

$$\overline{w_1} \cdot \overline{w_2} = \overline{w_1 w_2},$$

由于等价关系 $\sim$ 保持连写性质, 所以这样定义的 "·" 是 $F(X)$ 上的运算, 称为 $F(X)$ 上的**连写运算**. 连写运算显然满足结合律, 又 $\overline{\varnothing}$ 为该运算的单位元. 对于

$$w = a_1 a_2 \cdots a_n \in W,$$

其中 $a_i \in S, 1 \leqslant i \leqslant n$, 定义

$$w^{-1} = a_n^{-1} a_{n-1}^{-1} \cdots a_1^{-1},$$

则有

$$\overline{w} \cdot \overline{w^{-1}} = \overline{w w^{-1}} = \overline{a_1 a_2 \cdots a_n a_n^{-1} a_{n-1}^{-1} \cdots a_1^{-1}} = \overline{\varnothing}.$$

同理也有 $\overline{w^{-1}} \cdot \overline{w} = \overline{\varnothing}$. 所以 $\overline{w}^{-1} = \overline{w^{-1}}$. 从而 $F(X)$ 在连写运算下成为一个群.

定义 2.9.1   设 X 为一个非空集合, $F(X)$ 在连写运算下的群称为 X 上的**自由群**, 而 X 称为自由群 $F(X)$ 的**自由生成元集**. 若 X 有限, 则 $F(X)$ 称为**有限生成的自由群**.

定理 2.9.1（自由群的泛性质）   设 G 为群, X 为集合, $f: X \to G$ 为映射, 则 f 可以扩充为群同态

$$\varphi: F(X) \to G$$

使得 $f = \varphi i$, 即

为交换图, 这里 $i: X \to F(X)$ 为自然的包含映射, 即对任意 $x \in X$ 有 $i(x) = \overline{x}$. 进一步地, 满足如上性质的 $F(X)$ 到 G 的群同态 φ 是唯一的.

证明   对 $w = a_1 a_2 \cdots a_n$, 其中 $a_i \in X \cup X^{-1}$, 定义

$$\varphi(\overline{w}) = \varphi(\overline{a_1})\varphi(\overline{a_2}) \cdots \varphi(\overline{a_n}),$$

其中

$$\varphi(\overline{a_i}) = \begin{cases} f(a_i), & \text{若 } a_i \in X, \\ f(a_i^{-1})^{-1}, & \text{若 } a_i \in X^{-1}. \end{cases} \tag{2.8}$$

容易验证 $\varphi: F(X) \to G$ 为群同态. 又对任意 $x \in X$, 由

$$\varphi i(x) = \varphi(\overline{x}) = f(x)$$

得到 $f = \varphi i$.

进一步地, 若 $\psi: F(X) \to G$ 也是群同态且 $f = \psi i$, 则对任意 $a \in X$, 有

$$\psi(\overline{a}) = \psi(i(a)) = f(a) = \varphi(\overline{a}).$$

若 $a \in X^{-1}$, 则 $a^{-1} \in X$ 且 $a = (a^{-1})^{-1}$. 由 ψ 为同态和式 (2.8) 有

$$\psi(\overline{a}) = \psi\left(\overline{(a^{-1})^{-1}}\right) = \psi\left(\overline{a^{-1}}^{-1}\right) = \psi\left(\overline{a^{-1}}\right)^{-1} = f(a^{-1})^{-1} = \varphi(\overline{a}).$$

这便证出对任意 $a \in X \cup X^{-1}$, 均有 $\psi(\overline{a}) = \varphi(\overline{a})$. 故对任意 $\overline{w} \in F(X)$, 设 $w = a_1 a_2 \cdots a_n$, 其中 $a_i \in X \cup X^{-1}$, 有

$$\psi(\overline{w}) = \psi(\overline{a_1} \cdot \overline{a_2} \cdot \cdots \cdot \overline{a_n}) = \psi(\overline{a_1})\psi(\overline{a_2}) \cdots \psi(\overline{a_n})$$

$$= \varphi(\overline{a_1})\varphi(\overline{a_2}) \cdots \varphi(\overline{a_n}) = \varphi(\overline{w}),$$

即 $\psi = \varphi$, 这便证明了 φ 的唯一性. $\qquad\qquad\square$

在定理 2.9.1 中取 $X \subseteq G$, 如果 $\langle X \rangle = G$, 那么 φ 为满同态, 从而 $G \cong F(X)/\mathrm{Ker}\,\varphi$ 为 $F(X)$ 的商群. 特别地, 取 $X = G$, 得到 G 是自由群的商群. 而若 X 有限, 即 G 为有限生成群, 则 G 是有限生成自由群的商群. 这样我们证明了如下命题.

命题 2.9.2　每个群都是自由群的商群, 每个有限生成群都是有限生成自由群的商群.

设群 G 为自由群 $F(X)$ 的商群, 即存在 $N \triangleleft F(X)$ 使得 $G = F(X)/N$, 则群 G 的**表现**记为

$$G = \langle X \mid r = e, \text{ 其中 } r \in N \rangle.$$

特别地, 如果 $R = \{r_1, r_2, \cdots, r_t\} \subseteq N$ 且包含 R 的 $F(X)$ 的最小正规子群恰为 N, 那么称 N 为 R 生成的正规子群 (注意这并不是 $N = \langle R \rangle$), 此时 G 的表现记为

$$G = \langle X \mid r_1 = r_2 = \cdots = r_t = e \rangle.$$

X 中的元素称为 G 的**生成元**, N (或 R) 中的元素构成生成元的**生成关系** (或**定义关系**). G 也是由生成元集 X 和定义关系集 R 决定的群.

例 2.9.1　无限循环群 $\mathbb{Z}$ 为由一个元素生成的自由群 $\langle a \rangle$. 设 G 为 n 阶循环群, 则 $G = \langle a \rangle / \langle a^n \rangle$, 故 G 的表现为

$$G = \langle a \mid a^n = e \rangle.$$

例 2.9.2　设 $G = \langle a \mid a^4 = a^6 = e \rangle$, 那么 G 是哪个群? 表面上看, 关系 $a^4 = e$ 和 $a^6 = e$ 是不相容的. 但由上述定义关系集的含义, 所求的群 G 是无限循环群 $F = \langle a \rangle$ 的由 $R = \{a^4, a^6\}$ 生成的正规子群的商群, 容易得到由 R 生成的正规子群恰为 $N = \langle a^2 \rangle$, 所以

$$G \cong \langle a \rangle / \langle a^2 \rangle$$

为 2 阶循环群.

例 2.9.3　容易验证 3 元对称群 S_3 的表现为

$$S_3 = \langle a, b \mid a^2 = b^3 = (ab)^2 = e \rangle.$$

命题 2.9.3(Dyck 定理)　设群

$$G = \langle a_1, a_2, \cdots, a_n \mid r_1 = r_2 = \cdots = r_t = e \rangle,$$

$$H = \langle a_1, a_2, \cdots, a_n \mid r_1 = r_2 = \cdots = r_t = r_{t+1} = \cdots = r_{t+k} = e \rangle,$$

则 H 是 G 的同态像.

证明　设 $X = \{a_1, a_2, \cdots, a_n\}$, $F(X)$ 的由 $\{r_1, r_2, \cdots, r_t\}$ 生成的正规子群为 K, 而由 $\{r_1, \cdots, r_t, r_{t+1}, \cdots, r_{t+k}\}$ 生成的正规子群为 N, 则显然有 $K \trianglelefteq N$. 因为 $G \cong F(X)/K$, $H \cong F(X)/N$, 由第三同构定理有

$$(F(X)/K)/(N/K) \cong F(X)/N,$$

所以 H 是 G 的同态像.　　　　　　　　　　　　　　　　　　□

例 2.9.4　设 $n \geqslant 3$, 考察二面体群 D_n. 首先 D_n 有生成元 r $\left(\text{绕中心逆时针旋转 } \dfrac{2\pi}{n} \text{ 角度}\right)$ 和 s (对某一固定对称轴的反射), 且满足 $r^n = s^2 = (rs)^2 = e$. 令 $X = \{r, s\}$, 由自由群的泛性质知映射 $X \hookrightarrow D_n$ 诱导了满同态 $\varphi : F(X) \to D_n$. 令 $N = \mathrm{Ker}\,\varphi$, 则 $r^n, s^2, (rs)^2 \in N$. 令 K 是 $F(X)$ 的由 $R = \{r^n, s^2, (rs)^2\}$ 生成的正规子群, 则 $K \leqslant N$. 由第三同构定理得到

$$(F(X)/K)/(N/K) \cong F(X)/N \cong D_n,$$

所以

$$|F(X)/K| = |D_n||N/K| \geqslant 2n.$$

另一方面, 显然 $F(X)/K = \langle rK, sK \rangle$. 又 $(rK)^n = K$, $(sK)^2 = K$ 和 $((rs)K)^2 = K$, 所以有 $(sr)K = (r^{-1}s)K$. 进一步地, 对任意整数 k, 有 $(sr^k)K = (r^{-k}s)K$. 从而 $F(X)/K$ 中的元素均可写为 $(r^i s^j)K$ 的形式, 其中 $0 \leqslant i \leqslant n-1$, $0 \leqslant j \leqslant 1$. 故 $|F(X)/K| \leqslant 2n$. 所以, $|F(X)/K| = 2n$ 且 $K = N$. 因此, D_n 的表现为

$$D_n = \langle r, s \mid r^n = s^2 = (rs)^2 = e \rangle.$$

由 Dyck 定理可得若有限群 G 和 H 有相同的生成元集并且 H 满足 G 的定义关系, 则 H 为 G 的同态像. 进一步地, 若还有 $|H| \geqslant |G|$, 则 $H \cong G$.

例 2.9.5　考察群

$$G = \langle a, b \mid a^2 = b^2 = (ab)^2 \rangle.$$

设 $X = \{a, b\}$, N 是 $F(X)$ 的由 $b^{-2}a^2$ 和 $(ab)^{-2}a^2$ 生成的正规子群, 则 $G \cong F(X)/N$. 但这个群的结构到底如何? 我们需要把 G 中元素写成 a, b 组成的字且满足 $a^2 = b^2 =$

$(ab)^2$. 令 $H = \langle b \rangle$, $S = \{H, aH\}$. 容易验证 S 在左乘 a 或 b 下封闭, 事实上, $aaH = H$, $baH = aH$. 所以 $G = H \cup aH$. 由 $b^2 = (ab)^2$ 得到 $b = aba$, 所以由

$$a^2 = b^2 = (aba)^2 = ab^4a$$

得 $b^4 = e$, 从而 G 最多含有 8 个元素

$$e, b, b^2, b^3, a, ab, ab^2, ab^3.$$

当然这 8 个元素可能相同, 例如 S_4 的子群 V_4 就满足这个定义关系而只有 4 个元素. 下面考虑由复矩阵

$$A = \begin{pmatrix} 0 & 1 \\ -1 & 0 \end{pmatrix} \quad \text{和} \quad B = \begin{pmatrix} 0 & i \\ i & 0 \end{pmatrix}$$

生成的 $\mathrm{GL}_2(\mathbb{C})$ 的子群 H, 它满足 $A^2 = B^2 = (AB)^2$ 且至少有 8 个元素 $A^i B^j$, $i = 0, 1$, $j = 0, 1, 2, 3$, 故 G 为 8 阶群. 此群称为**四元数群**, 记为 Q.

注意到在上面这个例子中, 群 V_4 可以由 $a = (12)(34)$ 和 $b = (13)(24)$ 生成且满足关系 $a^2 = b^2 = (ab)^2$, 除此之外这个 a 还满足 $a^2 = (1)$, 而这并不是例 2.9.5 中群 Q 所满足的定义关系. 这表明 V_4 满足了 Q 的定义关系而且更多, 所以 V_4 为四元数群 Q 的同态像.

定理 2.9.2 设 G 为 8 阶非交换群, 则 G 为二面体群 D_4 或四元数群 Q.

证明 设 G 为 8 阶非交换群, 则对任意 $a \in G$, $o(a) \mid 8$. 若 G 中有 8 阶元素 g, 则 $G = \langle g \rangle$ 为循环群, 与 G 非交换矛盾. 若 G 的每个非单位元的阶都是 2, 则 G 也是交换群, 矛盾. 这表明 G 中一定有 4 阶元素.

设 a 是 G 的一个 4 阶元素, 选取元素 $b \in G \setminus \langle a \rangle$, 则

$$G = \langle a \rangle \cup \langle a \rangle b = \{e, a, a^2, a^3, b, ab, a^2 b, a^3 b\}.$$

因为 $\langle a \rangle \trianglelefteq G$, 所以有 $bab^{-1} \in \langle a \rangle$. 又 bab^{-1} 与 a 有相同的阶, 故 $bab^{-1} = a$ 或者 $bab^{-1} = a^3 = a^{-1}$. 前者得出 $ba = ab$, 与 G 非交换矛盾, 所以 $bab^{-1} = a^{-1}$.

考虑元素 b^2, 显然 b^2 不等于 $b, ab, a^2 b, a^3 b$. 由群 G 非交换得到 a, b 不交换, 故 $b^2 \neq a, a^3$, 所以有 $b^2 = e$ 或 a^2. 若 $b^2 = e$, 由 $bab^{-1} = a^{-1}$ 可以得到

$$(ab)^2 = a(bab) = a(bab^{-1}) = aa^{-1} = e,$$

这时

$$G = \langle a, b \mid a^4 = b^2 = (ab)^2 = e \rangle \cong D_4.$$

若 $b^2 = a^2$, 同样由 $bab^{-1} = a^{-1}$ 得到

$$(ab)^2 = a(ba)b = a(a^{-1}b)b = b^2 = a^2,$$

这时

$$G = \langle a, b \mid a^2 = b^2 = (ab)^2 \rangle \cong Q. \qquad \qquad \square$$

习题 2.9

1. 证明四元数群 Q 的每个子群都是正规子群, 但 Q 不是交换群. (这样的群称为 Hamilton (哈密顿) 群.)

2. 求群 $G = \langle a, b \mid a^3 = b^9 = e, a^{-1}ba = b^{-1} \rangle$ 的阶, 并确定群 G.

3. 求群 $G = \langle a, b \mid ab^2 = b^3a, ba^3 = a^2b \rangle$ 的阶, 并确定群 G.

4. 求群 $G = \langle a, b \mid a^6 = e, a^3 = b^2, b^{-1}ab = a^{-1} \rangle$ 的阶.

5. 设 $G = \langle a, b, c \mid a^2 = b^2 = c^2 = e, ac = ca, (ab)^3 = (bc)^3 = e \rangle$, 证明 $G \cong S_4$.

6. 证明 $S_4 = \langle a, b \mid a^2 = b^3 = (ab)^4 = e \rangle$.

7. 证明 $A_4 = \langle a, b \mid a^2 = b^3 = (ab)^3 = e \rangle$.

8. 证明四元数群 $Q = \langle a, b \mid a^4 = b^4 = e, a^2 = b^2, b^{-1}ab = a^{-1} \rangle$.

9. 证明 $\langle a, b \mid abab^{-1} = e \rangle \cong \langle u, v \mid u^2v^2 = e \rangle$.

10. 设 F 为自由群, G, H 是群, $\sigma : F \to G$ 是同态, $\tau : H \to G$ 是满同态, 证明存在同态 $\rho : F \to H$ 使得 $\sigma = \tau\rho$. (本习题的结论常被称为**自由群的投射性质**.)

第三章

群的结构

上一章中已经给出了循环群的分类, 并完全确定了循环群和它的子群结构, 本章我们来讨论一般群的结构问题.

3.1 群的直积

群扩张是通过已知群来构造更大的群, 本节我们给出两种基本的群扩张手法, 即通过直积或半直积来构造群.

设 G_1, G_2 为群, 则 G_1 与 G_2 (作为集合) 的乘积

$$G = G_1 \times G_2 = \{(g_1, g_2) \mid g_1 \in G_1, g_2 \in G_2\}$$

在运算

$$(g_1, g_2) \cdot (h_1, h_2) = (g_1 h_1, g_2 h_2)$$

下构成群, 其中 $g_1, h_1 \in G_1, g_2, h_2 \in G_2$. 事实上, 结合律显然满足, 单位元为 $e = (e_1, e_2)$, 其中 e_1, e_2 分别是群 G_1 和 G_2 的单位元, 而元素 (g_1, g_2) 的逆元是 (g_1^{-1}, g_2^{-1}), 其中 g_1^{-1} 是 g_1 在群 G_1 中的逆元, g_2^{-1} 是 g_2 在群 G_2 中的逆元.

定义 3.1.1 设 G_1, G_2 为群, 如上得到的群 G 称为 G_1 与 G_2 的**直积**, 记为 $G = G_1 \times G_2$.

设 G_1 和 G_2 是任意两个群, 显然若 G_1, G_2 都是交换群, 则 $G_1 \times G_2$ 仍为交换群. 若 G_1, G_2 都是有限群, 则 $G_1 \times G_2$ 也是有限群且

$$|G_1 \times G_2| = |G_1||G_2|,$$

即有限群直积的阶等于阶的乘积. 进一步地, 若 $H_1 \leqslant G_1$ 且 $H_2 \leqslant G_2$, 则有 $H_1 \times H_2 \leqslant G_1 \times G_2$. 而若 $H_1 \trianglelefteq G_1$ 且 $H_2 \trianglelefteq G_2$, 则有 $H_1 \times H_2 \trianglelefteq G_1 \times G_2$. 特别地, $G_1 \times G_2$ 有正规子群 $\{e_1\} \times G_2$ 和 $G_1 \times \{e_2\}$. 对任意 $g_1 \in G_1$, $g_2 \in G_2$, 容易验证映射

$$(g_1, g_2) \mapsto (g_2, g_1)$$

是一个从 $G_1 \times G_2$ 到 $G_2 \times G_1$ 的同构映射, 从而

$$G_1 \times G_2 \cong G_2 \times G_1.$$

对任意 $a \in G_1$, $b \in G_2$, 定义 $i_1 : G_1 \to G_1 \times G_2$ 和 $i_2 : G_2 \to G_1 \times G_2$ 为 $i_1(a) = (a, e_2)$ 和 $i_2(b) = (e_1, b)$, 定义 $p_1 : G_1 \times G_2 \to G_1$ 和 $p_2 : G_1 \times G_2 \to G_2$ 为 $p_1(a, b) = a$ 和 $p_2(a, b) = b$, 容易验证 i_1 和 i_2 分别为 G_1 和 G_2 到 $G_1 \times G_2$ 的单同态, 而 p_1 和 p_2

分别为 $G_1 \times G_2$ 到 G_1 和 G_2 的满同态, 且有

$$G_1 \cong i_1(G_1) = \text{Ker } p_2 = G_1 \times \{e_2\},$$
$$G_2 \cong i_2(G_2) = \text{Ker } p_1 = \{e_1\} \times G_2.$$

由于 G_1 和 G_2 分别同构于 $G_1 \times G_2$ 的正规子群 $G_1 \times \{e_2\}$ 和 $\{e_1\} \times G_2$, 所以我们也可以说 G_1, G_2 都是 $G_1 \times G_2$ 的正规子群.

类似地, 也可以定义任意 n 个群的直积, 且也有如上类似性质. 例如域 F 上的 n 维向量空间 F^n 的加法群就是 n 个 F 的加法群的直积.

定理 3.1.1 若正整数 m 与 n 互素, 则 m 阶循环群与 n 阶循环群的直积为 mn 阶循环群.

证明 设 $G_1 = \langle a \rangle$ 为 m 阶循环群, $G_2 = \langle b \rangle$ 为 n 阶循环群, 即 a 在 G_1 中的阶为 m 而 b 在 G_2 中的阶为 n. 由 i_1 和 i_2 为单同态, 易得 (a, e_2) 和 (e_1, b) 在群 $G_1 \times G_2$ 中的阶分别为 m 和 n. 由于元素 (a, e_2) 和 (e_1, b) 可交换, 它们的阶 m 与 n 又互素, 所以元素

$$(a, b) = (a, e_2)(e_1, b)$$

在群 $G_1 \times G_2$ 中的阶为 mn. 又 $G_1 \times G_2$ 的阶也是 mn, 所以 $G_1 \times G_2 = \langle (a, b) \rangle$ 为循环群. □

注意到在定理 3.1.1 中若 m 与 n 不互素, 设 $k = \text{lcm}(m, n)$ 为正整数 m 和 n 的最小公倍数, 则 $m \mid k, n \mid k$ 且 $k = mn/\gcd(m, n) < mn$. 又对任意 $(g_1, g_2) \in G_1 \times G_2$, 有

$$(g_1, g_2)^k = (g_1^k, g_2^k) = (e_1, e_2),$$

这表明 $G_1 \times G_2$ 中无 mn 阶元素, 从而 $G_1 \times G_2$ 不是循环群, 即两个阶数不互素的循环群的直积不再是循环群. 一般地, 设 $G = G_1 \times G_2$, $g_1 \in G_1$, $g_2 \in G_2$, 则

$$o(g_1, g_2) = \text{lcm}(o(g_1), o(g_2)).$$

此结论也可推广到任意 n 个群直积的情形.

推论 3.1.1 (中国剩余定理) 设正整数 m 与 n 互素, a, b 是任意整数, 则同余方程组

$$x \equiv a \pmod{m}, \quad x \equiv b \pmod{n} \tag{3.1}$$

有整数解. 进一步地, 若 x 和 y 都是同余方程组 (3.1) 的整数解, 则有 $x \equiv y \pmod{mn}$.

证明 考虑整数模 m 和模 n 的加法群 $\mathbb{Z}_m$ 和 $\mathbb{Z}_n$, 它们分别为 m 阶和 n 阶循环群. 记 1_m 为 $\mathbb{Z}_m$ 中的 $\bar{1}$, 1_n 为 $\mathbb{Z}_n$ 中的 $\bar{1}$, 则 $\mathbb{Z}_m = \langle 1_m \rangle$, $\mathbb{Z}_n = \langle 1_n \rangle$. 由于 m 与 n 互

素, 由定理 3.1.1 得到 $\mathbb{Z}_m \times \mathbb{Z}_n$ 为 mn 阶循环群 $\mathbb{Z}_{mn}$ 且 $(1_m, 1_n)$ 是其生成元. 对任意整数 a 和 b, $(a \,(\mathrm{mod}\ m), b \,(\mathrm{mod}\ n)) \in \mathbb{Z}_m \times \mathbb{Z}_n$, 所以存在整数 x 使得

$$(a \,(\mathrm{mod}\ m), b \,(\mathrm{mod}\ n)) = x(1_m, 1_n) = (x \,(\mathrm{mod}\ m), x \,(\mathrm{mod}\ n)),$$

即有 $x \equiv a \,(\mathrm{mod}\ m)$, $x \equiv b \,(\mathrm{mod}\ n)$, 从而 x 就是同余方程组 (3.1) 的整数解.

进一步地, 若 x 和 y 都是同余方程组 (3.1) 的整数解, 则有

$$x(1_m, 1_n) = (a \,(\mathrm{mod}\ m), b \,(\mathrm{mod}\ n)) = y(1_m, 1_n),$$

即在群 $\mathbb{Z}_{mn}$ 中有 $\overline{x} = \overline{y}$, 从而 $x \equiv y \,(\mathrm{mod}\ mn)$. □

注 3.1.1　中国剩余定理是说同余方程组 (3.1) 有解, 那么如何求它的解? 由于 m 与 n 互素, 故存在整数 u, v 使得

$$um + vn = 1.$$

令

$$x = avn + bum,$$

则 x 就是同余方程组 (3.1) 的一个整数解.

上述求同余方程组的解实际上属于群上的离散对数问题. 设 $G = \langle g \rangle$ 为 N 阶循环群, 对任意 $h \in G$, 一定存在唯一整数 k 使得 $h = g^k$ 且 $0 \leqslant k \leqslant N-1$. 给定 g 和 h 求 k 这个问题就是群 G 上的**离散对数问题**. 离散对数问题在现今计算资源下是非常困难的问题, 有一些密码算法就是利用离散对数问题来设计的, 如 Elgamal 密码体制, 它们的安全性就建立在离散对数问题困难性的基础之上. 上面的说明表明在循环群 $\mathbb{Z}_{mn}$ 中我们确实解决了离散对数问题, 其原因就是群 $\mathbb{Z}_{mn}$ 的运算是加法, 而 $\mathbb{Z}_{mn}$ 是环, 除加法外还有乘法. 在求解过程中除用到加法外我们还用到了乘法, 但在一般的群里是没有另外的运算供我们使用的.

中国剩余定理还有一般的环论表达形式, 我们将在下一章中继续讨论.

设 G_1, G_2 为群, 若 $H_1 \leqslant G_1$ 且 $H_2 \leqslant G_2$, 则有 $H_1 \times H_2 \leqslant G_1 \times G_2$. 那么 $G_1 \times G_2$ 的每个子群是否一定是 G_1 的某个子群与 G_2 的某个子群的直积? 先看下面这个例子.

例 3.1.1　设 p 为素数, G_1 和 G_2 都是 p 阶循环群, 考察 $G_1 \times G_2$ 的子群情况. 对任意 $(a, b) \in G_1 \times G_2$, 显然 $(a, b)^p = (e, e)$. 从而除单位元 (e, e) 外, $G_1 \times G_2$ 中其余元素的阶都是 p, 即 $G_1 \times G_2$ 有 $p^2 - 1$ 个 p 阶元素. 由于每个 p 阶群中有 $p-1$ 个 p 阶元素, 由此我们得到 $G_1 \times G_2$ 的 p 阶子群的个数为

$$\frac{p^2 - 1}{p - 1} = p + 1.$$

由于 G_1 只有两个子群 $\{e\}$ 和 G_1, G_2 也只有两个子群 $\{e\}$ 和 G_2, 故 G_1 的子群与 G_2 的子群的直积只有 4 种可能, 而其中只有 $\{e\} \times G_2$ 和 $G_1 \times \{e\}$ 为 $G_1 \times G_2$ 的 p 阶子群. 比较子群的个数, 我们可以得到 $G_1 \times G_2$ 有 $p - 1 \geqslant 1$ 个 p 阶子群不是 G_1 的某个子群与 G_2 的某个子群的直积.

定理 3.1.2　设有限群 G_1 和 G_2 的阶互素, 则 $G_1 \times G_2$ 的子群一定形如 $H_1 \times H_2$, 其中 $H_1 \leqslant G_1$, $H_2 \leqslant G_2$.

证明　设 $K \leqslant G_1 \times G_2$. 由于 $p_1(a, b) = a$, $p_2(a, b) = b$ 分别为 $G_1 \times G_2$ 到 G_1 和到 G_2 的满同态, 令 $H_1 = p_1(K)$, $H_2 = p_2(K)$, 则显然有 $H_1 \leqslant G_1$, $H_2 \leqslant G_2$, 下面证明 $K = H_1 \times H_2$.

对于 $(a, b) \in K$, 由定义 $a \in H_1$, $b \in H_2$, 我们得到 $(a, b) \in H_1 \times H_2$, 故 $K \subseteq H_1 \times H_2$. 另一方面, 对于 $a \in H_1$, 由定义存在某个 $c \in G_2$ 使得 $(a, c) \in K$. 设 $m = o(a)$, $n = o(c)$, 由于 G_1 和 G_2 的阶互素, 由 Lagrange 定理有 m 与 n 互素. 由中国剩余定理, 存在整数 r 满足

$$r \equiv 1 \pmod{m} \ \text{和} \ r \equiv 0 \pmod{n}.$$

故有

$$a^r = a^1 = a \ \text{和} \ c^r = c^0 = e_2,$$

由此得到

$$(a, e_2) = (a, c)^r \in K.$$

同理可以证明对于 $b \in H_2$, $(e_1, b) \in K$. 从而对任意 $a \in H_1$, $b \in H_2$, 有

$$(a, b) = (a, e_2)(e_1, b) \in K,$$

故 $H_1 \times H_2 \subseteq K$.　　　　　　　　　　　　　　　　　　　　　　　　□

定理 3.1.3　设 G 为群, H, K 为 G 的两个子群, 且满足

(i) $G = HK$;

(ii) $H \cap K = \{e\}$;

(iii) H 中每个元素与 K 中每个元素可交换,

则

$$G \cong H \times K.$$

证明　定义映射 $\sigma : H \times K \to G$ 为

$$\sigma(h, k) = hk,$$

对任意 $h \in H$, $k \in K$. 由 (i) 知 σ 为满射. 若 $\sigma(h_1, k_1) = \sigma(h_2, k_2)$, 即 $h_1 k_1 = h_2 k_2$, 则有

$$h_2^{-1} h_1 = k_2 k_1^{-1} \in H \cap K.$$

由 (ii) 知 $h_2^{-1} h_1 = k_2 k_1^{-1} = e$, 即 $h_1 = h_2$, $k_1 = k_2$, 故 σ 为单射. 进一步地, 对任意 $h_1, h_2 \in H$ 和 $k_1, k_2 \in K$, 由 (iii) 知 $h_2 k_1 = k_1 h_2$, 故

$$\sigma((h_1, k_1)(h_2, k_2)) = \sigma(h_1 h_2, k_1 k_2) = (h_1 h_2)(k_1 k_2)$$

$$= (h_1 k_1)(h_2 k_2) = \sigma(h_1, k_1) \sigma(h_2, k_2),$$

即 σ 保持运算, 故 σ 为同构映射, 从而 $G \cong H \times K$.   □

注 3.1.2   显然定理 3.1.3 的条件 (i) 和 (ii) 保证 G 中每个元素可唯一地表示成 H 与 K 中元素的乘积, 定理的条件 (i) 和 (iii) 保证 H 和 K 都是 G 的正规子群. 容易验证若定理的条件 (i), (ii) 成立, 但是条件 (iii) 换成 H 和 K 都是 G 的正规子群, 则结论 $G \cong H \times K$ 依然成立.

定义 3.1.2   设 G 为群, $H, K \leqslant G$ 且 $G \cong H \times K$, 则称群 G 为它的子群 H 和 K 的 (内) 直积, 习惯上也记为 $G = H \times K$.

定理 3.1.3 给出一个群是它的子群的 (内) 直积的充要条件. 类似地, 也可得到一个群是它的多个子群 (内) 直积的条件.

例 3.1.2   设 p 为素数, G 为 p^2 阶群. 显然 G 中非单位元的阶为 p^2 或者 p. 若 G 中有 p^2 阶元素, 则它为循环群. 若 G 中无 p^2 阶元素, 则 G 中每个非单位元的阶均为 p. 由于 p-群的中心不是单位元群, 可从 G 的中心 $Z(G)$ 中选取一个非单位元 a, 则 $\langle a \rangle$ 为 p 阶循环群, 还可以从 $G \setminus \langle a \rangle$ 中选取一个非单位元 b, 同样 $\langle b \rangle$ 也是 p 阶循环群. 由于 $b \notin \langle a \rangle$, 又 $\langle a \rangle$ 和 $\langle b \rangle$ 都是 p 阶群, 故

$$\langle a \rangle \cap \langle b \rangle = \{e\},$$

从而

$$|\langle a \rangle \langle b \rangle| = \frac{|\langle a \rangle||\langle b \rangle|}{|\langle a \rangle \cap \langle b \rangle|} = p^2,$$

因此

$$G = \langle a \rangle \langle b \rangle.$$

又 $a \in Z(G)$, 故 a 与 b 可交换, 所以 $\langle a \rangle$ 中每个元素与 $\langle b \rangle$ 中每个元素可交换. 从而

$$G \cong \langle a \rangle \times \langle b \rangle$$

为两个 p 阶循环群的直积. 这样我们得到若 p 为素数, 则 p^2 阶群或为循环群或为两个 p 阶循环群的直积. 故 p^2 阶群一定交换.

例 3.1.3　设正整数 s 与 t 互素, 则易知

$$U(st) \cong U(s) \times U(t).$$

实际上, 对任意 $x \in U(st)$,

$$x \mapsto (x \,(\mathrm{mod}\, s), x \,(\mathrm{mod}\, t))$$

是 $U(st)$ 到 $U(s) \times U(t)$ 的同构映射. 设 $n = p_1^{e_1} p_2^{e_2} \cdots p_k^{e_k}$ 为 n 的素因子分解式, 其中 $p_1, p_2, \cdots, p_k$ 为互不相同的素数, $e_1, e_2, \cdots, e_k$ 为正整数, 则

$$U(n) \cong U(p_1^{e_1}) \times U(p_2^{e_2}) \times \cdots \times U(p_k^{e_k}).$$

下面我们用 $\mathbb{Z}_m$ 表示 m 阶循环群. Gauss (高斯) 证明了 $U(2) \cong \{1\}$, $U(4) \cong \mathbb{Z}_2$, 当 $m \geqslant 3$ 时有

$$U(2^m) \cong \mathbb{Z}_2 \times \mathbb{Z}_{2^{m-2}},$$

而对任意奇素数 p 和任意正整数 m, 有

$$U(p^m) \cong \mathbb{Z}_{\phi(p^m)},$$

其中 $\phi(p^m) = p^m - p^{m-1}$. 这样对任意正整数 n, 我们可以把整数模 n 的乘法群 $U(n)$ 分解成循环群的直积, 即给出了群 $U(n)$ 的结构. 由此也可以得到模 n 有原根, 或 $U(n)$ 为循环群当且仅当 $n = 1, 2, 4, p^m, 2p^m$, 其中 p 为奇素数, m 为正整数.

我们知道群 G 在集合 M 上的作用即群 G 到 M 上的全变换群 S_M 的同态. 设 H 是群, 熟知 H 的自同构群 $\mathrm{Aut}(H)$ 是 S_H 的一个子群.

<u>**定义 3.1.3**</u>　设 H, K 是两个群, 称群同态 $\varphi : K \to \mathrm{Aut}(H)$ 为群 K 在群 H 上的**一个同构作用**.

显然群 K 在群 H 上的同构作用自然是 K 在集合 H 上的一个群作用.

例 3.1.4　如下给出几个群在群上的同构作用的例子.

(1) 对任意 $y \in K$, 定义 $\varphi(y) = \mathrm{id}_H$, 即 H 的恒等自同构, 则显然 $\varphi : K \to \mathrm{Aut}(H)$ 为群同态, 称其为 K 在 H 上的**平凡同构作用**.

(2) 设 F 为域, 对任意 $t \in F^*$, 定义 $\varphi_t : F \to F$ 为 $\varphi_t(x) = tx$, 对任意 $x \in F$. 容易验证 φ_t 是 F 的加法群的自同构. 定义 $\varphi : F^* \to \mathrm{Aut}(F)$ 为 $\varphi(t) = \varphi_t$. 由于对任意 $t_1, t_2 \in F^*$ 和 $x \in F$ 有

$$\varphi(t_1 t_2)(x) = (t_1 t_2)x = \varphi_{t_1}(\varphi_{t_2}(x)) = (\varphi(t_1)\varphi(t_2))(x),$$

故 $\varphi(t_1 t_2) = \varphi(t_1)\varphi(t_2)$, 所以 φ 为群同态. 这便得到一个域 F 的乘法群 F^* 在域 F 的加法群上的同构作用.

(3) 设 G 为群, $H \trianglelefteq G$, $K \leqslant G$. 对任意 $y \in K$, 定义 $\varphi_y : H \to H$ 为 $\varphi_y(x) = yxy^{-1}$, 对任意 $x \in H$. 容易验证 φ_y 是群 H 的自同构, 且 $\varphi : y \mapsto \varphi_y$ 是 K 到 $\mathrm{Aut}(H)$ 的同态. 故 φ 是 K 在 H 上的一个同构作用, 称为 K 在 H 上的**共轭作用**.

(4) 对任意群 H, 设 $K \leqslant \mathrm{Aut}(H)$, 则包含映射 $i : K \to \mathrm{Aut}(H)$ 显然是 K 在 H 上的一个同构作用, 这里 i 的定义为对所有 $y \in K$ 都有 $i(y) = y$.

设 H, K 是两个群, φ 是 K 在 H 上的同构作用, 并对任意 $y \in K$, 记

$$\varphi_y = \varphi(y) \in \mathrm{Aut}(H).$$

在集合 $H \times K$ 上定义运算如下: 对任意 $(x, y), (u, v) \in H \times K$, 令

$$(x, y)(u, v) = (x\varphi_y(u), yv). \tag{3.2}$$

则 $H \times K$ 在如上运算下构成一个群. 事实上, 结合律可以直接验证. 单位元为 (e_H, e_K), 其中 e_H 和 e_K 分别是群 H 和 K 的单位元. 对于 $x \in H$, $y \in K$, (x, y) 的逆元为 $(x, y)^{-1} = (\varphi_{y^{-1}}(x^{-1}), y^{-1})$.

定义 3.1.4　设 H, K 是两个群, φ 是 K 在 H 上的同构作用, $H \times K$ 在运算 (3.2) 下构成的群称为群 H 和 K (关于同构作用 φ) 的**半直积**, 记为 $H \rtimes_\varphi K$.

若 φ 是 K 在 H 上的平凡同构作用, 则 $H \rtimes_\varphi K$ 恰为直积 $H \times K$. 若 φ 不是 K 在 H 上的平凡同构作用, 则不论 H, K 是否为交换群, $H \rtimes_\varphi K$ 一定是非交换群. 事实上, 由于 φ 非平凡, 故存在 $y \in K$ 和 $x \in H$ 使得 $\varphi_y(x) \neq x$. 从而

$$(x, e_K)(e_H, y) = (x, y) \neq (\varphi_y(x), y) = (e_H, y)(x, e_K).$$

例 3.1.5　设 $H = \langle x \rangle$ 为 n 阶循环群, $K = \langle a \rangle$ 为 2 阶循环群, 定义 K 在 H 上的同构作用为

$$\varphi_a : x \mapsto x^{-1},$$

则半直积 $H \rtimes_\varphi K$ 恰为二面体群 D_n.

例 3.1.6　设 $H = \mathbb{Z}_3 = \{0, 1, 2\}$ 为 3 阶循环群 (运算写成加法), $\mathrm{Aut}(\mathbb{Z}_3) \cong U(3)$ 为 2 阶群, 其非单位元为负自同构

$$\theta : x \mapsto -x,$$

对任意 $x \in \mathbb{Z}_3$. 设 $K = \mathbb{Z}_4 = \{0, 1, 2, 3\}$ 为 4 阶循环群 (运算也写成加法), 其生成元为 1. 所以从 $\mathbb{Z}_4$ 出发的群同态 φ 被 $\varphi(1) = \varphi_1$ 所唯一确定. 定义

$$\varphi : \mathbb{Z}_4 \to \mathrm{Aut}(\mathbb{Z}_3)$$

为 $\varphi_1 = \theta$, 即 $\varphi_0 = \varphi_1^0, \varphi_2 = \varphi_1^2$ 为恒等自同构而 $\varphi_1, \varphi_3 = \varphi_1^3$ 为负自同构 θ, 或记成对 $n \in \mathbb{Z}_4$,

$$\varphi_n(x) = (-1)^n x.$$

由此得到的半直积 $\mathbb{Z}_3 \rtimes_\varphi \mathbb{Z}_4$ 为 12 阶非交换群, 其中的运算为

$$(x,n)(y,m) = (x + (-1)^n y, n + m).$$

交错群 A_4 和二面体群 D_6 都是 12 阶非交换群, 但是 $A_4 \not\cong D_6$, 因为 A_4 中无 6 阶元素而 D_6 中有 6 阶元. 如上得到的 $\mathbb{Z}_3 \rtimes_\varphi \mathbb{Z}_4$ 既不同构于 A_4, 也不同构于 D_6. 事实上, A_4 和 D_6 中都没有 4 阶元素, 而 $\mathbb{Z}_3 \rtimes_\varphi \mathbb{Z}_4$ 中有 4 阶元素 $(1,1)$.

这样我们已有三个互不同构的 12 阶非交换群: A_4, D_6 和 $\mathbb{Z}_3 \rtimes_\varphi \mathbb{Z}_4$.

设 $H \rtimes_\varphi K$ 为半直积, 则容易验证

$$i_H : x \mapsto (x, e_K)$$

和

$$i_K : y \mapsto (e_H, y)$$

分别是 H 和 K 到 $H \rtimes_\varphi K$ 的单同态, 所以 $H \times \{e_K\}$ 和 $\{e_H\} \times K$ 都是 $H \rtimes_\varphi K$ 的子群, 且 $H \cong H \times \{e_K\}$, $K \cong \{e_H\} \times K$. 进一步地,

$$p_K : (x,y) \mapsto y$$

是 $H \rtimes_\varphi K$ 到 K 的满同态, 且 $\operatorname{Ker} p_K = H \times \{e_K\}$, 从而 $H \times \{e_K\} \trianglelefteq H \rtimes_\varphi K$. 因为 $H \cong H \times \{e_K\}$, 所以也可以说 H 是 $H \rtimes_\varphi K$ 的一个正规子群. 但是若 φ 非平凡, 则定义为 $p_H(x,y) = x$ 的映射 $p_H : H \rtimes_\varphi K \to H$ 不是群同态, 所以 K 看作是 $\{e_H\} \times K$ 不是 $H \rtimes_\varphi K$ 的正规子群. 进一步地, 易知 $(H \times \{e_K\}) \cap (\{e_H\} \times K)$ (或者 $H \cap K$) 是单位元群. 类似于定理 3.1.3, 我们有如下定理.

定理 3.1.4 设 G 为群, H, K 为 G 的两个子群, 且满足

(i) $G = HK$;

(ii) $H \cap K = \{e\}$;

(iii) $H \trianglelefteq G$,

则 $G \cong H \rtimes_\varphi K$, 其中 φ 是 K 在 H 上的共轭作用, 即对任意 $y \in K$, $x \in H$, $\varphi_y(x) = yxy^{-1}$.

证明 同样定义映射 $\sigma : H \rtimes_\varphi K \to G$ 为 $\sigma(h,k) = hk$, 对任意 $h \in H, k \in K$. 类似于定理 3.1.3 的证明, 由 (i) 和 (ii) 得到 σ 为双射. 进一步地, 由

$$\sigma((h_1,k_1)(h_2,k_2)) = \sigma(h_1 \varphi_{k_1}(h_2), k_1 k_2) = \sigma(h_1 k_1 h_2 k_1^{-1}, k_1 k_2)$$

$$= h_1 k_1 h_2 k_1^{-1} k_1 k_2 = h_1 k_1 h_2 k_2 = \sigma(h_1,k_1)\sigma(h_2,k_2)$$

知 σ 保持运算, 故 σ 为同构. $\square$

注 3.1.3 设 G 为群, H, K 为 G 的两个子群且满足定理 3.1.4 的条件, 我们也称 G 为 H 和 K 的半直积, 记为 $H \rtimes K$.

例 3.1.7 当 $n \geqslant 3$ 时, 由定理 3.1.4 可得 $S_n = A_n \rtimes \langle (12) \rangle$.

习题 3.1

1. 设群 $B \cong C$, 证明对任意群 A, 有 $A \times B \cong A \times C$. 反之是否成立?

2. 设 G_1 和 G_2 都是非单位循环群, 证明: 若 G_1 和 G_2 中至少有一个为无限循环群, 则 $G_1 \times G_2$ 不是循环群.

3. 若定理 3.1.2 中有限群 G_1 和 G_2 的阶不互素, 结论如何?

4. 设 G_1 和 G_2 为有限群, 若 $G_1 \times G_2$ 为循环群, 证明 G_1 和 G_2 都是循环群且阶互素.

5. 设 $N_1 \trianglelefteq G_1$, $N_2 \trianglelefteq G_2$, 证明 $N_1 \times N_2 \trianglelefteq G_1 \times G_2$, 且

$$(G_1 \times G_2)/(N_1 \times N_2) \cong G_1/N_1 \times G_2/N_2.$$

6. 设 G 为一个群, 且有 $A \trianglelefteq G$ 和 $B \trianglelefteq G$, 证明

$$AB/A \cap B \cong AB/A \times AB/B.$$

7. 设 H, K, L 都是 G 的正规子群, 满足

$$G = HKL = \{ abc \mid a \in H, b \in K, c \in L \}$$

和

$$H \cap (KL) = K \cap (HL) = L \cap (HK) = \{e\},$$

证明 $G \cong H \times K \times L$.

8. 设 H, K 是有限群 G 的正规子群满足 $G = HK$ 且 H 与 K 的阶互素, 证明 G 的任意子群 L 可以写成 $L = (H \cap L)(K \cap L)$.

9. 设群 G_1 和 G_2 都是非单位元群, 证明: 若 $G_1 \times G_2$ 的每个子群一定为 $H_1 \times H_2$, 其中 $H_1 \leqslant G_1$, $H_2 \leqslant G_2$, 则 G_1 和 G_2 中每个元素的阶都有限并且对任意 $a \in G_1$ 和 $b \in G_2$, $o(a)$ 与 $o(b)$ 互素.

10. 设 n 为奇数, 证明 $D_{2n} \cong D_n \times \mathbb{Z}_2$.

11. 设 φ 是 K 在 H 上的一个同构作用, 由 φ 构造的半直积为 $H \rtimes_\varphi K$. 若 K 或者 $\{e_H\} \times K$ 是 $H \rtimes_\varphi K$ 的正规子群, 证明 φ 一定是平凡的同构作用且 $H \rtimes_\varphi K = H \times K$.

12. 设 m, n 为正整数, A 为一个 m 阶循环群, B 为一个 n 阶循环群, 则半直积 $A \rtimes B$ 在同构意义下有多少种可能?

3.2　Sylow 定理

设 G 为 n 阶群, 由 Lagrange 定理知 G 的子群的阶为 n 的正因子. 反之, 对于 n 的正因子 d, G 是否一定有 d 阶子群? 一般说来这是不成立的, 例如 A_4 无 6 阶子群. 但若 p 是 n 的一个素因子, 记 $n = p^r m$, 其中 $r \geqslant 1, p \nmid m$. 则 G 中是否有 p 阶元素? 对于 $0 \leqslant k \leqslant r$, G 是否有 p^k 阶子群? 下面的 Sylow (西罗) 定理就肯定地回答了这些问题. 为了证明 Sylow 定理, 首先介绍一个初等数论的基本结论.

设 p 为素数, n 为正整数, 记 $n = p^r m$, 其中 $r \geqslant 0, p \nmid m$. 称 p^r 为 n 的 p **部分**而 m 为 n 的非 p **部分**, 也称 n 的 p-**adic 阶**为 r. 所以 n 的 p-adic 阶为 0 当且仅当 $p \nmid n$.

引理 3.2.1　设 p 是一个素数, $n = p^r m$, $r \geqslant 0$, $p \nmid m$, 则对于任意 $0 \leqslant k \leqslant r$, 有

$$p^{r-k} \,\Big\| \, \binom{n}{p^k},$$

即 $\binom{n}{p^k}$ 的 p 部分为 p^{r-k}, 或 $\binom{n}{p^k}$ 的 p-adic 阶为 $r-k$.

证明　我们知道

$$\binom{n}{p^k} = \frac{n!}{(n-p^k)! \cdot p^k!} = \prod_{j=0}^{p^k-1} \frac{n-j}{p^k-j}.$$

对任一 $1 \leqslant j \leqslant p^k - 1$, 设 $j = p^{t_j} \ell_j$, 其中 $p \nmid \ell_j$, 显然有 $0 \leqslant t_j < k$, 且

$$n - j = p^{t_j}(p^{r-t_j}m - \ell_j), \quad p^k - j = p^{t_j}(p^{k-t_j} - \ell_j).$$

由于 $r \geqslant k > t_j$ 且 $p \nmid \ell_j$, 所以 $p^{r-t_j}m - \ell_j$ 和 $p^{k-t_j} - \ell_j$ 均不含因子 p. 令

$$b = \prod_{j=1}^{p^k-1}(p^{r-t_j}m - \ell_j), \quad a = \prod_{j=1}^{p^k-1}(p^{k-t_j} - \ell_j),$$

则有 $p \nmid b, p \nmid a$ 且

$$\binom{n}{p^k} = \frac{n}{p^k} \cdot \frac{b}{a} = p^{r-k} m \frac{b}{a}.$$

由 $\binom{n}{p^k}$ 为整数得到 $a \mid p^{r-k} mb$, 又 a 与 p 互素, 故 $a \mid mb$, 即 $\dfrac{mb}{a}$ 为整数. 由 $p \nmid b$ 和 $p \nmid m$ 有 $p \nmid \dfrac{mb}{a}$, 由此得到 $\binom{n}{p^k}$ 的 p 部分为 p^{r-k}. □

定理 3.2.1 (Sylow 第一定理)　设群 G 的阶为 $n = p^r m$, 其中 p 为素数且 $p \nmid m$, $r > 0$, 那么对于满足 $0 \leqslant k \leqslant r$ 的任意整数 k, G 一定有 p^k 阶子群.

证明 设 Ω 是 G 的所有 p^k 元子集构成的集合. 这时 Ω 的元素可表示为

$$A = \{a_1, a_2, \cdots, a_{p^k}\}.$$

对于 $g \in G$, 定义

$$gA = \{ga_1, ga_2, \cdots, ga_{p^k}\},$$

则 $(g, A) \mapsto gA$ 是群 G 在 Ω 上的一个作用, 称为 G 在 Ω 上的**左乘作用**. 设该作用的所有互不相同的轨道为 O_{A_i}, $1 \leqslant i \leqslant t$, 其中 A_i 为轨道 O_{A_i} 的代表元, 则有

$$\Omega = \bigcup_{i=1}^{t} O_{A_i},$$

故

$$|\Omega| = \sum_{i=1}^{t} |O_{A_i}|.$$

由引理 3.2.1 有

$$p^{r-k+1} \nmid |\Omega| = \binom{n}{p^k},$$

因此至少有一条轨道 O_{A_j} 满足 $p^{r-k+1} \nmid |O_{A_j}|$. 可以证明 Ω 中元素 A_j 的稳定化子 G_{A_j} 就是 G 的一个 p^k 阶子群. 事实上, 根据定理 2.6.1 有

$$|G| = |O_{A_j}| \cdot |G_{A_j}|.$$

因为 $|G|$ 的 p 部分为 p^r, 而 $|O_{A_j}|$ 的 p 部分至多为 p^{r-k}, 所以 $|G_{A_j}|$ 的 p 部分至少为 p^k, 故存在某个正整数 s 使得 $|G_{A_j}| = p^k s$, 从而

$$|G_{A_j}| \geqslant p^k. \tag{3.3}$$

另一方面, 取定元素 $a \in A_j$, 对任意 $g \in G_{A_j}$, 由 $gA_j = A_j$ 得到 $ga \in A_j$. 所以右陪集

$$G_{A_j} a = \{ga : g \in G_{A_j}\} \subseteq A_j,$$

故

$$|G_{A_j}| = |G_{A_j} \cdot a| \leqslant |A_j| = p^k. \tag{3.4}$$

综合式 (3.3) 和 (3.4) 我们便得到 $|G_{A_j}| = p^k$. □

推论 3.2.1 设群 G 的阶为 $n = p^r m$, 其中 p 为素数且 $p \nmid m$, $r > 0$. 则有

(1) (Cauchy (柯西) 定理) 群 G 中一定有 p 阶元素.

(2) 群 G 的 p^r 阶子群存在, 称这样的子群为 G 的 **Sylow p-子群**.

定理 3.2.2 (Sylow 第二定理)　设 p 为素数, G 为有限群, $K \leqslant G$, 且 $p \mid |K|$. 设 P 是 G 的一个 Sylow p-子群, 则存在 P 的某个共轭子群 $P' = aPa^{-1}$ 使得 $P' \cap K$ 是 K 的 Sylow p-子群, 其中 $a \in G$.

证明　考虑 K 在 G 关于 P 的左商集

$$X = (G/P)_l = \{aP \mid a \in G\}$$

上的左乘作用, 即对 $g \in K$, $aP \in X$, 定义

$$g \circ (aP) = (ga)P.$$

由于 $|X| = [G : P]$, 又 P 是 G 的一个 Sylow p-子群, 故 $p \nmid |X|$. 所以存在 $x = aP \in X$, 使得包含 x 的轨道 O_x 满足 $p \nmid |O_x|$, 其中 $a \in G$. 注意到在此左乘作用下 x 的稳定子群是 $K_x = aPa^{-1} \cap K$, 故 K_x 为 $P' = aPa^{-1}$ 的子群, 从而 $|K_x|$ 为 p 的幂. 再由

$$|O_x| \cdot |K_x| = |K|$$

和 $p \nmid |O_x|$ 知 $|K_x|$ 恰为 $|K|$ 的 p 部分, 即 K_x 是 K 的 Sylow p-子群. □

注 3.2.1　由于共轭的子群有相同的阶, 故 G 的 Sylow p-子群的共轭子群仍为 G 的 Sylow p-子群.

推论 3.2.2　设 G 为有限群, p 为 $|G|$ 的素因子, 则有

(1) G 的任意 p-子群一定为 G 的某个 Sylow p-子群的子群.

(2) G 的任意两个 Sylow p-子群一定共轭, 从而 G 的 Sylow p-子群正规当且仅当 G 的 Sylow p-子群只有一个.

证明　设 K 为 G 的任一 p-子群, 则 K 的 Sylow p-子群是其自身. 由定理 3.2.2 知存在 G 的 Sylow p-子群 P' 使得 $P' \cap K = K$, 故 $K \leqslant P'$, 这便证明了结论 (1). 特别地, 若 K 也是 G 的 Sylow p-子群, 由 $|K| = |P'|$ 知 $K = P' = aPa^{-1}$, 这就证明了结论 (2). □

定理 3.2.3 (Sylow 第三定理)　设群 G 的阶为 $n = p^r m$, 其中 p 为素数且 $p \nmid m$, $r > 0$, 记 n_p 为 G 的 Sylow p-子群的个数, 则

$$n_p \mid m \quad \text{且} \quad n_p \equiv 1 \pmod{p}.$$

证明　设 P 是 G 的一个 Sylow p-子群, 由推论 3.2.2 知 G 的任意 Sylow p-子群与 P 共轭, 所以 G 的所有 Sylow p-子群构成的集合为

$$X = \{aPa^{-1} \mid a \in G\},$$

由已知 $|X| = n_p$. 考虑 P 在集合 X 上的共轭作用, 即对任意 $g \in P$ 和 $aPa^{-1} \in X$, 定义

$$g \circ (aPa^{-1}) = g(aPa^{-1})g^{-1} = (ga)P(ga)^{-1}.$$

由定理 2.6.1 知此作用的每个轨道的长度都是 $|P|$ 的因子, 从而为 p 的幂. 显然此作用下包含 P 的轨道为 $\{P\}$. 反之设 $\{P_i\}$ 是包含一个元素的轨道, 由于对任意 $g \in P$, 都有 $gP_ig^{-1} = P_i$, 所以 $P \leqslant N_G(P_i)$, 故 P 也是 $N_G(P_i)$ 的一个 Sylow p-子群. 又 P_i 是 $N_G(P_i)$ 的正规 Sylow p-子群, 所以 $N_G(P_i)$ 的 Sylow p-子群唯一. 从而 $P_i = P$, 这就证出只有一个轨道包含 1 个元素. 而此作用的其他轨道长度被 p 整除, 由 X 为互不相同轨道的不交并可以得到

$$n_p \equiv 1 \ (\mathrm{mod} \ \ p).$$

进一步地, 由例 2.6.1 知 P 的共轭子群个数为 $[G : N_G(P)]$, 所以

$$n_p \mid |G| = p^r m.$$

由于 n_p 与 p 互素, 故 $n_p \mid m$. $\qquad\qquad\qquad\qquad\qquad\qquad\qquad\qquad\qquad\quad$ $\square$

下面我们给出几个应用 Sylow 定理的例子.

命题 3.2.1   设 p, q 为素数, 则 pq 和 p^2q 阶群都不是单群.

证明   若 $p = q$, 则 p^2 阶群是交换群, 其阶不是素数, 所以不是单群. 若 p^3 阶群为交换群, 显然它不是单群. 而对于非交换 p^3 阶群, 它的中心为非平凡正规子群, 从而这样的群也不是单群.

下面设 $p \neq q$. 设 G 为 pq 阶群, 不妨设 $q > p$, 则由 $n_q \mid p$ 且 $n_q \equiv 1 \ (\mathrm{mod} \ q)$ 知 $n_q = 1$, 于是 G 的 Sylow q-子群唯一. 从而 G 的 Sylow q-子群是 G 的非平凡正规子群, 故 G 不是单群.

设 G 为 p^2q 阶群. 若 $p > q$, 则类似于上面的推理可得 $n_p = 1$, 从而 G 不是单群. 若 $p < q$, 则 $n_q = 1$ 或 p^2. 若 $n_q = p^2$, 则 G 有 p^2 个 q 阶群, 这时 G 中的 q 阶元素个数为 $p^2(q-1)$. 从而 G 中其他阶元素 (包括单位元) 有 p^2 个, 这时 $n_p = 1$. 两种情形均有 G 的 Sylow 子群为它的非平凡正规子群, 所以 G 不是单群. $\qquad\qquad$ $\square$

注 3.2.2   设 p 为素数且有限群 G 为 p-群. 若 $|G| = p$, 则 G 为交换单群. 设 $|G| = p^m$ 且 $m \geqslant 2$, 若 G 交换, 则 G 不是单群; 若 G 非交换, 则 $Z(G)$ 为 G 的非平凡正规子群, 从而 G 也不是单群. 这样我们有有限 p-群是单群当且仅当 G 的阶为 p.

若 G 的阶有 2 个不同的素因子, 则著名的 Burnside 定理告诉我们 G 也不是单群.

命题 3.2.2   设 p 为奇素数, 则 $2p$ 阶群或为循环群或为二面体群.

证明   设 G 为 $2p$ 阶群, G 的 Sylow p-子群 P 为循环群且正规, 记 $P = \langle a \rangle$. 又 $|G| = 2p$, 由 Cauchy 定理得到 G 中有 2 阶元素 b. 显然 $b \notin \langle a \rangle$, 所以

$$\langle a \rangle \cap \langle b \rangle = \{e\},$$

比较群的阶可得

$$G = \langle a \rangle \langle b \rangle.$$

由于 $\langle a \rangle \trianglelefteq G$, 故 $bab^{-1} = a^r$, 其中 $0 \leqslant r < p$. 由 $b^2 = e$ 得到

$$a = b^2 a b^{-2} = b(bab^{-1})b^{-1} = ba^r b^{-1} = (bab^{-1})^r = (a^r)^r = a^{r^2},$$

所以 $r^2 \equiv 1 \pmod p$, 即 $r \equiv \pm 1 \pmod p$. 若 $r \equiv 1 \pmod p$, 则 $ab = ba$, 这时 $G = \langle a \rangle \times \langle b \rangle$, 即 G 为循环群 $\mathbb{Z}_{2p}$. 若 $r \equiv -1 \pmod p$, 则有 $bab^{-1} = a^{-1}$, 这时

$$G = \langle a, b \mid a^p = b^2 = e, bab^{-1} = a^{-1} \rangle$$

为二面体群 D_p. $\qquad\square$

定理 3.2.4 阶数最小的有限非交换单群同构于交错群 A_5.

证明 我们分两步来证明.

(1) 先证明若有限群 G 的阶小于 60, 则 G 不是非交换单群.

事实上, 由注 3.2.2 得到素数幂次阶群都不是非交换单群. 命题 3.2.1 告诉我们 pq, p^2q 阶群 (p, q 为不相同的素数) 不是单群. 若 m 为奇数, 由例 2.7.2 得到 $2m$ 阶群不是单群. 故只需考虑 $n = |G| = 24, 36, 40, 48, 56$ 的情形.

(i) $n = 24 = 2^3 \cdot 3$, 则 $n_2 = 1$ 或 3. 若 $n_2 = 3$, 则 G 在这三个 G 的 Sylow 2-子群集合上的共轭作用诱导了群同态

$$\rho : G \to S_3,$$

容易验证 $\mathrm{Ker}\,\rho$ 为 G 的非平凡正规子群. 事实上, 因为 $|G| = 24$, $|S_3| = 6$, 显然 ρ 不是单射. 若 $\mathrm{Ker}\,\rho = G$, 则对任意 $g \in G$ 和 G 的一个 Sylow 2-子群 P 有 $gPg^{-1} = P$, 与 G 的 Sylow 2-子群不唯一矛盾. 故 G 不是单群. 同理可得 $n = 48$ 的情形.

(ii) $n = 36 = 2^2 \cdot 3^2$, 则 $n_3 = 1$ 或 4. 若 $n_3 = 4$, 则 G 在这四个 G 的 Sylow 3-子群集合上的共轭作用诱导了群同态 $\rho : G \to S_4$. 类似于 (i), 易证 $\mathrm{Ker}\,\rho$ 为 G 的非平凡正规子群, 故 G 不是单群.

(iii) $n = 40 = 2^3 \cdot 5$, 则 $n_5 = 1$, G 不是单群.

(iv) $n = 56 = 2^3 \cdot 7$, 则 $n_7 = 1$ 或 8. 若 $n_7 = 8$, 则 G 中的 7 阶元素个数为 $8(7-1) = 48$, 故 G 的其他阶元素只有 8 个, 从而 $n_2 = 1$, G 不是单群.

(2) 再证明若 G 是 60 阶单群, 则 $G \cong A_5$.

首先 G 无指数为 $2 \leqslant m \leqslant 4$ 的子群. 事实上, 如果 $H \leqslant G$ 且 $[G : H] = m$, 那么 G 在 H 的左陪集集合上的左乘作用诱导非平凡同态 $\rho : G \to S_m$. 若 $m \leqslant 4$, 则 $|S_m| \leqslant 24$, 又 $|G| = 60$, 所以 ρ 不是单射, 从而 $\mathrm{Ker}\,\rho$ 为 G 的非平凡正规子群, 与 G 为单群矛盾.

再证 G 有指数为 5 的子群 H. 事实上, 由于 G 为单群, G 的 Sylow 子群不唯一. 考虑 G 的 Sylow 2-子群, 则 $n_2 = 3, 5$ 或者 15. 若 $n_2 = 3$, 则 G 的一个 Sylow 2-子群的

正规化子为 G 的指数为 3 的子群, 矛盾, 所以 $n_2 \neq 3$. 若 $n_2 = 5$, 则可取 H 为 G 的一个 Sylow 2-子群的正规化子. 若 $n_2 = 15$, 则进一步地有 $n_3 = 10$ 且 $n_5 = 6$. 这时 G 中 3 阶元素共有 $10(3-1) = 20$ 个, 而 5 阶元素有 $6(5-1) = 24$ 个. 若 G 的任意两个 Sylow 2-子群的交只含有单位元, 则 G 中阶为 2 或者 4 的元素有 $15(4-1) = 45$ 个, 合起来 G 中元素个数多于 60, 矛盾. 故必存在 G 的两个 Sylow 2-子群 P_1, P_2 使得 $P_1 \cap P_2 \neq \{e\}$. 由于 P_1, P_2 都是 4 阶群, 又 $P_1 \neq P_2$, 故 $|P_1 \cap P_2| = 2$. 记 $P_1 \cap P_2 = \{e, x\}$, 则 x 为 2 阶元素. 令 $H = \langle P_1, P_2 \rangle$. 由于 P_1, P_2 均为交换群, x 与 P_1 和 P_2 中每个元素都交换, 故 $\langle x \rangle \lhd H$. 由 G 为单群得到 $H \neq G$, 由

$$4 \mid |H| \mid 60$$

和 $|H| > 4$ 得到 $|H| = 12$ 或 20. 再由 G 无指数为 3 的子群可得 $|H| = 12$, 即为 G 的指数为 5 的子群.

考察 G 在 H 的左陪集集合上的左乘作用诱导的非平凡同态 $\rho : G \to S_5$, 则有 $\mathrm{Ker}\, \rho = \{e\}$, 即 ρ 为单同态, 因此 $G \cong M \leqslant S_5$. 由于 $[S_5 : M] = 2$, 故 $M \lhd S_5$, 从而 $M \cap A_5 \lhd A_5$. 进一步地, 有 $M \cap A_5 \neq \{e\}$, 否则由

$$|MA_5| = \frac{|M||A_5|}{|M \cap A_5|} = 60^2 > 120 = |S_5|$$

得到矛盾. 由于 A_5 为单群, 故 $M \cap A_5 = A_5$, 从而 $A_5 \subseteq M$. 由 $|M| = |A_5| = 60$ 得到 $M = A_5$, 即 $G \cong A_5$. $\qquad \square$

设 p 为素数, 例 3.1.2 确定了所有的 p^2 阶群. 若 p, q 是不相同的素数, 不妨设 $p < q$, 则 pq 阶群都有哪些? 命题 3.2.2 给出了 $p = 2$ 的情形, 得到 $2q$ 阶群共有两种可能, 循环群或者二面体群.

例 3.2.1 设 p, q 是素数且 $p < q$, G 为 pq 阶群. 由 Sylow 第三定理和 $p < q$ 得到 G 的 Sylow q-子群唯一, 设 Q 为 G 的 Sylow q-子群, 则 $Q \lhd G$. 再设 P 是 G 的一个 Sylow p-子群. 由于 P, Q 的阶都是素数, 故它们都是循环群. 又显然 $Q \cap P = \{e\}$, 从而

$$|QP| = |Q||P|/|Q \cap P| = pq = |G|,$$

所以 $G = QP$. 由定理 3.1.4 知 G 是 Q 和 P 的一个半直积, 即 $G \cong Q \rtimes_{\varphi} P$. 注意现在我们不知道群 G, 所以也不知道 P 在 Q 上的共轭作用 φ 到底是什么. 下面我们来确定 φ.

Q 是 q 阶循环群, 所以 $\mathrm{Aut}(Q) = U(q)$ 为 $q - 1$ 阶循环群. $\varphi : P \to \mathrm{Aut}(Q)$ 是群同态, 对于任意 $y \in P$, $o(y) \mid p$. 所以 $o(\varphi_y) \mid o(y) \mid p$, 又 $o(\varphi_y) \mid (q-1)$, 所以 $o(\varphi_y) \mid \gcd(p, q-1)$.

若 $p \nmid (q-1)$, 则 $\gcd(p, q-1) = 1$, 从而对任意 $y \in P$, $o(\varphi_y) = 1$, 即 φ_y 为 Q 的恒等自同构, φ 是平凡的同构作用, 所以 $G \cong Q \times P$. 又 Q, P 为阶数互素的循环群, 所以 G 为循环群.

下面设 $p \mid (q-1)$. 由于 P 是 p 阶群, 设 $P = \langle a \rangle$, 则同态 $\varphi : P \to \mathrm{Aut}(Q)$ 被 φ_a 所唯一确定. 若 $o(\varphi_a) = 1$, 则 φ 平凡, 这时 G 为循环群. 下面设 $o(\varphi_a) = p$. 因为 $p \mid (q-1)$, $\mathrm{Aut}(Q) = U(q)$ 有唯一的 p 阶循环子群 $\langle \alpha \rangle$. 从而 $\varphi_a \in \langle \alpha \rangle$, 即 $\varphi_a = \alpha^j$ 对某个 $1 \leqslant j \leqslant p-1$. 不妨取 $\varphi_a = \alpha$, 则由于 φ 为同态得到对任意 $a^i \in P$, 有 $\varphi_{a^i} = \alpha^i$. 这样我们得到一个 P 在 Q 上的非平凡同构作用 φ, 由此有 $G \cong Q \rtimes_\varphi P$ 为 pq 阶非交换群.

进一步地, 对任意 P 在 Q 上的非平凡同构作用 ψ, 存在 $1 \leqslant m \leqslant p-1$ 使得 $\psi_a = \alpha^m$, 即 $\psi_a = \varphi_a^m$, 所以对于任意 $y = a^i \in P$,

$$\psi_y = \psi_{a^i} = \psi_a^i = (\varphi_a^m)^i = \varphi_a^{mi} = \varphi_{a^{mi}} = \varphi_{(a^i)^m} = \varphi_{y^m} = \varphi_y^m.$$

定义映射 $\pi : Q \rtimes_\psi P \to Q \rtimes_\varphi P$ 为

$$(x, y) \mapsto (x, y^m).$$

因为 $y \mapsto y^m$ 是循环群 P 的自同构, 所以 π 为双射. 下面证明 π 保持运算. 为了区分, 记 $Q \rtimes_\psi P$ 中的运算为 $\circ_\psi$, $Q \rtimes_\varphi P$ 中的运算为 $\circ_\varphi$. 对任意 $(x, y), (u, v) \in Q \rtimes_\psi P$,

$$\begin{aligned} \pi((x, y) \circ_\psi (u, v)) &= \pi(x\psi_y(u), yv) = (x\psi_y(u), (yv)^m) \\ &= (x\varphi_{y^m}(u), y^m v^m) = (x, y^m) \circ_\varphi (u, v^m) \\ &= \pi(x, y) \circ_\varphi \pi(u, v). \end{aligned}$$

从而 $Q \rtimes_\psi P \cong Q \rtimes_\varphi P$, 这表明由 P 在 Q 上的非平凡同构作用得到的 pq 阶群唯一.

下面我们构造一个 pq 阶非交换群. 由于 q 为素数, 故 $\mathbb{Z}_q$ 为 q 元域, 其乘法群 $\mathbb{Z}_q^*$ 为 $q-1$ 阶循环群. 因为 $p \mid (q-1)$, $\mathbb{Z}_q^*$ 有唯一的 p 阶子群 H. 考虑域 $\mathbb{Z}_q$ 上的仿射群 $\mathrm{Aff}(\mathbb{Z}_q)$, 令

$$G = \left\{ \begin{pmatrix} a & b \\ 0 & 1 \end{pmatrix} : a \in H, b \in \mathbb{Z}_q \right\}, \tag{3.5}$$

容易验证 $G \leqslant \mathrm{Aff}(\mathbb{Z}_q)$. 对于 $g \in H$ 且 $g \neq 1$,

$$\begin{pmatrix} 1 & 1 \\ 0 & 1 \end{pmatrix} \quad \text{与} \quad \begin{pmatrix} g & 0 \\ 0 & 1 \end{pmatrix}$$

不交换, 所以 G 为 pq 阶非交换群.

综上我们得到对任意素数 $p < q$, 若 $p \nmid (q-1)$, 则 pq 阶群只有一个, 即 pq 阶循环群; 若 $p \mid (q-1)$, 则有 2 个 pq 阶群, 其一为循环群, 另一同构于 (3.5) 所示的非交换群 G.

注 3.2.3 我们知道素数阶群一定循环. 对于素数 $p < q$, 若 $p \nmid (q-1)$, 则 pq 阶群一定循环. 设 $n \geqslant 2$ 为正整数, 则 n 满足什么条件才能使 n 阶群一定循环?

首先, 若 n 有一个素因子 p 使得 $p^2 \mid n$, 则 n 阶群 $\mathbb{Z}_p \times \mathbb{Z}_p \times \mathbb{Z}_{\frac{n}{p^2}}$ 不是循环群, 因为它有非循环子群 $\mathbb{Z}_p \times \mathbb{Z}_p$. 所以如果 n 阶群一定循环, 那么 n 没有平方因子. 另外, 如果 n 有两个素因子 $p < q$ 满足 $p \mid (q-1)$, 设 G 是非交换的 pq 阶群 (例 3.2.1 中已经构造出了), 那么 n 阶群 $G \times \mathbb{Z}_{\frac{n}{pq}}$ 不交换, 从而也不是循环群. 所以如果 n 阶群一定循环, 那么 n 不能有素因子 $p < q$ 使得 $p \mid (q-1)$.

设 $n = p_1^{e_1} p_2^{e_2} \cdots p_k^{e_k}$ 为 n 的素因子分解式, 其中 $p_1, p_2, \cdots, p_k$ 是互不相同的素数, $e_i \geqslant 1, 1 \leqslant i \leqslant k$, 则

$$\phi(n) = p_1^{e_1-1} p_2^{e_2-1} \cdots p_k^{e_k-1} (p_1-1)(p_2-1) \cdots (p_k-1).$$

所以若 n 没有平方因子且 n 不存在素因子 $p < q$ 使得 $p \mid (q-1)$, 则一定有 $\gcd(n, \phi(n)) = 1$. 这样我们得到 n 阶群一定循环的一个必要条件是 $\gcd(n, \phi(n)) = 1$.

实际上 $\gcd(n, \phi(n)) = 1$ 也是 n 阶群一定循环的一个充分条件, 即设 n 为正整数, 则 n 阶群一定循环的充要条件为 $\gcd(n, \phi(n)) = 1$. 该充分性的证明本书就不详细给出了.

例 3.2.2 设 $n = 255$. 容易计算出 $\phi(255) = 128$, 由 $\gcd(255, \phi(255)) = 1$ 知 255 阶群一定循环. 下面我们给出一个简洁证明.

设 G 为 255 阶群. 由于 $255 = 3 \cdot 5 \cdot 17$, 容易得到 G 的 Sylow 17-子群唯一, 设 H 为 G 的 Sylow 17-子群, 故 H 为 17 阶循环群且 $H \trianglelefteq G$.

对 H 利用 N/C 定理, 由于 $H \trianglelefteq G$, 故 $N_G(H) = G$, 从而 $G/C_G(H)$ 同构于 $\mathrm{Aut}(H)$ 的一个子群, 因此有 $|G/C_G(H)| \mid |G| = 255$ 和 $|G/C_G(H)| \mid |\mathrm{Aut}(H)| = 16$. 由于 255 和 16 互素, 故 $|G/C_G(H)| = 1$, 所以 $C_G(H) = G$, 这便得到 $H \leqslant Z(G)$. 由第三同构定理得到

$$G/Z(G) \cong (G/H)/(Z(G)/H),$$

从而 $|G/Z(G)| \mid |G/H| = 15$, 这便得到 $|G/Z(G)| = 1, 3, 5$ 或者 15. 由例 3.2.1 知 $G/Z(G)$ 为循环群, 再由 G/Z 定理得到 G 交换.

由于交换群的任意子群都正规, 故 G 的 Sylow 3-子群和 Sylow 5-子群都是正规子

群, 从而唯一. 设 K 为 G 的 Sylow 3-子群, L 为 G 的 Sylow 5-子群, 容易验证得到 $G = KLH$ 且

$$K \cap LH = L \cap KH = H \cap KL = \{e\},$$

所以 $G \cong K \times L \times H$. 注意到 K, L, H 为阶数彼此互素的循环群, 从而 G 为循环群.

习题 3.2

1. 给出 S_4 的一个 Sylow 2-子群和一个 Sylow 3-子群.

2. 设 G 为有限群, $N \lhd G$, P 为 N 的一个 Sylow p-子群, 证明 $G = N_G(P)N$.

3. 设 p 为素数, 写出 p 元域上 n 级一般线性群 $\mathrm{GL}_n(\mathbb{Z}_p)$ 的一个 Sylow p-子群.

4. 求 S_5 的 Sylow 5-子群的个数, 并写出一个这样的子群.

5. 设 G 为有限群, 且 G 有一个非平凡的循环 Sylow 2-子群. 证明 G 有指数为 2 的子群.

6. 设 $N \lhd G$ 且 N 为 p-群, 证明 G 的所有 Sylow p-子群都包含 N.

7. 设 $N \lhd G$, P 是 G 的一个 Sylow p-子群, 证明 $N \cap P$ 是 N 的 Sylow p-子群且 PN/N 是 G/N 的 Sylow p-子群.

8. 设 H 是 G 的一个 Sylow p-子群, $K = N_G(H)$, $L = N_G(K)$, 证明 $K = L$.

9. 设 K 是 G 的一个 Sylow p-子群, $K \ntrianglelefteq G$, 证明存在 G 的子群 H 使得 $H \cap K$ 不是 H 的 Sylow p-子群.

10. 证明非交换 6 阶群同构于 S_3.

11. 证明 72 和 180 阶群不是单群.

12. 证明 455 阶群一定是循环群.

13. 设 $p < q < r$ 为素数, 证明 pqr 阶群有唯一的 r 阶子群.

14. 把 D_n 看成是 S_n 的子群, 证明 $D_n \leqslant A_n$ 当且仅当 $n \equiv 1 \,(\mathrm{mod}\, 4)$. 进一步地, 设 p 为素数且 $p \equiv 3 \,(\mathrm{mod}\, 4)$, 证明 A_p 无 $2p$ 阶子群.

15. 设群 G 的阶为 $n = p^r m$, 其中 p 为素数且 $p \nmid m$, $r > 0$, 证明对于任意正整数 $k \leqslant r$, G 的 p^k 阶子群的个数模 p 余 1.

16. 设有限群 G 的阶为 n, 且对 n 的每个正因子 m, 群 G 有唯一的 m 阶子群, 证明 G 为循环群.

17. 设 p 为一个素数, 求 S_p 的 Sylow p-子群的个数, 并证明 Wilson 定理

$$(p-1)! \equiv -1 \,(\mathrm{mod}\, p).$$

18. 设 G 为一个有限群, p 为一个整除 $|G|$ 的素数, N 为 G 的一个正规子群, 且 $p \nmid [G:N]$, 证明对 G 的任意 Sylow p-子群 P, 均有 $P \leqslant N$.

3.3 有限交换群的结构

例 3.1.3 中我们把群 $U(n)$ 分解为循环群的直积, 一般地, 任意有限交换群也可以分解为循环群的直积, 且分解是唯一的.

设 G 为 n 阶交换群, $n = p_1^{e_1} p_2^{e_2} \cdots p_s^{e_s}$ 为 n 的标准分解式, 其中 $p_1, p_2, \cdots, p_s$ 为互不相同的素数, $e_i \geqslant 1, 1 \leqslant i \leqslant s$. 因为 G 为交换群, G 的每个子群都正规, 所以其 Sylow 子群唯一. 对任意 $1 \leqslant i \leqslant s$, 设 P_i 为 G 的 Sylow p_i-子群. 记

$$\widetilde{P_i} = P_1 \cdots P_{i-1} P_{i+1} \cdots P_s.$$

由群 G 的交换性知 $P_1 P_2 \cdots P_s$ 和 $\widetilde{P_i}$ 都是 G 的子群, 再利用 $|P_i \cap \widetilde{P_i}| = 1$, 对 s 做归纳可以得到

$$|\widetilde{P_i}| = \frac{n}{p_i^{e_i}} \ \text{ 和 } \ |P_1 P_2 \cdots P_s| = n.$$

所以

$$G \cong P_1 \times P_2 \times \cdots \times P_s,$$

即任一有限交换群是其 Sylow 子群的直积. 根据本章习题 3.1 第 1 题, 为找到群 G 的结构, 我们只需讨论有限交换 p-群即可.

引理 3.3.1   设 A 是有限交换 p-群, 则 A 循环当且仅当 A 只有一个 p 阶子群.

证明   必要性显然, 下证充分性. 设 A 只有一个 p 阶子群 P, 对 $|A|$ 做归纳. 考虑映射 A 到自身的映射 $\eta : a \mapsto a^p$, 这是群 A 的一个自同态. 对任意 $x \in P$, $x^p = e$, 所以 $P \leqslant \mathrm{Ker}\, \eta$. 反之对任意 $b \in \mathrm{Ker}\, \eta$, 若 $b \neq e$, 则 $o(b) = p$, 从而 $\langle b \rangle$ 为 A 的 p 阶子群. 由 A 的 p 阶子群的唯一性得到 $\langle b \rangle = P$, 即 $b \in P$, 故 $\mathrm{Ker}\, \eta \leqslant P$. 所以 $\mathrm{Ker}\, \eta = P$. 由同态基本定理有

$$A/P \cong \eta(A).$$

如果 $\eta(A) = \{e\}$, 那么 $A = P$ 为循环群. 若 $\eta(A) \neq \{e\}$, 则 $\eta(A)$ 中有 p 阶元素, 类似地可以得到 $P \leqslant \eta(A)$. 显然

$$|\eta(A)| = \frac{|A|}{p} < |A|,$$

由归纳假设, $\eta(A)$ 循环, 设 $\eta(A) = \langle g \rangle$, 再设 a 是在 η 下 g 的一个原像, 即 $\eta(a) = a^p = g$, 于是

$$\frac{|A|}{p} = |\eta(A)| = o(g) = \frac{o(a)}{p},$$

所以 $o(a) = |A|$, 故 $A = \langle a \rangle$ 为循环群.   □

定理 3.3.1   设 A 是有限交换 p-群, a 是 A 中一个最高阶元素, 则存在 $B \leqslant A$ 使得 $A \cong \langle a \rangle \times B$.

证明　对 $|A|$ 做归纳. 记 $o(a) = p^r$. 若 $o(a) = |A|$, 则 $A = \langle a \rangle$, 取 $B = \{e\}$ 即可.

若 A 非循环, 由引理 3.3.1 得到 A 的 p 阶子群不唯一. 取一个不含于 $\langle a \rangle$ 的 p 阶子群 P, 并设 $\overline{A} = A/P$. 注意到 $o(aP) \mid o(a)$ 且若 $o(aP) < o(a)$ 可推出 $(aP)^{p^{r-1}} = P$, 所以 $a^{p^{r-1}} \in P$, 从而 $P = \langle a^{p^{r-1}} \rangle \leqslant \langle a \rangle$, 与 P 的选取矛盾. 所以 $o(aP) = o(a)$, 故 aP 为 $\overline{A}$ 中最高阶元素. 由归纳假设, 存在 $\overline{B} \leqslant \overline{A}$ 使得

$$\overline{A} \cong \langle aP \rangle \times \overline{B}. \tag{3.6}$$

由对应定理, 存在 $B \leqslant A$ 使得 $B \geqslant P$ 且 $\overline{B} = B/P$. 由 (3.6) 有 $A = \langle a \rangle B$. 进一步地, 由 $\langle aP \rangle \cap \overline{B} = \{P\}$ 得到 $\langle a \rangle \cap B \leqslant P$. 又 $P \not\leqslant \langle a \rangle$, 所以 $\langle a \rangle \cap B = \{e\}$. 从而

$$A \cong \langle a \rangle \times B. \qquad\qquad \square$$

定理 3.3.2　有限交换 p-群 A 可以分解为它的循环子群的直积, 即存在 $a_1, a_2, \cdots,$ $a_t \in A$ 使得

$$A \cong \langle a_1 \rangle \times \langle a_2 \rangle \times \cdots \times \langle a_t \rangle,$$

并且直积因子的个数 t 以及它们的阶 $p^{m_1}, p^{m_2}, \cdots, p^{m_t}$ (不妨设 $m_1 \geqslant m_2 \geqslant \cdots \geqslant m_t \geqslant 1$) 由群 A 唯一确定.

证明　先证可分解性, 不妨设 $A \neq \{e\}$. 设 A 中元素阶的最大值为 p^{m_1} (即 $\exp(A) = p^{m_1}$), 其中 $m_1 \geqslant 1$, 选取 A 中一个阶为 p^{m_1} 的元素 a_1, 由定理 3.3.1 有 $B_1 \leqslant A$ 使得 $A \cong \langle a_1 \rangle \times B_1$.

若 $B_1 = \{e\}$, 则 $A \cong \langle a_1 \rangle$. 若 $B_1 \neq \{e\}$, 设 B_1 中元素阶的最大值为 p^{m_2}, 其中 $m_2 \geqslant 1$, 则有 $m_1 \geqslant m_2$. 选取 B_1 中一个阶为 p^{m_2} 的元素 a_2, 仍由定理 3.3.1 有 $B_2 \leqslant B_1$ 使得 $B_1 \cong \langle a_2 \rangle \times B_2$. 由习题 3.1 第 1 题有

$$A \cong \langle a_1 \rangle \times \langle a_2 \rangle \times B_2.$$

若 $B_2 = \{e\}$, 则 $A \cong \langle a_1 \rangle \times \langle a_2 \rangle$. 若 $B_2 \neq \{e\}$, 设 B_2 中元素阶的最大值为 p^{m_3}, 其中 $m_3 \geqslant 1$, 则有 $m_1 \geqslant m_2 \geqslant m_3$. 选取 B_2 中一个阶为 p^{m_3} 的元素 a_3, 则有 $B_3 \leqslant B_2$ 使得 $B_2 \cong \langle a_3 \rangle \times B_3$. 由此得到

$$A \cong \langle a_1 \rangle \times \langle a_2 \rangle \times \langle a_3 \rangle \times B_3.$$

继续这一过程, 我们可得到子群序列 $B_1, B_2, B_3, \cdots$. 对于 $i \geqslant 1$, B_{i+1} 的阶是 B_i 的阶的真因子, 所以一定存在某个正整数 t 使得 $B_{t-1} \cong \langle a_t \rangle \times B_t$, 其中 a_t 的阶为 $p^{m_t}, m_t \geqslant 1$, 且 $B_t = \{e\}$. 这样我们得到

$$A \cong \langle a_1 \rangle \times \langle a_2 \rangle \times \cdots \times \langle a_t \rangle.$$

再证明唯一性, 对 $|A|$ 做归纳. 若 $|A| = p$, 则 A 为循环群, 分解的唯一性显然. 设 $|A| > p$, 考虑 A 的自同态 $\eta : a \mapsto a^p$, 容易验证, 若

$$A \cong \langle a_1 \rangle \times \langle a_2 \rangle \times \cdots \times \langle a_t \rangle,$$

其中 a_i 的阶为 $p^{m_i}, 1 \leqslant i \leqslant t$, 则有

$$\mathrm{Ker}\, \eta \cong \langle a_1^{p^{m_1-1}} \rangle \times \langle a_2^{p^{m_2-1}} \rangle \times \cdots \times \langle a_t^{p^{m_t-1}} \rangle$$

和

$$\eta(A) \cong \langle a_1^p \rangle \times \langle a_2^p \rangle \times \cdots \times \langle a_t^p \rangle.$$

所以 $|\mathrm{Ker}\, \eta| = p^t$ 是 A 唯一确定的子群 $\mathrm{Ker}\, \eta$ 的阶, 由此得到 t 的不变性. 对 η 的像利用归纳假设得到 $a_1^p, a_2^p, \cdots, a_t^p$ 的阶 $p^{m_1-1}, p^{m_2-1}, \cdots, p^{m_t-1}$ 被 $\eta(A)$ 唯一确定, 从而也被 A 唯一确定. 因此 $p^{m_1}, p^{m_2}, \cdots, p^{m_t}$ 被群 A 唯一确定. $\square$

任意有限交换群是它的所有 Sylow 子群的直积, 而每个 Sylow 子群又是循环群的直积, 由此我们得到下面这个有限交换群的结构定理. 对于正整数 m, 用 $\mathbb{Z}_m$ 表示 m 阶循环群.

定理 3.3.3 设 G 为 n 阶交换群, $n = p_1^{e_1} p_2^{e_2} \cdots p_s^{e_s}$ 为 n 的素因子分解式, 其中 $p_1, p_2, \cdots, p_s$ 为互不相同的素数, $e_i \geqslant 1, 1 \leqslant i \leqslant s$. 则

$$G \cong \overset{s}{\underset{i=1}{\times}} \left(\mathbb{Z}_{p_i^{\ell_{i1}}} \times \mathbb{Z}_{p_i^{\ell_{i2}}} \times \cdots \times \mathbb{Z}_{p_i^{\ell_{ik_i}}} \right),$$

其中 ℓ_{ij} 为正整数且满足对任意 $1 \leqslant i \leqslant s$, 有

$$\ell_{i1} \geqslant \ell_{i2} \geqslant \cdots \geqslant \ell_{ik_i}$$

和

$$\sum_{j=1}^{k_i} \ell_{ij} = e_i.$$

多重集合

$$\{ p_1^{\ell_{11}}, p_1^{\ell_{12}}, \cdots, p_1^{\ell_{1k_1}}, \cdots, p_s^{\ell_{s1}}, p_s^{\ell_{s2}}, \cdots, p_s^{\ell_{sk_s}} \}$$

由群 G 唯一确定, 称其中的元素为 G 的**初等因子**.

推论 3.3.1 有限交换群被它的初等因子唯一确定, 即设 G_1 与 G_2 都是 n 阶交换群, 则 $G_1 \cong G_2$ 当且仅当它们有相同的初等因子.

对每个 $i, 1 \leqslant i \leqslant s$, 由于

$$\sum_{j=1}^{k_i} \ell_{ij} = e_i$$

且

$$\ell_{i1} \geqslant \ell_{i2} \geqslant \cdots \geqslant \ell_{ik_i},$$

所以 $(\ell_{i1}, \ell_{i2}, \cdots, \ell_{ik_i})$ 恰为 e_i 的一个分拆, 故有序组 $(\ell_{i1}, \ell_{i2}, \cdots, \ell_{ik_i})$ 的个数为 e_i 的分拆数 $p(e_i)$. 从而互不同构的 $n = p_1^{e_1} p_2^{e_2} \cdots p_s^{e_s}$ 阶交换群的个数 (即初等因子组成的多重集合的个数) 为

$$p(e_1)p(e_2) \cdots p(e_s).$$

例 3.3.1   由于 $3969 = 7^2 \cdot 3^4$, 而 2 的分拆数 $p(2) = 2$, 4 的分拆数 $p(4) = 5$, 故互不同构的 3969 阶交换群的个数为 10. 一般地, 设 $p \neq q$ 为素数, 则互不同构的 $p^2 q^4$ 阶交换群的个数是 10.

设 $k = \max\{k_1, k_2, \cdots, k_s\}$, 令

$$d_k = p_1^{\ell_{11}} p_2^{\ell_{21}} \cdots p_s^{\ell_{s1}},$$

$$d_{k-1} = p_1^{\ell_{12}} p_2^{\ell_{22}} \cdots p_s^{\ell_{s2}},$$

$$\cdots$$

$$d_1 = p_1^{\ell_{1k}} p_2^{\ell_{2k}} \cdots p_s^{\ell_{sk}},$$

其中约定若 $j > k_i$, 则 $\ell_{ij} = 0$. 由于 $p_1^{\ell_{1j_1}}, p_2^{\ell_{2j_2}}, \cdots, p_s^{\ell_{sj_s}}$ 两两互素, 故

$$\mathbb{Z}_{p_1^{\ell_{1j_1}}} \times \mathbb{Z}_{p_2^{\ell_{2j_2}}} \times \cdots \times \mathbb{Z}_{p_s^{\ell_{sj_s}}} \cong \mathbb{Z}_{p_1^{\ell_{1j_1}} p_2^{\ell_{2j_2}} \cdots p_s^{\ell_{sj_s}}},$$

由此我们可得下面这个有限交换群的结构定理.

定理 3.3.4   设 G 为 n 阶交换群, 则

$$G \cong \mathbb{Z}_{d_1} \times \mathbb{Z}_{d_2} \times \cdots \times \mathbb{Z}_{d_k},$$

其中 $d_i \geqslant 2$ 为正整数, $1 \leqslant i \leqslant k$, 且满足 $d_j \mid d_{j+1}, 1 \leqslant j \leqslant k-1, d_1 d_2 \cdots d_k = n$. 多重集合

$$\{d_1, d_2, \cdots, d_k\}$$

由群 G 唯一确定, 称其中的元素为 G 的**不变因子**.

推论 3.3.2   有限交换群被它的不变因子唯一确定, 即设 G_1 与 G_2 都是 n 阶交换群, 则 $G_1 \cong G_2$ 当且仅当它们有相同的不变因子.

例 3.3.2   由于 $1500 = 2^2 \cdot 3 \cdot 5^3$, 又 $p(2) = 2, p(1) = 1, p(3) = 3$, 故互不同构的 1500 阶交换群有 6 个. 进一步地, 1500 阶交换群的初等因子有如下可能:

$$\{2^2, 3, 5^3\}, \{2, 2, 3, 5^3\}, \{2^2, 3, 5^2, 5\}, \{2, 2, 3, 5^2, 5\}, \{2^2, 3, 5, 5, 5\}, \{2, 2, 3, 5, 5, 5\}.$$

由此互不同构的 6 个 1500 阶交换群分别为

$$\mathbb{Z}_{2^2} \times \mathbb{Z}_3 \times \mathbb{Z}_{5^3} \ (\text{或 } \mathbb{Z}_{1500}),$$

$$\mathbb{Z}_2 \times \mathbb{Z}_2 \times \mathbb{Z}_3 \times \mathbb{Z}_{5^3} \ (\text{或 } \mathbb{Z}_2 \times \mathbb{Z}_{750}),$$

$$\mathbb{Z}_{2^2} \times \mathbb{Z}_3 \times \mathbb{Z}_{5^2} \times \mathbb{Z}_5 \ (\text{或 } \mathbb{Z}_5 \times \mathbb{Z}_{300}),$$

$$\mathbb{Z}_2 \times \mathbb{Z}_2 \times \mathbb{Z}_3 \times \mathbb{Z}_{5^2} \times \mathbb{Z}_5 \ (\text{或 } \mathbb{Z}_{10} \times \mathbb{Z}_{150}),$$

$$\mathbb{Z}_{2^2} \times \mathbb{Z}_3 \times \mathbb{Z}_5 \times \mathbb{Z}_5 \times \mathbb{Z}_5 \ (\text{或 } \mathbb{Z}_5 \times \mathbb{Z}_5 \times \mathbb{Z}_{60}),$$

$$\mathbb{Z}_2 \times \mathbb{Z}_2 \times \mathbb{Z}_3 \times \mathbb{Z}_5 \times \mathbb{Z}_5 \times \mathbb{Z}_5 \ (\text{或 } \mathbb{Z}_5 \times \mathbb{Z}_{10} \times \mathbb{Z}_{30}).$$

注 3.3.1 一般地, 设 G 是有限生成的交换群, 定义

$$G_t = \{a \in G \mid o(a) \text{ 有限}\}$$

为 G 中所有阶有限的元素构成的集合, 则 G_t 为 G 的有限子群, 且有

$$G \cong \mathbb{Z}^r \times G_t,$$

其中 r 由 G 唯一确定, 称为 G 的**秩**. 又 G_t 可唯一地分解为有限循环群的直积, 由此可得有限生成交换群的结构定理, 具体结论请参见《代数学 (四)》第三章.

定理 2.9.2 将 8 阶非交换群进行了分类, 它们为二面体群 D_4 或四元数群 Q. 又 $8 = 2^3$, 所以 8 阶交换群的初等因子有如下可能:

$$\{2^3\}, \quad \{2^2, 2\}, \quad \{2, 2, 2\},$$

故互不同构的 8 阶交换群有 3 个, 分别为 $\mathbb{Z}_8, \mathbb{Z}_2 \times \mathbb{Z}_4$ 和 $\mathbb{Z}_2 \times \mathbb{Z}_2 \times \mathbb{Z}_2$. 这样我们便证明了如下定理.

定理 3.3.5 8 阶群共有 5 个, 其中交换群有 3 个, 分别为 $\mathbb{Z}_8, \mathbb{Z}_2 \times \mathbb{Z}_4$ 和 $\mathbb{Z}_2 \times \mathbb{Z}_2$; 非交换群有 2 个, 分别为二面体群 D_4 和四元数群 Q.

习题 3.3

1. 证明 Lagrange 定理的逆对有限交换群成立, 即设 G 为 n 阶交换群, d 为正整数且 $d \mid n$, 则 G 有 d 阶子群.

2. 设 G 为有限交换 p-群, n 为正整数且 $p \nmid n$, 证明对任意 $a \in G$, 方程 $x^n = a$ 在群 G 中有解.

3. 给出 360 阶交换群的所有可能的初等因子组和不变因子组, 并给出所有互不同构的 360 阶交换群.

4. 给出所有互不同构的 16 阶交换群, 并给出其中恰有 3 个 2 阶元素的群.

5. 证明 $175 = 5^2 \cdot 7$ 阶群和 $20449 = 11^2 \cdot 13^2$ 阶群一定交换, 并给出所有互不同构的 175 阶和 20449 阶群.

6. 设 A, B, C 均为有限交换群且 $A \times B \cong A \times C$, 证明 $B \cong C$.

7. 设 p 为素数, 求群 $\mathbb{Z}_p \times \mathbb{Z}_p$ 的自同构群 $\mathrm{Aut}(\mathbb{Z}_p \times \mathbb{Z}_p)$.

8. 设 $m \geqslant n$ 为正整数, p 为素数, 求群 $\mathbb{Z}_{p^m} \times \mathbb{Z}_{p^n}$ 的各阶循环子群的个数. 进一步地, 求该群的各阶子群的个数.

9. 证明有限生成交换群是有限群当且仅当它的一组生成元均为有限阶元素.

10. 分类 75 阶群, 并证明交换的 75 阶群有 2 个, 非交换的 75 阶群唯一.

11. 分类 12 阶群.

12. 作为所学知识的一个应用, 本习题证明在同构意义下 56 阶群共有 13 个.

(1) 证明同构意义下, 56 阶交换群共有 3 个;

(2) 证明每个 56 阶群或者有一个正规的 Sylow 2-子群, 或者有一个正规的 Sylow 7-子群;

(3) 对每一个 8 阶群 P, 构造 (在同构意义下) 所有的满足以下条件的 56 阶非交换群:

(i) 所有 Sylow 2-子群同构于 P;

(ii) Sylow 7-子群为正规子群;

(4) 证明: 若一个 56 阶群中的 Sylow 7-子群不是正规子群, 则其 Sylow 2-子群同构于 $\mathbb{Z}_2 \times \mathbb{Z}_2 \times \mathbb{Z}_2$;

(5) 证明在同构意义下, Sylow 7-子群不是正规子群的 56 阶群只有一个.

3.4 可解群

法国数学家 Galois 利用代数结构群和域来研究代数方程的解, 他证明了一个代数方程有根式解当且仅当该方程的 Galois 群是本节要定义的可解群.

定义 3.4.1 设 G 为群, $a, b \in G$, 令 $[a, b] = aba^{-1}b^{-1}$, 并称其为元素 a 和 b 的**换位子**.

显然 a 与 b 可交换当且仅当 $[a, b] = e$. 对任意 $a, b, c \in G$ 和任意群同态 $\sigma : G \to H$, 有

$$[a, b]^{-1} = [b, a], \quad c[a, b]c^{-1} = [cac^{-1}, cbc^{-1}] \text{ 和 } \sigma([a, b]) = [\sigma(a), \sigma(b)],$$

所以换位子的逆、共轭以及同态像还是换位子. 显然交换群中的换位子只有单位元 e, 但通常来说, 很难判断非交换群中的元素是否为换位子.

例 3.4.1 考察对称群 S_n, 其中 $n \geqslant 3$. 由于符号函数

$$\text{sgn} : S_n \to \{\pm 1\}$$

为群同态, 而群 $\{\pm 1\}$ 为交换群, 故对任意 $\sigma, \tau \in S_n$,

$$\text{sgn}([\sigma, \tau]) = [\text{sgn}(\sigma), \text{sgn}(\tau)] = 1,$$

所以 S_n 中的换位子一定是偶置换.

令 $\sigma = (123)$, $\tau = (12) \in S_n$, 则有

$$[\sigma, \tau] = \sigma\tau\sigma^{-1}\tau^{-1} = (123)(12)(132)(12) = (132),$$

即 3-轮换 (132) 为换位子. 又 S_n 中的 3-轮换彼此共轭 (它们有相同的型), 所以 S_n 中每个 3-轮换都是换位子.

注意到换位子的乘积不一定为换位子, 所以群 G 的所有换位子构成的集合不一定是 G 的子群.

定义 3.4.2　群 G 的所有换位子生成的子群称为 G 的**换位子群**, 或者**导群**, 记作 $[G, G]$ 或者 $G^{(1)}$, 即

$$G^{(1)} = \langle aba^{-1}b^{-1} \mid a, b \in G \rangle.$$

显然 G 为交换群当且仅当 $G^{(1)} = \{e\}$, 因此从某种意义上讲, $G^{(1)}$ 是 G 的非交换性的一种度量, $G^{(1)}$ 越大, G 离交换性越远. 又换位子的共轭还是换位子, 所以显然有 $G^{(1)} \trianglelefteq G$.

例 3.4.2　对于 $n \geqslant 3$, 由于 A_n 可以由 3-轮换生成, 而 3-轮换又都是 S_n 中的换位子, 故 $A_n \leqslant S_n^{(1)}$. 又每个换位子都是偶置换, 所以 $S_n^{(1)} \leqslant A_n$. 由此我们求出 $S_n^{(1)} = A_n$.

例 3.4.3　设正整数 $n \geqslant 3$, 考虑二面体群

$$D_n = \{ r^i s^j \mid i = 0, 1, \cdots, n-1; j = 0, 1 \},$$

其中 $r^n = e$, $s^2 = e$ 且 $rs = sr^{-1}$.

对任意 $a, b \in D_n$, 若 a, b 都是旋转, 不妨设 $a = r^i$, $b = r^j$, 则 a, b 可交换, 所以 $[a, b] = e$. 若 a 为旋转, b 为反射, 不妨设 $a = r^i$, $b = r^j s$, 则 $b^{-1} = b$, 故

$$[a, b] = r^i r^j s r^{-i} r^j s = r^{i+j} s r^{-i+j} s = r^{i+j} r^{i-j} s s = r^{2i}.$$

若 a 为反射, b 为旋转, 设 $a = r^j s$, $b = r^i$, 则 $a^{-1} = a$, 所以

$$[a, b] = r^j s r^i r^j s r^{-i} = r^j s r^{i+j} s r^{-i} = r^j r^{-(i+j)} s s r^{-i} = r^{-2i}.$$

若 a, b 都是反射, 设 $a = r^i s$, $b = r^j s$, 则 $a^{-1} = a$, $b^{-1} = b$, 所以

$$[a, b] = (ab)^2 = (r^i s r^j s)^2 = r^{2(i-j)}.$$

从而 D_n 的任意换位子都是 r^2 的幂. 又对任意 i 有 $r^{2i} = [r^i, s]$, 所以任意 r^2 的幂也是换位子. 故 D_n 的导群为

$$D_n^{(1)} = \langle r^2 \rangle.$$

容易看出, 当 n 为奇数时, $\langle r^2 \rangle = \langle r \rangle$, 而当 n 为偶数时, $\langle r^2 \rangle$ 是 $\langle r \rangle$ 的指数为 2 的子群.

命题 3.4.1　设 $\sigma : G \to H$ 为群同态, 则 $\sigma(G)$ 交换当且仅当 $G^{(1)} \leqslant \operatorname{Ker} \sigma$.

证明 记 $K = \mathrm{Ker}\,\sigma$, 则 $\sigma(G) \cong G/K$ 交换当且仅当对任意 $a,b \in G$, $[aK,bK] = [a,b]K = K$, 即 $[a,b] \in K$, 这等价于 $G^{(1)} \leqslant K$. $\qquad\square$

特别地, 设 $N \trianglelefteq G$, 考虑自然同态 $\pi: G \to G/N$, 容易得到下面的推论.

推论 3.4.1 设 $N \trianglelefteq G$, 则 G/N 是交换群当且仅当 $G^{(1)} \leqslant N$. 特别地, $G/G^{(1)}$ 交换.

递归地定义群 G 的 n **级导群** $G^{(n)}$ 如下: $G^{(0)} = G$, 对 $n \geqslant 1$, $G^{(n)} = [G^{(n-1)}, G^{(n-1)}]$.

定义 3.4.3 如果存在某个正整数 n 使得 $G^{(n)} = \{e\}$, 就称 G 为**可解群**.

注 3.4.1 显然交换群都可解. 设 G 为非交换单群, 由于 $G^{(1)} \trianglelefteq G$, 故 $G^{(1)} = G$. 所以对任意正整数 n, 均有 $G^{(n)} = G$, 从而非交换单群不可解.

命题 3.4.2 设 $\sigma: G \to H$ 为群同态, 则对任意正整数 n 有 $\sigma(G)^{(n)} = \sigma(G^{(n)})$.

证明 对 n 做归纳. 由于对任意 $a,b \in G$, $\sigma([a,b]) = [\sigma(a),\sigma(b)]$, 故 $\sigma(G)^{(1)} = \sigma(G^{(1)})$, 即命题对 $n=1$ 成立. 对 $n \geqslant 2$, 设命题对 $n-1$ 成立, 即 $\sigma(G)^{(n-1)} = \sigma(G^{(n-1)})$, 则

$$\sigma(G)^{(n)} = (\sigma(G)^{(n-1)})^{(1)} = \sigma(G^{(n-1)})^{(1)} = \sigma((G^{(n-1)})^{(1)}) = \sigma(G^{(n)}).$$

由归纳法原理, 命题得证. $\qquad\square$

定理 3.4.1 可解群的子群和商群仍为可解群.

证明 若 G 可解, 则存在正整数 n 使得 $G^{(n)} = \{e\}$. 对任意 $H \leqslant G$, 有 $H^{(n)} \leqslant G^{(n)}$, 所以 $H^{(n)} = \{e\}$, 即 H 也可解.

对于 $N \trianglelefteq G$, 记 $\pi: G \to G/N$ 为自然同态, 则有

$$\pi(G)^{(n)} = \pi(G^{(n)}) = \pi(\{e\}) = \{\bar{e}\},$$

所以 $G/N = \pi(G)$ 可解. $\qquad\square$

定理 3.4.2 设 $N \trianglelefteq G$, 若 N 和 G/N 均可解, 则 G 可解.

证明 由于 G/N 可解, 故存在正整数 n 使得

$$(G/N)^{(n)} = \{\bar{e}\}.$$

利用自然同态 $\pi: G \to G/N$ 得到

$$(G/N)^{(n)} = \pi(G)^{(n)} = \pi(G^{(n)}),$$

即 $\pi(G^{(n)}) = \{\bar{e}\}$. 所以

$$G^{(n)} \subseteq \mathrm{Ker}\,\pi = N.$$

再由 N 可解可知, 存在正整数 m 使得 $N^{(m)} = \{e\}$. 于是

$$G^{(n+m)} = (G^{(n)})^{(m)} \subseteq N^{(m)} = \{e\},$$

所以 G 为可解群.   □

推论 3.4.2   有限 p-群可解.

证明   设 $|G| = p^n$, 对 n 做归纳. 当 $n = 1$ 时, G 为循环群, 自然为交换群, 显然 G 可解.

设 $n > 1$ 且结论对 $< n$ 成立, 来考察 n 的情形. 令 $N = Z(G)$, 则 $N \trianglelefteq G$. 若 $N = G$, 则 G 为交换群, 结论成立. 若 $N \neq G$, 因为 $N \neq \{e\}$, 设 $|N| = p^m$, 则 $1 \leqslant m < n$, 这时 $|G/N| = p^{n-m}$. 由归纳假设, N 和 G/N 都可解, 再由定理 3.4.2 得到 G 可解.   □

注 3.4.2   阶有两个不同素因子的有限群一定可解. 著名的 Burnside 定理说: "设 p, q 是素数, a, b 是正整数, 则 $p^a q^b$ 阶群可解." 该定理是 Burnside 在 20 世纪初利用群特征标证明的, 是有限群表示理论中的著名结论. 其证明非常简洁, 参见《代数学 (五)》第三章. 但它的纯群论方法 (不利用群特征标) 的证明是在 Burnside 的原始证明 50 多年后才给出的, 还很烦琐. 参见 I. Martin Isaacs 所著 *Finite Group Theory* 一书第 7 章的 7D.

20 世纪初 Burnside 猜测奇数阶的有限群必为可解群, 直到 1963 年才由 Feit (费特) 和 Thompson (汤普森) 合作完成证明, 这就是著名的 Feit-Thompson 定理. 整个定理的证明占了 *Pacific Journal of Mathematics* 1963 年的整整一期 (Vol.13 No. 3), 共 254 页, 其困难与复杂可想而知. 这个定理的极其简单明了的表述与它的极其复杂精彩的证明成为群论史上, 特别是有限单群分类研究的一个里程碑. Thompson 也因此于 1970 年荣获 Fields (菲尔兹) 奖.

定理 3.4.3   设 G 为群, 则 G 是可解群的充要条件是存在 G 的子群列

$$G = G_0 \triangleright G_1 \triangleright \cdots \triangleright G_s = \{e\},$$

使得对任意 $0 \leqslant i \leqslant s-1$, G_i/G_{i+1} 都是交换群.

证明   必要性: 设 G 可解, 则存在正整数 s 使得 $G^{(s)} = \{e\}$. 对任意 $0 \leqslant i \leqslant s$, 取 $G_i = G^{(i)}$ 即得满足要求的子群列.

充分性: 用归纳法证明 $G^{(i)} \leqslant G_i$, $1 \leqslant i \leqslant s$. 因为 G/G_1 为交换群, 所以 $G^{(1)} \leqslant G_1$, 即当 $i = 1$ 时结论正确. 现在设 $G^{(i)} \leqslant G_i$, 对任意 $1 \leqslant i < s$. 同样由于 G_i/G_{i+1} 是交换群, 所以 $G_i^{(1)} \leqslant G_{i+1}$, 而由归纳假设 $G^{(i)} \leqslant G_i$, 故

$$G^{(i+1)} = (G^{(i)})^{(1)} \leqslant G_i^{(1)} \leqslant G_{i+1},$$

这就完成了归纳法证明. 于是 $G^{(s)} \leqslant G_s = \{e\}$, 即 $G^{(s)} = \{e\}$, 从而 G 为可解群.   □

定义 3.4.4 称对任意 $0 \leqslant i \leqslant s-1$, G_i/G_{i+1} 都是交换群的 G 的子群列

$$G = G_0 \rhd G_1 \rhd \cdots \rhd G_s = \{e\}$$

为 G 的一个**可解群列**.

所以群 G 可解当且仅当 G 有可解群列.

例 3.4.4 考察对称群 S_n. S_2 是交换群, 故可解. S_3 有一个可解群列

$$S_3 \rhd A_3 \rhd \{(1)\},$$

所以 S_3 可解. 类似地, 由 S_4 有可解群列

$$S_4 \rhd A_4 \rhd V_4 \rhd \{(1)\}$$

知 S_4 为可解群. 但对于 $n \geqslant 5$, 因为 $S_n^{(1)} = A_n$, 由 A_n 为非交换单群知 $A_n^{(1)} = A_n$. 故对任意 $m \geqslant 2$ 有 $S_n^{(m)} = A_n$, 所以 S_n 不可解.

习题 3.4

1. 设 G 为群, $N \lhd G$ 且 $N \cap G^{(1)} = \{e\}$, 证明 $N \leqslant Z(G)$.

2. 设 H 和 K 都是群 G 的正规子群, 且 G/H 与 G/K 都可解, 证明 $G/H \cap K$ 也可解.

3. 设 p 为素数, 群 G 的阶为 p^3, 证明: 若 G 为非交换群, 则 $G^{(1)} = Z(G)$.

4. 设 G 为 p-群, $N \lhd G$ 且 $|N| = p$, 证明 $N \leqslant Z(G)$.

5. 设 G 为群, 若 $G^{(1)}/G^{(2)}$ 和 $G^{(2)}/G^{(3)}$ 都是循环群, 证明 $G^{(2)} = G^{(3)}$.

6. 证明不存在群 G 使得 $G^{(1)} \cong S_3$, 也不存在群 G 使得 $G^{(1)} \cong S_4$.

7. 设 G 为群, $H \leqslant G$ 且 $G^{(1)} \subseteq H$, 证明 $H \lhd G$.

8. 群 G 的子群 H 称为**特征子群**, 若对任意 $\alpha \in \mathrm{Aut}(G)$ 有 $\alpha(H) = H$. 如果 H 是 G 的特征子群, 则记为 $H \sqsubset G$.

(1) 证明: 若 $H \sqsubset G$, 则有 $H \lhd G$;

(2) 证明群 G 的中心 $Z(G)$ 和导群 $G^{(1)}$ 为 G 的特征子群;

(3) 设 G 的子群 H 和 K 满足

$$H \sqsubset K, \quad K \sqsubset G,$$

证明 $H \sqsubset G$;

(4) 设 G 的子群 H 和 K 满足

$$H \sqsubset K, \quad K \lhd G,$$

证明 $H \lhd G$.

9. 证明对任意正整数 n, 有 $G^{(n)} \trianglelefteq G$.

10. 设 H, K 都是可解群, 证明 H, K 的半直积 $H \rtimes_\varphi K$ 也是可解群.

11. 设 G 是群, $N \trianglelefteq G$ 且 $N \neq G$, 称 N 是 G 的极大正规子群, 如果在 N 和 G 之间没有其他真正规子群, 即对任意 $H \trianglelefteq G$ 和 $N \subseteq H \subseteq G$, 一定有 $H = N$ 或者 $H = G$.

(1) 设 $N \trianglelefteq G$, 证明 N 是 G 的极大正规子群当且仅当 G/N 是单群;

(2) 设 G 是有限群, $G \neq \{e\}$, 证明 G 有极大正规子群;

(3) 设 G 是有限群, 证明 G 可解当且仅当存在 G 的子群列

$$G = G_0 \rhd G_1 \rhd \cdots \rhd G_s = \{e\},$$

使得对任意 $0 \leqslant i \leqslant s-1$, G_i/G_{i+1} 都是素数阶循环群.

3.5 Jordan-Hölder 定理

设 G 为群, N 为 G 的正规子群, 则有商群 G/N. 正规子群 N 和商群 G/N 继承了群 G 的一些性质, 如交换性、可解性等. 反之通过研究 N 和 G/N, 我们也可以或多或少地了解 G 的一些信息, 比如若 N 和 G/N 都是可解群, 则 G 本身也可解. 当然也并不总是如此, 比如 N 和 G/N 都是交换群却不能得到 G 本身是交换群. 但如同上节在讨论可解群时那样, 我们可用子群列来研究群的结构.

定义 3.5.1 设 G 是群, 称 G 的一个子群列

$$G = G_0 \geqslant G_1 \geqslant \cdots \geqslant G_{t-1} \geqslant G_t = \{e\} \tag{3.7}$$

为 G 的一个**次正规群列**, 若对任意 $0 \leqslant i \leqslant t-1$, 有 $G_i \rhd G_{i+1}$. 其商群组 G_i/G_{i+1}, $0 \leqslant i \leqslant t-1$ 称为该次正规群列的**因子群组**. 如果进一步有对任意 $0 \leqslant i \leqslant t-1$, 有 $G_{i+1} \subsetneqq G_i$, 就称这个次正规群列是**无重复**的, 此时称因子群的个数 t 为该无重复的正规群列的**长度**.

注意到群的正规子群没有传递性, 即由 $G \rhd N$ 且 $N \rhd K$ 并不能得到 $G \rhd K$, 所以群 G 的次正规群列中出现的子群 G_i 只是它前面相邻群 G_{i-1} 的正规子群, 并不一定有 $G \rhd G_i$. 显然任意群 G 都有一个平凡的次正规群列

$$G = G_0 \rhd G_1 = \{e\}.$$

又容易得到群 G 只有此平凡的次正规群列当且仅当 G 是单群.

例 3.5.1 设 $n \geqslant 3$, 二面体群 $D_n = \langle r, s \mid r^n = s^2 = e, srs = r^{-1} \rangle$, 则

$$D_n \rhd \langle r \rangle \rhd \{e\}$$

是 D_n 的一个次正规群列, 其因子群组为 $D_n/\langle r \rangle \cong \mathbb{Z}_2$, $\langle r \rangle \cong \mathbb{Z}_n$. 注意到 $N = \langle r \rangle$ 和 D_n/N 都是交换群, 但是 D_n 不是交换群.

例 3.5.2 下面三个子群列

$$S_4 \trianglerighteq A_4 \trianglerighteq \{(1)\}, \tag{3.8}$$

$$S_4 \trianglerighteq A_4 \trianglerighteq V_4 \trianglerighteq \{(1)\} \tag{3.9}$$

和

$$S_4 \trianglerighteq A_4 \trianglerighteq V_4 \trianglerighteq U \trianglerighteq \{(1)\} \tag{3.10}$$

都是 S_4 的次正规群列, 其中 $V_4 = \{(1), (12)(34), (13)(24), (14)(23)\}$, $U = \{(1), (12)(34)\}$. 它们都是无重复的次正规群列, 长度分别为 2, 3 和 4.

在群 G 的次正规群列 (3.7) 中, 若因子群组中的所有因子群 G_i/G_{i+1} 都是交换群, $0 \leqslant i \leqslant t-1$, 则称该群列为群 G 的**交换群列**或者**可解群列**. 上一节中我们已经得到群 G 为可解当且仅当 G 存在交换群列. 进一步地, 容易看出例 3.5.1 中的次正规群列和例 3.5.2 中的次正规群列 (3.8) 和 (3.9) 里出现的子群分别是所考虑的群 D_n 或 S_4 的正规子群, 而例 3.5.2 中的次正规群列 (3.10) 里出现的子群 U 不是 S_4 的正规子群. 为进一步区分这种情况, 我们给出如下定义.

定义 3.5.2 设 G 是群, G 的一个次正规群列

$$G = G_0 \geqslant G_1 \geqslant \cdots \geqslant G_{t-1} \geqslant G_t = \{e\}$$

称为 G 的一个**正规群列**, 若对任意 $0 \leqslant i \leqslant t$, 有 $G_i \trianglelefteq G$. 进一步地, 若对任意 $0 \leqslant i \leqslant t-1$, 均有因子群 $G_i/G_{i+1} \subseteq Z(G/G_{i+1})$, 其中 $Z(G/G_{i+1})$ 为群 G/G_{i+1} 的中心, 则称这样的正规群列为 G 的**中心群列**.

由于群的中心是交换子群, 故 G 的中心群列一定是 G 的交换群列, 但反之不一定成立.

上一节中我们定义了群 G 的导群 (或换位子群) $G^{(1)}$ (或记为 $[G, G]$) 和 n 级导群 $G^{(n)}$, $n \geqslant 0$, 证明了 $G^{(n)} \trianglelefteq G$, 且若 G 有交换群列

$$G = G_0 \geqslant G_1 \geqslant \cdots \geqslant G_{t-1} \geqslant G_t = \{e\},$$

则对任意 $0 \leqslant i \leqslant t$, 有 $G^{(i)} \subseteq G_i$. 那么对群 G 的中心群列情形又如何?

对任意 $H, K \leqslant G$, 用 $[H, K]$ 表示所有换位子 $[h, k]$ 生成的 G 的子群, 其中 $h \in H$, $k \in K$, 设

$$G = G_0 \geqslant G_1 \geqslant \cdots \geqslant G_{t-1} \geqslant G_t = \{e\}$$

为群 G 的中心群列. 对于 $i = 0$, 有

$$G_0/G_1 = G/G_1 \subseteq Z(G/G_1),$$

故 G/G_1 为交换群, 从而 $[G,G] = G^{(1)} \subseteq G_1$. 对于 $i = 1$, 有 $G_1/G_2 \subseteq Z(G/G_2)$, 这表明对任意 $g_1 \in G_1$ 和 $g \in G$, 有 gG_2 与 g_1G_2 交换, 即在 G/G_2 中有 $[gG_2, g_1G_2] = G_2$, 或写为 $[g, g_1] \in G_2$, 由此得到 $[G, G_1] \subseteq G_2$. 以此类推, 通过对 i 做归纳可以证明对任意 $0 \leqslant i \leqslant t-1$, 有 $[G, G_i] \subseteq G_{i+1}$. 注意到由 $G^{(1)} \subseteq G_1$ 可知

$$[G, G^{(1)}] \subseteq [G, G_1] \subseteq G_2,$$

从而

$$[G, [G, G^{(1)}]] \subseteq [G, G_2] \subseteq G_3,$$

这可以一直递归下去. 为此我们递归地定义子群 L_i, $i \geqslant 0$ 如下:

$$L_0 = G, \quad L_1 = [G, L_0], \quad L_2 = [G, L_1], \cdots, L_n = [G, L_{n-1}].$$

由于对任意 $g \in G$, 有 $g[a,b]g^{-1} = [gag^{-1}, gbg^{-1}]$, 利用归纳法容易证明对任意 $i \geqslant 0$, 有 $L_i \trianglelefteq G$. 另外由于 $L_0 = G^{(0)}$, $L_1 = G^{(1)}$,

$$L_2 = [G, G^{(1)}] \supseteq [G^{(1)}, G^{(1)}] = G^{(2)},$$

对 i 归纳可证 $L_i \supseteq G^{(i)}$, $i \geqslant 0$. 同时上面的讨论也告诉我们若 G 有中心群列

$$G = G_0 \geqslant G_1 \geqslant \cdots \geqslant G_{t-1} \geqslant G_t = \{e\},$$

则 $L_i \subseteq G_i$, $0 \leqslant i \leqslant t$. 由 $G_t = \{e\}$ 立得 $L_t = \{e\}$.

反之, 对群 G, 设存在某个正整数 s 使得 $L_s = \{e\}$. 首先, 有 $L_1 = [G, G] \subseteq G = L_0$, 对任意 $i \geqslant 1$ 做归纳有 $L_{i+1} = [G, L_i] \subseteq [G, L_{i-1}] = L_i$ 且 $L_i \trianglelefteq G$. 其次, 任取 $g \in G$, $g_i \in L_i$, 有 $[g, g_i] \in L_{i+1}$, 即 gL_{i+1} 与 g_iL_{i+1} 可交换, 所以 $L_i/L_{i+1} \subseteq Z(G/L_{i+1})$. 从而

$$G = L_0 \geqslant L_1 \geqslant \cdots \geqslant L_{s-1} \geqslant L_s = \{e\}$$

就是群 G 的一个中心群列. 这样我们证明了如下命题.

命题 3.5.1　设 G 为群, 则 G 存在中心群列当且仅当存在正整数 s 使得 $L_s = \{e\}$.

定义 3.5.3　若 G 有中心群列, 则称群 G 为**幂零群**.

由于中心群列一定是交换群列, 故幂零群一定可解. 另外由命题 3.5.1 立得群 G 为幂零群当且仅当存在正整数 s 使得 $L_s = \{e\}$. 当然由 $L_s \supseteq G^{(s)}$ 也可以得到幂零群一定是可解群. 进一步地, 若 G 为交换群, 则显然有 $L_1 = G^{(1)} = \{e\}$, 所以交换群一定是幂零群. 这表明幂零群是落在交换群和可解群之间的群.

例 3.5.3　考虑二面体群 D_n, $n \geqslant 3$, 有 $L_1 = D_n^{(1)} = \langle r^2 \rangle$.

若 n 为奇数, 则 $\langle r^2 \rangle = \langle r \rangle$, 计算得到

$$L_2 = [D_n, L_1] = [D_n, \langle r \rangle] = \langle r \rangle = L_1.$$

所以对任意 $i \geqslant 1$, 有 $L_i = \langle r \rangle$.

若 n 为偶数, 不妨设 $n = 2^k m$, 其中 m 为奇数, $k \geqslant 1$, 则当 $1 \leqslant i \leqslant k$ 时有 $L_i = \langle r^{2^i} \rangle$, 而当 $i \geqslant k$ 时有 $L_i = \langle r^{2^k} \rangle$. 从而二面体群 D_n 为幂零群当且仅当 $n = 2^k$ 对某个正整数 k.

然而 $D_n^{(1)} = \langle r^2 \rangle$ 为交换群, 所以 $D_n^{(2)} = \{e\}$, 即 D_n 是可解群. 本例告诉我们幂零群可以非交换, 同时可解群也可以非幂零.

前面我们用特殊的次正规群列, 即交换群列和中心群列, 刻画了可解群和幂零群, 显然不可解群 (如交错群 A_n, $n \geqslant 5$) 既无交换群列也无中心群列. 但是任意群都有次正规群列, 这表明次正规群列又显得太普遍一些, 下面我们讨论一类特别的次正规群列——合成群列.

定义 3.5.4 设 G 是群, G 的一个次正规群列

$$G = G_0 \rhd G_1 \rhd \cdots \rhd G_{t-1} \rhd G_t = \{e\} \tag{3.11}$$

称为 G 的一个**合成群列**, 若它的因子群组中每个商群都是单群, 这时它的每个因子群也称为**合成因子**.

注意到若 $G = \{e\}$ 为单位元群, 则我们认为

$$G = \{e\}$$

也是 G 的合成群列, 其长度为 0. 容易看出例 3.5.2 中的次正规群列 (3.8) 和 (3.9) 都不是合成群列, 而 (3.10) 是 S_4 的合成群列. 注意到并不是每个群都有合成群列, 比如无限循环群就没有合成群列.

设 G 是一个有限群,

$$G = G_0 \rhd G_1 \rhd \cdots \rhd G_{t-1} \rhd G_t = \{e\} \tag{3.12}$$

是 G 的一个无重复的次正规群列, 则对任意 $0 \leqslant i \leqslant t-1$ 有 $[G_i : G_{i+1}] \geqslant 2$, 所以

$$|G| = \prod_{i=0}^{t-1} [G_i : G_{i+1}] \geqslant 2^t.$$

故 $t \leqslant \log_2 |G|$, 这表明有限群的次正规群列长度一定有限. 不妨设 (3.12) 是 G 的一个无重复且具有最大长度 t 的次正规群列, 那么它一定是一个合成群列. 事实上若不是, 即有某个因子群 $\overline{G_i} = G_i/G_{i+1}$ 不是单群, 则 $\overline{G_i}$ 有一个非平凡正规子群 $\overline{H}$. 由对应定理, 即定理 2.8.6, 在 G_i 和 G_{i+1} 之间有一个子群 H 使得 $G_i \rhd H \rhd G_{i+1}$ 且 $H/G_{i+1} \cong \overline{H}$. 由于 $\overline{H} \neq \{\overline{e}\}$, 且 $\overline{H} \neq \overline{G_i}$, 有 $H \neq G_i$ 且 $H \neq G_{i+1}$. 在 (3.12) 的 G_i 和 G_{i+1} 中插入一项 H 得到

$$G = G_0 \rhd G_1 \rhd \cdots \rhd G_i \rhd H \rhd G_{i+1} \rhd \cdots \rhd G_{t-1} \rhd G_t = \{e\}, \tag{3.13}$$

这仍是 G 的一个无重复的次正规群列, 但是它的长度为 $t+1$, 与 (3.12) 为最大长度的假设矛盾. 从而每个因子群 G_i/G_{i+1} 都是单群, 所以这个最大长度的次正规群列 (3.12) 就是 G 的一个合成群列. 由此我们证明了如下命题.

命题 3.5.2　每个有限群都有一个合成群列.

在上面的证明过程中, 若次正规群列的某个因子群 G_i/G_{i+1} 不是单群, 则可以在 G_i 和 G_{i+1} 之间插入一项 H 得到一个新的次正规群列, 这种方法称为对原来的次正规群列进行**加细**. 加细后的次正规群列的因子群组就是把其中的 G_i/G_{i+1} 换成 G_i/H 和 H/G_{i+1}, 而其余的因子群不变. 注意到新得到的因子群 H/G_{i+1} 是原因子群 G_i/G_{i+1} 的子群, 而

$$G_i/H \cong (G_i/G_{i+1})/(H/G_{i+1})$$

同构于原因子群 G_i/G_{i+1} 的商群. 若得到的次正规群列仍不是合成群列, 则仍有某个因子群不是单群, 从而还可以继续进行加细. 以此类推, 我们得到对于有限群 G 的任一次正规群列, 都可以对其进行一系列加细得到 G 的一个合成群列. 特别地, 若 G 是有限可解群, 则 G 有一个交换群列, 即因子群均交换的次正规群列. 设对该交换群列进行加细得到的 G 的合成群列为

$$G = H_0 \rhd H_1 \rhd H_2 \rhd \cdots \rhd H_{r-1} \rhd H_r = \{e\},$$

则由于原来的次正规群列的每个因子群都是交换群, 而加细过程中新出现的因子群同构于原因子群的子群或商群, 故仍为交换群. 所以对任一 $0 \leqslant i \leqslant r-1$, H_i/H_{i+1} 为有限交换单群, 从而为素数阶循环群. 由此可得到下面的定理, 也就是习题 3.4 第 11 题的结论 (3).

定理 3.5.1　设 G 为有限群, 则 G 可解当且仅当存在 G 的次正规群列

$$G = H_0 \rhd H_1 \rhd H_2 \rhd \cdots \rhd H_{r-1} \rhd H_r = \{e\}, \tag{3.14}$$

使得每个因子群都是素数阶循环群.

证明　前面的说明即必要性. 反之, 素数阶循环群显然是交换群, 所以次正规群列 (3.14) 是交换群列, 故 G 为可解群.　□

通过对有限群 G 的次正规群列进行加细可以得到 G 的合成群列, 但是加细顺序的不同可以给出不同的合成群列, 即群的合成群列不唯一. 那么同一个群的不同合成群列的长度以及对应的因子群组之间有什么关系? 下面的 Jordan-Hölder (若尔当–赫尔德) 定理就完满地回答了这个问题.

定理 3.5.2 (Jordan-Hölder 定理)　设 G 有合成群列, 则 G 的任两个合成群列有相同的长度, 并且它们的因子群组在不计次序的意义下对应同构.

设

$$G = G_0 \rhd G_1 \rhd G_2 \rhd \cdots \rhd G_{t-1} \rhd G_t = \{e\} \tag{3.15}$$

和

$$G = H_0 \unrhd H_1 \unrhd H_2 \unrhd \cdots \unrhd H_{s-1} \unrhd H_s = \{e\} \tag{3.16}$$

是 G 的两个合成群列, Jordan-Hölder 定理的结论是 $s = t$ 以及它们的因子群组在不计次序的意义下对应同构. 后者的意思即存在 t 元集 $\{0, 1, \cdots, t-1\}$ 上的一个置换 π 使得对任意 $0 \leqslant i \leqslant t-1$, 有

$$H_i/H_{i+1} \cong G_{\pi(i)}/G_{\pi(i)+1}.$$

为证明 Jordan-Hölder 定理, 我们先证明如下引理.

引理 3.5.1   设 G 为群, $N \trianglelefteq G$. 若群 G 有合成群列, 则 N 也有合成群列.

证明   设 (3.15) 是群 G 的一个合成群列, 对任意 $0 \leqslant i \leqslant t$, 令 $N_i = N \cap G_i$, 则有群列

$$N = N_0 \unrhd N_1 \unrhd N_2 \unrhd \cdots \unrhd N_{t-1} \unrhd N_t = \{e\}. \tag{3.17}$$

对任意 $0 \leqslant i \leqslant t-1$, 考虑自然同态 $N_i \to G_i/G_{i+1}$, 即对任意 $n_i \in N_i$, $n_i \mapsto n_i G_{i+1}$, 它的核为

$$N_i \cap G_{i+1} = (N \cap G_i) \cap G_{i+1} = N \cap G_{i+1} = N_{i+1},$$

从而有 $N_i \unrhd N_{i+1}$, 即群列 (3.17) 是次正规群列. 再由 $N \trianglelefteq G$ 有 $N_i \trianglelefteq G_i$, 从而上述自然同态的像为 G_i/G_{i+1} 的正规子群, 即 N_i/N_{i+1} 同构于 G_i/G_{i+1} 的一个正规子群. 由于 (3.15) 为合成群列, 因子群 G_i/G_{i+1} 为单群, 故 N_i/N_{i+1} 为单位元群, 即 $N_i = N_{i+1}$, 或者 $N_i/N_{i+1} \cong G_i/G_{i+1}$. 这表明次正规群列 (3.17) 中的每个因子群 N_i/N_{i+1} 或者为单位元群或者为单群, 在群列 (3.17) 中去掉重复的项, 便得到 N 的合成群列.   □

定理 3.5.2 的证明   下面我们通过对群 G 的合成群列的长度 t 做归纳来证明 Jordan-Hölder 定理. 若 $t = 1$, 则 $G \cong G_0/G_1$ 为单群, 而单群只有一个次正规群列, 当然就只有一个合成群列. 所以 (3.15) 和 (3.16) 相同, 故 $t = s = 1$ 且 $H_0/H_1 = G_0/G_1 \cong G$. 设 $t > 1$ 且定理对于有一个长度 $t-1$ 的合成群列的群成立, 下面来证明结论对有长度 t 的合成群列的群也成立.

若 $G_1 = H_1$, 则在 (3.15) 和 (3.16) 中去掉第一项 G 之后, 它们就是同一个群 $G_1 = H_1$ 的合成群列, 而它们的长度分别为 $t-1$ 和 $s-1$. 由归纳假设我们得到 $t-1 = s-1$, 从而 $t = s$. 同时它们的因子群组

$$G_1/G_2, G_2/G_3, \cdots, G_{t-1}/G_t$$

和

$$H_1/H_2, H_2/H_3, \cdots, H_{s-1}/H_s$$

在不计次序的意义下同构, 即存在 $\pi_1 \in S_{t-1}$ 使得

$$H_i/H_{i+1} \cong G_{\pi_1(i)}/G_{\pi_1(i)+1}, \ 1 \leqslant i \leqslant t-1.$$

由于 $G_0/G_1 = H_0/H_1$, 取 $\pi(0) = 0$, $\pi(i) = \pi_1(i)$, $1 \leqslant i \leqslant t-1$, 则显然 $\pi \in S_t$ 且

$$H_i/H_{i+1} \cong G_{\pi(i)}/G_{\pi(i)+1}, \ 0 \leqslant i \leqslant t-1.$$

从而 (3.15) 和 (3.16) 的因子群组在不计次序的意义下同构.

下面设 $G_1 \neq H_1$. 由于 $G_1 \trianglelefteq G$ 和 $H_1 \trianglelefteq G$, 故 $G_1 H_1 \trianglelefteq G$. 又 $G_1 \neq H_1$, 所以 $G_1 H_1 \supsetneqq G_1$, 从而 G/G_1 有非单位元正规子群 $G_1 H_1/G_1$. 由 G/G_1 为单群得到 $G_1 H_1/G_1 = G/G_1$, 从而 $G_1 H_1 = G$. 令 $G_1 \cap H_1 = N$, 则显然 $N \trianglelefteq G$, 且由第二同构定理得到

$$G_1 H_1/G_1 \cong H_1/G_1 \cap H_1,$$

即 $G/G_1 \cong H_1/N$. 同理也有 $G/H_1 \cong G_1/N$, 即 G_1/N 和 H_1/N 都是非平凡单群.

由于 $N \trianglelefteq G$, 由引理 3.5.1 知 N 有合成群列. 设

$$N = N_0 \triangleright N_1 \triangleright \cdots \triangleright N_{r-1} \triangleright N_r = \{e\} \tag{3.18}$$

是 N 的一个无重复的合成群列, 由 (3.15) 和 (3.18)可得群 G 的一个无重复的合成群列

$$G = G_0 \triangleright G_1 \triangleright N \triangleright N_1 \triangleright \cdots \triangleright N_{r-1} \triangleright N_r = \{e\}, \tag{3.19}$$

再由 (3.16) 和 (3.18), 我们得到群 G 的另一个无重复的合成群列

$$G = H_0 \triangleright H_1 \triangleright N \triangleright N_1 \triangleright \cdots \triangleright N_{r-1} \triangleright N_r = \{e\}. \tag{3.20}$$

对比 G 的合成群列 (3.15) 和 (3.19), 它们的第二项相等, 由前面的证明得到 $t = r+2$ 且它们的因子群组

$$G/G_1, G_1/G_2, G_2/G_3, \cdots, G_{t-1}/G_t$$

与

$$G/G_1, G_1/N, N/N_1, \cdots, N_{r-1}/N_r \tag{3.21}$$

在不计次序的意义下同构. 同理对比 G 的合成群列 (3.16) 和 (3.20), 它们的第二项也相等, 故有 $s = r+2$ 且因子群组

$$G/H_1, H_1/H_2, H_2/H_3, \cdots, H_{s-1}/H_s$$

与

$$G/H_1, H_1/N, N/N_1, \cdots, N_{r-1}/N_r \tag{3.22}$$

在不计次序的意义下同构. 所以 $t = s$, 再由 $G/G_1 \cong H_1/N$ 和 $G/H_1 \cong G_1/N$ 得到因子群组 (3.21) 和 (3.22) 在不计次序的意义下同构. 从而合成群列 (3.15) 和 (3.16) 的因子群组在不计次序的意义下同构. 这就证明了定理对有长度为 t 的合成群列的群也成立, 由归纳法原理知结论对任意有合成群列的群成立. □

注 3.5.1　Jordan-Hölder 定理告诉我们对有合成群列的群 G, 其因子群组是由 G 所唯一确定的, 与 G 的合成群列的选取无关. 但反之不一定成立, 即不同构的群可以有同样的合成因子群组, 所以合成群列的因子群组并不能唯一确定这个群. 1873 年 Jordan 证明了该定理的弱化版本, 即证明了对于群 G 的两个合成群列 (3.15) 和 (3.16), 有 $s = t$, 且存在 t 元集 $\{0, 1, \cdots, t-1\}$ 上的一个置换 π 使得对任意 $0 \leqslant i \leqslant t-1$ 有 $[H_i : H_{i+1}] = [G_{\pi(i)} : G_{\pi(i)+1}]$. 到了 1889 年 Hölder 才证明了定理 3.5.2 给出的结论.

例 3.5.4　设 $n \geqslant 2$ 为正整数, 考虑 n 阶循环群 $G = \langle a \rangle$, 则 G 有合成群列

$$G = G_0 \rhd G_1 \rhd G_2 \rhd \cdots \rhd G_{t-1} \rhd G_t = \{e\}.$$

又 G 为交换群, 所以该合成群列的每个因子群都是素数阶循环群. 不妨设 $p_i = |G_{i-1}/G_i|$, $1 \leqslant i \leqslant t$, 则

$$n = p_1 p_2 \cdots p_t$$

给出了 n 的素因子分解式. 而 Jordan-Hölder 定理告诉我们正整数 n 的素因子分解式在不考虑素因子次序的意义下是唯一的.

次正规群列可以看成是群的一种 "分解", 注意到这里的分解并不是把群分解成两个非平凡子群直积的那种分解. 加细类比于群的进一步分解, 而合成群列就相当于整数的素因子分解, 没有重复就类似于整数分解中不含因子 1.

注 3.5.2　代数学的基本问题之一就是确定由某些公理定义的代数结构有多少个互不同构的类型, 即同构分类问题. 例如域上有限维线性空间的同构分类定理告诉我们域上给定维数 n 的线性空间只有一个. 再如给定正整数 n, 任意两个 n 阶循环群一定同构, 即从同构的意义上来说, n 阶循环群只有一个. 本章的 3.3 节我们给出了有限交换群的同构分类. 基于同样的想法, Cayley 于 1878 年提出了对于一般的有限群的同构分类问题. 与循环群或者交换群的情形迥然不同, 数学家们发现这个问题是惊人地复杂和困难. 为了解决这个问题, 数学家们经过努力得到了若干具有基本意义的有限群构造定理, 本节证明的 Jordan-Hölder 定理就是其中之一. 问题可以简化为若预先给定一组有限单群 $S = \{S_1, S_2, \cdots, S_t\}$, 则以 S 为因子群组的有限群有多少种不同的类型? 一般说来, 它可以归结为如下问题: 任意给定两个群 H 和 N, 确

定所有不同构的群 G 使得 $N \trianglelefteq G$ 且 $G/N \cong H$, 即群扩张问题. 群扩张是群论中的一个重要的理论, 已经超出了本书的范围.

习题 3.5

1. 设 F 为域, $G = \mathrm{Aff}(F)$ 为域 F 上的仿射群, 令

$$G_1 = \left\{ \begin{pmatrix} 1 & b \\ 0 & 1 \end{pmatrix} : b \in F \right\},$$

证明 $G_1 \trianglelefteq G$, 并求出次正规群列

$$G \trianglerighteq G_1 \trianglerighteq \{I\}$$

的因子群组.

2. 设 G 为群, $H \leqslant G$, 且

$$G = G_0 \trianglerighteq G_1 \trianglerighteq \cdots \trianglerighteq G_{t-1} \trianglerighteq G_t = \{e\}$$

是 G 的一个次正规群列, 对 $0 \leqslant i \leqslant t$, 令 $H_i = H \cap G_i$, 证明

$$H = H_0 \trianglerighteq H_1 \trianglerighteq \cdots \trianglerighteq H_{t-1} \trianglerighteq H_t = \{e\}$$

是 H 的次正规群列, 且对任意 $0 \leqslant i \leqslant t-1$, 因子群 H_i/H_{i+1} 同构于 G_i/G_{i+1} 的子群; 并由此证明可解群的子群也可解.

3. 设 G 为群, $N \trianglelefteq G$, 且

$$G = G_0 \trianglerighteq G_1 \trianglerighteq \cdots \trianglerighteq G_{t-1} \trianglerighteq G_t = \{e\}$$

是 G 的一个次正规群列, 对 $0 \leqslant i \leqslant t$, 令 $N_i = NG_i/N$, 证明

$$G/N = N_0 \trianglerighteq N_1 \trianglerighteq \cdots \trianglerighteq N_{t-1} \trianglerighteq N_t = \{\bar{e}\}$$

是 G/N 的次正规群列, 且对任意 $0 \leqslant i \leqslant t-1$, 因子群 N_i/N_{i+1} 同构于 G_i/G_{i+1} 的商群; 并由此证明可解群的商群也可解.

4. 设 F 为域, 形如

$$\begin{pmatrix} 1 & a & b \\ 0 & 1 & c \\ 0 & 0 & 1 \end{pmatrix}$$

的 3 阶上三角形矩阵称为域 F 上的 Heisenberg (海森伯) 矩阵, 其中 $a, b, c \in F$. 令 $G =$ Heis(F) 是域 F 上所有 Heisenberg 矩阵在矩阵乘法下构成的群, 证明 G 的导群就是 G 的中心 $Z(G)$, 并且 G 是幂零群.

5. 证明群 A_4, S_4 和 S_3 都是可解群但不是幂零群.

6. 证明幂零群的子群和商群也是幂零群. 反之, 设 N 是群 G 的正规子群, 若 N 和 G/N 都是幂零群, G 是否为幂零群? 给出证明或者反例.

7. 群 G 的无重复正规群列称为**主群列**, 若它的任意两项之间不能再插入其他的 G 的正规子群, 证明有限群一定有主群列, 并且也有类似的 Jordan-Hölder 定理.

8. 群 G 的正规子群 N 称为 G 的**极小正规子群**, 若 $N \neq \{e\}$ 且 N 不真包含 G 的非平凡正规子群 (例如单群的极小正规子群就是它本身). 假设群 G 有主群列, 证明它的主群列的每个因子群都是 G 的某个商群的极小正规子群.

9. 证明有合成群列的群一定有主群列.

10. 设 $n \geqslant 3$, 试给出对称群 S_n 的所有合成群列和主群列.

11. 证明有限 p 群为幂零群.

12. 设 G 是有限群, 证明下列陈述等价:

(1) G 是幂零群;

(2) 对 G 的任意非平凡子群 H, 有 $N_G(H) \gneqq H$;

(3) G 的每个 Sylow 子群在 G 中正规;

(4) G 是其 Sylow 子群的直积;

(5) G 的每个极大子群在 G 中正规.

第四章

环的一般理论

环 R 是具有加法和乘法两种运算的代数结构, 满足 R 在加法下构成交换群, R 在乘法下构成幺半群, 且乘法关于加法的左、右分配律都成立. 本书第一章中已给出环的定义及其简单的运算性质, 本章我们讨论环的一般理论.

4.1 子环与同态

为熟悉环的基本运算, 我们先看一个例子. 设 R 是环, R 中的元素 a 称为**幂等元**, 若 $a^2 = a$. 若 R 中每个元素都是幂等元, 则称 R 为 **Boole 环**.

例 4.1.1 设 R 是 Boole 环, 则对任意 $a \in R$, 由

$$a + 1 = (a+1)^2 = (a+1)(a+1) = a^2 + a + a + 1 = 3a + 1$$

可得 $2a = 0$ 或 $a = -a$. 进一步地, 对任意 $a, b \in R$, 由

$$a + b = (a+b)^2 = a^2 + ab + ba + b^2 = a + ab + ba + b$$

有 $ab = -ba = ba$. 所以 Boole 环为交换环.

对任一代数结构, 我们都可以讨论它的子结构. 下面给出子环的定义.

定义 4.1.1 设 R 是环, S 为 R 的非空子集, 且含有 R 的乘法单位元 1, 同时 S 对于 R 的运算仍为环, 则称 S 为 R 的**子环**, 或者称环 R 为环 S 的**扩环**. 设 F 是域, 若它的子环 L 也是域, 则称 L 为 F 的**子域**, 或者称 F 为域 L 的**扩域**.

因为环中都存在单位元, 所以要求环 R 与它的子环有同一个乘法单位元. 由定义我们立得如下子环的刻画条件.

命题 4.1.1 设 S 为环 R 的非空子集, 则 S 为 R 的子环当且仅当 $1 \in S$ 且对任意 $x, y \in S$ 有 $x - y \in S$ 和 $xy \in S$.

由于域中非零元素可逆, 所以对域的至少含有两个元素的子集, 该子集对乘法和求逆封闭可推出它一定包含单位元, 由此有下面子域的判定准则.

命题 4.1.2 设 F 为域, $L \subseteq F$ 且 $|L| \geqslant 2$, 则 L 为 F 的子域当且仅当对任意 $x, y \in L$, $y \neq 0$, 有 $x - y \in L$ 和 $xy^{-1} \in L$.

例 4.1.2 设 $\alpha = \dfrac{1}{2}(1 + \sqrt{-19})$,

$$S = \{a + b\alpha \mid a, b \in \mathbb{Z}\}.$$

由于 $\alpha^2 = \alpha - 5$, 则显然 $1 = 1 + 0 \cdot \alpha \in S$, 且对任意 $a + b\alpha, c + d\alpha \in S$ 有

$$(a + b\alpha) - (c + d\alpha) = (a - c) + (b - d)\alpha \in S$$

和
$$(a+b\alpha)(c+d\alpha) = ac + ad\alpha + bc\alpha + bd\alpha^2 = (ac - 5bd) + (ad + bc + bd)\alpha \in S.$$

所以 S 是复数域 $\mathbb{C}$ 的子环. 但是实数域 $\mathbb{R}$ 的子集

$$S = \left\{ \frac{1}{2}(a + b\sqrt{2}) \mid a, b \in \mathbb{Z} \right\}$$

对乘法不封闭, 所以它不是 $\mathbb{R}$ 的子环.

例 4.1.3 考虑整数模 6 的剩余类环 $\mathbb{Z}_6$, $S = \{\bar{0}, \bar{3}\}$ 不包含 $\mathbb{Z}_6$ 的单位元 $\bar{1}$, 所以 S 不是 $\mathbb{Z}_6$ 的子环. 但是 S 本身在 $\mathbb{Z}_6$ 的运算下构成一个环.

对任意正整数 n, 整数模 n 的剩余类环 $\mathbb{Z}_n$ 的加法群为由 $\bar{1}$ 生成的循环群. 而 $\mathbb{Z}_n$ 的子环一定为加法子群, 又包含单位元 $\bar{1}$, 即包含了 $\mathbb{Z}_n$ 的加法群的生成元, 所以 $\mathbb{Z}_n$ 的子环只有 $\mathbb{Z}_n$ 自身. 类似地, 整数环 $\mathbb{Z}$ 的子环也只有 $\mathbb{Z}$ 自身.

由命题 4.1.1, 环 R 的任一子环一定包含

$$S_0 = \{n \cdot 1 \mid n \in \mathbb{Z}\}.$$

又容易验证该子集 S_0 已经构成 R 的子环, 所以环 R 的最小子环就是 S_0. 一般说来, 子环在环论中起的作用不那么突出, 起重要作用的是 4.4 节要定义的环的理想.

例 4.1.4 设 $\mathbb{C}$ 为复数域, $\mathbb{C}^{2\times2}$ 是 $\mathbb{C}$ 上所有 2 阶方阵构成的全矩阵环. 令

$$\mathbb{H} = \left\{ \begin{pmatrix} \alpha & \beta \\ -\bar{\beta} & \bar{\alpha} \end{pmatrix} \middle| \alpha, \beta \in \mathbb{C} \right\},$$

其中 $\bar{\alpha}$ 为复数 α 的共轭.

容易验证 $\mathbb{H}$ 是 $\mathbb{C}^{2\times2}$ 的子环, 即对减法、乘法封闭, 且含有单位元. 还可以证明 $\mathbb{H}$ 中每个非零元都可逆. 事实上, 任取

$$A = \begin{pmatrix} \alpha & \beta \\ -\bar{\beta} & \bar{\alpha} \end{pmatrix} \in \mathbb{H},$$

若 $A \neq 0$, 则 α, β 不全为零, 所以 $s = |\alpha|^2 + |\beta|^2 \neq 0$, 从而 A 在 $\mathbb{H}$ 中有逆

$$A^{-1} = \frac{1}{s}\begin{pmatrix} \bar{\alpha} & -\beta \\ \bar{\beta} & \alpha \end{pmatrix} = \begin{pmatrix} \overline{\alpha/s} & -\beta/s \\ -\overline{-\beta/s} & \overline{\alpha/s} \end{pmatrix}.$$

所以 $\mathbb{H}$ 为除环.

任取

$$A = \begin{pmatrix} \alpha & \beta \\ -\bar{\beta} & \bar{\alpha} \end{pmatrix} \in \mathbb{H},$$

记 $\alpha = a + bi, \beta = c + di$, 其中 $a, b, c, d \in \mathbb{R}$. 令

$$\mathbf{1} = \begin{pmatrix} 1 & 0 \\ 0 & 1 \end{pmatrix}, \; \mathbf{i} = \begin{pmatrix} i & 0 \\ 0 & -i \end{pmatrix}, \; \mathbf{j} = \begin{pmatrix} 0 & 1 \\ -1 & 0 \end{pmatrix}, \; \mathbf{k} = \begin{pmatrix} 0 & i \\ i & 0 \end{pmatrix},$$

则 $\mathbf{1}, \mathbf{i}, \mathbf{j}, \mathbf{k} \in \mathbb{H}$ 且 A 可以表示为

$$A = \begin{pmatrix} a + bi & c + di \\ -c + di & a - bi \end{pmatrix} = a\mathbf{1} + b\mathbf{i} + c\mathbf{j} + d\mathbf{k}.$$

显然, 在矩阵加法和实数乘以矩阵的数乘运算下, $\mathbb{H}$ 是实数域 $\mathbb{R}$ 上的一个线性空间, 且 $\mathbf{1}, \mathbf{i}, \mathbf{j}, \mathbf{k}$ 是这个线性空间的一组基. 故此空间维数为 4, $\mathbb{H}$ 中的每个元素称为一个**四元数**, 而 $\mathbb{H}$ 就称为**四元数除环**. 计算得到 $\mathbb{H}$ 中基元素之间的乘法为

$$\mathbf{i}^2 = \mathbf{j}^2 = \mathbf{k}^2 = -1, \; \mathbf{ij} = \mathbf{k} = -\mathbf{ji}, \; \mathbf{jk} = \mathbf{i} = -\mathbf{kj}, \; \mathbf{ki} = \mathbf{j} = -\mathbf{ik},$$

所以 $\mathbb{H}$ 中的乘法不满足交换律, 它是一个非交换除环. 令

$$Q = \{\pm\mathbf{1}, \pm\mathbf{i}, \pm\mathbf{j}, \pm\mathbf{k}\},$$

则 Q 在矩阵乘法下构成一个群, 这个群就是例 2.9.5 中所定义的四元数群, 它是一个 8 阶非交换群.

> **注 4.1.1**　我们知道, 每个复数都可以表示成 $a \cdot 1 + b \cdot i$ 的形式, 其中 $a, b \in \mathbb{R}$, 且 $1, i$ 在实数域上线性无关, 故复数域作为实数域上的线性空间是 2 维的, 所以复数是**二元数**, 其中乘法满足 $i^2 = -1$. 历史上, 在实数域上的 2 维线性空间中定义乘法使其构成 (复数) 域后, 人们想把实数域上的 3 维线性空间也构成域, 这即 3 维复数 (或三元数) 的寻找问题. Hamilton 研究此问题达数十年, 发现必须在条件上做出两个让步, 一是维数由 3 变成 4, 另一是不要求乘法有交换性, 这样他构造出了四元数除环. 他的研究促进了各种代数结构的构作, 对现代代数学科的形成有重要的影响.

著名的 Wedderburn (韦德伯恩) 定理说每个有限除环都是域, 所以非交换除环一定为无限环.

定义 4.1.2　设 R, R' 为两个环, $\varphi : R \to R'$ 为映射, 如果 φ 保持加法和乘法运算, 并且把单位元映成单位元, 即对任意 $x, y \in R$,

$$\varphi(x + y) = \varphi(x) + \varphi(y), \;\; \varphi(xy) = \varphi(x)\varphi(y)$$

且 $\varphi(1_R) = 1_{R'}$, 就称 φ 为环 R 到 R' 的**同态**, 其中 1_R 和 $1_{R'}$ 分别是环 R 和 R' 的单位元.

类似于群同态, 也有环的满同态、单同态、同构等概念. 若环 R 与 R' 之间有同构映射, 则称 R 与 R' **同构**, 也同样记为 $R \cong R'$. 进一步地, 若 R, R' 都是域, 则 φ 称为**域同态**, 当然也有域的单同态、满同态和同构等概念.

设 $\varphi : R \to R'$ 为环同态, 分别用 0_R 和 $0_{R'}$ 表示环 R 和 R' 的零元. 注意到 φ 也是环 R 的加法群 $(R, +)$ 到环 R' 的加法群 $(R', +)$ 的群同态, 所以有 $\varphi(0_R) = 0_{R'}$, 并对任意 $x, y \in R$ 有

$$\varphi(-x) = -\varphi(x) \ \text{和} \ \varphi(x - y) = \varphi(x) - \varphi(y).$$

对于 $a \in R$, 设 a 在群 $(R, +)$ 中的阶为 n, 则由

$$0_{R'} = \varphi(0_R) = \varphi(na) = n\varphi(a)$$

知 $\varphi(a)$ 在群 $(R', +)$ 中的阶整除 n. 故不存在 $\mathbb{Z}_3$ 到 $\mathbb{Z}_2$ 的环同态, 也不存在 $\mathbb{Z}_2$ 到 $\mathbb{Z}_3$ 的环同态. 进一步地, 设 $x \in R$ 在 R 中可逆, 逆元为 $y = x^{-1}$, 则由 $xy = yx = 1_R$ 有

$$\varphi(x)\varphi(y) = \varphi(y)\varphi(x) = 1_{R'},$$

故 $\varphi(x)$ 在 R' 中可逆, 且 $\varphi(x)^{-1} = \varphi(y) = \varphi(x^{-1})$. 同时也易知

$$\varphi|_{U(R)} : U(R) \to U(R')$$

为群同态.

设 φ 为环 R 到 R' 的同态, 称

$$\varphi(R) = \{\varphi(x) \mid x \in R\}$$

为 R 在 φ 下的**像**. 容易验证 $\varphi(R)$ 是 R' 的子环且 φ 为满同态当且仅当 $\varphi(R) = R'$. 称

$$\mathrm{Ker}\,\varphi = \{x \in R \mid \varphi(x) = 0_{R'}\}$$

为同态 φ 的**核**. 由于 φ 是 R 的加法群到 R' 的加法群的群同态, 而 $\mathrm{Ker}\,\varphi$ 就是这个群同态的核, 故 φ 为单同态当且仅当 $\mathrm{Ker}\,\varphi = \{0_R\}$. 但是由于 $\varphi(1_R) = 1_{R'}$, 故除非 R' 为零环 $\{0_{R'}\}$, 否则 $\mathrm{Ker}\,\varphi$ 不是 R 的子环.

例 4.1.5 设 R 为任一环, $\varphi : \mathbb{Z} \to R$ 是一个环同态. 则 $\varphi(0) = 0_R$, $\varphi(1) = 1_R$, 由 φ 保持加法得到对任意正整数 n,

$$\varphi(n) = \varphi(\underbrace{1 + 1 + \cdots + 1}_{n \text{ 个}}) = \underbrace{\varphi(1) + \varphi(1) + \cdots + \varphi(1)}_{n \text{ 个}} = n \cdot 1_R.$$

又 $\varphi(-1) = -\varphi(1) = -1_R$, 所以对任意负整数 n,

$$\varphi(n) = \varphi(-n \cdot (-1)) = -n\varphi(-1) = -n \cdot (-1_R) = n \cdot 1_R.$$

所以任一同态 $\varphi: \mathbb{Z} \to R$ 一定为

$$\varphi(n) = n \cdot 1_R, \ \forall n \in \mathbb{Z}. \tag{4.1}$$

反之容易验证对任意 $n \in \mathbb{Z}$, 由 $\varphi(n) = n \cdot 1_R$ 定义的映射 $\varphi: \mathbb{Z} \to R$ 是一个环同态. 所以由整数环出发的环同态只有如式 (4.1) 所给的这一个.

相比定理 2.2.4, 环论中也有类似的挖补定理, 其证明也是类似的.

定理 4.1.1 (挖补定理)　设 R 和 S' 是两个环且 $R \cap S' = \varnothing$, S 是 R 的子环且 $S \cong S'$, 则存在环 R' 使得 S' 是 R' 的子环且 $R \cong R'$.

环的单同态也称为**嵌入**. 设环 R, R' 满足 $R \cap R' = \varnothing$ 且 $\varphi: R \to R'$ 为嵌入, 则 $\varphi(R)$ 是 R' 的子环且与 R 同构. 按挖补定理, 我们可以把 R 与 $\varphi(R)$ 等同看待, 而说 R 是 R' 的子环, 这里的等同看待就是把 R 中的元素 x 等同于 R' 中的元素 $\varphi(x)$. 例如我们常说整数环 $\mathbb{Z}$ 是有理数域 $\mathbb{Q}$ 的子环, 实际上映射 $\varphi(a) = \dfrac{a}{1}$ 是 $\mathbb{Z}$ 到 $\mathbb{Q}$ 的单同态, 我们把整数 a 看成是分数 $\dfrac{a}{1}$ 而已. 再比如设 F 为域, $F[x]$ 是 F 上的一元多项式环, 定义为 $\varphi(a) = a$ 的映射 $\varphi: F \to F[x]$ 是一个单同态, 我们把 F 中的元素 a 看成 $F[x]$ 中的常数多项式 a, 则 F 是 $F[x]$ 的一个子域.

例 4.1.6　设 F 是域, $n \geqslant 2$, $R = F^{n \times n}$ 是 F 上的所有 n 阶方阵在通常的矩阵加法和乘法下构成的全矩阵环, I 是 n 阶单位矩阵. 容易验证映射

$$\begin{aligned} \varphi: \ & F \to F^{n \times n} \\ & a \mapsto aI \end{aligned}$$

是嵌入, 所以可以把 F 看成是 $F^{n \times n}$ 的子域, 就是把 F 中每个元素 a 看作是 $F^{n \times n}$ 中的数量矩阵 aI.

设 $R_1, R_2, \cdots, R_n$ 都是环, 令 $R = R_1 \times R_2 \times \cdots \times R_n$ 是它们作为集合的乘积, 即

$$R = R_1 \times R_2 \times \cdots \times R_n = \{(x_1, x_2, \cdots, x_n) \mid x_i \in R_i, 1 \leqslant i \leqslant n\}.$$

在 R 上依对应分量相加和相乘定义 R 上的运算, 即

$$(x_1, x_2, \cdots, x_n) + (y_1, y_2, \cdots, y_n) = (x_1 + y_1, x_2 + y_2, \cdots, x_n + y_n),$$

$$(x_1, x_2, \cdots, x_n)(y_1, y_2, \cdots, y_n) = (x_1 y_1, x_2 y_2, \cdots, x_n y_n).$$

容易验证在这样的运算下, R 成为一个环, 称为环 $R_1, R_2, \cdots, R_n$ 的 (外) **直和**, 记作

$$R = R_1 \oplus R_2 \oplus \cdots \oplus R_n.$$

R 中的零元为 $(0, 0, \cdots, 0)$, 单位元为 $(1, 1, \cdots, 1)$, 这里的 0 和 1 表示了所有环 $R_1, R_2, \cdots, R_n$ 的零元和单位元. 容易验证环 R 的单位群 $U(R)$ 恰为环 $R_1, R_2, \cdots, R_n$ 的单位群的直积, 即

$$U(R) = U(R_1) \times U(R_2) \times \cdots \times U(R_n).$$

对任一 $1 \leqslant i \leqslant n$, 定义 R 的子集
$$I_i = \{(0, \cdots, 0, x_i, 0, \cdots, 0) \mid x_i \in R_i\},$$
映射 $p_i : I_i \to R_i$ 为
$$p_i(0, \cdots, 0, x_i, 0, \cdots, 0) = x_i.$$
则易知 p_i 为双射, 且保持加法和乘法运算. 但当 $n \geqslant 2$ 时, 虽然 I_i 对 R 的加法和乘法封闭, 但 I_i 不包含 R 的单位元, 所以 I_i 不是 R 的子环. 进一步地, 虽然 p_i 是双射, 又保持加法和乘法运算, 但 p_i 并不是环同构.

习题 4.1

1. 设 R 是环, $a \in R$, 若存在正整数 n 使得 $a^n = 0$, 则称 a 为一个幂零元. 求出环 $\mathbb{Z}_{200}$ 中的所有幂零元.

2. 设 A 是一个集合, $\mathcal{P}(A)$ 是 A 的所有子集构成的集合. 对任意 $X, Y \in \mathcal{P}(A)$, 定义 $X + Y = (X \cup Y) \setminus (X \cap Y)$, $XY = X \cap Y$, 证明 $\mathcal{P}(A)$ 在如上定义的运算下构成一个环, 且为 Boole 环.

3. 找一个交换环使得方程 $x^2 = 1$ 在其中有 4 个解. 进一步地, 找一个交换环使得方程 $x^2 = 1$ 在其中有无穷多个解.

4. 设 R 是环且满足对任意 $a \in R$ 有 $a^3 = a$, 证明对任意 $a \in R$ 有 $6a = 0$ 且 R 交换.

5. 证明每个非交换环都有至少 8 个元素, 并构作一个恰有 8 个元素的非交换环.

6. 设 $\omega = \sqrt[3]{2}$, 判断 $\{a + b\omega \mid a, b \in \mathbb{Z}\}$ 是否为实数域 $\mathbb{R}$ 的子环.

7. 证明 $\mathbb{Z}[\sqrt{2}] = \{a + b\sqrt{2} \mid a, b \in \mathbb{Z}\}$ 为实数域 $\mathbb{R}$ 的子环且 $\mathbb{Z}[\sqrt{2}]$ 中有无穷多个可逆元. 设 R 为环, 定义 R 的中心 $Z(R)$ 为与 R 中所有元素都交换的 R 中元素构成的子集, 判断 $Z(R)$ 是否为 R 的子环.

8. 设 R 为交换环, $a, b \in R$, 且存在 $u, v \in R$ 使得 $au + bv = 1$. 证明对任意正整数 m, n, 方程 $a^m x + b^n y = 1$ 在 R 中有解.

9. 证明方程 $x^2 + 1 = 0$ 在四元数除环 $\mathbb{H}$ 中有无穷多个解.

10. 设 $R = \{a\mathbf{1} + b\mathbf{i} + c\mathbf{j} + d\mathbf{k} \mid a, b, c, d \in \mathbb{Z}\}$, 证明 R 是 $\mathbb{H}$ 的子环并确定 R 的单位群.

11. 求出四元数除环 $\mathbb{H}$ 中与所有元素都可交换的全部元素.

12. 证明 $\mathbb{H}_0 = \{a\mathbf{1} + b\mathbf{i} + c\mathbf{j} + d\mathbf{k} \mid a, b, c, d \in \mathbb{Q}\}$ 是四元数除环 $\mathbb{H}$ 的子除环.

13. 求出所有环同态 $\mathbb{Z}_6 \to \mathbb{Z}_3$ 和所有环同态 $\mathbb{Z}_3 \to \mathbb{Z}_6$. 确定所有的正整数对 (m, n) 使得存在环同态 $\mathbb{Z}_m \to \mathbb{Z}_n$.

14. 设
$$\mathbb{Q}[\sqrt{2}] = \{a + b\sqrt{2} \mid a, b \in \mathbb{Q}\},$$

$$\mathbb{Q}[\sqrt{3}] = \{a + b\sqrt{3} \mid a, b \in \mathbb{Q}\},$$

证明 $\mathbb{Q}[\sqrt{2}]$ 和 $\mathbb{Q}[\sqrt{3}]$ 都是实数域 $\mathbb{R}$ 的子域, 但是不存在域同态 $\mathbb{Q}[\sqrt{2}] \to \mathbb{Q}[\sqrt{3}]$.

15. 证明定理 4.1.1.

16. (华罗庚半同态定理) 设 R_1, R_2 为两个环, 映射 $\varphi : R_1 \to R_2$ 称为一个**反同态**, 如果 φ 保持加法, 把单位元映到单位元, 且对任何 $a, b \in R_1$, 有

$$\varphi(ab) = \varphi(b)\varphi(a).$$

而映射 $\varphi : R_1 \to R_2$ 称为一个**半同态**, 如果 φ 保持加法, 把单位元映到单位元, 且对任何 $a, b \in R_1$, 有

$$\varphi(ab) = \varphi(a)\varphi(b)$$

或

$$\varphi(ab) = \varphi(b)\varphi(a)$$

至少有一个成立. 证明: 若 $\varphi : R_1 \to R_2$ 为半同态, 则 φ 或为同态, 或为反同态.

4.2　多项式环

《代数学 (一)》中我们讨论过域上的多项式, 本节来讨论交换环上的多项式. 为此先定义交换环上的不定元这个概念.

定义 4.2.1　设 R 是交换环 A 的一个子环, $x \in A$, 称 x 的幂次是 R-**线性无关**的, 若对任意非负整数 n 和任意 $a_j \in R, 0 \leqslant j \leqslant n$, 由

$$a_0 + a_1 x + a_2 x^2 + \cdots + a_n x^n = 0$$

可推出

$$a_0 = a_1 = a_2 = \cdots = a_n = 0.$$

若 $x \in A$ 且 x 的幂次是 R-线性无关的, 则称之为环 R 上的一个**不定元**或**未定元**, 也称其为 R 上的一个**变元**.

定义 4.2.2　设 R 是交换环 A 的一个子环, $x \in A$ 是 R 上的一个不定元. 对任意 $n \in \mathbb{N}, a_0, a_1, \cdots, a_n \in R$, 称 A 中元素

$$f(x) = a_0 + a_1 x + a_2 x^2 + \cdots + a_n x^n = \sum_{j=0}^{n} a_j x^j \tag{4.2}$$

为 R 上的一个以 x 为不定元的**一元多项式**. 进一步地, 称 $a_j x^j$ 为 $f(x)$ 的 j **次项**, $a_j \in R$ 为 $f(x)$ 中 j 次项的**系数**, 0 次项 a_0 也称为 $f(x)$ 的**常数项**. 系数全为 0 的多项式称为**零多项式**, 即 A 中的零元素 0. 非零系数至多一个的多项式也称为**单项式**. 在多项式中, 系数为 0 的项也可以不写出. 若 $a_n \neq 0$, 则 $a_n x^n$ 称为 $f(x)$ 的**首项**, a_n 为**首项系数**, 同时称 n 为 $f(x)$ 的**次数**, 记为 $\deg f(x) = n$. 定义零多项式的次数为 $-\infty$. 首项系数为 1 的多项式称为**首一多项式**.

环 R 上所有以 x 为不定元的一元多项式集合记为 $R[x]$. 容易验证 $R[x]$ 做成 A 的一个子环, 称其为环 R 上的**一元多项式环**.

对任意 $f(x) = a_0 + a_1 x + \cdots + a_n x^n$, $g(x) = b_0 + b_1 x + \cdots + b_m x^m \in R[x]$, 由 x 是环 R 上的不定元得到 $f(x) = g(x)$ 当且仅当 $n = m$, 且对任意 $0 \leqslant i \leqslant n$ 有 $a_i = b_i$. 故称表达式 (4.2) 为多项式的**标准形式**.

我们知道实数 e 的幂和 π 的幂都是 $\mathbb{Q}$-线性无关的, 所以 e 和 π 都是有理数域上的不定元. 那么对任意交换环 R, 是否一定存在 R 上的不定元? 下面我们用构造的方法来证明 R 上的不定元一定存在. 令

$$A = \{(a_0, a_1, a_2, \cdots, a_j, \cdots) \mid a_j \in R, j \geqslant 0\},$$

在集合 A 上定义加法和乘法如下: 对任意 $a = (a_0, a_1, a_2, \cdots), b = (b_0, b_1, b_2, \cdots) \in A$, 令

$$a + b = (a_0 + b_0, a_1 + b_1, a_2 + b_2, \cdots)$$

和

$$a \cdot b = \left(a_0 b_0, a_0 b_1 + a_1 b_0, a_0 b_2 + a_1 b_1 + a_2 b_0, \cdots, \sum_{i+j=n} a_i b_j, \cdots\right),$$

则容易验证 A 在如上的加法和乘法下构成一个交换环, 其中零元为 $0 = (0, 0, 0, \cdots)$, 单位元为 $1 = (1, 0, 0, \cdots)$, 元素 $a = (a_0, a_1, a_2, \cdots) \in A$ 的负元为 $-a = (-a_0, -a_1, -a_2, \cdots)$.

定义映射 $\sigma : R \to A$ 为

$$\sigma(r) = (r, 0, 0, \cdots), \ \forall r \in R,$$

则 σ 为单射且对任意 $r, s \in R$ 有

$$\sigma(r + s) = (r + s, 0, 0, \cdots) = (r, 0, 0, \cdots) + (s, 0, 0, \cdots) = \sigma(r) + \sigma(s)$$

和

$$\sigma(rs) = (rs, 0, 0, \cdots) = (r, 0, 0, \cdots)(s, 0, 0, \cdots) = \sigma(r)\sigma(s),$$

并且

$$\sigma(1) = (1, 0, 0, \cdots).$$

故 σ 为环 R 到 A 的单同态, 所以 R 可以看成是 A 的子环. 在 A 中记

$$x = (0, 1, 0, 0, \cdots, 0, \cdots),$$

直接计算得到

$$x^2 = (0, 0, 1, 0, 0, \cdots),$$
$$x^3 = (0, 0, 0, 1, 0, 0, \cdots),$$
$$\cdots$$
$$x^n = (\underbrace{0, 0, \cdots, 0}_{n \text{ 个}}, 1, 0, 0, \cdots).$$

对任意 $r \in R$, 把 r 等同于 A 中的元素 $\sigma(r) = (r, 0, 0, \cdots)$, 则有

$$rx^n = (\underbrace{0, 0, \cdots, 0}_{n \text{ 个}}, r, 0, 0, \cdots).$$

容易验证对任意非负整数 m 和任意 $r_0, r_1, \cdots, r_m \in R$, 有

$$r_0 + r_1 x + \cdots + r_m x^m = (r_0, r_1, \cdots, r_m, 0, 0, \cdots),$$

所以由

$$r_0 + r_1 x + \cdots + r_m x^m = 0 = (0, 0, \cdots, 0, \cdots)$$

可得到

$$r_0 = r_1 = \cdots = r_m = 0,$$

这表明 x 的幂次是 R-线性无关的, 故这样定义的 x 就是 R 上的一个不定元. 这便证出交换环 R 上的不定元一定存在.

对任意 $a = (a_0, a_1, a_2, \cdots) \in A$, a 可以表示为

$$a = a_0 + a_1 x + a_2 x^2 + \cdots = \sum_{i=0}^{\infty} a_i x^i,$$

它看起来是 R 上的一个幂级数, 我们称 A 中每个元素为 R 上的**形式幂级数**, 而 A 就称为 R 上的**形式幂级数环**, 记为 $R[[x]]$.

注意到 R 上以 x 为不定元的一元多项式形如

$$f(x) = a_0 + a_1 x + a_2 x^2 + \cdots + a_n x^n = (a_0, a_1, a_2, \cdots, a_n, 0, \cdots, 0, \cdots),$$

即 A 中那些只有有限个非零分量的元素. 从而 $R[x]$ 可表示为

$$R[x] = \{(a_0, a_1, a_2, \cdots) \in A \mid a_j \in R, j \geqslant 0, \text{且其中只有有限个非零}\},$$

并容易验证 $R[x]$ 是 $R[[x]]$ 的一个子环.

下面给出 R 上的多项式的和与乘积的次数的一些性质.

命题 4.2.1　设 $f(x)$ 和 $g(x)$ 是交换环 R 上的非零多项式, 则有下面的结论:

(1) 若 $\deg f(x) \neq \deg g(x)$, 则 $f(x) + g(x) \neq 0$ 且

$$\deg(f(x) + g(x)) = \max\{\deg f(x), \deg g(x)\}.$$

(2) 若 $\deg f(x) = \deg g(x)$, 则 $\deg(f(x) + g(x)) \leqslant \deg f(x)$.

(3) $\deg f(x)g(x) \leqslant \deg f(x) + \deg g(x)$.

(4) 若 R 为整环, 则有 $f(x)g(x) \neq 0$, 所以 $R[x]$ 也是整环. 进一步地,

$$\deg f(x)g(x) = \deg f(x) + \deg g(x).$$

证明　设 $f(x) = a_0 + a_1 x + \cdots + a_n x^n$, $g(x) = b_0 + b_1 x + \cdots + b_m x^m$, 其中 $a_n \neq 0$, $b_m \neq 0$, 所以 $\deg f(x) = n$, $\deg g(x) = m$.

(1) 假设 $n > m$, 则

$$f(x) + g(x) = (a_0 + b_0) + (a_1 + b_1)x + \cdots + (a_m + b_m)x^m + a_{m+1}x^{m+1} + \cdots + a_n x^n.$$

由 $a_n \neq 0$ 得到 $f(x) + g(x) \neq 0$, 且

$$\deg(f(x) + g(x)) = n = \max\{\deg f(x), \deg g(x)\}.$$

(2) 这时 $n = m$,

$$f(x) + g(x) = (a_0 + b_0) + (a_1 + b_1)x + \cdots + (a_n + b_n)x^n.$$

若 $a_n + b_n \neq 0$, 则有

$$\deg(f(x) + g(x)) = n = \deg f(x).$$

若 $a_n + b_n = 0$, 则 $f(x) + g(x)$ 中的 n 次项为 $0x^n$, 在表达式中去掉不写, 从而

$$\deg(f(x) + g(x)) < n = \deg f(x).$$

综合这两种情形有 $\deg(f(x) + g(x)) \leqslant \deg f(x)$.

(3) 我们有

$$f(x)g(x) = a_0 b_0 + (a_0 b_1 + a_1 b_0)x + \cdots + \left(\sum_{i+j=k} a_i b_j\right) x^k + \cdots + a_n b_m x^{n+m}.$$

若 $a_n b_m \neq 0$, 则有

$$\deg f(x)g(x) = n + m = \deg f(x) + \deg g(x).$$

若 R 有零因子, 则虽然 $a_n \neq 0$ 且 $b_m \neq 0$, 但有可能 $a_n b_m = 0$, 这时 $f(x)g(x)$ 中 $n+m$ 次项的系数为 0, 所以

$$\deg f(x)g(x) < n + m = \deg f(x) + \deg g(x).$$

综合这两种情形有 $\deg f(x)g(x) \leqslant \deg f(x) + \deg g(x)$.

(4) 因为 R 为整环, R 无零因子. 由 $a_n \neq 0$ 且 $b_m \neq 0$, 有 $a_n b_m \neq 0$, 所以 $f(x)g(x) \neq 0$. 故 $R[x]$ 中任两个非零元素的乘积仍然非零, 所以 $R[x]$ 也是整环. 而这时

$$\deg f(x)g(x) = \deg f(x) + \deg g(x)$$

是显然的.   □

由于 R 是 $R[x]$ 的子环, 故若 R 不是整环, 则 $R[x]$ 也不是整环.

例 4.2.1   设 R 为整环, $f(x) = ax^n \in R[x]$ 为单项式且 $a \neq 0$. 若存在 $g(x), h(x) \in R[x]$ 使得 $f(x) = g(x)h(x)$, 则 $g(x), h(x)$ 也都是单项式. 事实上, 若 $g(x)$ 不是单项式, cx^k 是 $g(x)$ 的标准表达式中的最低次项, 其中 $c \neq 0$, 则 $k < \deg g(x)$. 设 dx^t 是多项式 $h(x)$ 的标准表达式中的最低次项, 其中 $d \neq 0$, $t \leqslant \deg h(x)$, 则 $f(x)$ 的标准表达式中的最低次项为 cdx^{k+t}. 由于 $k + t < \deg g(x) + \deg h(x) = n$, 而 $f(x)$ 为 n 次单项式, 故 $cd = 0$, 与 R 为整环矛盾. 同理可证明 $h(x)$ 也是单项式.

但若 R 不是整环, 则上述结论不一定成立. 例如在环 $\mathbb{Z}_4[x]$ 中, 单项式

$$x^2 = (x + \overline{2})(x + \overline{2})$$

为两个二项式的乘积.

下面考察多项式环 $R[x]$ 中的可逆元. 显然环 R 的可逆元一定是 $R[x]$ 的可逆元, 即 $U(R) \subseteq U(R[x])$, 但反之不一定成立. 例如在 $\mathbb{Z}_4[x]$ 中, 由于

$$(\overline{1} + \overline{2}x)^2 = \overline{1},$$

所以 $\overline{1} + \overline{2}x$ 是环 $\mathbb{Z}_4[x]$ 的可逆元, 但不是 $\mathbb{Z}_4$ 中的元素. 但特别地, 我们有如下命题.

命题 4.2.2   设 R 是整环, 则 $U(R[x]) = U(R)$, 即 $R[x]$ 中的可逆元恰为 R 的可逆元.

证明   设 $f(x)$ 为 $R[x]$ 中的可逆元且它的逆元为 $g(x)$, 则 $f(x)g(x) = 1$. 由命题 4.2.1 的情形 (4) 有

$$0 = \deg 1 = \deg f(x) + \deg g(x).$$

所以 $\deg f(x) = \deg g(x) = 0$, 故 $f(x)$ 和 $g(x)$ 都是常数多项式, 即 $f(x), g(x) \in R$, 再由 $f(x)g(x) = 1$ 知 $f(x)$ 在 R 中可逆.   □

对于任意交换环 R, 确定 $U(R[x])$ 并不像命题 4.2.2 中这样简单, 请参见本节习题.

例 4.2.2 在 $R[[x]]$ 中, 容易计算得到

$$(1-x)(1+x+x^2+x^3+\cdots) = 1+0x+0x^2+\cdots = 1,$$

所以 $1-x$ 在 $R[[x]]$ 中可逆, 且

$$(1-x)^{-1} = \sum_{k=0}^{\infty} x^k.$$

由本节习题的第 5 题知 $1-x$ 在 $R[[x]]$ 的子环 $R[x]$ 中不可逆.

在《代数学 (一)》中, 对域上的多项式, 我们有带余除法定理, 但这个结论对一般的交换环上的多项式并不成立. 例如考虑整数环上的多项式环 $\mathbb{Z}[x]$, 设

$$f(x) = x^3, \ \ g(x) = 2x+1,$$

则不存在 $q(x), r(x) \in \mathbb{Z}[x]$ 使得

$$f(x) = q(x)g(x) + r(x)$$

且 $\deg r(x) < \deg g(x) = 1$. 但特别地, 我们有如下形式的带余除法定理.

定理 4.2.1 (带余除法定理) 设 R 为交换环, $g(x) \in R[x]$, 且满足 $g(x)$ 的首项系数为 R 中的可逆元, 则对任意 $f(x) \in R[x]$, 存在唯一的 $q(x), r(x) \in R[x]$ 使得

$$f(x) = q(x)g(x) + r(x), \ \text{且} \deg r(x) < \deg g(x).$$

特别地, 若 R 是域, 则上面结论对任意非零多项式 $g(x)$ 均成立.

证明 首先证明存在性. 若 $f(x) = 0$, 则令 $q(x) = r(x) = 0$ 即可. 下面假设 $f(x) \neq 0$.

当 $\deg f(x) = 0$ 时, 若 $\deg g(x) = 0$, 不妨设 $f(x) = a$, $g(x) = b$, 令 $q(x) = ab^{-1}$, $r(x) = 0$ 即可. 若 $\deg g(x) > 0$, 则令 $q(x) = 0$, $r(x) = f(x)$ 即可.

当 $\deg f(x) > 0$ 时, 对 $\deg f(x)$ 做归纳. 前已证明 $\deg f(x) \leqslant 0$ 的情形, 假设结论对次数小于 n 的多项式成立, 下面讨论 $\deg f(x) = n$ 的情形. 若 $\deg g(x) > n$, 则令 $q(x) = 0$, $r(x) = f(x)$ 即可. 若 $\deg g(x) = m \leqslant n$, 记 $f(x)$ 的首项系数为 a_n, $g(x)$ 的首项系数为 b_m. 由假设 b_m 为 R 中的可逆元, 即 b_m^{-1} 存在. 令

$$f_1(x) = f(x) - a_n b_m^{-1} x^{n-m} g(x),$$

则有 $\deg f_1(x) < n$, 由归纳假设, 存在 $q_1(x), r_1(x) \in R[x]$ 使得

$$f_1(x) = q_1(x)g(x) + r_1(x)$$

且 $\deg r_1(x) < \deg g(x)$. 所以

$$f(x) = f_1(x) + a_n b_m^{-1} x^{n-m} g(x) = (q_1(x) + a_n b_m^{-1} x^{n-m}) g(x) + r_1(x),$$

令 $q(x) = q_1(x) + a_n b_m^{-1} x^{n-m}$, $r(x) = r_1(x)$ 即得存在性.

再证明唯一性. 注意到 $g(x)$ 的首项系数为 R 中可逆元 b_m, 则对任意 $a \in R, a \neq 0$, 一定有 $ab_m \neq 0$. 所以对任意多项式 $h(x) \in R[x]$, 有

$$\deg(h(x)g(x)) = \deg h(x) + \deg g(x).$$

设另有 $p(x), s(x) \in R[x]$ 满足 $f(x) = p(x)g(x) + s(x)$ 且 $\deg s(x) < \deg g(x)$. 由

$$f(x) = q(x)g(x) + r(x) = p(x)g(x) + s(x)$$

得到

$$(q(x) - p(x))g(x) = s(x) - r(x).$$

如果 $q(x) \neq p(x)$, 那么有

$$\deg(s(x) - r(x)) = \deg(q(x) - p(x)) + \deg g(x) \geqslant \deg g(x),$$

与

$$\deg(s(x) - r(x)) \leqslant \max\{\deg s(x), \deg r(x)\} < \deg g(x)$$

矛盾. 由此我们得到 $q(x) = p(x)$, 进而 $s(x) - r(x) = 0$, 即 $r(x) = s(x)$, 唯一性得证.

特别地, 若 R 为域, 则 R 中任意非零元素均可逆, 故非零多项式 $g(x)$ 的首项系数一定可逆, 所以结论对任意非零多项式 $g(x)$ 均成立. □

如上带余除法定理中出现的唯一多项式 $q(x)$ 和 $r(x)$ 称为用 $g(x)$ 去除 $f(x)$ 的**商**和**余式**. 显然, 若 $g(x) \in R[x]$ 为首一多项式, 则对任意 $f(x) \in R[x]$, 一定可以做带余除法, 即可以用 $g(x)$ 去除 $f(x)$.

设 R 为交换环, A 是 R 的一个交换扩环. 任取 $a \in A$, 对任意

$$f(x) = a_0 + a_1 x + a_2 x^2 + \cdots + a_n x^n \in R[x],$$

定义

$$f(a) = a_0 + a_1 a + a_2 a^2 + \cdots + a_n a^n \in A.$$

这样 $\varphi_a : f(x) \mapsto f(a)$ 是 $R[x]$ 到 A 的一个映射. 显然对任意 $r \in R$ 有 $\varphi_a(r) = r$, 即 φ_a 固定 R 中的每个元素, 这时也称 φ_a **固定** R.

定理 4.2.2 设 A 是 R 的一个交换扩环, $a \in A$, 则映射 $\varphi_a : R[x] \to A$ 是一个固定 R 的环同态. 反之, 每个固定 R 的环同态 $\varphi : R[x] \to A$ 一定形如 φ_a, 对某个 $a \in A$.

证明　前已看到 φ_a 固定 R, 故只需证明 φ_a 为环同态. 对任意

$$f(x) = \sum_{i=0}^{n} a_i x^i, \ g(x) = \sum_{j=0}^{m} b_j x^j \in R[x],$$

不妨设 $n \geqslant m$, 且当 $k > m$ 时令 $b_k = 0$, 则

$$f(x) + g(x) = \sum_{i=0}^{n} (a_i + b_i) x^i, \quad f(x)g(x) = \sum_{s=0}^{n+m} \left(\sum_{i+j=s} a_i b_j \right) x^s.$$

所以有

$$\varphi_a(f(x)+g(x)) = \sum_{i=0}^{n} (a_i+b_i)a^i = \sum_{i=0}^{n} a_i a^i + \sum_{i=0}^{n} b_i a^i = f(a)+g(a) = \varphi_a(f(x))+\varphi_a(g(x))$$

和

$$\varphi_a(f(x)g(x)) = \sum_{s=0}^{n+m} \left(\sum_{i+j=s} a_i b_j \right) a^s = \left(\sum_{i=0}^{n} a_i a^i \right) \left(\sum_{j=0}^{m} b_j a^j \right)$$

$$= f(a)g(a) = \varphi_a(f(x))\varphi_a(g(x)),$$

即映射 φ_a 保持加法和乘法 (注意到在上面证明 φ_a 保持乘法时用到 A 交换这个性质). 又 φ_a 固定 R, 自然有 $\varphi_a(1) = 1$, 所以 φ_a 为同态.

反之设 $\varphi : R[x] \to A$ 为固定 R 的环同态, 则对任意 $f(x) = \sum_{i=0}^{n} a_i x^i \in R[x]$, 有

$$\varphi(f(x)) = \varphi(a_0) + \varphi(a_1)\varphi(x) + \varphi(a_2)\varphi(x)^2 + \cdots + \varphi(a_n)\varphi(x)^n$$

$$= a_0 + a_1\varphi(x) + a_2\varphi(x)^2 + \cdots + a_n\varphi(x)^n.$$

记 $a = \varphi(x) \in A$, 则显然有 $\varphi = \varphi_a$. □

设 A 是 R 的一个交换扩环, $a \in A$, 映射 $\varphi_a : R[x] \to A$ 称为**替换映射**. φ_a 的像记为 $R[a]$, 即

$$R[a] = \{f(a) \in A \mid f(x) \in R[x]\}.$$

由于 φ_a 为同态, 显然 $R[a]$ 为 A 的子环. 容易验证 $R[a]$ 是 A 的包含 R 和元素 a 的最小子环, 也称为 R 上由元素 a **生成的子环**.

由于 φ_a 为同态, 故不论 $R[x]$ 中的元素如何表示, 即是不是表示为标准形式, 它在 φ_a 下的像就是用 a 来替换多项式中的变元 x 所得到的. 例如, 若

$$f(x) = 3x(x^4 - 5)(x^3 + 9) \in R[x],$$

则

$$\varphi_a(f(x)) = 3a(a^4 - 5)(a^3 + 9).$$

所以替换映射 φ_a 也称为 x **用** a **代入**.

例 4.2.3   在线性代数中, 我们曾把多项式的变元 x 用矩阵来代入, 但域上的 n 阶方阵构成的全矩阵环并不是交换环 (当 $n \geqslant 2$ 时), 而在定理 4.2.2 中证明 φ_a 保持乘法运算时用到了 A 交换这个假设条件. 但仔细检查证明过程, 我们发现在证明 φ_a 保持乘法运算时只需要 a 与多项式系数交换即可. 所以若要求多项式的系数与 A 中每个元素可交换, 即要求 R 在环 A 的中心 $Z(A)$ 中, 则定理 4.2.2 的结论依然成立.

设 R 为交换环, $R^{n \times n}$ 是 R 上的 n 阶全矩阵环. 易知 $\sigma : r \mapsto rI$ 是 R 到 $R^{n \times n}$ 的单同态, 所以 R 是 $R^{n \times n}$ 的子环, 就是把 R 中的元素 r 看作 $R^{n \times n}$ 中的数量矩阵 rI. 故对任意

$$f(x) = a_n x^n + a_{n-1} x^{n-1} + \cdots + a_1 x + a_0 \in R[x],$$

把它看成是 $R^{n \times n}$ 的子环 R 上的多项式应表示为

$$f(x) = a_n I x^n + a_{n-1} I x^{n-1} + \cdots + a_1 I x + a_0 I.$$

由于数量矩阵与任意 n 阶方阵可交换, 即 R 包含在 $R^{n \times n}$ 的中心 $Z(R^{n \times n})$ 中, 所以对任意 n 阶方阵 A, 映射 $\varphi_A : f(x) \mapsto f(A)$ 依然是环同态. 注意到这时

$$f(A) = a_n A^n + a_{n-1} A^{n-1} + \cdots + a_1 A + a_0 I,$$

并称其为**矩阵多项式**. 这表明多项式中的不定元 x 也可以用矩阵代入, 类似地也可以用线性变换代入. 这使得多项式成为研究矩阵及线性变换的有力工具, 得到了如 Hamilton-Cayley 定理等著名结论.

设 A 是 R 的一个交换扩环, $f(x) \in R[x]$, 映射 $f : A \to A$ 定义为

$$a \mapsto f(a), \ \forall a \in A,$$

称之为 A 上的**多项式函数**. 由于每个多项式 $f(x) \in R[x]$ 都定义了 A 上的一个函数, 所以称 x 为 R 上的**变元**. 注意到多项式函数和多项式是两个不同的概念, 任一多项式都可以给出一个多项式函数, 但两个不同的多项式可以给出同一个多项式函数. 例如, 设

$$f(x) = x^p + x^2 - x, \quad g(x) = x^2 \in \mathbb{Z}_p[x],$$

由于对任意 $a \in \mathbb{Z}_p$ 有 $a^p = a$, 所以 $f(a) = g(a)$, 即两个不同的多项式 $f(x)$ 和 $g(x)$ 给出的 $\mathbb{Z}_p$ 上的函数是同一个.

定义 4.2.3   设交换环 A 为 R 的扩环, $a \in A$, $f(x) \in R[x]$, 若 $f(a) = 0$, 则称 a 为 $f(x)$ 在 A 中的**根**或**零点**.

《代数学 (一)》中讨论了域上多项式根的一些性质, 下面我们列出两条, 证明请参见《代数学 (一)》.

命题 4.2.3 设 F 为域, $f(x) \in F[x]$ 非零, $a \in F$, 则 a 是 $f(x)$ 的根当且仅当存在 $g(x) \in F[x]$ 使得

$$f(x) = (x - a)g(x).$$

命题 4.2.4 设 F 为域, $f(x) \in F[x]$ 且 $\deg f(x) = n \geqslant 1$, 则 $f(x)$ 在 F 中的根不超过 n 个.

注意到命题 4.2.4 中计 $f(x)$ 在 F 中根的个数时是把重根的重数都计算在内的. 另外命题 4.2.4 的结论对一般的交换环上的多项式是不成立的, 如下面这个例子.

例 4.2.4 设 $R = \mathbb{Z}_8$,

$$f(x) = x^2 - \overline{1} \in R[x],$$

则 $\deg f(x) = 2$. 容易验证 $\overline{1}, \overline{3}, \overline{5}, \overline{7}$ 都是 $f(x)$ 在 $\mathbb{Z}_8$ 中的根, 这是一个有 4 个根的 2 次多项式.

例 4.2.5 设 R 和 R' 为交换环, $\eta : R \to R'$ 为环同态, $R[x]$ 和 $R'[x]$ 分别是 R 和 R' 上的一元多项式环. 对

$$f(x) = \sum_{i=0}^{n} a_i x^i \in R[x],$$

定义

$$\varphi(f(x)) = \sum_{i=0}^{n} \eta(a_i) x^i \in R'[x].$$

$\varphi(f(x))$ 就是把 $f(x)$ 的各项系数用 η 作用后得到的 R' 上的多项式, 容易验证 φ 为 $R[x]$ 到 $R'[x]$ 的环同态且 $\varphi|_R = \eta$. 称 φ 是 η 在多项式环上**诱导的同态**.

例 4.2.6 令 p 为素数, 设 η 为 $\mathbb{Z}$ 到 $\mathbb{Z}_p$ 的自然同态, 即 $\eta(a) = \overline{a} = a + (p)$. η 诱导的环同态 $\varphi : \mathbb{Z}[x] \to \mathbb{Z}_p[x]$ 也称为整系数多项式系数模 p 的同态. 由于 $\mathbb{Z}_p$ 为域, $\varphi(f(x))$ 是域上的多项式, 这可以给我们讨论问题带来很多便利.

设 R 为交换环, x 是 R 上的变元, 则有 R 上的一元多项式环 $R[x]$, 它是交换环. 取 $R[x]$ 上的一个变元 y, 则有多项式环 $R[x][y]$, 这也是交换环. 任取 $f(x, y) \in R[x][y]$, $f(x, y)$ 形如

$$f(x, y) = \sum_{j} f_j(x) y^j,$$

其中 j 为自然数, 求和为有限项求和, 且 $f_j(x) \in R[x]$. 从而

$$f_j(x) = \sum_{i} a_{ij} x^i,$$

这里的求和也是有限项求和, 对每个 j, i 为非负整数一直到 $f_j(x)$ 的次数, 且 $a_{ij} \in R$. 这样 $f(x, y)$ 可以写成

$$f(x, y) = \sum_{i,j} a_{ij} x^i y^j, \tag{4.3}$$

其中 i,j 为非负整数且指数对 (i,j) 的取值只有有限多个. 由于 y 是 $R[x]$ 上的未定元, 故若

$$\sum_{i,j} a_{ij}x^iy^j = \sum_j \left(\sum_i a_{ij}x^i \right) y^j = 0,$$

则有 $\sum_i a_{ij}x^i = 0$. 再由 x 为 R 上的未定元可以得到对所有的 i,j 有 $a_{ij} = 0$. 由 $R[x][y]$ 的交换性可知 y 是 R 上的未定元, x 为 $R[y]$ 上的未定元, 且 $R[x][y] = R[y][x]$. 这个环 $R[x][y] = R[y][x]$ 记作 $R[x,y]$, 其中的每个元素称为 R 上两个变元 x 和 y 的**二元多项式**, 而 $R[x,y]$ 称为 R 上两个变元 x 和 y 的**二元多项式环**. 显然对任意

$$f(x,y) = \sum_{i,j} a_{ij}x^iy^j, \quad g(x,y) = \sum_{i,j} b_{ij}x^iy^j \in R[x,y],$$

$f(x,y) = g(x,y)$ 当且仅当对所有指数对 (i,j) 有 $a_{ij} = b_{ij}$. 基于这个原因, 我们也称二元多项式的表达形式 (4.3) 为它的**标准形式**.

两个变元的多项式也可以推广到任意 n 个变元的情形. 依然设 R 是一个交换环, x_1 是 R 上的一个变元, x_2 是 $R[x_1]$ 上的一个变元, x_3 是 $R[x_1][x_2]$ 上的一个变元, 以此类推, x_n 是 $R[x_1][x_2]\cdots[x_{n-1}]$ 上的一个变元, 则可得到交换环 $R[x_1][x_2]\cdots[x_{n-1}][x_n]$, 简记为 $R[x_1, x_2, \cdots, x_n]$, 并称其为 R 上以 $x_1, x_2, \cdots, x_n$ 为变元的 n **元多项式环**, 其中的元素称为 R 上以 $x_1, x_2, \cdots, x_n$ 为变元的 n **元多项式**. n 元多项式的标准形式为

$$\sum_{i_1,i_2,\cdots,i_n} a_{i_1i_2\cdots i_n} x_1^{i_1} x_2^{i_2} \cdots x_n^{i_n},$$

其中指数 i_j 为非负整数, $1 \leqslant j \leqslant n$, 指数组 $(i_1, i_2, \cdots, i_n)$ 跑遍一个有限集, 且 $a_{i_1i_2\cdots i_n} \in R$, $a_{i_1i_2\cdots i_n} x_1^{i_1} x_2^{i_2} \cdots x_n^{i_n}$ 称为该多项式的一项, 而 $a_{i_1i_2\cdots i_n}$ 称为此项的**系数**. 两个多项式相等当且仅当在它们的标准形式中每一项 $x_1^{i_1} x_2^{i_2} \cdots x_n^{i_n}$ 的系数都相等. 与一元多项式情形类似, 也可以定义 n 元单项式.

变元个数多于一个的多项式都称为多元多项式, 多元多项式比一元多项式要复杂得多. 例如实数域 $\mathbb{R}$ 上的一元多项式 $f(x)$ 的根只有有限多个 (个数不超过 $f(x)$ 的次数), 但对于 $\mathbb{R}$ 上的二元多项式 $f(x,y)$, 它的零点集合为实平面上的多条曲线、一条曲线、有限集或空集, 通常来说是非常复杂的, 它们是代数几何的主要研究对象.

多元多项式环上也有类似的替换映射. 设 R 为交换环, A 为 R 的交换扩环, $a,b \in A$. 设 $R[x,y]$ 是 R 上的二元多项式环, 对任意

$$f(x,y) = \sum_{i,j} a_{ij}x^iy^j \in R[x,y],$$

定义

$$f(a,b) = \sum_{i,j} a_{ij}a^ib^j \in A,$$

则容易验证由

$$f(x,y) \mapsto f(a,b)$$

定义的映射 $\psi_{a,b} : R[x,y] \to A$ 是一个固定 R 的环同态. 事实上, 由于 $R[x,y] = R[x][y]$ 是 $R[x]$ 上以 y 为变元的多项式环, $R[x] \subseteq A[x]$, $b \in A[x]$, 存在替换映射 $\varphi_b : R[x][y] \to A[x]$ 使得

$$\varphi_b(f(x,y)) = f(x,b).$$

同时也有替换映射 $\varphi_a : A[x] \to A$ 使得对任意 $g(x) \in A[x]$, 有 $\varphi_a(g(x)) = g(a)$, 从而

$$\varphi_a(f(x,b)) = f(a,b).$$

故 $\psi_{a,b} = \varphi_a \varphi_b$ 是替换映射 φ_a 和 φ_b 的合成, 又 φ_a 和 φ_b 都是固定 R 的环同态, 所以 $\psi_{a,b}$ 也是固定 R 的环同态. 称 $\psi_{a,b}$ 为多项式环 $R[x,y]$ 的**二元替换映射**, 也称为变元 x,y 分别用 a,b 代入.

一般地, 对于 n 元多项式环 $R[x_1, x_2, \cdots, x_n]$, $a_1, a_2, \cdots, a_n \in A$, 存在唯一的环同态

$$\psi : R[x_1, x_2, \cdots, x_n] \to A$$

使得 ψ 固定 R 且 $\psi(x_j) = a_j$, $1 \leqslant j \leqslant n$.

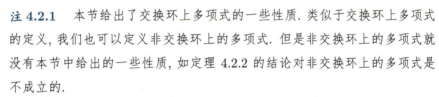

注 4.2.1　本节给出了交换环上多项式的一些性质. 类似于交换环上多项式的定义, 我们也可以定义非交换环上的多项式. 但是非交换环上的多项式就没有本节中给出的一些性质, 如定理 4.2.2 的结论对非交换环上的多项式是不成立的.

习题 4.2

1. 设 m, n 为正整数, 求出环 $\mathbb{Z}_m$ 上次数不超过 n 的多项式个数.

2. 给出一个交换环 R 和 $f(x), g(x) \in R[x]$, 使得

$$\deg(f(x)g(x)) < \deg f(x) + \deg g(x).$$

3. 设 R 为交换环, 证明 $R[x]$ 不是域.

4. 环 R 中的元素 a 称为**可消去**的, 若对 $x, y \in R$, 由 $ax = ay$ 可得到 $x = y$, 同时由 $xa = ya$ 也可得到 $x = y$. 设 R 为交换环, $a \in R$, 如果 a 在 R 中可消去, 那么它在 $R[x]$ 中是否也可消去?

5. 设 R 是交换环, $a \in R$, 证明 $1 - ax$ 为 $R[x]$ 中可逆元当且仅当 a 为 R 中的幂零元.

6. 设 R 是交换环,

$$f(x) = \sum_{i=0}^{n} a_i x^i \in R[x],$$

证明 $f(x) \in U(R[x])$ 当且仅当 $a_0 \in U(R)$ 且 $a_1, a_2, \cdots, a_n$ 都是 R 中的幂零元.

7. 给出一个无限交换环 R 和 R 上的非零多项式 $f(x)$ 使得多项式函数 $f : R \to R$ 为零函数.

8. 证明: 若 R 是整环, 则 R 上的形式幂级数环 $R[[x]]$ 仍为整环.

9. 设 R 为交换环,

$$f = \sum_{k=0}^{\infty} a_k x^k \in R[[x]],$$

证明 f 在 $R[[x]]$ 中可逆当且仅当 a_0 在 R 中可逆.

10. 设 x 为二元域 $\mathbb{Z}_2$ 上的未定元, $R = \mathbb{Z}_2[x^2, x^3 + x]$, 即所有形为

$$\sum_{i,j} a_{ij}(x^2)^i(x^3 + x)^j$$

的 $\mathbb{Z}_2[x]$ 中的元素构成的集合, 其中 i, j 为非负整数, 求和为有限项求和, 且 $a_{ij} \in \mathbb{Z}_2$, 证明 R 是 $\mathbb{Z}_2[x]$ 的真子环.

11. 整系数多项式环 $\mathbb{Z}[x]$ 是有理系数多项式环 $\mathbb{Q}[x]$ 的子环, $f(x) \in \mathbb{Z}[x]$, 证明: 若 $f(x)$ 是 $\mathbb{Q}[x]$ 中元素的平方, 则 $f(x)$ 也是 $\mathbb{Z}[x]$ 中元素的平方.

12. 设 R 为交换环, $f(x)$ 是 $R[x]$ 中的零因子, 证明存在 $a \in R, a \neq 0$, 使得 $af(x) = 0$.

13. 设 $f(x, y)$ 为非零整系数二元多项式, 证明 $f(2^n, 3^n) = 0$ 对至多有限个正整数 n 成立.

14. 设 R 为整环, $a_0, a_1, \cdots, a_n$ 为 R 中互不相同的 $n+1$ 个元素, $b_0, b_1, \cdots, b_n \in R$, 证明存在至多一个 $f(x) \in R[x]$ 满足 $\deg f(x) \leqslant n$, 且 $f(a_i) = b_i, 0 \leqslant i \leqslant n$. 进一步地, 若 R 为域, 则满足如上性质的多项式 $f(x)$ 一定存在.

15. 环 R 到自身的同构称为 R 的自同构, R 的所有自同构在映射合成运算下构成一个群, 称为 R 的**自同构群**. 试确定多项式环 $\mathbb{Z}[x]$ 和 $\mathbb{Q}[x]$ 的自同构群.

16. 设 R 为交换环, $a \in R$, 求替换映射 $\varphi_a : R[x] \to R$ 的同态核.

17. 设 $\mathbb{Z}[x]$ 为整系数多项式环, 求替换映射 $\varphi : \mathbb{Z}[x] \to \mathbb{R}$ 的核 $\mathrm{Ker}\,\varphi$, 其中 $\varphi(f(x)) = f(\sqrt{2})$.

18. 设 R 是交换环, 找出二元多项式环 $R[x, y]$ 的所有可逆元.

19. 设 D 为一个整环, $f(x) \in D[x]$.

(1) 证明: 若 $u \in D$ 为 $f(x)$ 的一个根, 则存在 $g(x) \in D[x]$ 使得

$$f(x) = (x - u)g(x);$$

(2) 证明: 若 $f(x)$ 在 D 中有 s 个不同的根 $u_1, u_2, \cdots, u_s$, 则存在 $h(x) \in D[x]$ 使得

$$f(x) = (x - u_1)(x - u_2)\cdots(x - u_s)h(x);$$

(3) 设 $f(x)$ 的次数为 n, 证明 $f(x)$ 在 D 中最多有 n 个不同的根;

(4) 证明: 若 $u \in D$ 为 $f(x)$ 的 k 重根, 则存在 $s(x) \in D[x]$ 使得

$$f(x) = (x - u)^k s(x);$$

(5) 设 $f(x)$ 的次数为 n, 证明 $f(x)$ 在 D 中最多有 n 个根 (计算重数).

4.3 矩阵环

《代数学 (一)》中讨论了域上的矩阵,《代数学 (二)》第八章也给出了交换环上矩阵的一些结论. 考虑到《代数学 (四)》中模论的需要, 本节我们继续讨论环上的矩阵, 特别是交换环上的矩阵.

定义 4.3.1 设 R 是一个环, 定义 R 上的一个 $m \times n$ **矩阵** A 是由 R 中的 mn 个元素 a_{ij} 排成的一个 m 行 n 列的表格

$$A = \begin{pmatrix} a_{11} & a_{12} & \cdots & a_{1n} \\ a_{21} & a_{22} & \cdots & a_{2n} \\ \vdots & \vdots & & \vdots \\ a_{m1} & a_{m2} & \cdots & a_{mn} \end{pmatrix},$$

并简记为 $A = (a_{ij})_{m \times n}$, 用 $R^{m \times n}$ 表示 R 上所有 $m \times n$ 矩阵构成的集合. 当 $m = n$ 时也称 A 为**方阵**.

任取 R 上的矩阵 $A = (a_{ij})_{m \times n}$ 和 $B = (b_{ij})_{m \times n}$ 以及 $a \in R$, 定义矩阵的加法、数乘 (R 中元素乘矩阵) 为

$$A + B = (a_{ij} + b_{ij})_{m \times n},$$

$$aA = (aa_{ij})_{m \times n},$$

分别称为**矩阵** A 与 B 的和以及**矩阵** A 的 a 倍. 设 m, n, k 为正整数, $A = (a_{ij})_{m \times n}$ 和 $B = (b_{ij})_{n \times k}$ 分别为环 R 上的 $m \times n$ 和 $n \times k$ 矩阵, 定义

$$AB = (c_{ij})_{m \times k},$$

其中

$$c_{ij} = \sum_{s=1}^{n} a_{is} b_{sj},$$

称 AB 为**矩阵** A 与 B 的**乘积**. 容易验证这时的矩阵加法、数乘和乘法也有域上矩阵所具有的一些运算法则. 自然我们仍可以定义转置, 但是由于 R 不一定交换, $(AB)^{\mathrm{T}} = B^{\mathrm{T}} A^{\mathrm{T}}$ 不一定成立.

特别地, 环 R 上 n 阶方阵的集合 $R^{n \times n}$ 在如上定义的矩阵加法和乘法下构成一个环, 其中的单位元为单位矩阵, 即主对角线上元素都是 1 的对角矩阵. 该环称为环 R 上的**全矩阵环**, 全矩阵环中的可逆元称为**可逆矩阵**. 容易验证不论 R 是否为交换环, 对于 $n \geqslant 2$, 全矩阵环 $R^{n \times n}$ 都是不交换的.

下面讨论交换环 R 上的矩阵的性质. 对交换环 R 上的矩阵, 也有下面三种初等行 (列) 变换:

(i) 交换矩阵的两行 (列).

(ii) 矩阵的某一行 (列) 乘 R 中的可逆元.

(iii) 矩阵某一行 (列) 的倍数加到另一行 (列) 上.

令 E_{ij} 表示 (i, j) 位置元素为 1, 其余位置元素为 0 的矩阵, 即 $E_{ij} = (e_{kl})_{n \times n}$, 满足

$$
e_{kl} = \begin{cases} 1, & \text{若 } (k, l) = (i, j), \\ 0, & \text{若 } (k, l) \neq (i, j). \end{cases}
$$

单位矩阵经过一次初等行 (列) 变换后得到的矩阵称为**初等矩阵**. 交换单位矩阵 I 的 i, j 两行 (列) 得到的初等矩阵为

$$
P_{ij} = I - E_{ii} - E_{jj} + E_{ij} + E_{ji}.
$$

单位矩阵 I 的第 i 行 (列) 乘 R 中可逆元 c 得到的初等矩阵为

$$
D_i(c) = I + (c - 1)E_{ii}.
$$

单位矩阵 I 的第 j 行的 b 倍加到第 i 行 (第 i 列的 b 倍加到第 j 列) 得到的初等矩阵为

$$
T_{ij}(b) = I + bE_{ij},
$$

其中 $b \in R$.

对任意 $A \in R^{m \times n}$, 通过计算容易得到下面的结论:

(1) 对矩阵 A 左乘 m 阶初等矩阵 P_{ij}, 相当于交换矩阵 A 的第 i 行和第 j 行. 对 A 右乘 n 阶初等矩阵 P_{ij}, 相当于交换矩阵 A 的第 i 列和第 j 列.

(2) 对矩阵 A 左乘 m 阶初等矩阵 $D_i(c)$, 相当于将 A 的第 i 行乘 c. 对 A 右乘 n 阶初等矩阵 $D_i(c)$, 相当于将 A 的第 i 列乘 c. 注意此时我们要求 $c \in U(R)$ 是 R 中的可逆元.

(3) 对矩阵 A 左乘 m 阶初等矩阵 $T_{ij}(b)$, 相当于将 A 的第 j 行的 b 倍加到第 i 行上. 对 A 右乘 n 阶初等矩阵 $T_{ij}(b)$, 相当于将 A 的第 i 列的 b 倍加到第 j 列上.

从而对矩阵 A 左乘一个初等矩阵相当于对 A 做对应的初等行变换, 而对 A 右乘一个初等矩阵相当于对 A 做对应的初等列变换.

命题 4.3.1 初等矩阵都可逆. 特别地, 设 R 为交换环, 则有

$$P_{ij}^{-1} = P_{ij}, \quad D_i(c)^{-1} = D_i(c^{-1}), \quad T_{ij}(b)^{-1} = T_{ij}(-b),$$

其中 $c \in U(R)$, $b \in R$.

对 R 上的两个 $m \times n$ 矩阵 A 和 B, 若存在 R 上的 m 阶可逆矩阵 P 和 n 阶可逆矩阵 Q 使得 $B = PAQ$, 则称 A 与 B 是**相抵**的. 容易验证矩阵相抵是集合 $R^{m \times n}$ 上的一个等价关系. 我们当然希望在每个等价类中, 找到一个形式最简单的矩阵作为相抵等价类的代表元. 当 R 为域时, 相应的相抵标准形已在《代数学 (一)》中给出.

域上方阵的行列式在矩阵理论的讨论中发挥了重要作用, 对于交换环上的方阵, 我们也可以类似地定义它的行列式.

定义 4.3.2 设 n 为正整数, R 为交换环. 对于 $A = (a_{ij})_{n \times n} \in R^{n \times n}$, 方阵 A 的**行列式** $\det(A)$ 定义为 R 中的元素

$$\sum_{\sigma \in S_n} \text{sgn}(\sigma) a_{1\sigma(1)} a_{2\sigma(2)} \cdots a_{n\sigma(n)}.$$

这里 $\text{sgn} : S_n \to \{-1, 1\}$ 为 n 元置换的符号函数.

定义 4.3.3 设正整数 $n \geqslant 2$, $A \in R^{n \times n}$. 矩阵 A 的元素 a_{ij} 的**余子式** M_{ij} 为矩阵 A 去掉第 i 行和第 j 列之后的 $n-1$ 阶方阵的行列式, 即

$$M_{ij} = \det \begin{pmatrix} a_{11} & \cdots & a_{1(j-1)} & a_{1(j+1)} & \cdots & a_{1n} \\ \vdots & & \vdots & \vdots & & \vdots \\ a_{(i-1)1} & \cdots & a_{(i-1)(j-1)} & a_{(i-1)(j+1)} & \cdots & a_{(i-1)n} \\ a_{(i+1)1} & \cdots & a_{(i+1)(j-1)} & a_{(i+1)(j+1)} & \cdots & a_{(i+1)n} \\ \vdots & & \vdots & \vdots & & \vdots \\ a_{n1} & \cdots & a_{n(j-1)} & a_{n(j+1)} & \cdots & a_{nn} \end{pmatrix},$$

矩阵 A 的元素 a_{ij} 的**代数余子式**为 $A_{ij} = (-1)^{i+j} M_{ij}$.

设 $n \geqslant 2$, 类似于我们熟知的域上方阵行列式的性质, 交换环 R 上的 n 阶方阵的行列式也有如下性质.

命题 4.3.2 设 R 为交换环, $A \in R^{n \times n}$, 则有如下性质:

(1) 交换矩阵 A 的两行, 行列式的值变号.

(2) 交换矩阵 A 的两列, 行列式的值变号.

(3) 将矩阵 A 的某一行乘一个 R 中元素加到另一行上不改变行列式的值.

(4) 将矩阵 A 的某一列乘一个 R 中元素加到另一列上不改变行列式的值.

(5) (列展开) 对任意 $j \in [n]$, 有

$$\det(A) = \sum_{i=1}^{n} a_{ij} A_{ij}.$$

(6) (行展开) 对任意 $i \in [n]$, 有

$$\det(A) = \sum_{j=1}^{n} a_{ij} A_{ij}.$$

(7) 对任意 $A, B \in R^{n \times n}$, 有

$$\det(AB) = \det(A) \det(B).$$

这些性质的证明主要涉及交换环的运算性质, 特别是交换环中乘法满足交换律, 以及乘法对加法的分配律. 证明过程与域上的情形类似, 留作习题.

定义 4.3.4 设 R 为交换环, $A \in R^{n \times n}$, 称矩阵

$$\begin{pmatrix} A_{11} & A_{21} & \cdots & A_{n1} \\ A_{12} & A_{22} & \cdots & A_{n2} \\ \vdots & \vdots & & \vdots \\ A_{1n} & A_{2n} & \cdots & A_{nn} \end{pmatrix}$$

为 A 的**伴随矩阵**, 并记为 A^*.

利用矩阵行列式关于列展开和行展开的公式, 可以得到以下命题.

命题 4.3.3 设 R 为交换环, $n \geqslant 2$, 对任意 $A \in R^{n \times n}$, 有

$$AA^* = A^*A = \det(A) I_n.$$

由此易得如下推论.

推论 4.3.1 设 R 为交换环, $n \geqslant 2$, 对任意 $A \in R^{n \times n}$, 有

(1) A 可逆当且仅当 $\det(A)$ 为 R 中的可逆元.

(2) 若 A 可逆, 则

$$A^{-1} = \det(A)^{-1} A^*.$$

类似地, 对于交换环 R 上的矩阵, 我们也可以定义它的子矩阵和子式等概念.

定义 4.3.5 设 R 为交换环, $A = (a_{ij}) \in R^{m \times n}$, 对任意 $1 \leqslant k \leqslant m$ 和 $1 \leqslant l \leqslant n$, 考虑其中的行 $i_1 < i_2 < \cdots < i_k$ 和列 $j_1 < j_2 < \cdots < j_l$, 将这些行和列相交位置上的元素拿出来构成的矩阵称为 A 的一个 $k \times l$ **子矩阵**, 也即矩阵

$$\begin{pmatrix} a_{i_1 j_1} & a_{i_1 j_2} & \cdots & a_{i_1 j_l} \\ a_{i_2 j_1} & a_{i_2 j_2} & \cdots & a_{i_2 j_l} \\ \vdots & \vdots & & \vdots \\ a_{i_k j_1} & a_{i_k j_2} & \cdots & a_{i_k j_l} \end{pmatrix}_{k \times l}.$$

对任意 $k \leqslant \min\{m, n\}$, 矩阵 A 的一个 k **阶子式**为 A 的一个 $k \times k$ 子矩阵的行列式. 若该子矩阵的元素来自行 $i_1 < i_2 < \cdots < i_k$ 和列 $j_1 < j_2 < \cdots < j_k$ 相交位置上的元素,

则记该 k 阶子式为

$$D_A \begin{pmatrix} i_1 i_2 \cdots i_k \\ j_1 j_2 \cdots j_k \end{pmatrix}.$$

命题 4.3.4(Binet-Cauchy (比内–柯西) 定理) 设 A 和 B 分别为交换环 R 上的 $m \times n$ 和 $n \times s$ 矩阵, 并记 $C = AB$, 则对任意 $1 \leqslant k \leqslant \min\{m, n, s\}$, 有

$$D_C \begin{pmatrix} i_1 i_2 \cdots i_k \\ j_1 j_2 \cdots j_k \end{pmatrix} = \sum_{1 \leqslant s_1 < s_2 < \cdots < s_k \leqslant n} D_A \begin{pmatrix} i_1 i_2 \cdots i_k \\ s_1 s_2 \cdots s_k \end{pmatrix} D_B \begin{pmatrix} s_1 s_2 \cdots s_k \\ j_1 j_2 \cdots j_k \end{pmatrix}.$$

注意到若 $k = 1$, 则 Binet-Cauchy 定理中的等式就是矩阵的乘法运算公式

$$c_{ij} = \sum_{k=1}^{n} a_{ik} b_{kj}.$$

进一步地, 若 A, B 都是 R 上的 n 阶方阵, 则当 $k = n$ 时就得到 $\det(AB) = \det(A)\det(B)$.

进一步地, 对于 $A \in R^{m \times n}$, 由交换环上方阵行列式按行 (列) 的展开公式易知若矩阵 A 的所有 k 阶子式都为 0, 其中 $1 \leqslant k \leqslant \min\{m, n\} - 1$, 则 A 的所有 $k+1$ 阶子式也都为 0. 以此类推, 对任意 $r \geqslant k$, A 的任意 r 阶子式也都为 0. 由此可以定义矩阵的秩.

定义 4.3.6 设 R 为交换环, $A \in R^{m \times n}$, 称 A 的不为 0 的子式的最高阶数为矩阵 A 的**秩**, 记作 $r(A)$.

$r(A) = r$ 当且仅当 A 有一个 r 阶子式不为 0, 但是 A 的所有阶数大于 r 的子式都等于 0, 从而 n 阶可逆矩阵的秩为 n. 但需要注意秩为 n 的 n 阶方阵不一定可逆. 又显然 $r(A^{\mathrm{T}}) = r(A)$.

命题 4.3.5 设 R 为交换环, $A \in R^{m \times n}$, P 是 R 上的 m 阶可逆矩阵, Q 是 R 上的 n 阶可逆矩阵, 则

$$r(PA) = r(A), \quad r(AQ) = r(A).$$

证明 设 $r(A) = r$, 则矩阵 A 的所有 $r+1$ 阶子式一定为 0. 由 Binet-Cauchy 定理知矩阵 PA 的任一 $r+1$ 阶子式都是矩阵 A 的某些 $r+1$ 阶子式的系数取自 R 中元素的线性组合, 所以矩阵 PA 的所有 $r+1$ 阶子式也一定为 0, 故 $r(PA) \leqslant r(A)$. 另一方面, 由 $A = P^{-1}PA$ 得到 $r(A) \leqslant r(PA)$, 所以有 $r(PA) = r(A)$.

类似地可以证明 $r(AQ) = r(A)$. $\qquad\square$

推论 4.3.2 设 R 为交换环, $A, B \in R^{m \times n}$, 若 A 与 B 相抵, 则 $r(A) = r(B)$.

习题 4.3

1. 给出一个交换环 R 和 n 阶方阵 $A \in R^{n \times n}$, 使得 A 在环 $R^{n \times n}$ 中不可逆, 但是

$$r(A) = n.$$

2. 证明命题 4.3.1, 命题 4.3.2, 推论 4.3.1 和命题 4.3.4.

3. 设 R 为交换环, $n \geqslant 2$, $A, B \in R^{n \times n}$, 证明 $(AB)^* = B^* A^*$.

4. 设 F 为域, n 为正整数, 证明: 任给 F 上的 n 阶方阵 A, A 为环 $F^{n \times n}$ 中的零因子当且仅当 A 不可逆.

4.4 理想和商环

正规子群在群论研究中占有重要的地位, 只有通过正规子群才能构造出商群. 正规子群本质上来说就是群同态核, 那么环同态核是环的什么样的子集?

设 $\varphi : R \to R'$ 为环同态, 本章 4.1 节中已经看到, 若 R' 不是零环, 则 $\operatorname{Ker} \varphi$ 不是 R 的子环, 那么 $\operatorname{Ker} \varphi$ 有什么样的特性? 先看环的加法, φ 当然是环的加法群同态, 而 $\operatorname{Ker} \varphi$ 为加法群同态的核, 自然是 R 的加法子群. 那么对乘法又如何? 对任意 $a \in \operatorname{Ker} \varphi$ 和任意 $r \in R$, 有

$$\varphi(ra) = \varphi(r)\varphi(a) = \varphi(r) \cdot 0 = 0,$$

即 $ra \in \operatorname{Ker} \varphi$, 或等价地,

$$r(\operatorname{Ker} \varphi) \subseteq \operatorname{Ker} \varphi.$$

类似地, 也有 $ar \in \operatorname{Ker} \varphi$, 即

$$(\operatorname{Ker} \varphi)r \subseteq \operatorname{Ker} \varphi.$$

这表明 $\operatorname{Ker} \varphi$ 与整个环 R 中的元素左乘或者右乘都还在 $\operatorname{Ker} \varphi$ 中. 考虑到环的子集的这种特性, 我们给出如下定义.

定义 4.4.1 设 I 是环 R 的非空子集, 若 I 是 R 的加法子群, 且对任意 $r \in R$ 有 $rI \subseteq I$ 及 $Ir \subseteq I$, 则称 I 是 R 的一个**理想**.

> **注 4.4.1** 我们也可以定义环的单边理想. 设 I 是环 R 的非空子集, 若 I 是 R 的加法子群, 且对任意 $r \in R$ 有 $rI \subseteq I$, 则称 I 为 R 的一个**左理想**. 若 I 是 R 的加法子群, 且对任意 $r \in R$ 有 $Ir \subseteq I$, 则称 I 为 R 的一个**右理想**. 所以理想既是左理想也是右理想.

注意到 I 是 R 的加法子群意为对任意 $x,y \in I$ 有 $x - y \in I$, 而对任意 $r \in R$ 有 $rI \subseteq I$ 及 $Ir \subseteq I$ 等价于对任意 $r \in R$ 和 $a \in I$, 有 $ra, ar \in I$. 由定义前的说明立即得到环同态核为理想. 又显然 $\{0\}$ 和 R 本身都是 R 的理想, 这两个理想称为 R 的**平凡理想**. 若环 R 只有平凡理想, 则称 R 为**单环**.

设 I 为环 R 的理想, 若 R 的单位元 $1 \in I$, 则有 $I = R$. 因为这时对任意 $r \in R$, 有 $r = r \cdot 1 \in I$. 进一步地, 若理想 I 中含有 R 的可逆元 a, 则 $1 = aa^{-1} \in I$, 从而也必有 $I = R$. 所以环的非平凡理想一定不含有可逆元. 因为除环中的任意非零元素可逆, 所以除环一定没有非平凡理想, 即除环为单环. 下面我们再给出一个单环的例子.

例 4.4.1　设 F 为域, $R = F^{n \times n}$ 为域 F 上的全矩阵环. 仍用 E_{ij} 表示 (i,j) 位置元素为 1, 其余位置元素都是 0 的 F 上的 n 阶矩阵, 计算得到

$$E_{ls}E_{ij} = \begin{cases} 0, & \text{若 } s \neq i, \\ E_{lj}, & \text{若 } s = i. \end{cases}$$

设 I 为 $F^{n \times n}$ 的一个非零理想, 则存在矩阵 $A \in I$, 但是 $A = (a_{ij})_{n \times n} \neq 0$. 这表明存在 $1 \leqslant l, k \leqslant n$ 使得 $a_{lk} \neq 0$, 于是 $E_{ll}AE_{kk} = a_{lk}E_{lk} \in I$. 这样对任意 $1 \leqslant i, j \leqslant n$, 有

$$E_{ij} = (a_{lk}^{-1}E_{il})(a_{lk}E_{lk})E_{kj} \in I.$$

于是对任意 $B = (b_{ij})_{n \times n} \in F^{n \times n}$, 有

$$B = \sum_{i,j=1}^{n} b_{ij}E_{ij} = \sum_{i,j=1}^{n} (b_{ij}E_{ii})E_{ij} \in I,$$

从而 $I = F^{n \times n}$. 这表明环 $F^{n \times n}$ 只有平凡理想, 从而 $F^{n \times n}$ 是单环.

例 4.4.2　设 R 为交换环, N 为 R 的所有幂零元构成的集合. 由于 $0 \in N$, 故 N 非空. 对任意 $a, b \in N$, 设 $a^n = 0, b^m = 0$, 其中 n, m 为正整数, 由 R 的交换性得到

$$(a - b)^{n+m} = \sum_{k=0}^{n+m} (-1)^{n+m-k} \binom{n+m}{k} a^k b^{n+m-k}.$$

对上面求和式中的每一项, 由于 $0 \leqslant k \leqslant n + m$, 若 $k < n$, 则 $n + m - k > m$, 所以或者 $k \geqslant n$ 或者 $k \geqslant m$, 即上面和式中每一项都等于 0, 故

$$(a - b)^{n+m} = 0,$$

即 $a - b \in N$. 又对任意 $a \in N, r \in R$, 有

$$(ra)^n = r^n a^n = 0$$

和

$$(ar)^n = a^n r^n = 0,$$

故 $ra, ar \in N$, 所以 N 是 R 的理想.

这表明交换环 R 的幂零元全体构成 R 的一个理想, 该理想称为 R 的**幂零根**, 记为 $\mathrm{Rad}(R)$.

例 4.4.3 设 R 为交换环, 任取 $a \in R$, 容易验证

$$aR = \{ar \mid r \in R\}$$

为 R 的理想, 称其为由元素 a 生成的**主理想**, 记为 (a).

命题 4.4.1 设 I, J 都是环 R 的理想, 定义

$$I + J = \{a + b \mid a \in I, b \in J\},$$

$$I \cap J = \{x \mid x \in I, x \in J\},$$

$$IJ = \left\{ \sum_{1 \leqslant i \leqslant n} a_i b_i \,\middle|\, n \in \mathbb{Z}^+, a_i \in I, b_i \in J, 1 \leqslant i \leqslant n \right\},$$

则 $I + J, I \cap J$ 和 IJ 都是 R 的理想.

证明 情形 $I + J$ 和 $I \cap J$ 是显然的, 下面证明情形 IJ. 显然 IJ 非空. 任取

$$\alpha = \sum_{1 \leqslant i \leqslant n} a_i b_i, \quad \beta = \sum_{1 \leqslant j \leqslant m} a'_j b'_j \in IJ,$$

其中 n, m 为正整数, $a_i, a'_j \in I, b_i, b'_j \in J, 1 \leqslant i \leqslant n, 1 \leqslant j \leqslant m$, 则

$$\alpha - \beta = \sum_{1 \leqslant i \leqslant n} a_i b_i - \sum_{1 \leqslant j \leqslant m} a'_j b'_j = \sum_{1 \leqslant k \leqslant n+m} c_k d_k,$$

其中当 $1 \leqslant k \leqslant n$ 时 $c_k = a_k$ 且 $d_k = b_k$, 而当 $n + 1 \leqslant k \leqslant n + m$ 时 $c_k = -a'_{k-n}$ 且 $d_k = b'_{k-n}$. 这便证出 $\alpha - \beta \in IJ$, 即 IJ 为 R 的加法子群. 进一步地, 任取

$$\alpha = \sum_{1 \leqslant i \leqslant n} a_i b_i \in IJ$$

和 $r \in R$, 则

$$r\alpha = \sum_{1 \leqslant i \leqslant n} (ra_i) b_i.$$

由于 I 为理想, $a_i \in I$, 故 $ra_i \in I, 1 \leqslant i \leqslant n$, 从而 $r\alpha \in IJ$. 同理 $\alpha r \in IJ$. 这就证出 IJ 是 R 的理想. □

定义 4.4.2 设 I, J 都是环 R 的理想, 分别称 $I + J, I \cap J$ 和 IJ 为理想 I 与 J 的**和**、**交**和**乘积**.

显然, $IJ \subseteq I \cap J$. 类似地可以定义有限个理想的和、交和乘积.

例 4.4.4 在整数环 $\mathbb{Z}$ 中, 设 a, b 为正整数, 则有

$$(a) + (b) = (\gcd(a, b)),$$

$$(a) \cap (b) = (\text{lcm}(a, b)),$$

$$(a)(b) = (ab).$$

类似于群的非空子集生成的子群, 下面我们考察环的非空子集生成的理想. 由于任意一族理想的交仍为理想, 我们给出如下定义.

定义 4.4.3 设 S 是环 R 的一个非空子集, 称 R 的所有包含 S 的理想的交为 R 的**由 S 生成的理想**, 记作 (S). 如果 $S = \{a_1, a_2, \cdots, a_n\}$ 为有限集, 就称 (S) 是**有限生成**的, 或称为 R 的**由 $a_1, a_2, \cdots, a_n$ 生成的理想**, 并记 (S) 为 $(a_1, a_2, \cdots, a_n)$. 特别地, 若 $S = \{a\}$, 则称 (a) 为**主理想**, 即一个元素生成的理想.

注 4.4.2 设 $a \in R$, 若 R 为交换环, 例 4.4.3 给出了主理想 (a) 中元素的形式. 对于一般的环 R, 它的主理想 (a) 中元素的形式又如何?

由理想的定义, 对任意 $x, y \in R$, 有 $xay \in (a)$, 从而对任意正整数 n, $x_1, x_2, \cdots, x_n, y_1, y_2, \cdots, y_n \in R$, 有

$$\sum_{i=1}^{n} x_i a y_i \in (a).$$

又容易验证所有这样形式的 R 中的元素组成的集合

$$\left\{ \sum_{i=1}^{n} x_i a y_i \,\middle|\, n \in \mathbb{Z}^+, x_i, y_i \in R, 1 \leqslant i \leqslant n \right\}$$

是 R 的包含元素 a 的理想, 所以

$$(a) = \left\{ \sum_{i=1}^{n} x_i a y_i \,\middle|\, n \in \mathbb{Z}^+, x_i, y_i \in R, 1 \leqslant i \leqslant n \right\}.$$

显然, 若 R 为交换环, 则

$$\sum_{i=1}^{n} x_i a y_i = a \left(\sum_{i=1}^{n} x_i y_i \right) = ar,$$

其中

$$r = \sum_{i=1}^{n} x_i y_i \in R,$$

所以这时

$$(a) = \{ar \mid r \in R\},$$

即例 4.4.3 中的结论.

命题 4.4.2　设 R 为交换环, $a_1, a_2, \cdots, a_n \in R$, 则 R 的由 $a_1, a_2, \cdots, a_n$ 生成的理想为

$$(a_1, a_2, \cdots, a_n) = \{r_1a_1 + r_2a_2 + \cdots + r_na_n \mid r_1, r_2, \cdots, r_n \in R\}.$$

进一步地,

$$(a_1, a_2, \cdots, a_n) = (a_1) + (a_2) + \cdots + (a_n).$$

例 4.4.5　考虑整数环 $\mathbb{Z}$, 若 I 为 $\mathbb{Z}$ 的一个理想, 则首先 I 是 $\mathbb{Z}$ 的加法子群. 由于 $\mathbb{Z}$ 的加法群为循环群, 所以加法子群 I 也是循环群, 故存在 $n \in \mathbb{Z}$ 使得 $I = n\mathbb{Z}$. 又容易验证对每个整数 n, $n\mathbb{Z}$ 是 $\mathbb{Z}$ 的理想, 它就是 n 生成的主理想 (n). 所以 $\mathbb{Z}$ 的每个理想都是主理想. 又对任意整数 n,

$$(-n) = (n),$$

所以 $\mathbb{Z}$ 的每个理想 I 形如 $I = (n)$, 其中 n 为非负整数. 特别地, $(0) = \{0\}$ 为零理想.

下面证明域上的一元多项式环的每个理想也是主理想.

定理 4.4.1　设 F 为域, 则环 $F[x]$ 的每个理想都是主理想.

证明　设 I 为 $F[x]$ 的一个理想, 若 $I = \{0\}$, 则 $I = (0)$ 为主理想. 若 $I \neq 0$, 取 I 中一个次数最低的非零多项式 $m(x)$. 任取 $f(x) \in I$, 做带余除法

$$f(x) = q(x)m(x) + r(x),$$

其中 $q(x), r(x) \in F[x]$ 且 $\deg r(x) < \deg m(x)$. 由于

$$r(x) = f(x) - q(x)m(x),$$

再由 $f(x), m(x) \in I$ 以及 I 为理想知 $r(x) \in I$. 由 $\deg m(x)$ 的最小性知 $r(x) = 0$, 从而

$$f(x) = q(x)m(x) \in (m(x)),$$

即 $I \subseteq (m(x))$. 又由 $m(x) \in I$ 显然有 $(m(x)) \subseteq I$, 所以 $I = (m(x))$ 为主理想.　□

定义 4.4.4　若环 R 的每个理想都是主理想, 则称 R 为**主理想环**.

由定义, 整数环 $\mathbb{Z}$ 和域 F 上的一元多项式环 $F[x]$ 都是主理想环.

设 I 为环 R 的理想, 自然是 R 的加法子群. 又 R 的加法群为交换群, 所以 I 为 R 的加法正规子群, 这样就有加法商群 R/I, 这是 R 对 I 的加法陪集做成的加法群, 即

$$R/I = \{a + I \mid a \in R\},$$

其加法为

$$(a + I) + (b + I) = (a + b) + I.$$

在 R/I 上定义乘法

$$(a + I)(b + I) = ab + I.$$

首先证明它为 R/I 上的运算, 即这样定义的乘法与加法陪集的代表元选取无关. 事实上, 若有

$$a + I = a' + I, \quad b + I = b' + I,$$

其中 $a, a', b, b' \in R$, 则有 $a - a' \in I$ 且 $b - b' \in I$. 又 I 为理想, 故

$$ab - a'b' = a(b - b') + (a - a')b' \in I.$$

所以 $ab + I = a'b' + I$.

　　这样 R/I 作为 R 的加法群的商群已有加法, 又有上面定义的乘法. 由于陪集的运算由代表元的对应运算所诱导, 故 R/I 上的运算也有 R 上的运算所具有的运算性质, 特别地, 有乘法结合律以及乘法对加法的分配律. 又 $1 + I$ 为 R/I 上乘法的单位元, 所以 R/I 在这两种运算下构成一个环. 称为 R 对理想 I 的**商环**.

　　例 4.4.6　整数环 $\mathbb{Z}$ 的每个理想都是主理想. 设理想 $I = (n)$, 其中 n 为非负整数. 若 $n = 0$, 则显然 $\mathbb{Z}/(0) \cong \mathbb{Z}$. 若 n 为正整数, 对于 $a, b \in \mathbb{Z}$, 显然 $a + I = b + I$ 当且仅当

$$a \equiv b \,(\mathrm{mod}\ n),$$

所以我们可以用小于 n 的非负整数来做加法陪集 $a + I$ 的代表元. 对于 $0 \leqslant a \leqslant n - 1$, 显然 $\mathbb{Z}/(n)$ 中元素 $a + (n)$ 就是整数模 n 的剩余类 $\bar{a}$, 而 $\mathbb{Z}/(n)$ 中的运算

$$(a + (n)) + (b + (n)) = (a + b) + (n)$$

就是

$$\bar{a} + \bar{b} = \overline{a + b},$$

而

$$(a + (n))(b + (n)) = ab + (n)$$

就是

$$\bar{a}\bar{b} = \overline{ab}.$$

故商环 $\mathbb{Z}/(n)$ 恰为本书第一章 1.4 节中给出的整数模 n 的剩余类环 $\mathbb{Z}_n$, 它是有 n 个元素的有限环, 其单位群即整数模 n 的乘法群 $U(n)$.

　　例 4.4.7　设 F 是域, 则多项式环 $F[x]$ 的每个理想都是主理想 $(f(x))$, 那么商环 $F[x]/(f(x))$ 中每一元素有怎样的表示? 首先 $F[x]/(f(x))$ 中每一元素形如

$$\overline{g(x)} = g(x) + (f(x)),$$

其中 $g(x) \in F[x]$. 但是如同在 $\mathbb{Z}/(n)$ 中那样, 对于 $g_1(x) \neq g_2(x)$, 可能有 $\overline{g_1(x)} = \overline{g_2(x)}$. 那么怎样选取陪集 $\overline{g(x)}$ 的代表元呢?

若 $f(x) = 0$, 则 $F[x]/(f(x)) \cong F[x]$. 若 $\deg f(x) = 0$, 则 $(f(x)) = F[x]$. 故 $F[x]/(f(x))$ 为零环. 下面设 $\deg f(x) = n \geqslant 1$. 对任意 $g(x) \in F[x]$, 做带余除法

$$g(x) = q(x)f(x) + r(x),$$

其中 $q(x), r(x) \in F[x]$ 且 $\deg r(x) < n$. 由于

$$g(x) - r(x) = q(x)f(x) \in (f(x)),$$

故有 $\overline{g(x)} = \overline{r(x)}$, 这说明每个陪集都可选一个次数小于 n 的多项式 $r(x)$ 作为代表元. 进一步地, 若 $r_1(x), r_2(x)$ 的次数都小于 n, 且 $\overline{r_1(x)} = \overline{r_2(x)}$, 则有

$$f(x) \mid (r_1(x) - r_2(x)).$$

又

$$\deg(r_1(x) - r_2(x)) \leqslant \min\{\deg r_1(x), \deg r_2(x)\} < n,$$

所以 $r_1(x) - r_2(x) = 0$, 即 $r_1(x) = r_2(x)$. 这表明若要求陪集代表元的次数小于 n, 则代表元是唯一的. 所以有

$$F[x]/(f(x)) = \{\overline{c_0 + c_1 x + \cdots + c_{n-1} x^{n-1}} \mid c_i \in F\}.$$

若 F 为无限域, 则商环 $F[x]/(f(x))$ 为无限环. 若 F 为有限域, 设 $|F| = q$, 则 $|F[x]/(f(x))| = q^n$, 即 $F[x]/(f(x))$ 是一个有限环.

容易验证映射

$$\pi : F \to F[x]/(f(x))$$
$$a \mapsto \overline{a}$$

是环同态. 因为 F 是域, 所以 π 是单同态 (参见本节习题第 3 题), 所以 F 是 $F[x]/(f(x))$ 的一个子域 (把 F 中的元素 a 等同于 $F[x]/(f(x))$ 中的元素 $\overline{a}$), 或者说 $F[x]/(f(x))$ 是 F 的一个扩环.

注意到多项式 $f(x) \in F[x]$ 可能在 F 中无根, 但 $f(x)$ 在 F 的扩环 $F[x]/(f(x))$ 中一定有根. 可以证明 $\overline{x}$ 就是多项式 $f(x)$ 在 $F[x]/(f(x))$ 中的根. 事实上, 设

$$f(x) = a_0 + a_1 x + \cdots + a_{n-1} x^{n-1} + a_n x^n \in F[x],$$

则有

$$f(\overline{x}) = a_0 + a_1 \overline{x} + \cdots + a_{n-1} \overline{x}^{n-1} + a_n \overline{x}^n$$

$$= \overline{a_0} + \overline{a_1} \cdot \overline{x} + \cdots + \overline{a_{n-1}} \cdot \overline{x^{n-1}} + \overline{a_n} \cdot \overline{x^n}$$

$$= \overline{a_0 + a_1 x + \cdots + a_{n-1} x^{n-1} + a_n x^n}$$

$$= \overline{f(x)} = \overline{0} = 0.$$

注意这里我们把 $a \in F$ 等同于 $\overline{a} \in F[x]/(f(x))$, 故

$$f(x) = a_0 + a_1 x + \cdots + a_{n-1} x^{n-1} + a_n x^n$$

作为环 $F[x]/(f(x))$ 上的多项式就是

$$f(x) = \overline{a_0} + \overline{a_1} x + \cdots + \overline{a_{n-1}} x^{n-1} + \overline{a_n} x^n.$$

习题 4.4

1. 设 $\varphi : R \to R'$ 是环同态, 判断下述命题是否正确, 并给出证明或反例:

(1) φ 把幂零元映为幂零元;

(2) φ 把幂等元映为幂等元;

(3) φ 把零因子映为零因子;

(4) φ 把整环映为整环;

(5) 若 R' 是整环, 则 R 是整环;

(6) 对于 $a \in R$, 若 $\varphi(a)$ 可逆, 则 a 可逆.

2. 证明理想的加法和乘法满足分配律, 即设 I, J, P 是环 R 的理想, 则有

$$(I+J)P = IP + JP, \quad P(I+J) = PI + PJ.$$

3. 设 R 为单环, R' 不是零环, 证明任意环同态 $\varphi : R \to R'$ 一定为单同态 (或称嵌入).

4. 证明交换环 R 是域当且仅当 R 是单环.

5. 设 R, R' 为整环, $\varphi : R \to R'$ 为环同态, I, J 为 R 的理想, 证明

$$\varphi(I \cap J) \subseteq \varphi(I) \cap \varphi(J),$$

并给出一个上述包含为真包含的例子.

6. 设 R 为环, 判断 R 的中心 $Z(R)$ 是否为 R 的理想.

7. 设 R 为环, $R^{n \times n}$ 为 R 上的全矩阵环, 证明 $R^{n \times n}$ 的每个理想一定形如 $I^{n \times n}$, 其中 I 是 R 的一个理想, 这里 $I^{n \times n}$ 表示元素取自 I 中的所有 n 阶方阵构成的集合.

8. 设 R 为交换环, I 是 R 的一个理想. 令

$$\text{rad } I = \{a \in R \mid \text{存在正整数 } n \text{ 使得 } a^n \in I\},$$

证明 rad I 是 R 的理想, 该理想称为 I 的**根理想**.

9. 设 $\mathbb{Z}[x]$ 是整系数一元多项式环, 证明由 2 和 x 生成的理想 $(2, x)$ 不是 $\mathbb{Z}[x]$ 的主理想, 所以 $\mathbb{Z}[x]$ 不是主理想整环.

10. 设 $R_1, R_2, \cdots, R_n$ 是环, 证明对任一 $1 \leqslant i \leqslant n$, 集合

$$I_i = \{(0, \cdots, 0, x_i, 0, \cdots, 0) \mid x_i \in R_i\}$$

是 $R = R_1 \oplus R_2 \oplus \cdots \oplus R_n$ 的理想, 且当 $n > 1$ 时, I_i 不是 R 的子环.

> **注 4.4.3** 设 R 是环, $I_1, I_2, \cdots, I_n$ 是 R 的理想, 若 $R = I_1 + I_2 + \cdots + I_n$ 且 R 中任一元素表示为 $I_1, I_2, \cdots, I_n$ 的元素之和的表示法唯一, 则称 R 是理想 $I_1, I_2, \cdots, I_n$ 的 **(内) 直和**, 记为
>
> $$R = I_1 \oplus I_2 \oplus \cdots \oplus I_n.$$

11. 元素 $e \in R$ 称为环 R 的幂等元, 若 $e^2 = e$.

(1) 求环 $\mathbb{Z} \oplus \mathbb{Z}$ 和 $\mathbb{Z}_4 \oplus \mathbb{Z}_6$ 的所有幂等元;

(2) 设 R 为交换环, e 是 R 的幂等元, 证明 $1 - e$ 也是 R 的幂等元, 且有 $R \cong (e) \oplus (1 - e)$.

12. 设 R 是环, I 为 R 的一个理想, 判断以下关于商环 R/I 的说法是否正确, 证明或给出反例:

(1) 若 R 交换, 则 R/I 交换;

(2) 若 R 非交换, 则 R/I 非交换;

(3) 若 R 有零因子, 则 R/I 有零因子;

(4) 若 R 无零因子, 则 R/I 无零因子.

13. 设 R 是一个环, $a \in R$.

(1) 证明集合

$$\mathrm{ann}_l(a) = \{b \in R \mid ba = 0\}$$

为 R 的一个左理想, 并举一个 $\mathrm{ann}_l(a)$ 是左理想但不是理想的例子;

(2) 证明集合

$$\mathrm{ann}_r(a) = \{b \in R \mid ab = 0\}$$

为 R 的一个右理想, 并举一个 $\mathrm{ann}_r(a)$ 是右理想但不是理想的例子.

4.5 环同态基本定理

第二章中我们已经证明了群同态基本定理, 同时又给出了这个定理的很多应用, 从中可以感受到群同态基本定理在群论研究中的重要作用. 类似地, 也有环同态基本定理, 本节我们给出这个定理及其几个应用.

设 R 为环, I 为 R 的理想, 则

$$\eta : R \to R/I$$
$$a \mapsto a + I$$

为 R 到商环 R/I 的满同态, 称为 R 到 R/I 的**自然同态**或**典范同态**. 容易验证 $\mathrm{Ker}\,\eta = I$, 所以理想是同态核. 从本章 4.4 节我们知道同态核是理想, 所以本质上说, 理想和环同态核是一回事. 由于 R/I 为自然同态的像, 故商环为同态像, 反之如何? 同态像是否是商环? 下面的环同态基本定理给出了肯定的回答, 由此得到环同态像和商环本质上是一回事.

定理 4.5.1 (环同态基本定理) 设 R, R' 是环, $\varphi : R \to R'$ 为环同态, 令 $K = \mathrm{Ker}\,\varphi$, 则

$$R/K \cong \varphi(R).$$

证明 定义 $\psi : R/K \to \varphi(R)$ 为

$$\psi(a + K) = \varphi(a), \ \forall a \in R,$$

由群同态基本定理的证明知 ψ 为加法群同构. 又由

$$\psi((a + K)(b + K)) = \psi(ab + K) = \varphi(ab) =$$
$$\varphi(a)\varphi(b) = \psi(a + K)\psi(b + K)$$

和 $\psi(1_R + K) = \varphi(1_R) = 1_{R'}$ 知 ψ 为环同构. □

设 R 是环, 例 4.1.5 告诉我们定义为

$$\varphi(k) = k \cdot 1, \ \forall k \in \mathbb{Z}$$

的映射 $\varphi : \mathbb{Z} \to R$ 是环同态. 由于 $\mathrm{Ker}\,\varphi$ 是整数环 $\mathbb{Z}$ 的理想, 必为主理想, 故存在非负整数 n 使得 $\mathrm{Ker}\,\varphi = (n)$. 称此非负整数 n 为环 R 的**特征**, 记作 $\mathrm{char}\,R$.

若 $\mathrm{char}\,R = 0$, 即 $\mathrm{Ker}\,\varphi = \{0\}$, 则 φ 为单同态. 从而整数环 $\mathbb{Z}$ 可嵌入到 R 中, 或说 R 包含整数环 $\mathbb{Z}$ 作为子环. 若 $\mathrm{char}\,R$ 为正整数 n, 则有 $\mathbb{Z}/(n) \cong \varphi(\mathbb{Z})$ 为 R 的子环, 即 R 包含整数模 n 的剩余类环 $\mathbb{Z}_n$. 由此我们证明了下面定理.

定理 4.5.2 设 R 为环,则 R 的特征 $\operatorname{char} R$ 或为 0,或为某个正整数 n. 进一步地,若 $\operatorname{char} R = 0$,则 R 有子环 $\mathbb{Z}$,若 $\operatorname{char} R = n$,则 R 有子环 $\mathbb{Z}_n$.

实际上,环的特征与环的单位元在加法群中的阶密切相关. 由于

$$\operatorname{Ker} \varphi = \{k \in \mathbb{Z} \mid k \cdot 1 = 0\},$$

故若 $\operatorname{char} R \neq 0$,则 $\operatorname{char} R$ 就是环 R 中单位元 1 在 R 的加法群中的阶,即 R 的特征是满足 $n \cdot 1 = 0$ 的最小正整数 n. 而若 R 的单位元 1 为 R 的加法群中的无限阶元素,则 $\operatorname{char} R = 0$.

定理 4.5.3 整环的特征为 0 或素数.

证明 设 R 为整环,且 $\operatorname{char} R = n \neq 0$,下面证明 n 一定是素数. 反证,若 $n = n_1 n_2$,其中 $1 < n_1, n_2 < n$,则

$$(n_1 \cdot 1)(n_2 \cdot 1) = (n_1 n_2) \cdot 1 = n \cdot 1 = 0.$$

又 R 为整环,R 中无零因子,所以 $n_1 \cdot 1 = 0$ 或者 $n_2 \cdot 1 = 0$,这与 n 的最小性矛盾. $\square$

设 F 为域,则 F 为整环,所以 $\operatorname{char} F = 0$ 或素数 p. 若 $\operatorname{char} F = 0$,则 F 包含整数环 $\mathbb{Z}$. 若 $\operatorname{char} F = p$,则有限域 $\mathbb{Z}_p$ 可以嵌入 F 中. 故 $\mathbb{Z}_p$ 是每个特征为 p 的域的子域,或者说 $\mathbb{Z}_p$ 是最小的特征为 p 的域. 由于有限域中只有有限个元素,不可能包含无穷多个整数,故有限域的特征一定是某个素数.

环同态基本定理也称为第一环同构定理. 类似于群论中的同构定理和对应定理,环中也有类似的同构定理和对应定理,它们的证明也是类似的.

定理 4.5.4 (第二环同构定理) 设 R 是环,I 是 R 的理想,H 是 R 的子环,则 $H + I$ 是 R 的子环,$H \cap I$ 是 H 的理想,且有环同构

$$(H + I)/I \cong H/H \cap I.$$

定理 4.5.5 (第三环同构定理) 设 R 是环,I, J 都是 R 的理想,且 $I \subseteq J$,则 J/I 是 R/I 的理想,且有环同构

$$R/J \cong (R/I)/(J/I).$$

第三环同构定理也可以推广如下.

定理 4.5.6 (第三环同构定理) 设 R, R' 是环,$\varphi: R \to R'$ 为环同态,J 为 R 的理想且 $\operatorname{Ker} \varphi \subseteq J$,则 $\varphi(J)$ 是 $\varphi(R)$ 的理想,且有环同构

$$R/J \cong \varphi(R)/\varphi(J).$$

定理 4.5.7 (对应定理) 设 R, R' 是环,$\varphi: R \to R'$ 为环的满同态. 令 $\mathcal{J}$ 为 R 的所有包含 $\operatorname{Ker} \varphi$ 的理想的集合,$\mathcal{L}$ 是 R' 的所有理想的集合.

(1) 若 $J \in \mathcal{J}$, 则 $\varphi(J) \in \mathcal{L}$. 反之, 若 $L \in \mathcal{L}$, 则 $\varphi^{-1}(L) \in \mathcal{J}$.

(2) 若 $J \in \mathcal{J}$, 则 $\varphi^{-1}(\varphi(J)) = J$. 若 $L \in \mathcal{L}$, 则 $\varphi(\varphi^{-1}(L)) = L$.

(3) 映射 $J \mapsto \varphi(J)$ 是 $\mathcal{J}$ 到 $\mathcal{L}$ 的双射, 其逆映射为 $L \mapsto \varphi^{-1}(L)$.

(4) 若 $J \in \mathcal{J}$, 则有环同构 $R/J \cong R'/\varphi(J)$. (第三环同构定理)

以上我们把群中的一系列基本概念和性质推广到环上, 其中正规子群推广成理想, 它在环论中的作用与正规子群在群论中的作用相似. 但是注意正规子群是子群, 但理想通常不是子环.

例 4.5.1 求商环 $\mathbb{Z}[x]/(x^2 + 1, x - 2)$.

考察替换映射 $\varphi_2 : \mathbb{Z}[x] \to \mathbb{Z}$, 即

$$\varphi_2(f(x)) = f(2), \forall f(x) \in \mathbb{Z}[x],$$

这是环的满同态且 $\operatorname{Ker} \varphi_2 = (x - 2)$. 注意到理想 $(x^2 + 1, x - 2)$ 包含 $\operatorname{Ker} \varphi_2$, 由第三环同构定理有

$$\mathbb{Z}[x]/(x^2 + 1, x - 2) \cong \mathbb{Z}/\varphi_2((x^2 + 1, x - 2)).$$

进一步地,

$$\varphi_2((x^2 + 1, x - 2)) = (\varphi_2(x^2 + 1), \varphi_2(x - 2)) = (2^2 + 1, 2 - 2) = (5),$$

所以

$$\mathbb{Z}[x]/(x^2 + 1, x - 2) \cong \mathbb{Z}/(5) = \mathbb{Z}_5 \tag{4.4}$$

是 5 元域.

类似地, 考察替换映射 $\varphi_i : \mathbb{Z}[x] \to \mathbb{Z}[i]$ 为

$$\varphi_i(f(x)) = f(i), \quad \forall f(x) \in \mathbb{Z}[x],$$

这也是环的满同态且 $\operatorname{Ker} \varphi_i = (x^2 + 1)$. 事实上, 由 $i^2 + 1 = 0$ 有

$$x^2 + 1 \in \operatorname{Ker} \varphi_i,$$

即 $(x^2 + 1) \subseteq \operatorname{Ker} \varphi_i$. 反之, 任取 $f(x) \in \operatorname{Ker} \varphi_i$, 因为 $x^2 + 1$ 的首项系数为 1, 可以做带余除法得到

$$f(x) = q(x)(x^2 + 1) + r(x),$$

其中 $q(x), r(x) \in \mathbb{Z}[x]$ 且 $\deg r(x) < 2$. 设

$$r(x) = ax + b, \quad a, b \in \mathbb{Z}.$$

由 $f(i) = 0$ 得到 $r(i) = 0$, 从而

$$a = b = 0,$$

即 $r(x) = 0$. 所以

$$f(x) = q(x)(x^2 + 1) \in (x^2 + 1).$$

仍由第三环同构定理有

$$\mathbb{Z}[x]/(x^2 + 1, x - 2) \cong \mathbb{Z}[\mathrm{i}]/\varphi_{\mathrm{i}}((x^2 + 1, x - 2)).$$

计算得到

$$\varphi_{\mathrm{i}}((x^2 + 1, x - 2)) = (\mathrm{i}^2 + 1, \mathrm{i} - 2) = (-2 + \mathrm{i}).$$

所以

$$\mathbb{Z}[x]/(x^2 + 1, x - 2) \cong \mathbb{Z}[\mathrm{i}]/(-2 + \mathrm{i}). \tag{4.5}$$

综合 (4.4) 和 (4.5) 可以得到

$$\mathbb{Z}[\mathrm{i}]/(-2 + \mathrm{i}) \cong \mathbb{Z}_5.$$

定义 4.5.1　设 J_1, J_2 为环 R 的理想, 若 $J_1 + J_2 = R$, 则称 J_1 与 J_2 **互素**.

例 4.5.2　设 R 为整数环 $\mathbb{Z}$, r, s 为正整数, 则理想 (r) 与 (s) 互素当且仅当 r 与 s 互素.

命题 4.5.1　若环 R 的理想 J 与 J_1, J_2 都互素, 则 J 与 $J_1 J_2$ 互素, 从而 J 与 $J_1 \cap J_2$ 也互素.

证明　由于 J 与 J_1, J_2 都互素, 故存在 $x_1, x_2 \in J, y_1 \in J_1, y_2 \in J_2$ 使得

$$1 = x_1 + y_1 = x_2 + y_2.$$

从而

$$1 = (x_1 + y_1)(x_2 + y_2) = (x_1 x_2 + x_1 y_2 + y_1 x_2) + y_1 y_2 \in J + J_1 J_2,$$

由于 $J + J_1 J_2$ 是 R 的理想, 又包含单位元 1, 从而 $J + J_1 J_2 = R$, 即 J 与 $J_1 J_2$ 互素.

由于 $J_1 J_2 \subseteq J_1 \cap J_2$, 故 $J + J_1 \cap J_2 = R$, 从而 J 与 $J_1 \cap J_2$ 也互素.　$\square$

注 4.5.1　由数学归纳法, 容易证出若理想 J 与理想 $J_1, J_2, \cdots, J_n$ 中的每一个都互素, 则 J 与 $J_1 J_2 \cdots J_n$ 和 $J_1 \cap J_2 \cap \cdots \cap J_n$ 也互素.

定理 4.5.8 (中国剩余定理)　设 R 是环, $J_1, J_2, \cdots, J_n$ 是 R 的两两互素的理想, 则有环同构

$$R/J_1 \cap J_2 \cap \cdots \cap J_n \cong R/J_1 \oplus R/J_2 \oplus \cdots \oplus R/J_n.$$

证明　定义映射

$$\varphi: R \to R/J_1 \oplus R/J_2 \oplus \cdots \oplus R/J_n$$
$$x \mapsto (x + J_1, x + J_2, \cdots, x + J_n),$$

则容易验证 φ 是环同态. 下面再证明 φ 是满射.

任取

$$(a_1 + J_1, a_2 + J_2, \cdots, a_n + J_n) \in R/J_1 \oplus R/J_2 \oplus \cdots \oplus R/J_n,$$

由于 $J_1, J_2, \cdots, J_n$ 两两互素, 从而对于每个 $i, 1 \leqslant i \leqslant n, J_i$ 与

$$\bigcap_{j=1, j \neq i}^{n} J_j$$

互素, 故存在 $c_i \in J_i,$

$$b_i \in \bigcap_{j=1, j \neq i}^{n} J_j$$

使得 $1 = c_i + b_i,$ 即

$$b_i + J_i = 1 + J_i.$$

又当 $k \neq i$ 时, $b_k \in J_i,$ 即

$$b_k + J_i = 0 + J_i.$$

令

$$x = \sum_{k=1}^{n} a_k b_k,$$

则对任意 i 有

$$x + J_i = \sum_{k=1}^{n}(a_k b_k + J_i) = \sum_{k=1}^{n}(a_k + J_i)(b_k + J_i) = a_i + J_i,$$

从而

$$\varphi(x) = (a_1 + J_1, a_2 + J_2, \cdots, a_n + J_n),$$

故 φ 是满射.

下面计算 $\mathrm{Ker}\, \varphi$. 显然 $\varphi(x) = 0$ 当且仅当对每个 $i, 1 \leqslant i \leqslant n,$ 有

$$x + J_i = J_i,$$

即 $x \in J_i,$ 这也等价于

$$x \in J_1 \cap J_2 \cap \cdots \cap J_n.$$

故

$$\mathrm{Ker}\, \varphi = J_1 \cap J_2 \cap \cdots \cap J_n.$$

由环同态基本定理, 就得到中国剩余定理的证明. □

例 4.5.3 设 $R = \mathbb{Z}$, $m_1, m_2, \cdots, m_n$ 为两两互素的正整数, $J_i = (m_i)$. 则 J_1, $J_2, \cdots, J_n$ 两两互素, 又

$$J_1 \cap J_2 \cap \cdots \cap J_n = (m_1 m_2 \cdots m_n),$$

所以中国剩余定理给出

$$\mathbb{Z}/(m_1 m_2 \cdots m_n) \cong \mathbb{Z}/(m_1) \oplus \mathbb{Z}/(m_2) \oplus \cdots \oplus \mathbb{Z}/(m_n).$$

给定 $a_1, a_2, \cdots, a_n \in \mathbb{Z}$, 我们要求出 $x \in \mathbb{Z}$ 使得对每个 i, 有 $x + (m_i) = a_i + (m_i)$, $1 \leqslant i \leqslant n$, 或写成

$$x \equiv a_i \,(\mathrm{mod}\, m_i).$$

中国剩余定理告诉我们同余方程组

$$\begin{cases} x \equiv a_1 \,(\mathrm{mod}\, m_1), \\ x \equiv a_2 \,(\mathrm{mod}\, m_2), \\ \qquad \cdots\cdots\cdots\cdots \\ x \equiv a_n \,(\mathrm{mod}\, m_n) \end{cases}$$

的解 x 是存在的, 并且在模 $m_1 m_2 \cdots m_n$ 下唯一. 上面的证明过程也给出具体求出 x 的方法, 即对每个 i, $1 \leqslant i \leqslant n$, 找到整数 b_i 使得

$$b_i \equiv 1 \,(\mathrm{mod}\, m_i)$$

且对任意 $k \neq i$, b_i 可以被 m_k 整除, 则

$$x = \sum_{i=1}^{n} a_i b_i$$

即为所求.

注 4.5.2 中国古代数学著作《孙子算经》约成书于四、五世纪, 作者生平和编写年代都不清楚. 具有重大意义的是卷下第 26 题: "今有物不知其数, 三三数之剩二, 五五数之剩三, 七七数之剩二, 问物几何?" 这就是著名的 "物不知其数问题".

用同余式的语言, 就是求同余方程组

$$\begin{cases} x \equiv 2 \,(\mathrm{mod}\, 3), \\ x \equiv 3 \,(\mathrm{mod}\, 5), \\ x \equiv 2 \,(\mathrm{mod}\, 7) \end{cases}$$

的整数解. 设 $m_1 = 3$, $m_2 = 5$, $m_3 = 7$, 则 m_1, m_2, m_3 两两互素, 且有 $a_1 = 2$, $a_2 = 3$, $a_3 = 2$. 分别计算出被 3 除余 1, 被 5 和 7 整除的数 $b_1 = 70$; 被 5 除

余 1, 被 3 和 7 整除的数 $b_2 = 21$; 被 7 除余 1, 被 3 和 5 整除的数 $b_3 = 15$. 则上面问题的一个解为

$$x = 2 \times 70 + 3 \times 21 + 2 \times 15 = 233,$$

模 $3 \times 5 \times 7 = 105$, 得到上面问题的最小正整数解为 23.

明朝程大位在《算法统宗》一书中将此解法编成口诀: "三人同行七十稀, 五树梅花廿一枝, 七子团圆正半月, 除百零五便得知." 在此之前的南宋大数学家秦九韶的《数书九章》一书则开创了对一次同余式理论的研究工作, 推广了 "物不知其数" 问题, 给出大衍求一术. 西方的数学史家将这个定理称为 "中国剩余定理", 并把它推广到我们开始所看到的环中结论表达的形式.

设正整数 n 的标准分解为 $n = p_1^{e_1} p_2^{e_2} \cdots p_k^{e_k}$, 其中 $p_1, p_2, \cdots, p_k$ 是互不相同的素数, $e_i \geqslant 1, 1 \leqslant i \leqslant k$. 由中国剩余定理有

$$\mathbb{Z}/(n) \cong \mathbb{Z}/(p_1^{e_1}) \oplus \mathbb{Z}/(p_2^{e_2}) \oplus \cdots \oplus \mathbb{Z}/(p_k^{e_k}).$$

考虑这些环的单位群, 我们又一次得到

$$U(n) \cong U(p_1^{e_1}) \times U(p_2^{e_2}) \times \cdots \times U(p_k^{e_k}).$$

习题 4.5

1. 证明第二、第三环同构定理和对应定理.

2. 设 R 为交换环, $\mathrm{char}\, R = p$ 为素数, 证明 Frobenius (费罗贝尼乌斯) 映射 $a \mapsto a^p$ 为 R 的自同态.

3. 利用 $\mathbb{Z}$ 到 $\mathbb{Z}/(9)$ 的自然同态证明十进制数 $\overline{a_k a_{k-1} \cdots a_0}$ 是 9 的倍数当且仅当它的各位数字之和 $a_k + a_{k-1} + \cdots + a_0$ 是 9 的倍数. 类似地, 给出十进制数 $\overline{a_k a_{k-1} \cdots a_0}$ 是 11 的倍数的一个充要条件.

4. 设 F 是域, $F[x, y]$ 是 F 上的二元多项式环, 定义 $\varphi : F[x, y] \to F[x]$ 为

$$\varphi(f(x, y)) = f(x^2, x^3).$$

证明 φ 为环同态, $\mathrm{Ker}\,\varphi = (y^2 - x^3)$ 且 φ 的像为 $F[x]$ 中所有 x 的系数为 0 的多项式构成的集合.

5. 设 R, R' 为交换环, $\varphi : R \to R'$ 为满同态. 又设 J 为 R 的理想且 $J \supseteq \mathrm{Ker}\,\varphi$, 证明: 若 $a_1, a_2, \cdots, a_m$ 生成 J, 则 $\varphi(a_1), \varphi(a_2), \cdots, \varphi(a_m)$ 生成理想 $\varphi(J)$.

6. 设 A, B, C 是环, $\varphi: A \to B$ 和 $\psi: A \to C$ 为满同态, 证明

$$B/\varphi(\mathrm{Ker}\,\psi) \cong A/(\mathrm{Ker}\,\varphi + \mathrm{Ker}\,\psi) \cong C/\psi(\mathrm{Ker}\,\varphi).$$

7. 设 R 为交换环, $a, b \in R$, $\pi: R \to R/(b)$ 为自然同态, 证明

$$R/(a, b) \cong (R/(b))/(\pi(a)).$$

8. 证明 $\mathbb{Z}[x]/(x^2 + 1) \cong \mathbb{Z}[\mathrm{i}]$.

9. 证明 $\mathbb{R}[x]/(x^2 - 2x + 2) \cong \mathbb{C}$.

10. 设 a, b 为互素整数, 证明 $\mathbb{Z}[\mathrm{i}]/(a + b\mathrm{i}) \cong \mathbb{Z}/(a^2 + b^2)$.

11. 求下面同余方程组的整数解:

$$\begin{cases} 5x \equiv 3 \ (\mathrm{mod}\ 8), \\ x \equiv 1 \ (\mathrm{mod}\ 15), \\ 3x \equiv 13 \ (\mathrm{mod}\ 20). \end{cases}$$

12. 求方程 $x^2 = 1$ 在环 $\mathbb{Z}_{600}$ 中的所有解, 并求出它们在 $\mathbb{Z}_{600}$ 中的积.

13. 设 I, J 是环 R 的理想, I, J 互素, 证明 $IJ = I \cap J$.

14. 设 I, J, K 是环 R 的理想, $IJ \subseteq K$ 且 I 与 K 互素, 证明 $J \subseteq K$.

15. 设 I, J, K 是环 R 的理想, $K \subseteq I$, $K \subseteq J$ 且 I 与 J 互素, 证明 $K \subseteq IJ$.

16. 利用环对应定理证明在环 $\mathbb{Q}[x]$ 中恰有两个理想包含 $(x^2 + 1)$, 恰有四个理想包含 $(x^2 - 1)$, 并分别找到包含 $(x^2 + 1)$ 和包含 $(x^2 - 1)$ 的理想.

17. 设 R 为交换环, I 为 R 的一个理想, 又设 $I[x]$ 表示系数在 I 中的多项式构成的集合.

(1) 证明 $I[x]$ 为 $R[x]$ 的一个理想;

(2) 证明

$$R[x]/I[x] \cong (R/I)[x];$$

(3) 设正整数 $n \geqslant 2$, 证明

$$\mathbb{Z}[x]/(n\mathbb{Z})[x] \cong \mathbb{Z}_n[x].$$

18. 设 R 为交换环, $f(x), g(x) \in R[x]$, 记 π_g 和 π_f 分别为 $R[x]$ 到商环 $R[x]/(g(x))$ 和 $R[x]/(f(x))$ 的自然同态.

(1) 证明存在环同态 $\phi: R[x]/(f(x)) \to R[x]/(g(x))$ 满足交换图

当且仅当存在 $h(x) \in R[x]$ 使得 $f(x) = g(x)h(x)$;

(2) 证明对任意 $g(x) \in R[x]$, 都可以找到满足 (1) 中交换图的同态映射 ϕ 当且仅当 $f(x) = 0$.

4.6 极大理想和素理想

设 R 为交换环, M 是 R 的一个理想, 则商环 R/M 仍为交换环, 那什么情况下 R/M 为域或整环? 本节我们来讨论这个问题.

定义 4.6.1 设 R 是环, M 是 R 的理想且 $M \neq R$, 对 R 的任意理想 N, 若 $M \subseteq N$, 必有 $N = M$ 或者 $N = R$, 则称 M 为 R 的**极大理想**.

由定义, 环的极大理想即没有真包含它的非平凡理想.

例 4.6.1 考虑整数环 $\mathbb{Z}$. $\mathbb{Z}$ 的每个理想 I 都是主理想, 不妨设 $I = (n)$, 其中 $n \in \mathbb{N}$. 显然, 零理想 (0) 不是 $\mathbb{Z}$ 的极大理想, 因为有 $(0) \subsetneq (2) \subsetneq \mathbb{Z}$. 又 $(1) = \mathbb{Z}$, 所以 (1) 也不是 $\mathbb{Z}$ 的极大理想. 下面设 $n \geqslant 2$.

若 n 为合数, 设 $n = n_1 n_2$ 且 $1 < n_1, n_2 < n$, 则有

$$(n) \subsetneq (n_1) \subsetneq (1) = \mathbb{Z}.$$

这表明 (n) 不是 $\mathbb{Z}$ 的极大理想.

若 n 为素数, 设 $N = (r)$ 是 $\mathbb{Z}$ 的一个理想且 $(n) \subseteq (r)$. 由 $n \in (r)$ 得到 $r \mid n$, 再由 n 为素数可得 $r = n$ 或者 $r = 1$, 由此立得 $N = (n)$ 或者 $N = \mathbb{Z}$, 故 (n) 为极大理想.

综合起来得到对非负整数 n, 理想 (n) 为 $\mathbb{Z}$ 的极大理想当且仅当 n 为素数. 这样我们便找到了整数环 $\mathbb{Z}$ 的全部极大理想.

定理 4.6.1 设 R 是交换环, $K \neq R$ 是 R 的理想, 则 R/K 是域当且仅当 K 为 R 的极大理想.

证明 显然 R/K 是交换环, 又由 $K \neq R$ 知 R/K 中至少有 2 个元素, 所以 R/K 是域当且仅当 R/K 中每个非零元都可逆.

若 K 为极大理想, 对任意 $a + K \in R/K$, $a + K \neq \overline{0}$, 则 $a \notin K$. 从而

$$K \subsetneq K + (a).$$

由 K 的极大性得到 $K + (a) = R$, 从而 $1 \in K + (a)$. 所以存在 $k \in K$ 和 $r \in R$, 使得

$$k + ar = 1.$$

于是

$$(a + K)(r + K) = ar + K = 1 + K,$$

从而 $a + K$ 可逆.

反之, 设 R/K 中每个非零元都可逆. 任取 R 的理想 N 使得 $K \subsetneq N$, 则存在 $a \in N$ 但是 $a \notin K$, 这时 $a + K \neq \overline{0}$, 从而 $a + K$ 可逆. 所以存在 $r \in R$ 使得

$$ar + K = (a + K)(r + K) = 1 + K,$$

故存在 $k \in K$ 使得 $1 = ar + k$. 由于 $a \in N$, 故 $ar \in N$. 又 $k \in K \subsetneq N$, 从而

$$1 = ar + k \in N,$$

这就推出 $N = R$, 所以 K 为 R 的极大理想. □

例 4.6.2 设 p 为素数, 由于 $\mathbb{Z}[x]/(p, x) \cong \mathbb{Z}_p$ 是域, 故 (p, x) 是 $\mathbb{Z}[x]$ 的极大理想. 我们知道域是交换单环, 即只有平凡理想的交换环, 由定理 4.6.1 易知反之也成立.

推论 4.6.1 设 R 为交换单环, 则 R 为域.

证明 由于 R 只有 (0) 和自身两个理想, 故 (0) 是 R 的极大理想. 由定理 4.6.1 立得 $R \cong R/(0)$ 为域. □

在例 4.6.1 中我们求出了整数环 $\mathbb{Z}$ 的全部极大理想, 即所有由素数生成的主理想. 由定理 4.6.1 我们再一次得到下面结论.

推论 4.6.2 设 n 为非负整数, 则整数模 n 的剩余类环 $\mathbb{Z}_n$ 是域当且仅当 n 为素数.

整数环 $\mathbb{Z}$ 有极大理想, 那么是不是任意非零环都有极大理想? 下面这个定理给出了肯定的回答.

定理 4.6.2 设 R 为非零环, I 为 R 的理想且 $I \neq R$, 则 I 包含在 R 的一个极大理想中. 特别地, R 有极大理想.

证明 用 $\mathcal{A}$ 表示 R 的所有包含 I 的真理想构成的集合, 即

$$\mathcal{A} = \{J \mid J \text{ 为 } R \text{ 的真理想且 } J \supseteq I\}.$$

由于 $I \in \mathcal{A}$, 故 $\mathcal{A}$ 非空, 且 $\mathcal{A}$ 在集合的包含关系下构成一个偏序集. 任取 $\mathcal{A}$ 的一个全序子集 $\mathcal{X}$, 令

$$K = \bigcup_{X \in \mathcal{X}} X.$$

容易验证 K 是 R 的理想且 $K \supseteq I$, 又对任意 $X \in \mathcal{X}$ 有 $1 \notin X$, 故 $1 \notin K$, 即 $K \neq R$, 所以 $K \in \mathcal{A}$. 由于对任意 $X \in \mathcal{X}$ 有 $X \subseteq K$, 故 K 是全序子集 $\mathcal{X}$ 的一个上界.

因为 $\mathcal{A}$ 的任一全序子集都有上界, 由 Zorn (佐恩) 引理, $\mathcal{A}$ 有极大元 M. 对于 R 的真理想 N, 若 $M \subseteq N$, 则 $N \in \mathcal{A}$, 又 M 为 $\mathcal{A}$ 的极大元, 所以 $N = M$. 故 M 为 R 的极大理想, 而 $I \subseteq M$ 是显然的. □

若 R 为零环, 则不存在 R 的真理想, 所以上面定理中我们假设 R 为非零环.

设 F 为域, 下面讨论多项式环 $F[x]$ 的极大理想问题. 由于 $F[x]$ 的每个理想都是主理想, 任取 $F[x]$ 的一个理想 I, 可设 $I = (f(x))$, 其中 $f(x) \in F[x]$. 因为 $F[x]$ 不是域, 所以 (0) 不是 $F[x]$ 的极大理想. 又若 $f(x)$ 为非零常数多项式 c, 则 c 在 $F[x]$ 中可逆, 故 $(c) = F[x]$, 所以这时 $(f(x))$ 也不是 $F[x]$ 的极大理想. 下面设 $\deg f(x) \geqslant 1$.

《代数学 (一)》中定义了域上的可约或不可约多项式. 设 $f(x) \in F[x]$ 且 $\deg f(x) \geqslant 1$, 若 $f(x)$ 可以分解为两个次数更低的多项式的乘积, 即存在 $g(x), h(x) \in F[x]$ 满足

$$f(x) = g(x)h(x),$$

且 $\deg g(x), \deg h(x) < \deg f(x)$, 则称 $f(x)$ 是 $F[x]$ 中的**可约多项式**, 或称 $f(x)$ 在 F 上可约. 否则称 $f(x)$ 是 $F[x]$ 中的**不可约多项式**, 或称 $f(x)$ 在 F 上不可约.

设 $f(x) = g(x)h(x)$, 则

$$\deg f(x) = \deg g(x) + \deg h(x).$$

所以若 $f(x)$ 可约, 则有 $\deg g(x), \deg h(x) \geqslant 1$. 而 $f(x)$ 不可约意为 $\deg g(x)$ 和 $\deg h(x)$ 中一定有一个为 0, 而另一个为 $\deg f(x)$. 换一个说法就是若 $f(x)$ 是 $F[x]$ 中的不可约多项式且

$$f(x) = g(x)h(x),$$

则 $g(x)$ 和 $h(x)$ 中一定有一个是非零常数. 显然一次多项式一定不可约, 因为若 $\deg f(x) = 1$ 且 $f(x) = g(x)h(x)$, 则 $\deg g(x) + \deg h(x) = 1$. 再由 $\deg g(x)$ 和 $\deg h(x)$ 都是非负整数得到 $\deg g(x)$ 和 $\deg h(x)$ 中一定有一个为 0, 所以 $f(x)$ 不可约. 进一步地, 若 $f(x)$ 在 F 中有根 a, 则存在 $g(x) \in F[x]$ 使得 $f(x) = (x-a)g(x)$. 若还有 $\deg f(x) \geqslant 2$, 则 $\deg g(x) = \deg f(x) - 1 \geqslant 1$, 从而 $f(x)$ 可约, 即次数大于 1 且在 F 中有根的多项式一定可约, 或者说次数大于 1 的不可约多项式一定在 F 中无根.

命题 4.6.1 设 F 是域, $f(x) \in F[x]$ 且 $\deg f(x) = 2$ 或 3, 则 $f(x)$ 在 $F[x]$ 中不可约当且仅当 $f(x)$ 在 F 中无根.

证明 前已证明必要性, 下证充分性.

若 $f(x)$ 可约, 则存在 $g(x), h(x) \in F[x]$ 使得 $f(x) = g(x)h(x)$ 且 $\deg g(x), \deg h(x) < \deg f(x)$. 由于

$$\deg f(x) = \deg g(x) + \deg h(x),$$

且 $\deg f(x) = 2$ 或 3, 故一定有 $\deg g(x) = 1$ 或者 $\deg h(x) = 1$. 不妨设 $\deg g(x) = 1$, 即

$$g(x) = a_0 + a_1 x,$$

其中 $a_0, a_1 \in F$ 且 $a_1 \neq 0$. 从而 $g(x)$ 在 F 中有根 $-a_1^{-1}a_0$, 它自然也是 $f(x)$ 在 F 中的根, 矛盾. $\square$

例 4.6.3   由于 $f(x) = x^2 + 1$ 在实数域 $\mathbb{R}$ 中无根, 所以 $x^2 + 1$ 在 $\mathbb{R}[x]$ 中不可约. 但是 $x^2 + 1$ 在复数域 $\mathbb{C}$ 中有根 i, 所以 $x^2 + 1$ 在 $\mathbb{C}[x]$ 中可约.

考虑 3 元域 $\mathbb{Z}_3 = \{0, 1, 2\}$ 上的多项式 $f(x) = x^3 + x^2 + x + 2$, 将 $\mathbb{Z}_3$ 中的三个元素代入 $f(x)$ 得到 $f(0) = 2, f(1) = 2, f(2) = 1$, 故 $f(x)$ 在 $\mathbb{Z}_3$ 中无根, 所以 $f(x) = x^3 + x^2 + x + 2$ 在 $\mathbb{Z}_3[x]$ 中不可约.

整数环 $\mathbb{Z}$ 和域 F 上的一元多项式环 $F[x]$ 都是主理想整环. 对于正整数 n, (n) 是 $\mathbb{Z}$ 的极大理想当且仅当 n 为素数. 类似地, 我们也可以确定 $F[x]$ 的所有极大理想.

定理 4.6.3   设 F 为域, $f(x) \in F[x]$, 则 $(f(x))$ 是 $F[x]$ 的极大理想当且仅当 $f(x)$ 在 $F[x]$ 中不可约.

证明   设 $(f(x))$ 是 $F[x]$ 的极大理想, 由前面的说明知一定有 $\deg f(x) \geqslant 1$. 若

$$f(x) = g(x)h(x),$$

则 $f(x) \in (g(x))$, 从而

$$(f(x)) \subseteq (g(x)).$$

由 $(f(x))$ 的极大性得到 $(g(x)) = (f(x))$, 或者 $(g(x)) = F[x]$. 若 $(g(x)) = (f(x))$, 则 $g(x) \in (f(x))$, 故存在 $s(x) \in F[x]$ 使得 $g(x) = f(x)s(x)$. 再由 $f(x) = g(x)h(x)$ 得到

$$f(x) = f(x)s(x)h(x),$$

两端消去 $f(x) \neq 0$ 得到 $1 = s(x)h(x)$, 由此得到 $h(x)$ 为非零常数. 若 $(g(x)) = F[x]$, 则 $1 \in (g(x))$, 故存在 $t(x) \in F[x]$ 使得 $1 = g(x)t(x)$, 由此得到 $g(x)$ 为非零常数. 这表明从 $f(x) = g(x)h(x)$ 可推出 $g(x)$ 或 $h(x)$ 中一定有一个为非零常数, 所以 $f(x)$ 在 $F[x]$ 中不可约.

反之, 设 $f(x)$ 在 $F[x]$ 中不可约, 则对 $F[x]$ 的任意真理想 $(g(x))$, 若 $(f(x)) \subseteq (g(x))$, 即存在 $h(x) \in F[x]$ 使得

$$f(x) = g(x)h(x).$$

由于 $(g(x)) \neq F[x]$, 故 $g(x)$ 不是非零常数, 再由 $f(x)$ 的不可约性得到 $h(x)$ 为非零常数 c. 从而 $g(x) = c^{-1}f(x) \in (f(x))$, 故 $(g(x)) \subseteq (f(x))$. 再由已知的 $(f(x)) \subseteq (g(x))$ 得到 $(g(x)) = (f(x))$, 所以 $(f(x))$ 是 $F[x]$ 的极大理想. $\square$

综合定理 4.6.1 和定理 4.6.3, 我们立得如下结论.

定理 4.6.4   设 F 是域, 则商环 $F[x]/(f(x))$ 是域当且仅当 $f(x)$ 在 $F[x]$ 中不可约.

例 4.6.4   设 $F = \mathbb{R}$, 则 $f(x) = x^2 + 1$ 在 $\mathbb{R}[x]$ 中不可约, 所以

$$E = \mathbb{R}[x]/(x^2 + 1)$$

是域, 那么 E 是什么域? 我们知道

$$E = \mathbb{R}[x]/(x^2+1) = \{\overline{a+bx} \mid a,b \in \mathbb{R}\} = \{\bar{a} + \bar{b}\bar{x} \mid a,b \in \mathbb{R}\}.$$

实数域 $\mathbb{R}$ 是 $\mathbb{R}[x]/(x^2+1)$ 的子域, 把 E 中的元素 $\bar{a}$ 等同于 $a \in \mathbb{R}$, 记 $\bar{x}$ 为 i, 则域 E 中每个元素形如 $a + bi$, 其中 $a,b \in \mathbb{R}$, 这恰好是复数, 那么域 E 是复数域 $\mathbb{C}$ 吗? 这需要看 E 中的运算.

域 E 中的加法和乘法是多项式环 $\mathbb{R}[x]$ 的模 x^2+1 的加法和乘法运算, 即加法为

$$(a+bx) + (c+dx) = (a+c) + (b+d)x,$$

或写为

$$(a+bi) + (c+di) = (a+c) + (b+d)i,$$

而乘法为

$$\begin{aligned}(a+bx)(c+dx) &= ac + (ad+bc)x + bdx^2 \\ &\equiv (ac-bd) + (ad+bc)x \,(\mathrm{mod}\, x^2+1),\end{aligned}$$

或写为

$$(a+bi)(c+di) = (ac-bd) + (ad+bc)i.$$

所以 E 中的运算与复数域中的运算又完全一样, 从而域 $E = \mathbb{R}[x]/(x^2+1)$ 就是复数域 $\mathbb{C}$.

进一步地, $i = \bar{x}$ 是多项式 $f(x) = x^2+1$ 在 E 中的根.

例 4.6.5 设 $F = \mathbb{Z}_2 = \{0,1\}$ 为 2 元域, 容易验证 $f(x) = x^3+x+1$ 在 $\mathbb{Z}_2$ 中无根, 故 $f(x)$ 在 $\mathbb{Z}_2[x]$ 中不可约, 所以

$$E = \mathbb{Z}_2[x]/(x^3+x+1)$$

是一个域, 这是含有 8 个元素的有限域. 看一个代数结构不是看它的元素符号, 而是看它是怎么运算的. 下面就来具体考察 E 中的运算. 为简便起见, 下面把 $\bar{x}$ 记成 x. 所以

$$\begin{aligned}E &= \{a_0 + a_1x + a_2x^2 \mid a_0,a_1,a_2 \in \mathbb{Z}_2\} \\ &= \{0,1,x,1+x,x^2,1+x^2,x+x^2,1+x+x^2\}.\end{aligned}$$

E 中的加法是模 x^3+x+1 的多项式加法, 由于 E 中元素用次数小于 3 的多项式表示, 故 E 中的加法就是简单的多项式加法. 对于乘法, 由于

$$\begin{aligned}&(a_0+a_1x+a_2x^2)(b_0+b_1x+b_2x^2) \\ &= a_0b_0 + (a_1b_0+a_0b_1)x + (a_2b_0+a_1b_1+a_0b_2)x^2 + (a_2b_1+a_1b_2)x^3 + a_2b_2x^4.\end{aligned}$$

再注意到

$$x^3 \equiv x + 1 \; (\text{mod } x^3 + x + 1) \qquad \text{和} \qquad x^4 \equiv x^2 + x \; (\text{mod } x^3 + x + 1).$$

所以在 E 中有

$$a_2 b_2 x^4 = a_2 b_2 x^2 + a_2 b_2 x$$

和

$$(a_2 b_1 + a_1 b_2) x^3 = (a_2 b_1 + a_1 b_2) x + (a_2 b_1 + a_1 b_2).$$

这样我们得到 E 中的乘法运算公式为

$$
\begin{aligned}
&(a_0 + a_1 x + a_2 x^2)(b_0 + b_1 x + b_2 x^2) \\
&= (a_2 b_1 + a_1 b_2 + a_0 b_0) + (a_2 b_2 + a_2 b_1 + a_1 b_2 + a_1 b_0 + a_0 b_1)x + \\
&\quad (a_2 b_2 + a_2 b_0 + a_1 b_1 + a_0 b_2)x^2.
\end{aligned}
\tag{4.6}
$$

例如,

$$(1 + x) + (1 + x^2) = x + x^2, \quad (1 + x)(1 + x^2) = x^2.$$

再由 $(1 + x)(x + x^2) = 1$ 可得到

$$(1 + x)^{-1} = x + x^2$$

等.

E 中的元素 $a_0 + a_1 x + a_2 x^2$ 也可以表示成域 $\mathbb{Z}_2$ 上的 3 维向量 (a_0, a_1, a_2), 这时

$$E = \{ (a_0, a_1, a_2) \mid a_0, a_1, a_2 \in \mathbb{Z}_2 \}.$$

在通常的按分量加法和数乘运算下, E 是 $\mathbb{Z}_2$ 上的 3 维向量空间. 进一步地, E 上的加法依然为按分量相加, 即

$$(a_0, a_1, a_2) + (b_0, b_1, b_2) = (a_0 + b_0, a_1 + b_1, a_2 + b_2),$$

由式 (4.6) 得这时 E 中的乘法可表示为

$$
\begin{aligned}
&(a_0, a_1, a_2) \cdot (b_0, b_1, b_2) \\
&= (a_2 b_1 + a_1 b_2 + a_0 b_0, a_2 b_2 + a_2 b_1 + a_1 b_2 + a_1 b_0 + a_0 b_1, a_2 b_2 + \\
&\quad a_2 b_0 + a_1 b_1 + a_0 b_2),
\end{aligned}
\tag{4.7}
$$

则 E 在如上的加法和乘法运算下构成一个域. 这样我们对 $\mathbb{Z}_2$ 上的 3 维向量空间引入乘法运算使之成为一个域, 由前面的公式 (4.6) 或者 (4.7) 可看出这个乘法运算既不简单也不显然.

注 4.1.1 中已经提到三元数是不存在的, 即不可能在实数域上的 3 维向量空间中定义乘法使得该空间在原来空间的加法和新定义的乘法下成为域. 而本例告诉我们对有限域 $\mathbb{Z}_2$ 却是可以做到的. 实际上, 对任意有限域 F 和 F 上的任意 n 维向量空间 V, 我们总可以在 V 中定义乘法, 使得 V 在原来的加法和这个新定义的乘法下构成一个域. 另外, 若把有限域 F 换成有限数域 $\mathbb{Q}$, 该结论依然成立.

设 $f(x) \in F[x]$ 在 F 上不可约. 若 $\deg f(x) = 1$, 不妨设 $f(x) = b + ax$, 其中 $a, b \in F$ 且 $a \neq 0$, 则 $f(x)$ 在 F 中有根 $-a^{-1}b$. 若 $\deg f(x) \geqslant 2$, 则 $f(x)$ 在 F 中无根, 但是 $f(x)$ 在 F 的扩域 $F[x]/(f(x))$ 中有根 $\overline{x}$. 这表明域 F 上的任意多项式在 F 的扩域中一定有根, 由此立得如下域论基本定理.

定理 4.6.5 (Kronecker 定理, 域论基本定理) 设 F 为域, $f(x) \in F[x]$, $\deg f(x)$ $\geqslant 1$, 则存在 F 的扩域 E 使得 $f(x)$ 在 E 中有根.

证明 设 $p(x)$ 是 $f(x)$ 的一个不可约因式, 令 $E = F[x]/(p(x))$, 则 E 即为所求. $\square$

下面我们考察交换环 R 的什么理想 I 使得 R/I 为整环.

定义 4.6.2 设 R 为环, P 是 R 的真理想, 且对于 R 的任意理想 I 和 J, 由 $IJ \subseteq P$ 可得到 $I \subseteq P$ 或者 $J \subseteq P$, 则称 P 是 R 的**素理想**.

定理 4.6.6 设 R 为非零交换环, P 是 R 的真理想, 则下面陈述等价:

(1) P 是 R 的素理想;

(2) 对于 $a, b \in R$, 若 $ab \in P$, 则有 $a \in P$ 或者 $b \in P$;

(3) R/P 是整环.

证明 (1) $\Rightarrow$ (2): 设 $a, b \in R$ 且 $ab \in P$. 令 $I = (a)$, $J = (b)$, 由 R 交换得到

$$IJ = (ab) \subseteq P.$$

于是由 P 为素理想有 $I \subseteq P$ 或者 $J \subseteq P$, 即 $a \in P$ 或者 $b \in P$.

(2) $\Rightarrow$ (3): 因为 R 交换, P 为 R 的真理想, 所以 R/P 交换且至少含有 2 个元素. 对于 $a + P, b + P \in R/P$, 若

$$(a + P)(b + P) = \overline{0} = P,$$

则有 $ab + P = P$, 即 $ab \in P$. 由 (2) 有 $a \in P$ 或者 $b \in P$, 即 $a + P = \overline{0}$ 或者 $b + P = \overline{0}$, 故 R/P 中无零因子. 所以 R/P 为整环.

(3) $\Rightarrow$ (1): 反证, 设 P 不是素理想, 则存在 R 的理想 I 和 J 满足 $IJ \subseteq P$, 但是 $I \not\subseteq P$ 且 $J \not\subseteq P$. 于是存在 $a \in I$ 但是 $a \notin P$, 也存在 $b \in J$ 但是 $b \notin P$. 从而 $a + P \neq \overline{0}$, $b + P \neq \overline{0}$, 但是由 $ab \in IJ \subseteq P$ 有

$$(a + P)(b + P) = ab + P = \overline{0}.$$

故 $a + P, b + P$ 都是 R/P 的零因子, 与 R/P 为整环矛盾. $\square$

由上面定理立得如下推论.

推论 4.6.3 设 R 为非零交换环, 则 R 是整环当且仅当 (0) 是 R 的素理想.

由于域是整环, 所以由定理 4.6.1 和定理 4.6.6 立得交换环的极大理想一定是素理想. 实际上这个结论对任意环都成立.

命题 4.6.2 设 R 为环, 则 R 的极大理想一定是素理想.

证明   设 P 为 R 的极大理想, 来证 P 为素理想. 反之, 若 P 不是素理想, 则存在 R 的理想 I 和 J 使得 $I \not\subseteq P$ 和 $J \not\subseteq P$, 但是 $IJ \subseteq P$. 由于 $I \not\subseteq P$, 故 $P \subsetneq I + P$, 再由 P 为极大理想有 $I + P = R$, 从而 I 与 P 互素. 同理 J 与 P 也互素. 由命题 4.5.1 知 IJ 与 P 互素, 这与 $IJ \subseteq P$ 矛盾. □

注意到命题 4.6.2 的逆不一定成立. 例如由 $\mathbb{Z}[x]/(x) \cong \mathbb{Z}$ 为整环知 (x) 为 $\mathbb{Z}[x]$ 的素理想, 但由

$$(x) \subsetneq (2, x) \subsetneq \mathbb{Z}[x]$$

知 (x) 不是 $\mathbb{Z}[x]$ 的极大理想. 又若 R 为整环但不是域, 则 (0) 是 R 的素理想, 但不是 R 的极大理想. 进一步地, 因为任意非零环都有极大理想, 所以任意非零环也一定有素理想.

例 4.6.6   考虑整数环 $\mathbb{Z}$. $\mathbb{Z}$ 的每个理想为主理想 (n), 其中 n 为非负整数. 由 $\mathbb{Z}$ 为整环知 (0) 是 $\mathbb{Z}$ 的素理想. 当 n 为素数时, (n) 是 $\mathbb{Z}$ 的极大理想, 从而也是素理想. 若 n 为合数, 设 $n = n_1 n_2$, 其中 $1 < n_1, n_2 < n$. 由于 $n_1 n_2 = n \in (n)$ 但是 $n_1 \notin (n)$ 且 $n_2 \notin (n)$, 所以 (n) 不是 $\mathbb{Z}$ 的素理想. 这样我们得到对任意非负整数 n, (n) 是 $\mathbb{Z}$ 的素理想当且仅当 $n = 0$ 或者 n 为素数.

设 R 是非零交换环, R 的所有素理想的交仍是理想, 这个理想是 R 的什么理想?

定理 4.6.7   设 R 是非零交换环, 则 R 的所有素理想的交恰好是 R 的幂零根 $\mathrm{Rad}(R)$.

证明   用 J 表示 R 的所有素理想的交, 我们先证明 $J \supseteq \mathrm{Rad}(R)$. 任取 $a \in \mathrm{Rad}(R)$, 则存在正整数 n 使得 $a^n = 0$. 对 R 的任意素理想 P, 由于

$$a \cdot a^{n-1} = a^n = 0 \in P,$$

故 $a \in P$ 或者 $a^{n-1} \in P$. 若 $a^{n-1} \in P$, 则类似地有 $a \in P$ 或者 $a^{n-2} \in P$. 以此类推, 最后我们一定有 $a \in P$. 这便证出 a 在 R 的每个素理想中, 所以 $a \in J$, 从而 $J \supseteq \mathrm{Rad}(R)$.

另一方面, 我们证明若 $b \in R$ 不是幂零元, 则 $b \notin J$, 这只需证明存在 R 的一个素理想 P 使得 $b \notin P$ 即可. 事实上, 考虑集合

$$\mathscr{A} = \{ I \mid I \text{ 是 } R \text{ 的理想且 } I \cap \{b^m \mid m \in \mathbb{Z}^+\} = \varnothing \}.$$

由于 b 不是幂零元, 易知零理想 $(0) \in \mathscr{A}$, 即 $\mathscr{A}$ 非空, 且 $\mathscr{A}$ 按照集合的包含关系做成一个偏序集. 任取 $\mathscr{A}$ 的一个全序子集 $\mathcal{S} = \{ I_\alpha \mid \alpha \in S \}$, 令

$$A = \bigcup_{\alpha \in S} I_\alpha.$$

容易验证 A 为 R 的理想且

$$A \cap \{b^m \mid m \in \mathbb{Z}^+\} = \varnothing,$$

即 $A \in \mathcal{A}$. 又显然对任意 $I_\alpha \in \mathcal{S}$ 有 $I_\alpha \subseteq A$, 从而 A 为 $\mathcal{S}$ 的一个上界. 这便证出 $\mathcal{A}$ 的每个全序子集都有上界, 由 Zorn 引理, 偏序集 $\mathcal{A}$ 有极大元 P. 由 $P \in \mathcal{A}$ 显然有 $b \notin P$, 从而 $P \neq R$.

下面证明 P 是 R 的素理想. 事实上若否, 则存在 $u, v \in R \setminus P$ 但是 $uv \in P$. 由于 $(u) + P \supsetneq P, (v) + P \supsetneq P$ 和 P 在 $\mathcal{A}$ 中的极大性有 $(u) + P \notin \mathcal{A}$ 且 $(v) + P \notin \mathcal{A}$, 从而存在正整数 s 和 t 使得 $b^s \in (u) + P$, $b^t \in (v) + P$. 设 $b^s = ux + p_1$, $b^t = vy + p_2$, 其中 $x, y \in R$, $p_1, p_2 \in P$, 则有

$$b^{s+t} = (ux + p_1)(vy + p_2) = (uv)(xy) + p_1(vy) + (ux)p_2 + p_1 p_2.$$

由 P 是理想且 $uv, p_1, p_2 \in P$ 可以得到 $b^{s+t} \in P$, 与 $P \in \mathcal{A}$ 矛盾. 这样我们证明了非幂零元一定不在 J 中, 即 J 中每个元素都是 R 的幂零元, 所以 $\text{Rad}(R) \supseteq J$. 综合起来我们便有 $J = \text{Rad}(R)$. □

若 $R = \{0\}$, 则 R 的幂零元集合就是 R 本身. 若 R 为非零交换环, 由定理 4.6.7, R 的幂零元集合就是 R 的所有素理想的交, 也构成 R 的一个理想. 合起来正是例 4.4.2 证明的结论.

习题 4.6

1. 判断以下环 R 中元素 a 生成的主理想是否是极大理想:

(1) $R = \mathbb{Z}$, $a = 91$;

(2) $R = \mathbb{Z}_{20}$, $a = \overline{2}$;

(3) $R = \mathbb{R}[x]$, $a = x^2 - 1$;

(4) $R = \mathbb{R}[x]$, $a = x^2 + x + 1$.

2. 设 R, R' 是交换环, $\varphi : R \to R'$ 为环的满同态. 令 $\mathcal{J}$ 为 R 的所有包含 $\text{Ker}\,\varphi$ 的理想集合, $\mathcal{L}$ 是 R' 的所有理想的集合. 证明

(1) 若 $J \in \mathcal{J}$ 为素 (极大) 理想, 则 $\varphi(J) \in \mathcal{L}$ 也是素 (极大) 理想; 反之, 若 $L \in \mathcal{L}$ 为素 (极大) 理想, 则 $\varphi^{-1}(L) \in \mathcal{J}$ 也是素 (极大) 理想;

(2) R' 的素 (极大) 理想与 R 的包含 $\text{Ker}\,\varphi$ 的素 (极大) 理想一一对应.

3. 设 p 为素数, $n \geqslant 2$ 为正整数, $R = \mathbb{Z}/(p^n)$.

(1) 证明 R 中的元素或为可逆元或为幂零元;

(2) 证明 R 只有一个素理想 P 并求出 P;

(3) 证明商环 R/P 是域.

4. 设正整数 $n = p_1^{e_1} p_2^{e_2} \cdots p_k^{e_k}$, 其中 $p_1, p_2, \cdots, p_k$ 是互不相同的素数, $e_i \geqslant 1$, $1 \leqslant i \leqslant k$. 求 $\mathbb{Z}_n$ 的所有素理想和极大理想, 并求 $\mathbb{Z}_n$ 的幂零根.

5. 判断以下商环是否为域, 若为域, 给出其特征:

$$\mathbb{Z}[\text{i}]/(7), \quad \mathbb{Z}[\text{i}]/(5), \quad \mathbb{Z}[\text{i}]/(2+\text{i}).$$

6. 设 P 是交换环 R 的素理想, $I_1, I_2, \cdots, I_n$ 是 R 的理想且 $P = \bigcap\limits_{1 \leqslant i \leqslant n} I_i$, 证明存在某个 i, $1 \leqslant i \leqslant n$, 使得 $P = I_i$.

7. 设交换环 R 的一个素理想 P 包含有限多个理想 $I_1, I_2, \cdots, I_n$ 的交, 证明 P 一定包含其中之一 I_i.

8. 设交换环 R 的一个理想 I 包含于有限多个素理想 $P_1, P_2, \cdots, P_n$ 的并, 证明 I 一定包含于其中之一 P_i.

9. 设 R 是主理想整环, 证明 R 的每个非零素理想一定是极大理想.

10. 证明有限交换环的素理想一定是极大理想.

11. 设 D 为主理想整环, 证明对 D 的任意素理想 I, 商环 D/I 也是主理想整环.

12. 构造一个含 125 个元素的域.

13. 设 $R = \mathbb{Q}[x, y]$, 即有理数域上的二元多项式环, 证明 (x, y) 是 R 的极大理想.

14. 用 $C[0,1]$ 表示所有实连续函数 $f : [0,1] \to \mathbb{R}$ 的集合.

(1) 定义 $C[0,1]$ 上的加法和乘法为 $(f+g)(x) = f(x)+g(x)$ 和 $(fg)(x) = f(x)g(x)$, 对任意 $f, g \in C[0,1]$ 和 $x \in [0,1]$, 证明 $C[0,1]$ 在这样的运算下构成一个交换环;

(2) 确定环 $C[0,1]$ 中的可逆元, 并判断该环是否为整环;

(3) 对 $a \in [0,1]$, 定义 $J_a = \{f \in C[0,1] \mid f(a) = 0\}$, 证明 J_a 是 $C[0,1]$ 的极大理想, 并判断 J_a 是否为主理想;

(4) 设 M 是 $C[0,1]$ 的极大理想, 证明一定存在某个 $a \in [0,1]$ 使得 $M = J_a$.

15. 设 $a, b \in \mathbb{Q}$ 且 $a \neq b$, 证明 $\mathbb{Q}[x]/((x-a)(x-b)) \cong \mathbb{Q} \oplus \mathbb{Q}$.

16. 证明 $\mathbb{R}[x]/(x^2 - 2) \cong \mathbb{R} \oplus \mathbb{R}$.

17. 设 R 是有理数域 $\mathbb{Q}$ 上所有形如

$$\begin{pmatrix} a & b \\ 0 & a \end{pmatrix}$$

的 2 阶方阵构成的集合, 其中 $a, b \in \mathbb{Q}$. 证明 R 是 $\mathbb{Q}^{2\times 2}$ 的一个交换子环, 并且

$$R \cong \mathbb{Q}[x]/(x^2) \cong \mathbb{Q}[x]/((x-1)^2).$$

4.7   分式域与局部化

本节先考虑整环的局部化, 即由整环 R 得到一个域 F, 使得 R 为 F 的子环. 这可以类比由整数环 $\mathbb{Z}$ 得到有理数域 $\mathbb{Q}$ 的过程.

(i) 需要非零整数 m 可逆, 故得到 $\dfrac{1}{m}$.

(ii) 对 $\dfrac{1}{m}$ 施行加法运算, 由此得到分数 $\dfrac{n}{m}$.

(iii) 两个分数可以相等, $\dfrac{n}{m} = \dfrac{n_1}{m_1}$ 当且仅当 $m_1 n = m n_1$.

(iv) 分数的加法与乘法:

$$\frac{n}{m} + \frac{n'}{m'} = \frac{nm' + n'm}{mm'}$$

和

$$\frac{n}{m} \cdot \frac{n'}{m'} = \frac{nn'}{mm'}.$$

由此得到域 $\mathbb{Q}$, 且映射 $n \mapsto \dfrac{n}{1}$ 为环的单同态, 故 $\mathbb{Z}$ 为域 $\mathbb{Q}$ 的子环.

一般地, 设 R 为整环, 考虑集合

$$R \times R \backslash \{0\} = \{(r, s) \mid r, s \in R, s \neq 0\}.$$

在该集合上定义关系 "$\sim$" 为 $(r, s) \sim (r', s')$ 若 $r's = rs'$, 容易验证 $\sim$ 是等价关系. 记 $\dfrac{r}{s}$ 为 (r, s) 所在的等价类, 令

$$F = \left\{ \frac{r}{s} \middle| r, s \in R, s \neq 0 \right\}$$

为所有等价类的集合. 由等价的定义知 F 中元素 $\dfrac{r_1}{s_1} = \dfrac{r_2}{s_2}$ 当且仅当 $r_1 s_2 = r_2 s_1$.

在 F 中定义

$$\frac{r}{s} + \frac{r'}{s'} = \frac{rs' + r's}{ss'}, \quad \frac{r}{s} \cdot \frac{r'}{s'} = \frac{rr'}{ss'}, \tag{4.8}$$

则 F 在这两个运算下构成域. 这首先需要验证 "+" 和 "·" 确实为 F 上的运算, 即与等价类代表元的选取无关. 同时需要验证 F 的零元为 $\dfrac{0}{1}$, 单位元为 $\dfrac{1}{1}$, F 中非零元 $\dfrac{r}{s}$ ($r \neq 0$) 的逆元为 $\dfrac{s}{r}$. 还要验证加法满足交换律和结合律, 乘法满足交换律和结合律, 以及满足乘法对加法的分配律.

定义映射 $f : R \to F$ 为

$$f(a) = \frac{a}{1}, \quad \forall a \in R. \tag{4.9}$$

由于

$$f(a + b) = \frac{a + b}{1} = \frac{a}{1} + \frac{b}{1} = f(a) + f(b),$$

$$f(ab) = \frac{ab}{1} = \frac{a}{1} \cdot \frac{b}{1} = f(a)f(b),$$

$f(1) = \dfrac{1}{1}$, 故 f 为环同态. 进一步地,

$$\operatorname{Ker} f = \left\{ a \,\middle|\, \frac{a}{1} = \frac{0}{1} \right\} = \{0\},$$

所以 f 为单同态, 从而 R 是 F 的子环.

定理 4.7.1 设 R 为整环, σ 为环 R 到域 K 的单同态, 则存在唯一的域的单同态 $\pi : F \to K$ 使得 $\sigma = \pi f$, 即图

$$\begin{array}{ccc} R & \xrightarrow{\ \sigma\ } & K \\ {\scriptstyle f}\searrow & & \nearrow{\scriptstyle \pi} \\ & F & \end{array}$$

是交换图, 其中 $f : R \to F$ 为 (4.9) 定义的单同态.

证明 定义 $\pi : F \to K$ 为

$$\pi\left(\frac{r}{s}\right) = \sigma(r)\sigma(s)^{-1},$$

则 π 为映射, 即与代表元的选取无关. 事实上, 若 $\dfrac{r}{s} = \dfrac{r'}{s'}$, 则 $r's = rs'$, 从而

$$\sigma(r')\sigma(s) = \sigma(r)\sigma(s').$$

由于 $s, s' \neq 0$, 又 σ 为单同态, 故 $\sigma(s), \sigma(s')$ 为域 K 中非零元, 从而可逆, 因此

$$\sigma(r)\sigma(s)^{-1} = \sigma(r')\sigma(s')^{-1},$$

即 $\pi\left(\dfrac{r}{s}\right) = \pi\left(\dfrac{r'}{s'}\right)$. 又容易验证 π 为同态, 因为 F 为域, 所以 π 为单同态. 再对任意 $a \in R$ 有

$$\pi f(a) = \pi\left(\frac{a}{1}\right) = \sigma(a)\sigma(1)^{-1} = \sigma(a),$$

故 $\sigma = \pi f$.

再证 π 的唯一性. 设 $\sigma = \pi f$, 首先, 对任意 $r \in R$,

$$\pi\left(\frac{r}{1}\right) = \pi f(r) = \sigma(r),$$

其次, 对任意 $s \in R \setminus \{0\}$, 由

$$1 = \pi(1) = \pi\left(\frac{s}{1} \cdot \frac{1}{s}\right) = \pi\left(\frac{s}{1}\right) \cdot \pi\left(\frac{1}{s}\right) = \sigma(s)\pi\left(\frac{1}{s}\right)$$

得到 $\pi\left(\dfrac{1}{s}\right) = \sigma(s)^{-1}$, 从而

$$\pi\left(\frac{r}{s}\right) = \pi\left(\frac{r}{1} \cdot \frac{1}{s}\right) = \pi\left(\frac{r}{1}\right) \cdot \pi\left(\frac{1}{s}\right) = \sigma(r)\sigma(s)^{-1}. \qquad \square$$

由定理 4.7.1 中单同态 σ 的分解可知 F 是包含 R 的最小域. 进一步地, F 中元素 $\dfrac{r}{s}$ 可写为 $\dfrac{r}{1} \cdot \left(\dfrac{s}{1}\right)^{-1}$, 即 R 中元素商的形式, 故称域 F 为整环 R 的**分式域** (或者**商域**).

例 4.7.1 整数环 $\mathbb{Z}$ 的分式域为有理数域 $\mathbb{Q}$. 域 F 上的一元多项式环 $F[x]$ 的分式域称为 F 上的**有理函数域**, 记为 $F(x)$, 即

$$F(x) = \left\{ \frac{f(x)}{g(x)} \,\Big|\, f(x), g(x) \in F[x], \; g(x) \neq 0 \right\}.$$

设 F 为域且 $\mathrm{char}\, F = 0$, 则 $\mathbb{Z}$ 是 F 的子环, 由定理 4.7.1 知 F 包含 $\mathbb{Z}$ 的分式域 $\mathbb{Q}$, 即有理数域 $\mathbb{Q}$ 是 F 的子域. 或者说, 有理数域是最小的特征为 0 的域. 而特征为 p 的域一定包含 $\mathbb{Z}_p$, 即 $\mathbb{Z}_p$ 是最小的特征为 p 的域. 故 $\mathbb{Q}$ 和 $\mathbb{Z}_p$ 均不含有真子域, 称它们为**素域**.

下面考虑非零交换环的局部化.

<u>定义 4.7.1</u> 设 R 为非零交换环, D 是 R 的一个子集满足 $1 \in D$ 但是 $0 \notin D$, D 中无零因子且 D 对乘法封闭, 即对于 $a, b \in D$ 有 $ab \in D$, 则称 D 是**分母集**.

例 4.7.2 (1) 设 R 为整环, 则 $D = R \setminus \{0\}$ 为分母集.

(2) 设 $R = \mathbb{Z}$, 则 $D_1 = \{2^n \mid n \in \mathbb{N}\}$ 和 $D_2 = \{a \in \mathbb{Z} \mid 2 \nmid a\}$ 都是分母集.

(3) 设 R 为整环, P 是 R 的素理想, 则 $D = R \setminus P$ 为分母集. 事实上, 因为 $0 \in P$, $1 \notin P$, 所以 $1 \in D$ 但是 $0 \notin D$. 由 R 为整环知 D 中无零因子. 进一步地, 对任意 $a, b \in D$, 有 $a, b \notin P$, 由 P 为素理想得到 $ab \notin P$, 从而 $ab \in D$. 故 $D = R \setminus P$ 为分母集.

类似于本节开始时介绍的整环的局部化, 在集合

$$R \times D = \{(r, s) \mid r \in R, s \in D\}$$

上定义关系 "$\sim$" 为 $(r, s) \sim (r', s')$ 若 $r's = rs'$, 则 $\sim$ 是等价关系. 记 $\dfrac{r}{s}$ 为 (r, s) 所在的等价类, 令

$$R_D = \left\{ \frac{r}{s} \,\Big|\, r \in R, s \in D \right\}$$

为所有等价类的集合. 在 R_D 上定义与 (4.8) 同样的加法和乘法运算, 则 R_D 做成一个交换环且 R 是 R_D 的子环, D 中元素在 R_D 中可逆, R_D 中每个元素都可以写成 rs^{-1} 的形式, 其中 $r \in R, s \in D$. 称 R_D 为 R 关于分母集 D 的**局部化** (或**分式化**).

例 4.7.3 设 $R = \mathbb{Z}$, $D = \{2^n \mid n \in \mathbb{N}\}$, 则

$$R_D = \left\{ \frac{m}{2^n} \,\Big|\, m \in \mathbb{Z}, n \in \mathbb{N} \right\}.$$

D 中每个元素 2^n 在 R_D 中可逆, 逆元为 $\dfrac{1}{2^n}$.

例 4.7.4 设 F 为域, $R = F[x]$ 为 F 上的一元多项式环. 令

$$D = \{1, x, x^2, \cdots, x^n, \cdots\},$$

即 x 的所有非负次幂构成的集合, 容易验证 D 为 R 的一个分母集. 显然 R 关于 D 的局部化中每个元素形如

$$\sum_{j=m}^{n} a_j x^j = a_m x^m + a_{m+1} x^{m+1} + \cdots + a_n x^n, \tag{4.10}$$

其中 m,n 为任意整数, $m \leqslant n$, 且 $a_j \in F$, $m \leqslant j \leqslant n$. 称形如 (4.10) 的有理分式为 **Laurent (洛朗) 多项式**, 而 R_D 称为 F 上的 **Laurent 多项式环**. 例如

$$3x^{-5} - 2x^{-3} + 5x^{-1} + 2 + x + 4x^4$$

就是 $\mathbb{Q}$ 上的一个 Laurent 多项式. 在表达式 (4.10) 中, 若 a_m, a_n 均不为零, 则称该 Laurent 多项式表示为它的标准形式. 两个标准形式的 Laurent 多项式相等当且仅当它们对应的系数相等. 事实上, 假设

$$a_m x^m + a_{m+1} x^{m+1} + \cdots + a_n x^n = b_k x^k + b_{k+1} x^{k+1} + \cdots + b_t x^t,$$

其中 $m \leqslant n, k \leqslant t, a_m, a_n, b_k, b_t$ 非零. 不失一般性, 假设 $m \leqslant k$, 上式两端乘 $x^{-m} \in R_D$ 得到

$$a_m + a_{m+1} x + \cdots + a_n x^{n-m} = b_k x^{k-m} + b_{k+1} x^{k-m+1} + \cdots + b_t x^{t-m}.$$

这是 $F[x]$ 中两个相等的多项式, 由此得到 $k - m = 0, t - m = n - m$, 即 $k = m, t = n$, 同时 $a_j = b_j$ 对所有 $m \leqslant j \leqslant n$.

习题 4.7

1. 设 R 是整环, $a,b \in R$, m,n 为互素正整数且满足 $a^m = b^m$ 和 $a^n = b^n$, 证明 $a = b$.

2. 设 P 为整环 R 的素理想, $D = R \setminus P$, 于是 R 是 R 关于 D 的局部化 R_D 的子环.

(1) 对于 R 的任一理想 I, 证明 IR_D 是 R_D 的理想;

(2) 对于 R 的任一素理想 J, 证明 JR_D 是 R_D 的素理想或者是 R_D;

(3) 证明 PR_D 是 R_D 唯一的极大理想;

(4) 证明 $J \mapsto JR_D$ 给出 R 的含于 P 的素理想集合到 R_D 的素理想集合的双射.

3. 设 D 是非零交换环 R 的一个分母集, R_D 是 R 关于 D 的局部化, R_D 中的元素形如 $\frac{a}{b}$, 其中 $a \in R, b \in D$. 若 $a \in D$, u 是 R 中的可逆元, 则 $\frac{ua}{b}$ 为 R_D 中的可逆元, 其逆元为 $\frac{u^{-1}b}{a}$.

(1) 令 $R = \mathbb{Z}$, $D = \{4^n \mid n \geqslant 0\}$, 试确定整数 a 满足 $\pm a \notin D$ 但是 $\dfrac{a}{4^n}$ 为 R_D 中的可逆元;

(2) 整环 R 的一个分母集 D 称为是**饱和**的, 若对任意 $a \in D$ 和任意 $c \in R$ 使得存在 $b \in R$ 满足 $a = bc$, 都存在 R 中的可逆元 u 使得 $uc \in D$, 即 D 中元素的所有因子都是 D 中元素乘一个 R 中的可逆元.

(i) 证明 (1) 中的分母集 D 不是饱和的;

(ii) 设 P 为 R 的素理想, $D = R \setminus P$, 证明 D 是饱和的;

(iii) 设 $p \in R$ 且 (p) 是 R 的一个素理想, $D = \{p^n \mid n \geqslant 0\}$, 证明 D 是分母集且是饱和的;

(iv) 设 D 是饱和的分母集, $a \in R$, $b \in D$, 且 $\dfrac{a}{b}$ 在 R_D 中可逆, 证明存在 R 中的可逆元 u 使得 $ua \in D$.

4. 设 $F[x, y]$ 是域 F 上的二元多项式环, 证明 $F[x, y]/(xy - 1)$ 同构于以 x 为未定元的 Laurent 多项式环.

5. 设 R 为交换环, 证明 R 是整环当且仅当对任意非零多项式 $f(x) \in R[x]$, $f(x)$ 在 R 中的根的个数不超过 $\deg f(x)$.

6. 设交换环 R 的每个理想都是主理想, D 是一个分母集, 证明 R_D 的每个理想也是主理想.

7. 设 P 是交换环 R 的一个极大理想, $D = R \setminus P$, 证明 R_D 有唯一的极大理想, 即 R_D 中所有不可逆元构成的集合.

8. 设 $R = \mathbb{Z} \oplus \mathbb{Z}$, $D = \{(a, b) \in R \mid a \neq 0,\ b \neq 0\}$, 求出 R_D.

第五章

整环中的唯一因子分解

算术基本定理指的是任意大于 1 的整数都可以唯一地分解成素数的乘积, 而域上每个非常数多项式也可以唯一地分解成不可约多项式的乘积, 这样的唯一分解性质在数论和多项式理论中有很多重要的应用, 本章我们来讨论整环中的唯一因子分解. 除非特别声明, 本章中出现的环都是整环, 即至少含有两个元素且无零因子的交换环. 整环的一个重要特性是消去律成立, 这一点在本章的讨论中会经常用到. 前面我们已经看到很多整环的例子, 如整数环 $\mathbb{Z}$、域 F 上的一元多项式环 $F[x]$ 和多元多项式环 $F[x_1, x_2, \cdots, x_n]$、Gauss 整数环等. 显然域也是整环, 另外域或者整环的至少有 2 个元素的子环也都是整环. 整环不一定是域, 但有限整环一定是域.

5.1   整环中的整除、不可约元和素元

为讨论整环中元素的分解, 我们先给出整除、因子等概念.

定义 5.1.1   设 R 为整环, 对于 $a, b \in R$, 如果存在 $c \in R$ 使得 $b = ac$, 就称 a **整除** b, 或者称 b **可被** a **整除**, 记作 $a \mid b$. 这时也说 a 是 b 的**因子**, 或者说 b 是 a 的**倍元**. 若 a 不整除 b, 或者 b 不能被 a 整除, 则记作 $a \nmid b$.

显然 R 中任一元素都整除 0, 而 R 中的可逆元可整除 R 中任一元素, 所以从整除的角度看, R 中的零元 0 和可逆元 (或称为单位) 都是平凡的. 由定义, 显然有 $a \mid b$ 当且仅当 $b \in (a)$, 并且易知整除有如下性质.

定理 5.1.1   整环 R 中的整除有如下性质:

(1) 传递性: 若 $a \mid b$ 且 $b \mid c$, 则 $a \mid c$.

(2) 设 $b_1, b_2, \cdots, b_m \in R$, 且 $a \mid b_i, 1 \leqslant i \leqslant m$, 则 $b_1, b_2, \cdots, b_m$ 的任意 R 中元素为系数的线性组合也能被 a 整除, 即对任意 $c_1, c_2, \cdots, c_m \in R$, 有

$$a \mid c_1 b_1 + c_2 b_2 + \cdots + c_m b_m.$$

定义 5.1.2   设 R 为整环, $a, b \in R$, 若 a, b 可以互相整除, 即有 $a \mid b$ 且 $b \mid a$, 则称 a 与 b **相伴**.

命题 5.1.1   设 R 为整环, $a, b \in R$, 则 a 与 b 相伴当且仅当存在 R 中可逆元 u 使得 $b = au$, 也当且仅当 R 的主理想 (a) 与 (b) 相等.

证明   若存在 $u \in U(R)$ 使得 $b = au$, 则显然 $a \mid b$, 再由 $a = bu^{-1}$ 得到 $b \mid a$, 所以 a 与 b 相伴. 反之, 设 a 与 b 相伴, 若 $a = 0$, 则由 $a \mid b$ 得到 $b = 0$, 所以 $b = au$ 对某个 $u \in U(R)$. 若 $a \neq 0$, 由 $a \mid b$ 知存在 $u \in R$ 使得 $b = au$, 再由 $b \mid a$ 知存在 $v \in R$ 使得 $a = bv$. 将 $b = au$ 代入 $a = bv$ 得到 $a = auv$. 因为 $a \neq 0$, 上式两端消去 a 得到 $1 = uv$, 所以 u 为 R 中可逆元且 $b = au$.

进一步地, 若 a 与 b 相伴, 即存在 $u \in U(R)$ 使得 $b = au$, 则 $b \in (a)$, 从而 $(b) \subseteq (a)$. 再由 $a = bu^{-1}$ 得到 $a \in (b)$, 从而 $(a) \subseteq (b)$, 综合起来就有 $(a) = (b)$. 反之, 若 $(a) = (b)$, 则由 $b \in (a)$ 得到 $a \mid b$, 由 $a \in (b)$ 得到 $b \mid a$, 所以 a 与 b 相伴.   □

例 5.1.1   在整数环 $\mathbb{Z}$ 中, 整数 n 与 $-n$ 是相伴的. 在域 F 上的一元多项式环 $F[x]$ 中, $f(x)$ 与 $cf(x)$ 是相伴的, 其中 $c \in F^*$.

在整环 R 上定义关系 "$\sim$" 为对任意 $a, b \in R$, $a \sim b$ 若 a 与 b 相伴, 则容易验证 $\sim$ 是 R 上的等价关系, 这个等价关系的等价类就称为**相伴类**. 从而 R 为互不相同的相伴类的不交并, 每个相伴类中的元素彼此相伴. 例如 R 中 $\{0\}$ 是一个相伴类, 所有可逆元也组成一个相伴类.

定义 5.1.3   设 R 是整环, $c, a_1, a_2, \cdots, a_n \in R$, 若 $c \mid a_i$, $i = 1, 2, \cdots, n$, 则称 c 是 $a_1, a_2, \cdots, a_n$ 的一个**公因子**. 若 d 是 $a_1, a_2, \cdots, a_n$ 的公因子, 且 $a_1, a_2, \cdots, a_n$ 的每个公因子都整除 d, 则称 d 是 $a_1, a_2, \cdots, a_n$ 的一个**最大公因子**. 元素 $a_1, a_2, \cdots, a_n$ 称为是**互素**的, 若它们的最大公因子为 R 中的可逆元.

我们知道整数环 $\mathbb{Z}$ 中任意多个元素都有最大公因子 (即最大公因数), 域 F 上的一元多项式环 $F[x]$ 中任意多个元素也都有最大公因子 (即最大公因式). 又显然若 d, d' 都是 $a_1, a_2, \cdots, a_n$ 的最大公因子, 则 d 与 d' 相伴. 虽然 $a_1, a_2, \cdots, a_n$ 的最大公因子只是在相伴的意义下唯一, 我们通常用 $\gcd(a_1, a_2, \cdots, a_n)$ 表示 $a_1, a_2, \cdots, a_n$ 的一个取定的最大公因子. 由定义容易验证对任意 $a, b, c \in R$, 若需要的最大公因子均存在, 则有

$$\gcd(a, b, c) = \gcd(\gcd(a, b), c) = \gcd(a, \gcd(b, c)) = \gcd(\gcd(a, c), b),$$

即若 R 中任意两个元素都有最大公因子, 则 R 中任意多个元素也有最大公因子. 但注意到并不是每个整环中的任意两个元素都有最大公因子.

例 5.1.2   设 F 是域, R 是 F 上所有 x 的系数为 0 的多项式构成的集合, 即

$$R = \{a_0 + a_2 x^2 + \cdots + a_n x^n \mid n \in \mathbb{N}, a_0, a_2, \cdots, a_n \in F\}.$$

容易验证 R 是 $F[x]$ 的子环, 从而 R 是整环, 我们可以证明 R 中的两个元素 x^5 和 x^6 没有最大公因子. 事实上, 若否并设 $g(x)$ 是 x^5 和 x^6 的一个最大公因子, 则由于在 R 中有 $g(x) \mid x^5$, 故在 $F[x]$ 中有 $g(x) \mid x^5$, 这样

$$g(x) = c,\ cx,\ cx^2,\ cx^3,\ cx^4 \text{ 或者 } cx^5,$$

对某个 $c \in F^*$. 由于 $cx \notin R$, $g(x) \neq cx$, 再由 $g(x) \mid x^6$ 但是在 R 中 $cx^5 \nmid x^6$, 故 $g(x) \neq cx^5$. 同样地, 在 R 中 $cx^4 \nmid x^5$, 故 $g(x) \neq cx^4$. 由于 x^2 是 x^5 和 x^6 在 R 中的公因子, 又显然 $x^2 \nmid cx^3$, 故 $g(x) \neq cx^3$. 从而有 $g(x) = c$ 或者 $g(x) = cx^2$, 对某个 $c \in F^*$. 由于 x^3 是 x^5 和 x^6 在 R 中的公因子, 故 $x^3 \mid g(x)$, 矛盾. 这便证出 x^5 和 x^6 在 R 中无最大公因子.

用理想的语言来说, 由于 $a \mid b$ 当且仅当 $b \in (a)$, 故 c 是 $a_1, a_2, \cdots, a_n$ 的公因子等价于 $a_i \in (c), 1 \leqslant i \leqslant n$, 即等价于 $(a_1, a_2, \cdots, a_n) \subseteq (c)$. 而 d 是 $a_1, a_2, \cdots, a_n$ 的最大公因子意为 $(a_1, a_2, \cdots, a_n) \subseteq (d)$ 且对任意满足 $(a_1, a_2, \cdots, a_n) \subseteq (c)$ 的主理想 (c) 有 $(d) \subseteq (c)$.

定义 5.1.4 设 R 为整环, $p \in R, p \neq 0$ 且 p 不可逆, 若 p 不能写成 $p = ab$ 的形式, 其中 a, b 都是 R 中的不可逆元, 则称 p 为**不可约元**, 否则称 p 为**可约元**.

例如, $\mathbb{Z}$ 中的不可约元就是素数或素数的相反数, $F[x]$ 中的不可约元就是不可约多项式. 由定义易知, 设 $p \neq 0, p$ 不可逆, 且 $p = ab$, 若 p 不可约, 则 a, b 中一定有一个是可逆元, 从而另一个与 p 相伴. 或者写成如下命题.

命题 5.1.2 设 R 是整环, $p \in R$, 则 p 在 R 中不可约当且仅当 $p \neq 0, p$ 不可逆, 并且若 $p = ab$, 其中 $a, b \in R$, 则一定有 $p \mid a$ 或者 $p \mid b$.

定义 5.1.5 设 R 为整环, $p \in R, p \neq 0$ 且 p 不可逆, 若对 $a, b \in R$, 从 $p \mid ab$ 可以得到 $p \mid a$ 或者 $p \mid b$, 则称 p 为**素元**.

整环的素元与素理想紧密相连, 由定义易得如下命题.

命题 5.1.3 设 R 是整环, $p \in R$, 则 p 是 R 的素元当且仅当 (p) 为 R 的素理想.

显然, 若整环 R 中元素 p 是不可约元, 则它的相伴元也是不可约元. 同样地, 若 p 是素元, 则 p 的相伴元也是素元. 整数环 $\mathbb{Z}$ 中的素元就是素数或素数的相反数, 域 F 上的一元多项式环 $F[x]$ 中的素元就是不可约多项式. 注意到因为若 $p = ab$, 一定有 $p \mid ab$, 所以由命题 5.1.2 立得如下结论.

定理 5.1.2 整环中每个素元都是不可约元.

对于 $a, b \in R, p \mid ab$ 却不一定有 $p = ab$, 所以整环中的不可约元不一定是素元, 参见下面这个例子.

例 5.1.3 设 $d \geqslant 3$ 为正整数, R 为整数环 $\mathbb{Z}$ 上由 $\sqrt{-d}$ 生成的复数域 $\mathbb{C}$ 的子环, 即

$$R = \mathbb{Z}[\sqrt{-d}] = \{a + b\sqrt{-d} \mid a, b \in \mathbb{Z}\},$$

它显然为整环. 对任意 $\alpha = a + b\sqrt{-d} \in \mathbb{Z}[\sqrt{-d}]$, 定义 α 的范数为

$$N(\alpha) = \alpha\overline{\alpha} = a^2 + db^2,$$

其中 $\overline{\alpha} = a - b\sqrt{-d}$ 为 α 的共轭. 显然 $N(\alpha)$ 为非负整数且 $N(\alpha) = 0$ 当且仅当 $\alpha = 0$. 对任意 $\alpha, \beta \in \mathbb{Z}[\sqrt{-d}]$ 有

$$N(\alpha\beta) = \alpha\beta\overline{\alpha\beta} = \alpha\overline{\alpha}\beta\overline{\beta} = N(\alpha)N(\beta).$$

从而若在 $\mathbb{Z}[\sqrt{-d}]$ 中有 $\alpha \mid \beta$, 则在整数环 $\mathbb{Z}$ 中有 $N(\alpha) \mid N(\beta)$. 进一步地, 若 α 在 $\mathbb{Z}[\sqrt{-d}]$ 中可逆, 则在 $\mathbb{Z}[\sqrt{-d}]$ 中有 $\alpha \mid 1$, 取范数可得在 $\mathbb{Z}$ 中有 $N(\alpha) \mid 1$, 从

而 $N(\alpha) = 1$. 反之, 若 $N(\alpha) = 1$, 由于

$$a^2 + db^2 = 1$$

的整数解 (a, b) 只有 $(\pm 1, 0)$, 故 $\alpha = \pm 1$, 从而 α 在 $\mathbb{Z}[\sqrt{-d}]$ 中可逆. 这样我们便证明了 α 在 $\mathbb{Z}[\sqrt{-d}]$ 中可逆当且仅当 $N(\alpha) = 1$, 从而

$$U(\mathbb{Z}[\sqrt{-d}]) = \{\pm 1\}.$$

下面证明 2 是 $\mathbb{Z}[\sqrt{-d}]$ 中的不可约元但不是素元. 设 $2 = \alpha\beta$, 其中 $\alpha, \beta \in \mathbb{Z}[\sqrt{-d}]$ 但是 α 不可逆, 则有 $N(\alpha) \neq 1$ 且

$$4 = N(2) = N(\alpha)N(\beta).$$

又显然 $a^2 + db^2 = 2$ 无整数解 (a, b), 即对任意 $\alpha \in \mathbb{Z}[\sqrt{-d}]$ 均有 $N(\alpha) \neq 2$. 所以 $N(\alpha) = 4$, 故 $N(\beta) = 1$, 从而 β 为可逆元, 这便证出 2 不可约. 进一步地, 对任意 $d \geqslant 3$, 一定存在整数 m 使得 $m^2 + d$ 为偶数, 故

$$2 \mid m^2 + d = (m + \sqrt{-d})(m - \sqrt{-d}).$$

但容易证明 $2 \nmid m + \sqrt{-d}$. 事实上, 若 $2 \mid m + \sqrt{-d}$, 则存在 $a', b' \in \mathbb{Z}$ 使得 $a' + b'\sqrt{-d} \in \mathbb{Z}[\sqrt{-d}]$ 满足

$$m + \sqrt{-d} = 2(a' + b'\sqrt{-d}) = 2a' + 2b'\sqrt{-d},$$

故 $1 = 2b'$, 与 b' 为整数矛盾. 类似地, 也可证出 $2 \nmid m - \sqrt{-d}$, 所以 2 不是素元.

例 5.1.4　首项系数为 1 的整系数多项式的根称为**代数整数**, 显然每个代数整数一定是某个首一不可约整系数多项式的根. 设 $n \geqslant 1$,

$$g(x) = x^n + a_{n-1}x^{n-1} + \cdots + a_1 x + a_0 \in \mathbb{Z}[x]$$

为 n 次首一不可约整系数多项式, 即 $g(x)$ 为 $\mathbb{Z}[x]$ 中的不可约元. 由《代数学 (一)》第三章 3.8 节中结论, $g(x)$ 在 $\mathbb{Q}[x]$ 中依然不可约. 设 $\alpha \in \mathbb{C}$ 是 $g(x)$ 的一个复根, 由

$$f(x) \mapsto f(\alpha)$$

定义的替换映射 $\varphi : \mathbb{Z}[x] \to \mathbb{C}$ 为环同态, φ 的像记为 $\mathbb{Z}[\alpha]$. 注意到 $\mathbb{Z}[\alpha]$ 中任一元素是 α 的整系数多项式形式, 对任意 $f(\alpha) \in \mathbb{Z}[\alpha]$, 其中 $f(x) \in \mathbb{Z}[x]$, 做带余除法得到

$$f(x) = q(x)g(x) + r(x), \tag{5.1}$$

且 $\deg r(x) < n$. 在 (5.1) 中代入 α 得到

$$f(\alpha) = q(\alpha)g(\alpha) + r(\alpha) = r(\alpha).$$

所以 $\mathbb{Z}[\alpha]$ 中任一元素可以约化为形式

$$r_0 + r_1\alpha + \cdots + r_{n-1}\alpha^{n-1},$$

其中 $r_j \in \mathbb{Z}$, $0 \leqslant j \leqslant n-1$. $\mathbb{Z}[\alpha]$ 是 $\mathbb{C}$ 的包含 $\mathbb{Z}$ 和 α 的最小子环, 即 $\mathbb{Z}$ 的由 α 生成的扩环, 显然 $\mathbb{Z}[\alpha]$ 是整环.

由于 $g(\alpha) = 0$, 所以 $g(x) \in \mathrm{Ker}\, \varphi$, 从而

$$(g(x)) \subseteq \mathrm{Ker}\, \varphi.$$

另一方面, 令 J 为以 α 为根的有理数域 $\mathbb{Q}$ 上的多项式集合, 即

$$J = \{h(x) \in \mathbb{Q}[x] \mid h(\alpha) = 0\}.$$

容易验证 J 是 $\mathbb{Q}[x]$ 的理想, 又显然 $1 \notin J$, 所以 J 是 $\mathbb{Q}[x]$ 的真理想. 由于 $\mathbb{Q}$ 是域, J 是主理想, 不妨设 $J = (k(x))$, 其中 $k(x) \in \mathbb{Q}[x]$, 次数大于 0 且首一. 由于 $g(x) \in J$, 故存在 $t(x) \in \mathbb{Q}[x]$ 使得

$$g(x) = k(x)t(x).$$

由于 $g(x)$ 在 $\mathbb{Q}[x]$ 中不可约且 $\deg k(x) > 0$, 故 $t(x)$ 为常数多项式, 即 $t(x) = t \in \mathbb{Q}$. 再由 $g(x)$ 和 $k(x)$ 都是首一多项式得到 $t = 1$, 故 $g(x) = k(x)$. 对任意 $f(x) \in \mathrm{Ker}\, \varphi$, 由 $f(x) \in J$ 知在 $\mathbb{Q}[x]$ 中 $g(x) \mid f(x)$, 由于 $f(x), g(x) \in \mathbb{Z}[x]$ 且 $g(x)$ 为本原多项式 (因为 $g(x)$ 首一), 故在 $\mathbb{Z}[x]$ 中依然有 $g(x) \mid f(x)$, 这便证出在 $\mathbb{Z}[x]$ 中有 $f(x) \in (g(x))$, 故

$$\mathrm{Ker}\, \varphi \subseteq (g(x)),$$

从而 $\mathrm{Ker}\, \varphi = (g(x))$.

设 p 为素数, 那么什么情况下 p 是 $\mathbb{Z}[\alpha]$ 的素元? 由例 4.2.6, 自然同态

$$\eta : \mathbb{Z} \to \mathbb{Z}_p$$

给出整系数多项式环 $\mathbb{Z}[x]$ 的多项式系数模 p 的同态 ψ, 即对任意 $f(x) = \sum c_j x^j \in \mathbb{Z}[x]$,

$$\psi(f(x)) = \sum \eta(c_j) x^j \in \mathbb{Z}_p[x].$$

注意到由于 p 为素数, $\mathbb{Z}_p$ 是域. 若 $\psi(f(x))$ 在 $\mathbb{Z}_p[x]$ 中不可约, 则称 $f(x)$ 为**模 p 不可约**. 显然若 $f(x)$ 首一且模 p 不可约, 则 $f(x)$ 在 $\mathbb{Z}[x]$ 中不可约, 但反之不一定成立. 例如 $x^4 + 1$ 在 $\mathbb{Z}[x]$ 中不可约, 但对任意素数 p, $x^4 + 1$ 在 $\mathbb{Z}_p[x]$ 中可约.

现在我们有两个满同态 $\varphi : \mathbb{Z}[x] \to \mathbb{Z}[\alpha]$ 和 $\psi : \mathbb{Z}[x] \to \mathbb{Z}_p[x]$, 其中 $\mathrm{Ker}\ \varphi = (g(x))$, 又容易得到 $\mathrm{Ker}\ \psi = (p)$. 由 $g(x)$ 和 p 生成的 $\mathbb{Z}[x]$ 的理想 $(g(x), p)$ 包含 $\mathrm{Ker}\ \varphi$ 和 $\mathrm{Ker}\ \psi$, 由环同态对应定理, 利用同态 φ 得到

$$\mathbb{Z}[x]/(g(x), p) \cong \mathbb{Z}[\alpha]/\varphi((g(x), p)) = \mathbb{Z}[\alpha]/(\varphi(g(x)), \varphi(p)) = \mathbb{Z}[\alpha]/(p),$$

再利用同态 ψ 得到

$$\mathbb{Z}[x]/(g(x), p) \cong \mathbb{Z}_p[x]/\psi((g(x), p)) = \mathbb{Z}_p[x]/(\psi(g(x)), \psi(p)) = \mathbb{Z}_p[x]/(\psi(g(x))),$$

由此我们得到

$$\mathbb{Z}[\alpha]/(p) \cong \mathbb{Z}_p[x]/(\psi(g(x))).$$

显然 p 为 $\mathbb{Z}[\alpha]$ 的素元当且仅当 (p) 为 $\mathbb{Z}[\alpha]$ 的素理想, 这也等价于 $\mathbb{Z}[\alpha]/(p)$ 为整环, 即 $\mathbb{Z}_p[x]/(\psi(g(x)))$ 为整环, 这等价于 $\psi(g(x))$ 为 $\mathbb{Z}_p[x]$ 的素元. 由于 $\mathbb{Z}_p$ 是域, 故 $\psi(g(x))$ 为 $\mathbb{Z}_p[x]$ 的素元当且仅当 $\psi(g(x))$ 在 $\mathbb{Z}_p[x]$ 中不可约, 即 $g(x)$ 模 p 不可约. 这样我们得到 p 是 $\mathbb{Z}[\alpha]$ 的素元当且仅当 $g(x)$ 模 p 不可约. 注意到这时 $\mathbb{Z}_p[x]/(\psi(g(x)))$ 是含有 p^n 个元素的有限域, 从而 $\mathbb{Z}[\alpha]/(p)$ 也是含有 p^n 个元素的有限域.

例如, 令 $g(x) = x^2 + 1$, $\alpha = \mathrm{i}$ 是它的一个复根. 对任意素数 p, $\psi(g(x)) = x^2 + \overline{1}$ 在 $\mathbb{Z}_p[x]$ 中不可约当且仅当 $\psi(g(x))$ 在 $\mathbb{Z}_p$ 中无根, 这等价于 $p \equiv 3 \,(\mathrm{mod}\ 4)$. 所以我们有素数 p 是 $\mathbb{Z}[\mathrm{i}]$ 中的素元当且仅当 $p \equiv 3 \,(\mathrm{mod}\ 4)$. 再令 $g(x) = x^2 + 5$, 则 $\alpha = \sqrt{-5}$ 是 $g(x)$ 的一个复根. 设素数 $p = 11$, 容易验证 $\mathbb{Z}_{11}$ 中的元素都不是 $\psi(g(x)) = x^2 + \overline{5}$ 的根, 从而 $\psi(g(x))$ 在 $\mathbb{Z}_{11}[x]$ 中不可约, 即 $g(x)$ 为模 11 的不可约多项式, 所以 11 为环 $\mathbb{Z}[\sqrt{-5}]$ 中的素元.

习题 5.1

1. 设 R 为整环, $p \in R$ 为 R 的素元, $a_1, a_2, \cdots, a_n \in R$ 且

$$p \mid a_1 a_2 \cdots a_n,$$

证明一定存在某个 a_i 使得 $p \mid a_i$.

2. 设 R 为例 5.1.2 中定义的环, 证明 R 中的元素 x^2, x^3 是 R 的不可约元但不是素元.

3. 设 $R = \mathbb{Z}[\sqrt{-5}]$, 证明

(1) 对于 $\alpha \in R$, 若 $N(\alpha) = 9$, 则 α 为不可约元;

(2) 9 和 $6 + 3\sqrt{-5}$ 在 R 中无最大公因子.

4. 设 F 是域, $R = F[[x]]$ 是 F 上的一元形式幂级数环, 试求出 R 的所有素元.

5. 设 R 为整环, R 中任意两个元素都有最大公因子, $a,b,c \in R$, 证明 a,b,c 的最大公因子存在且有

$$\gcd(a,b,c) = \gcd(\gcd(a,b),c) = \gcd(a,\gcd(b,c)) = \gcd(\gcd(a,c),b).$$

6. 判断素数 7 和 13 是否为 $\mathbb{Z}[\sqrt{-5}]$ 中的素元.

7. 证明 $6 - \sqrt{-5}$ 是 $\mathbb{Z}[\sqrt{-5}]$ 中的素元.

8. 证明素数 13 是 $\mathbb{Z}[\sqrt[3]{7}]$ 中的素元.

9. 设 $R = \mathbb{Z}[\sqrt{-3}]$, $p = a + b\sqrt{-3} \in R$, 且 $a^2 + 3b^2$ 为素数, 证明 p 是 R 中的素元.

10. 设 R 为整环, $a,b,c \in R$, 若 $a \mid c$ 且 $b \mid c$, 则称 c 为 a 和 b 的**公倍元**. 进一步地, 若 c 还整除 a,b 的任意公倍元, 则称 c 为 a,b 的**最小公倍元**. 显然, 若 a,b 的最小公倍元存在, 则在相伴意义下唯一, 用 $\mathrm{lcm}(a,b)$ 表示 a,b 的一个最小公倍元.

(1) 对于 $a,b \in R$, 证明 a,b 存在最小公倍元当且仅当 $(a) \cap (b)$ 为主理想, 且若 $(a) \cap (b) = (c)$, 则 c 就是 a,b 的一个最小公倍元;

(2) 对于 $a,b \in R$, 证明若 a,b 有最大公因子, 则 a,b 有最小公倍元, 反之亦然.

5.2　唯一因子分解整环

设 R 是整环, $a,b,c \in R$, 若 $c = ab$, 则由 R 交换显然有 $c = ba$, 即分解式中因子的前后次序变化后的分解式与原分解式本质上是一样的. 进一步地, 对 R 中任意可逆元 u 有 $c = (au)(bu^{-1})$, 即因子变成原来的相伴元与原来的分解式本质上也是一样的. 由此我们给出下面定义.

定义 5.2.1　设 R 是整环, 且满足下面两个条件:

(i) 对 R 中任意非零不可逆元 a, a 可表示为

$$a = p_1 p_2 \cdots p_r,$$

其中 $r \geqslant 1$, $p_1, p_2, \cdots, p_r$ 为 R 中不可约元 (可以有相伴的);

(ii) 若 a 有另外一个写成有限个不可约元乘积的表达式

$$a = q_1 q_2 \cdots q_s,$$

其中 $q_1, q_2, \cdots, q_s$ 为 R 中不可约元, 则一定有 $r = s$, 并且如若必要, 在适当改排 $p_1, p_2, \cdots, p_r$ 的脚标后, 可使 p_i 与 q_i 相伴, 即有 R 中的可逆元 u_i 使得 $p_i = u_i q_i$, $1 \leqslant i \leqslant r$, 则称这样的整环 R 为**唯一因子分解整环**, 简称为**唯一分解整环**, 记为 UFD.

算术基本定理是说整数环 $\mathbb{Z}$ 是唯一因子分解整环, 《代数学 (一)》中证明了域 F 上的一元多项式环 $F[x]$ 和整数环上的一元多项式环 $\mathbb{Z}[x]$ 都是唯一因子分解整环.

定理 5.2.1 设 R 是整环, 且满足定义 5.2.1 中的条件 (i), 则 R 为唯一分解整环当且仅当 R 中每个不可约元都是素元.

证明 必要性: 设 R 为唯一分解整环, $p \in R$ 是不可约元, 来证 p 为素元. 设对 $a, b \in R$ 有 $p \mid ab$, 即存在 $c \in R$ 使得 $ab = pc$, 我们来证明 $p \mid a$ 或 $p \mid b$.

若 a, b 中有一个为 0, 则结论显然. 若 a, b 中有一个为可逆元, 比如 a 为可逆元, 则 $b = pca^{-1}$, 从而 $p \mid b$.

现在设 a, b 均为非零不可逆元, 则显然 $c \neq 0$. 若 c 可逆, 则

$$p = (ab)c^{-1} = a(bc^{-1}).$$

现在 a 与 bc^{-1} 均为不可逆元, 与 p 为不可约元矛盾, 故 c 不可逆, 从而这时 a, b, c 均为非零不可逆元. 设

$$a = a_1 a_2 \cdots a_r, \ \ b = b_1 b_2 \cdots b_s, \ \ c = c_1 c_2 \cdots c_t$$

分别是 a, b, c 的不可约因子的分解式, 则有

$$a_1 a_2 \cdots a_r b_1 b_2 \cdots b_s = p c_1 c_2 \cdots c_t.$$

由于 R 是唯一分解整环, p 必与 a_i 或 b_j 之一相伴, $1 \leqslant i \leqslant r, 1 \leqslant j \leqslant s$. 若 p 与某 a_i 相伴, 则 $p \mid a_i$, 从而 $p \mid a$. 同理, 若 p 与某 b_j 相伴, 则 $p \mid b$.

充分性: 设 R 的任意不可约元都是素元, 来证定义 5.2.1 中的条件 (ii). 设 $a \in R$ 是非零不可逆元, 且

$$a = p_1 p_2 \cdots p_r = q_1 q_2 \cdots q_s$$

是 a 的不可约因子的两个分解式, 我们对 r 做归纳来证明分解的唯一性.

若 $r = 1$, 则 $a = p_1$ 不可约. 若 $s > 1$, 令

$$u = q_2 \cdots q_s,$$

则 $p_1 = q_1 u$. 因为 p_1, q_1 都是不可约元, 所以 u 可逆, 从而

$$u^{-1} q_2 \cdots q_s = 1,$$

这样每个 $q_2, \cdots, q_s$ 都可逆, 与它们是不可约元矛盾. 所以 $s = 1$, 且 $a = p_1 = q_1$, 表示法的唯一性成立.

设 $r \geqslant 2$ 且设不可约因子数为 $r - 1$ 的表达式已有唯一性, 来证不可约因子数为 r 时表达式的唯一性. 由于

$$a = p_1 p_2 \cdots p_r = q_1 q_2 \cdots q_s$$

并且 $r > 1$, 故有

$$q_s \mid p_1 p_2 \cdots p_r.$$

又 q_s 为不可约元, 由已知 q_s 为素元, 习题 5.1 的第 1 题告诉我们 q_s 一定整除 $p_1, p_2, \cdots, p_r$ 中的一个. 由于可以重排 $p_1, p_2, \cdots, p_r$ 的脚标, 不妨设 $q_s \mid p_r$, 于是存在 $c \in R$ 使得 $q_s c = p_r$. 因为 p_r, q_s 都是不可约元, 所以 c 为可逆元, 故 q_s 与 p_r 相伴. 进一步地, 在式

$$p_1 p_2 \cdots p_r = q_1 q_2 \cdots q_s = q_1 q_2 \cdots (c^{-1} q_{s-1}) p_r$$

中消去 p_r 得到

$$p_1 p_2 \cdots p_{r-1} = q_1 q_2 \cdots (c^{-1} q_{s-1}).$$

由归纳假设, 有 $r - 1 = s - 1$, 且重排脚标后 p_i 与 q_i 相伴, $1 \leqslant i \leqslant r - 1$, 故 $r = s$, 且根据上面证明的 p_r 与 q_s 相伴即得结论. □

由定理 5.2.1, 我们立得如下推论.

推论 5.2.1   设 R 是整环, 则 R 为唯一分解整环当且仅当 R 满足下面两个条件:

(i) R 中任意非零不可逆元都是有限个不可约元的乘积;

(ii) R 的不可约元都是素元.

例 5.2.1   由例 5.1.3 知, 对于整数 $d \geqslant 3$, $R = \mathbb{Z}[\sqrt{-d}]$ 中有元素 2 为不可约元但不是素元, 由推论 5.2.1 知 R 不是唯一分解整环. 显然 R 是定义为 $\varphi(f(x)) = f(\sqrt{-d})$ 的替换映射 $\varphi : \mathbb{Z}[x] \to \mathbb{C}$ 的同态像. 我们知道 $\mathbb{Z}[x]$ 是唯一分解整环, 这表明唯一分解整环的同态像 (或商环) 不一定还是唯一分解整环.

推论 5.2.2   设 R 是整环, 则 R 为唯一分解整环当且仅当 R 中任意非零不可逆元都是有限个素元的乘积.

证明   由于唯一分解整环的不可约元是素元, 所以必要性显然.

另一方面, 由于整环的素元都是不可约元, 所以由条件知 R 中任意非零不可逆元都是有限个不可约元的乘积. 进一步地, 设 p 为不可约元, 则有

$$p = q_1 q_2 \cdots q_s,$$

其中 $q_1, q_2, \cdots, q_s$ 为素元. 若 $s \geqslant 2$, 则

$$p = q_1 (q_2 \cdots q_s),$$

再由 $q_1, q_2, \cdots, q_s$ 为素元知 q_1 和 $q_2 \cdots q_s$ 都是非零不可逆元, 与 p 不可约矛盾. 所以 $s = 1$, 即不可约元 $p = q_1$ 为素元. 由推论 5.2.1 知 R 为唯一分解整环. □

设 R 为唯一分解整环, $a \in R$, $a \neq 0$ 且 a 不可逆, 则存在 R 中不可约元 $p_1, p_2, \cdots, p_r$ 使得

$$a = p_1 p_2 \cdots p_r$$

且分解式是唯一的. $p_1, p_2, \cdots, p_r$ 中有可能有相伴的元素, 即它们可能在同一个相伴类中, 这时可取其中之一为此相伴类的代表元, 而把与之相伴的元素用该代表元和一个可

逆元的乘积表示出来, 再把相同的不可约元的乘积写成幂的形式, 则 a 可以写成

$$a = u p_1^{m_1} p_2^{m_2} \cdots p_k^{m_k}, \tag{5.2}$$

其中 u 为可逆元, $p_1, p_2, \cdots, p_k$ 是互不相伴的不可约元, $m_1, m_2, \cdots, m_k$ 为正整数. 由分解的唯一性, 这些正整数 m_j 是被 a 唯一确定的, $1 \leqslant j \leqslant k$. 称分解式 (5.2) 为 a 的 **标准分解式**, 对任意 $1 \leqslant j \leqslant k$, m_j 称为 p_j 在 a 中的**重数**.

设 a, b 是 R 中的非零不可逆元, 将它们分解成不可约元的乘积

$$a = p_1 p_2 \cdots p_r, \quad b = q_1 q_2 \cdots q_s,$$

其中 p_i, q_j 都是不可约元, $1 \leqslant i \leqslant r$, $1 \leqslant j \leqslant s$. 在 $p_1, p_2, \cdots, p_r, q_1, q_2, \cdots, q_s$ 所在的每个相伴类中各选一个代表元, 设其全部代表元为 $r_1, r_2, \cdots, r_t$, 即 $r_1, r_2, \cdots, r_t$ 互不相伴, 但是 $p_1, p_2, \cdots, p_r, q_1, q_2, \cdots, q_s$ 皆与其中之一相伴, 则 a, b 可写成

$$a = u r_1^{m_1} r_2^{m_2} \cdots r_t^{m_t}, \quad b = v r_1^{n_1} r_2^{n_2} \cdots r_t^{n_t},$$

其中 u, v 为可逆元, m_i, n_i 都是非负整数, $i = 1, 2, \cdots, t$. 注意到这时可能有不可约元 r_k 不是 a 或者不是 b 的因子, 则 a 或 b 的分解式中 r_k 的幂指数 m_k 或者 n_k 就等于 0. 进一步地, 如果允许分解式中的幂指数为 0, 那么可逆元也可以写成这种形式, 只是出现的每个不可约元的幂指数都是 0 而已. 所以若记 $\mathcal{P}$ 为 R 的不可约元相伴类的代表元集, $a \in R$ 非零, 则 a 可以唯一地表示为

$$a = u \prod_{p \in \mathcal{P}} p^{m_p}, \tag{5.3}$$

其中 u 为可逆元且对每个 $p \in \mathcal{P}$, m_p 为非负整数. 若 a 可逆, 则每个 m_p 都等于 0. m_p 称为不可约元 p 在 a 中的**重数**, 显然 p 是 a 的因子当且仅当重数 $m_p > 0$. 注意到由于唯一分解整环中每个非零不可逆元都是有限个不可约元的乘积, 所以分解式 (5.3) 中使得 $m_p > 0$ 的 p 一定有有限个, 即表达式一定是有限项的乘积.

命题 5.2.1 设 R 为唯一分解整环, $a, b \in R$ 均非零. 又设 a, b 有如下标准分解式:

$$a = u r_1^{m_1} r_2^{m_2} \cdots r_t^{m_t}, \quad b = v r_1^{n_1} r_2^{n_2} \cdots r_t^{n_t},$$

其中 u, v 为可逆元, $r_1, r_2, \cdots, r_t$ 是互不相伴的不可约元, m_i, n_i 都是非负整数, $i = 1, 2, \cdots, t$, 则 $a \mid b$ 当且仅当对任意 $i = 1, 2, \cdots, t$ 有 $m_i \leqslant n_i$.

证明 若对任意 $i = 1, 2, \cdots, t$, 均有 $m_i \leqslant n_i$, 令

$$c = (v u^{-1}) r_1^{n_1 - m_1} r_2^{n_2 - m_2} \cdots r_t^{n_t - m_t},$$

则显然有 $b = ac$, 故 $a \mid b$.

反之, 设 $a \mid b$, 则有 $c \in R$ 使得 $b = ac$, 显然有 $c \neq 0$. 若 c 可逆, 则 a 与 b 相伴, 由分解的唯一性知对任意 $i = 1, 2, \cdots, t$, 有 $m_i = n_i$, 结论成立. 若 c 不可逆, 令

$$c = p_1' p_2' \cdots p_k'$$

是 c 的不可约因子分解式, 于是

$$v r_1^{n_1} r_2^{n_2} \cdots r_t^{n_t} = u r_1^{m_1} r_2^{m_2} \cdots r_t^{m_t} p_1' p_2' \cdots p_k'$$

是 $b = ac$ 的不可约因子的两种分解式. 由分解的唯一性知对任意 $1 \leqslant j \leqslant k$, 每个不可约元 p_j' 与 $r_1, r_2, \cdots, r_t$ 之一相伴, 于是

$$c = w r_1^{\ell_1} r_2^{\ell_2} \cdots r_t^{\ell_t},$$

其中 w 为可逆元, ℓ_i 为非负整数, $i = 1, 2, \cdots, t$. 故

$$v r_1^{n_1} r_2^{n_2} \cdots r_t^{n_t} = uw r_1^{m_1+\ell_1} r_2^{m_2+\ell_2} \cdots r_t^{m_t+\ell_t}.$$

再由分解的唯一性得对任意 $i = 1, 2, \cdots, t$ 有 $n_i = m_i + \ell_i$, 从而 $m_i \leqslant n_i$.   □

定理 5.2.2   设 R 为唯一分解整环, 则 R 中任意两个元素都有最大公因子.

证明   对于 $a, b \in R$, 若 a, b 中有 0, 比如说 $a = 0$, 则 b 是 a, b 的最大公因子. 若 a, b 中有可逆元, 比如说 a 是可逆元, 则 a 是 a, b 的最大公因子.

下面设 a, b 均非零且不可逆, 设它们的分解式为

$$a = u r_1^{m_1} r_2^{m_2} \cdots r_t^{m_t}, \quad b = v r_1^{n_1} r_2^{n_2} \cdots r_t^{n_t},$$

其中 u, v 为可逆元, $r_1, r_2, \cdots, r_t$ 是互不相伴的不可约元, m_i, n_i 都是非负整数, $i = 1, 2, \cdots, t$. 令 $k_i = \min\{m_i, n_i\}$, 则

$$d = r_1^{k_1} r_2^{k_2} \cdots r_t^{k_t} \tag{5.4}$$

是 a, b 的一个最大公因子. 事实上, 对每个 $i = 1, 2, \cdots, t$, 由于 $k_i \leqslant m_i$ 且 $k_i \leqslant n_i$, 故 $d \mid a$ 且 $d \mid b$, 即 d 是 a, b 的公因子. 进一步地, 对 a, b 的每个公因子 c, c 可以表示为

$$c = w r_1^{\ell_1} r_2^{\ell_2} \cdots r_t^{\ell_t},$$

其中 w 为可逆元, ℓ_i 为非负整数, $1 \leqslant i \leqslant t$. 再由 $c \mid a$ 和 $c \mid b$ 得到 $\ell_i \leqslant m_i$ 且 $\ell_i \leqslant n_i$, 从而

$$\ell_i \leqslant \min\{m_i, n_i\} = k_i, \quad 1 \leqslant i \leqslant t.$$

故 $c \mid d$, 这便证出 d 是 a, b 的最大公因子.   □

例 5.2.2   考虑例 5.1.2 中的整环 R, 它是 $F[x]$ 的子环. 由于 R 中存在没有最大公因子的两个元素, 由定理 5.2.2 知 R 不是唯一分解整环. 但熟知 $F[x]$ 是唯一分解整环, 这表明唯一分解整环的子环不一定还是唯一分解整环.

设 R 为唯一分解整环, 则 R 中任意两个元素都有最大公因子, 设 $a,b\in R$ 且均非零, 记

$$a = ur_1^{m_1}r_2^{m_2}\cdots r_t^{m_t}, \quad b = vr_1^{n_1}r_2^{n_2}\cdots r_t^{n_t},$$

其中 u,v 为可逆元, $r_1,r_2,\cdots,r_t$ 是互不相伴的不可约元, m_i,n_i 都是非负整数, $i = 1,2,\cdots,t$. 若 a,b 互素, 即 a,b 的一个最大公因子为 1, 由式 (5.4) 知 a,b 的最大公因子 d 的分解式中每个不可约元的幂指数 $k_i = 0$, $i = 1,2,\cdots,t$. 这表明对于每个 $1\leqslant i\leqslant t$, 若 $m_i > 0$, 则必有 $n_i = 0$, 若 $n_i > 0$, 则必有 $m_i = 0$, 或等价于 m_i,n_i 中必有一个为 0.

命题 5.2.2 　设 R 为唯一分解整环, $a,b,c\in R$ 且 a,b 互素.

(1) 若 $a\mid bc$, 则 $a\mid c$.

(2) 若 $a\mid c$ 且 $b\mid c$, 则 $ab\mid c$.

证明 　若 a,b,c 中有元素为 0, 则结论显然成立. 下面设 a,b,c 均不为 0. 设 a,b,c 的标准分解式分别为

$$a = ur_1^{m_1}r_2^{m_2}\cdots r_t^{m_t}, \quad b = vr_1^{n_1}r_2^{n_2}\cdots r_t^{n_t}, \quad c = wr_1^{\ell_1}r_2^{\ell_2}\cdots r_t^{\ell_t},$$

其中 u,v,w 为可逆元, $r_1,r_2,\cdots,r_t$ 是互不相伴的不可约元, m_i,n_i,ℓ_i 都是非负整数, $1\leqslant i\leqslant t$. 由于 a,b 互素, 故对任意 $1\leqslant i\leqslant t$, m_i,n_i 中至少有一个为 0.

(1) 由于

$$bc = vwr_1^{n_1+\ell_1}r_2^{n_2+\ell_2}\cdots r_t^{n_t+\ell_t},$$

$a\mid bc$, 由命题 5.2.1 知对任意 $1\leqslant i\leqslant t$, 有 $m_i\leqslant n_i+\ell_i$. 若 $m_i = 0$, 则显然有 $m_i\leqslant \ell_i$. 若 $m_i > 0$, 则有 $n_i = 0$, 故 $m_i\leqslant n_i+\ell_i = \ell_i$. 从而得到对每个 $1\leqslant i\leqslant t$ 都有 $m_i\leqslant \ell_i$, 再由命题 5.2.1 得到 $a\mid c$.

(2) 由 $a\mid c$ 和 $b\mid c$ 得到对每个 $1\leqslant i\leqslant t$, 都有 $m_i\leqslant \ell_i$ 和 $n_i\leqslant \ell_i$. 从而对任意 i, 若 $m_i = 0$, 则

$$m_i + n_i = n_i \leqslant \ell_i.$$

而若 $m_i > 0$, 则 $n_i = 0$, 故依然有

$$m_i + n_i = m_i \leqslant \ell_i.$$

所以 $ab\mid c$. 　□

引理 5.2.1 　设整环 R 中任意两个元素都有最大公因子, $a,b,c\in R$, 若 d 为 a 和 b 的一个最大公因子, 则 cd 是 ca 和 cb 的一个最大公因子.

证明 　若 $c = 0$ 或者 $d = 0$, 则结论显然成立.

下面设 $c\neq 0$ 且 $d\neq 0$. 因为 $d\mid a$, $d\mid b$, 所以 $cd\mid ca$ 且 $cd\mid cb$, 即 cd 是 ca 和 cb 的公因子. 设 e 是 ca 和 cb 的一个最大公因子, 则有 $cd\mid e$, 即存在 $w\in R$ 使得 $e = cdw$. 进一步地, 由 $e\mid ca$ 知存在 $u\in R$ 使得 $ca = eu$, 将 $e = cdw$ 代入得到 $ca = cdwu$, 消去 c

后得到 $a = dwu$, 即 $dw \mid a$. 同理, 由 $e \mid cb$ 可推出 $dw \mid b$, 即 dw 是 a 和 b 的公因子, 从而 $dw \mid d$. 故存在 $v \in R$ 使得 $d = dwv$, 消去 d 得到 $1 = wv$, 所以 w 可逆, 即 cd 与 e 相伴. 又 e 是 ca 和 cb 的一个最大公因子, 所以 cd 也是 ca 和 cb 的一个最大公因子. □

定理 5.2.3 设整环 R 中任两个元素都有最大公因子, 则 R 的不可约元都是素元.

证明 设 p 为不可约元, 且 $p \mid ab$, 我们来证明有 $p \mid a$ 或者 $p \mid b$. 若 $a = 0$ 或 $b = 0$, 则有 $p \mid a$ 或者 $p \mid b$. 下面设 $a \neq 0$ 且 $b \neq 0$. 令 p, b 的一个最大公因子为 d, 则 $p = dc$, 其中 $c \in R$. 因 p 不可约, d 及 c 之一必为可逆元. 若 c 可逆, 则有 $pc^{-1} = d$, 即 $p \mid d$, 又 $d \mid b$, 故 $p \mid b$. 若 d 可逆, 由引理 5.2.1 知 ad 是 ap 和 ab 的一个最大公因子. 显然 p 是 ap 和 ab 的公因子, 所以 $p \mid ad$, 再由 d 可逆得到 $p \mid a$. □

由推论 5.2.1、定理 5.2.2 和定理 5.2.3, 我们立得如下结论.

推论 5.2.3 设 R 是整环, 则 R 为唯一分解整环当且仅当 R 满足下面两个条件:

(i) R 中任意非零不可逆元都是有限个不可约元的乘积;

(ii) R 中任意两个元素都有最大公因子.

习题 5.2

1. 设 R 是唯一分解整环, $a, b \in R$, $d = \gcd(a, b)$. 设 $a = df$, $b = dg$, 证明 f 与 g 互素.

2. 设 R 是唯一分解整环, P 是 R 的非零素理想, 证明 P 中一定有 R 的素元.

3. 设 R 是唯一分解整环, n 为正整数, a, b, c 为 R 中的非零元素满足 $ab = c^n$ 且 a, b 互素, 证明存在 R 中的可逆元 u, v 和 R 中元素 f, g 使得 $a = uf^n$ 且 $b = vg^n$.

4. 给出一个整环 R, 使得 R 中存在不能写成有限个不可约元乘积的非零不可逆元.

5. 设 R 是唯一分解整环, $a, b \in R$, 证明 a, b 存在最小公倍元且 $\gcd(a, b)\mathrm{lcm}(a, b)$ 与 ab 相伴.

5.3 Noether 环和主理想整环

定义 5.3.1 交换环 R 称为 **Noether (诺特) 环**, 若对任意的理想升链

$$J_1 \subseteq J_2 \subseteq \cdots \subseteq J_n \subseteq J_{n+1} \subseteq \cdots, \tag{5.5}$$

一定存在 k 使得 $J_k = J_{k+1} = \cdots = J_\ell = \cdots$ 对所有 $\ell \geqslant k$ 成立. 这时也称理想升链 (5.5) **终止**.

注意到在定义 5.3.1 中, 只要求 Noether 环为交换环, 并没有要求它是整环.

定理 5.3.1　交换环 R 是 Noether 环当且仅当 R 的每个理想都是有限生成的.

证明　设 J 是 R 的理想但 J 不是有限生成的. 由选择公理, 选取 $a_1 \in J$, 由于 J 不是有限生成的, 故有

$$(a_1) \subsetneq J.$$

再选取 $a_2 \in J \setminus (a_1)$, 同理有

$$(a_1, a_2) \subsetneq J,$$

再由 $a_2 \notin (a_1)$ 得到 $(a_1) \subsetneq (a_1, a_2)$, 所以有

$$(a_1) \subsetneq (a_1, a_2) \subsetneq J.$$

接着选取 $a_3 \in J \setminus (a_1, a_2)$, 则有

$$(a_1) \subsetneq (a_1, a_2) \subsetneq (a_1, a_2, a_3) \subsetneq J.$$

继续这一进程, 由于 J 不是有限生成的, 这样的选取可以无限进行下去, 由此得到一个不终止的严格理想升链. 所以 R 不是 Noether 环.

反之, 设 R 的理想都是有限生成的, 并设

$$J_1 \subseteq J_2 \subseteq \cdots \subseteq J_n \subseteq \cdots \tag{5.6}$$

是 R 的一个理想升链. 容易验证

$$J = \bigcup_{n=1}^{\infty} J_n$$

是 R 的理想. 设 $J = (a_1, a_2, \cdots, a_m)$, 则这些 a_i 必含于某些 J_j 中, 从而存在正整数 k 使得 $a_1, a_2, \cdots, a_m \in J_k$. 故

$$J = (a_1, a_2, \cdots, a_m) \subseteq J_k \subseteq J_{k+1} \subseteq \cdots \subseteq J,$$

进而

$$J_k = J_{k+1} = \cdots,$$

即理想升链 (5.6) 终止, 从而 R 是 Noether 环.　□

例 5.3.1　设 R 为 Noether 环, $\varphi: R \to R'$ 为环同态, 则同态像 $A = \varphi(R)$ 仍然是 Noether 环. 事实上, 设 I 是 A 的一个理想, 由环同态对应定理, $\varphi^{-1}(I)$ 是 R 的包含 $\mathrm{Ker}\,\varphi$ 的一个理想. 由于 R 是 Noether 环, $\varphi^{-1}(I)$ 是有限生成的, 不妨设

$$\varphi^{-1}(I) = (a_1, a_2, \cdots, a_n),$$

其中 $a_1, a_2, \cdots, a_n \in \varphi^{-1}(I)$. 对任意 $b \in I$, 存在 $a \in \varphi^{-1}(I)$ 使得 $b = \varphi(a)$. 所以存在 $u_1, u_2, \cdots, u_n \in R$ 使得

$$a = u_1 a_1 + u_2 a_2 + \cdots + u_n a_n,$$

从而

$$b = \varphi(a) = \varphi(u_1)\varphi(a_1) + \varphi(u_2)\varphi(a_2) + \cdots + \varphi(u_n)\varphi(a_n).$$

由于 $\varphi(a_i) \in I, 1 \leqslant i \leqslant n$, 故

$$I = (\varphi(a_1), \varphi(a_2), \cdots, \varphi(a_n))$$

是有限生成的. 这便证出 Noether 环的同态像仍为 Noether 环.

定理 5.3.2   Noether 整环中每个非零不可逆元都是有限个不可约元的乘积.

证明   反证, 设 R 为 Noether 整环, 且存在 R 中非零不可逆元 a 不是有限个不可约元的乘积. 则首先 a 是可约的, 故有 $a = a_1 b_1$, 其中 a_1, b_1 都是不可逆元. 因为 a 不是有限个不可约元的乘积, 所以 a_1, b_1 中至少有一个不是有限个不可约元的乘积, 不妨设 a_1 不是有限个不可约元的乘积. 因为 b_1 不可逆, 又 $a = a_1 b_1$, 所以有 $(a) \subsetneq (a_1)$. 事实上, 显然 $(a) \subseteq (a_1)$. 若 $(a) = (a_1)$, 则 $a_1 \in (a)$, 故存在 $c \in R$ 使得 $a_1 = ac$, 所以

$$a = a_1 b_1 = acb_1,$$

消去 a 可以得到 b_1 可逆, 矛盾. 这样由 a 非零不可逆且不是有限个不可约元的乘积, 我们得到理想的真包含

$$(a) \subsetneq (a_1),$$

并且 a_1 也是非零不可逆元且不是有限个不可约元的乘积. 同样的讨论应用于 a_1 知存在 $a_2 \in R$ 使得

$$(a_1) \subsetneq (a_2),$$

且 a_2 非零不可逆同时依然不是有限个不可约元的乘积. 重复这个过程, 就得到一个无限的理想真包含升链

$$(a) \subsetneq (a_1) \subsetneq (a_2) \subsetneq (a_3) \subsetneq \cdots,$$

与 R 为 Noether 环矛盾. $\qquad\qquad\qquad\qquad\qquad\qquad\qquad\qquad\qquad\qquad\qquad\qquad$ □

定义 5.3.2   设 R 是整环, 若 R 的每个理想都是主理想, 则称 R 为 **主理想整环**, 简记为 PID.

我们知道整数环 $\mathbb{Z}$ 和域 F 上的一元多项式环 $F[x]$ 都是主理想整环, 但是整数环上的一元多项式环 $\mathbb{Z}[x]$ 不是主理想整环. 因为域只有平凡理想 (0) 和 (1), 所以域也可以看作是主理想整环. 由定理 5.3.1 知主理想整环一定是 Noether 整环.

定理 5.3.3   设 R 为主理想整环, $p \in R$, 则下列陈述等价:

(i) p 是 R 的不可约元;

(ii) (p) 是 R 的极大理想;

(iii) p 是 R 的素元.

证明 因为整环的素元一定是不可约元, 所以 (iii) ⇒ (i) 是显然的.

(i) ⇒ (ii): 设 p 是 R 的不可约元, 则 p 不可逆, 从而 $(p) \neq R$. 设 J 是 R 的一个理想且满足 $(p) \subseteq J$, 因为 R 为主理想整环, 所以存在 $a \in R$ 使得 $J = (a)$. 由 $p \in J = (a)$ 知存在 $b \in R$ 使得 $p = ab$, 再由 p 不可约得到 a 或 b 中有一个为可逆元. 若 a 可逆, 则 $J = (a) = R$. 若 b 可逆, 则 $a = pb^{-1}$, 从而 $a \in (p)$, 故 $J = (a) \subseteq (p)$, 由此得到 $J = (p)$. 所以 (p) 是 R 的极大理想.

(ii) ⇒ (iii): 设 (p) 是 R 的极大理想, 则 (p) 是 R 的素理想, 由命题 5.1.3 得到 p 是 R 的素元. $\qquad\square$

设 R 为主理想整环, 定理 5.3.3 告诉我们 R 的不可约元都是素元. 又 R 也是 Noether 整环, 由定理 5.3.2 知 R 中每个非零不可逆元都是有限个不可约元的乘积, 由推论 5.2.1, 我们立得如下定理.

定理 5.3.4 主理想整环是唯一分解整环.

设 R 是主理想整环, 则 R 是唯一分解整环, 从而 R 中任意两个元素 a, b 有最大公因子 d, 但这时我们可以得到 d 的更多性质.

命题 5.3.1 设 R 是主理想整环, 则 R 中任两个元素 a, b 都有最大公因子 d, 且存在 $u, v \in R$ 使得
$$d = ua + vb.$$

证明 对于 $a, b \in R$, 考虑 R 的理想 (a, b), 由于 R 是主理想整环, 故存在 $d \in R$ 使得 $(a, b) = (d)$. 这时 (d) 包含 (a, b), 且每个包含 (a, b) 的主理想都包含 (d), 所以 d 是 a, b 的一个最大公因子. 进一步地, 由
$$d \in (a, b) = (a) + (b)$$
知存在 $u, v \in R$ 使得
$$d = ua + vb.$$

$\qquad\square$

注 5.3.1 由命题 5.3.1, 设 d 是 a, b 的一个最大公因子, 虽然存在 $u, v \in R$ 使得
$$d = ua + vb,$$
但一般说来, 我们并不知道如何把 u, v 具体求出来.

习题 5.3

1. Noether 环的子环一定是 Noether 环吗? 主理想整环的子环一定是主理想整环吗? 证明或举出反例.

2. 证明环 R 上的一元多项式环 $R[x]$ 是主理想整环当且仅当 R 为域.

3. 证明域 F 上的一元形式幂级数环 $F[[x]]$ 是主理想整环.

4. 设 $F[x,y]$ 是域 F 上的二元多项式环,

(1) 证明 $F[x,y]$ 是 Noether 环;

(2) 证明理想 (x,y) 不是主理想;

(3) 对任意正整数 n, 证明由 $n+1$ 个 n 次单项式 $x^n, x^{n-1}y, \cdots, xy^{n-1}, y^n$ 生成的理想不能由 n 个元素生成.

5. 设 R 为 Noether 整环, p 是 R 中的素元, 证明

$$\bigcap_{n=0}^{\infty} (p^n) = (0).$$

6. 设 R 是主理想整环, F 是 R 的分式域, 证明 F 的任意包含 R 的子环仍为主理想整环.

7. 设 R 为交换环, 称 R 满足极大条件, 如果 R 中的任何一个非空的理想集合 $\mathcal{S}$ 中一定存在极大元 (即存在理想 $M \in \mathcal{S}$, 使得对任何 $\mathcal{S}$ 中的理想 I, 如果 $M \subseteq I$, 那么必有 $M = I$). 证明 R 是 Noether 环当且仅当 R 满足极大条件.

5.4　Euclid 整环

整数环 $\mathbb{Z}$ 和域 F 上的一元多项式环 $F[x]$ 都是主理想整环, 其中证明的关键是 $\mathbb{Z}$ 和 $F[x]$ 中都有带余除法. 那么如何将带余除法推广到一般的整环上?

定义 5.4.1　设 R 是整环, 令 $R^* = R \setminus \{0\}$ 为 R 中的非零元构成的集合. 若存在映射

$$\delta : R^* \to \mathbb{N}$$

满足对任意 $a, b \in R$, $b \neq 0$, 都有 $q, r \in R$ 使得

$$a = qb + r, \tag{5.7}$$

且 $r = 0$ 或 $\delta(r) < \delta(b)$, 则称 R 为 **Euclid (欧几里得) 整环**, 简称为 **欧氏环**, 记为 ED. 其中的映射 δ 称为**欧氏函数**, 而式 (5.7) 中的 q 和 r 分别称为 a 被 b 除的**商和余元**.

例 5.4.1　整数环 $\mathbb{Z}$ 和域 F 上的一元多项式环 $F[x]$ 都是欧氏环, 其中的欧氏函数分别为 $\delta(a) = |a|$ 和 $\delta(f(x)) = \deg f(x)$.

定理 5.4.1　欧氏环是主理想整环.

证明　设 R 是欧氏环, 其中的欧氏函数为 δ. 又设 J 是 R 的一个理想, 若 $J = \{0\}$, 则 $J = (0)$ 为主理想. 若 $J \neq 0$, 取 J 中一个非零元素 x 使得 $\delta(x)$ 最小, 即

$$\delta(x) = \min\{\delta(y) \mid y \in J \setminus \{0\}\}.$$

对任意 $a \in J$, 存在 $q, r \in R$ 使得

$$a = qx + r,$$

且 $r = 0$ 或 $\delta(r) < \delta(x)$. 由于 $r = a - qx$, 从 $a, x \in J$ 以及 J 为理想知 $r \in J$. 由 x 的取法知 $r = 0$, 从而

$$a = qx \in (x),$$

即 $J \subseteq (x)$. 再由 $x \in J$ 显然有 $(x) \subseteq J$, 所以 $J = (x)$ 为主理想. 从而 R 为主理想整环. □

推论 5.4.1　欧氏环是唯一因子分解整环.

欧氏环是唯一因子分解整环, 所以欧氏环中任意两个元素都有最大公因子. 由于欧氏环中有带余除法, 故类似于整数环和域上的一元多项式环, 我们可以用辗转相除求出欧氏环中给定两个元素的最大公因子.

设 R 为欧氏环, $a, b \in R$. 若 $b = 0$, 则 a 就是 a, b 的最大公因子. 下面设 $b \neq 0$, 逐次用带余除法, 可得

$$
\begin{aligned}
a &= q_1 b + r_1, \ r_1 \neq 0, \quad \delta(r_1) < \delta(b), \\
b &= q_2 r_1 + r_2, \ r_2 \neq 0, \quad \delta(r_2) < \delta(r_1), \\
r_1 &= q_3 r_2 + r_3, \ r_3 \neq 0, \quad \delta(r_3) < \delta(r_2), \\
&\qquad \vdots \qquad\qquad\qquad \vdots \\
r_{k-2} &= q_k r_{k-1} + r_k, \ r_k = 0 \quad \text{或} \quad r_k \neq 0 \text{ 且 } \delta(r_k) < \delta(r_{k-1}).
\end{aligned}
$$

若 $r_k \neq 0$, 则可以继续做下去. 但是

$$\delta(b) > \delta(r_1) > \delta(r_2) > \cdots > \delta(r_k)$$

是非负整数序列, 不能无限减小, 必有某个 k 使得 $r_{k+1} = 0$, 由此可推出 r_k 是 a, b 的一个最大公因子, 并且可以推出存在 $u, v \in R$ 使得 $ua + vb = r_k$. 实际上利用

$$r_k = r_{k-2} - q_k r_{k-1},$$

将

$$r_{k-1} = r_{k-3} - q_{k-1} r_{k-2}$$

代入得到

$$r_k = -q_k r_{k-3} + (1 + q_k q_{k-1}) r_{k-2},$$

递归地计算下去即可得到 u, v. 当 a, b 互素时就是

$$ua + vb = 1.$$

用代数的方法来研究数论中的问题, 如二平方和问题、Fermat 问题等, 就产生了代数数论. 其基本手法是把问题转化到整数环的扩环中去, 再利用扩环的代数性质去研究. 为给出更多欧氏环的例子, 我们来考虑 2 次代数整数环.

设 m 是一个无平方因子的整数且 $m \neq 0, 1$, 则 $x^2 - m \in \mathbb{Q}[x]$ 在 $\mathbb{Q}[x]$ 中不可约. 令

$$\mathbb{Q}(\sqrt{m}) = \{s + t\sqrt{m} \mid s, t \in \mathbb{Q}\},$$

容易验证 $\mathbb{Q}(\sqrt{m}) \cong \mathbb{Q}[x]/(x^2 - m)$ 是复数域 $\mathbb{C}$ 的子域, 称其为一个**二次数域**, 下面考察域 $\mathbb{Q}(\sqrt{m})$ 中的代数整数. 我们知道代数整数即首一整系数多项式的根, 对任意 $\alpha = s + t\sqrt{m} \in \mathbb{Q}(\sqrt{m})$, 显然 α 是多项式

$$x^2 - (\alpha + \overline{\alpha})x + \alpha\overline{\alpha} = x^2 - 2sx + (s^2 - mt^2) \in \mathbb{Q}[x]$$

的根, 其中 $\overline{\alpha} = s - t\sqrt{m}$. 若 α 是代数整数, 则 $2s$ 和 $s^2 - mt^2$ 都是整数. 设 $2s = a$, $2t = b$, 则 $a \in \mathbb{Z}$, 且

$$s^2 - mt^2 = \frac{1}{4}(a^2 - mb^2) \in \mathbb{Z}. \tag{5.8}$$

由于 b 为有理数, 记 $b = \dfrac{q}{p}$, 其中 $p \in \mathbb{Z}^+$, $q \in \mathbb{Z}$ 且 $\gcd(p, q) = 1$. 由于 $a^2 - mb^2 = 4(s^2 - mt^2)$ 为整数, 故 $mb^2 = \dfrac{mq^2}{p^2}$ 为整数, 从而 $p^2 \mid mq^2$. 由 $\gcd(p, q) = 1$ 知 $\gcd(p^2, q^2) = 1$, 所以 $p^2 \mid m$. 再由于 m 是一个无平方因子的整数且 $m \neq 0, 1$, 我们有 $p = 1$, 从而 b 为整数且由 (5.8) 得到

$$a^2 \equiv mb^2 \pmod{4}.$$

若 $m \equiv 1 \pmod{4}$, 则有

$$a^2 \equiv b^2 \pmod{4},$$

从而 a 与 b 为同奇或者同偶的整数, 这时 $a - b$ 为偶数, 设 $a - b = 2c$, 对某个整数 c, 则

$$\alpha = s + t\sqrt{m} = \frac{a + b\sqrt{m}}{2} = c + b\frac{1 + \sqrt{m}}{2}. \tag{5.9}$$

若 $m \equiv 2 \pmod{4}$, 则有

$$a^2 \equiv 2b^2 \pmod{4},$$

这时 a 和 b 都是偶数. 若 $m \equiv 3 \pmod{4}$, 则有

$$a^2 \equiv 3b^2 \pmod{4},$$

故

$$a^2 + b^2 \equiv 0 \pmod{4},$$

所以 a 和 b 也都是偶数. 故当 $m \equiv 2, 3 \pmod{4}$ 时, $s, t \in \mathbb{Z}$, 所以

$$\alpha = s + t\sqrt{m}, \tag{5.10}$$

其中 s, t 为整数. 又容易验证形如式 (5.9) 和 (5.10) 的 α 一定是代数整数, 这样我们得到 $\mathbb{Q}(\sqrt{m})$ 中所有的代数整数.

命题 5.4.1　设 m 是一个无平方因子的整数且 $m \neq 0, 1$, 定义 R_m 为

$$
R_m = \begin{cases}
\{a + b\sqrt{m} \mid a, b \in \mathbb{Z}\}, & \text{若 } m \equiv 2, 3 \pmod 4, \\[2mm]
\left\{a + b\dfrac{1 + \sqrt{m}}{2} \Big| a, b \in \mathbb{Z}\right\}, & \text{若 } m \equiv 1 \pmod 4,
\end{cases}
$$

则 R_m 是 $\mathbb{Q}(\sqrt{m})$ 中所有代数整数构成的集合. 进一步地, R_m 是域 $\mathbb{Q}(\sqrt{m})$ 的子环, 从而为整环, 称 R_m 为 $\mathbb{Q}(\sqrt{m})$ 的**二次代数整数环**.

类似于例 5.1.3 中的做法, 在 R_m 中定义范数函数 N 为

$$
N(\alpha) = \alpha\overline{\alpha},
$$

对任意 $\alpha = s + t\sqrt{m} \in R_m$, 其中 $\overline{\alpha} = s - t\sqrt{m}$. 注意到若 $m \equiv 1 \pmod 4$, 而

$$
\alpha = a + b\frac{1 + \sqrt{m}}{2} \in R_m,
$$

其中 $a, b \in \mathbb{Z}$, 则有

$$
N(\alpha) = \left(a + \frac{b}{2} + \frac{b}{2}\sqrt{m}\right)\left(a + \frac{b}{2} - \frac{b}{2}\sqrt{m}\right) = a^2 + ab + \frac{1 - m}{4}b^2.
$$

容易验证对任意 $\alpha \in R_m$ 有 $N(\alpha)$ 为整数, $N(\alpha) = 0$ 当且仅当 $\alpha = 0$, 且对任意 $\alpha, \beta \in R_m$ 有

$$
N(\alpha\beta) = N(\alpha)N(\beta).
$$

由此也可以得到 $\alpha \in U(R_m)$ 当且仅当 $N(\alpha) = \pm 1$. 进一步地, 若 $m < 0$, 则对任意 $\alpha \in R_m$ 有 $N(\alpha) \geqslant 0$, 所以这时 $\alpha \in U(R_m)$ 当且仅当 $N(\alpha) = 1$. 解 2 次方程容易得到

$$
U(R_{-1}) = \{\pm 1, \pm \mathrm{i}\}, \quad U(R_{-3}) = \{\pm 1, \pm \omega, \pm \omega^2\},
$$

其中 $\omega = -\dfrac{1 + \sqrt{-3}}{2}$ 为一个 3 次本原单位根, 而当 $m < 0$ 且 $m \neq -1, -3$ 时,

$$
U(R_m) = \{\pm 1\}.
$$

显然 R_m 的分式域恰为 $\mathbb{Q}(\sqrt{m})$. 同样地, 在 $\mathbb{Q}(\sqrt{m})$ 中类似地定义范数函数 N, 即元素 $z = s + t\sqrt{m} \in \mathbb{Q}(\sqrt{m})$ 的范数

$$
N(z) = (s + t\sqrt{m})(s - t\sqrt{m}) = s^2 - mt^2,
$$

其中 $s, t \in \mathbb{Q}$. 易知对任意 $\alpha, \beta \in R_m$ 且 $\beta \neq 0$, 有

$$N\left(\frac{\alpha}{\beta}\right) = N(\alpha)N(\beta)^{-1},$$

其中等号右端的范数函数 N 是定义在环 R_m 上的.

定理 5.4.2　当 $m < 0$ 时, R_m 为欧氏环当且仅当 $m = -1, -2, -3, -7$ 或 -11.

证明　先证明当 $m = -1, -2, -3, -7$ 或 -11 这 5 个负整数时, R_m 为欧氏环, 为此考虑 R_m 上的范数函数 N. 若 $m = -1$ 或者 -2, 这时

$$R_m = \{a + b\sqrt{m} \mid a, b \in \mathbb{Z}\} = \mathbb{Z}[\sqrt{m}].$$

对 $\alpha, \beta \in R_m$, 且 $\beta \neq 0$, 记

$$\alpha\beta^{-1} = u + v\sqrt{m},$$

其中 $u, v \in \mathbb{Q}$. 分别选取最接近 u, v 的整数 a, b, 则有 $u = a + \mu, v = b + \nu$ 且 $|\mu| \leqslant \frac{1}{2}$, $|\nu| \leqslant \frac{1}{2}$, 故

$$\alpha = \beta(u + v\sqrt{m}) = \beta(a + b\sqrt{m}) + \beta(\mu + \nu\sqrt{m}).$$

令 $\rho = a + b\sqrt{m}, \gamma = \beta(\mu + \nu\sqrt{m})$, 则有 $\rho, \gamma = \alpha - \rho\beta \in \mathbb{Z}[\sqrt{m}]$ 且

$$\alpha = \rho\beta + \gamma.$$

当 $\gamma \neq 0$ 时, 有

$$\begin{aligned}
N(\gamma) &= \gamma\bar{\gamma} = |\beta|^2|\mu + \nu\sqrt{m}|^2 \\
&= |\beta|^2(\mu^2 - m\nu^2) \leqslant |\beta|^2\left(\frac{1}{4} + \frac{1}{4}|m|\right) \\
&= \frac{1 + |m|}{4}N(\beta) < N(\beta).
\end{aligned}$$

故 N 为 R_m 上的欧氏函数, 从而 R_m 为欧氏环.

若 $m = -3, -7$ 或者 -11,

$$R_m = \left\{a + b\frac{1 + \sqrt{m}}{2}\,\middle|\,a, b \in \mathbb{Z}\right\} = \mathbb{Z}\left[\frac{1 + \sqrt{m}}{2}\right].$$

类似地, 对 $\alpha, \beta \in R_m$, 且 $\beta \neq 0$, 记 $\alpha\beta^{-1} = u + v\sqrt{m}$, 其中 $u, v \in \mathbb{Q}$. 先取整数 b 使其离 $2v$ 最近, 即满足 $|2v - b| \leqslant \frac{1}{2}$, 再取整数 a 使得

$$\left|u - \frac{b}{2} - a\right| \leqslant \frac{1}{2}.$$

令 $\rho = a + b\frac{1 + \sqrt{m}}{2}, \gamma = \alpha - \rho\beta$, 则有 $\rho, \gamma \in R_m$ 且

$$\alpha = \rho\beta + \gamma.$$

当 $\gamma \neq 0$ 时, 有

$$N(\gamma) = \gamma\bar{\gamma} = \left[\left(u - a - \frac{b}{2}\right)^2 + |m|\left(v - \frac{b}{2}\right)^2\right] N(\beta) \leqslant \frac{4 + |m|}{16} N(\beta) < N(\beta).$$

故 N 为 R_m 上的欧氏函数, R_m 为欧氏环.

下面证明若 m 不是如上 5 个负整数, 则 R_m 不是欧氏环. 首先, 若 $m < 0$,

$$m \neq -1, -2, -3, -7, -11$$

且 $m \equiv 2, 3 \pmod 4$ 时, $R_m = \mathbb{Z}[\sqrt{m}]$ 且 $m \leqslant -5$, 在例 5.1.3 中我们已经证明这时的整环 R_m 不是唯一因子分解整环, 自然不是欧氏环, 所以只需考察 $m \equiv 1 \pmod 4$ 的情形. 因为 $m \neq -3$, 所以这时 $U(R_m) = \{\pm 1\}$. 首先我们证明 $2, 3 \in R_m$ 在 R_m 中不可约. 事实上, 若 3 在 R_m 中可约, 不妨设 $3 = \alpha\beta$, 其中 α, β 都是 R_m 中的不可逆元, 则有

$$9 = N(3) = N(\alpha)N(\beta).$$

由于 α, β 均不可逆, 故 $N(\alpha) \neq 1$, $N(\beta) \neq 1$, 故 $N(\alpha) = N(\beta) = 3$. 设

$$\alpha = \frac{a + b\sqrt{m}}{2},$$

其中 a, b 是同奇同偶的整数. 由 $N(\alpha) = 3$ 得到

$$a^2 - mb^2 = 12,$$

再由 $m < 0$ 有 $a^2 < 12$, 从而 $a = 0, \pm 1, \pm 2, \pm 3$. 若 $a = 0$, 则 b 为偶数, 这时 $a^2 - mb^2 = 12$ 可给出 $m = -3$. 若 $a = \pm 1$, 则 $a^2 - mb^2 = 12$ 给出 $m = -11$. 类似地, 若 $a = \pm 2$, 则可得 $m = -2$, 若 $a = \pm 3$, 则可得 $m = -3$. 这些都与 m 的选取矛盾, 这表明不存在 $\alpha \in R_m$ 使得 $N(\alpha) = 3$, 故 3 在 R_m 中不可约. 同理可证 2 在 R_m 中也不可约.

反证, 若 R_m 是欧氏环, 对应的欧氏函数为 $\delta : R_m^* \to \mathbb{N}$. 选取非零元素 $\beta \in R_m \setminus U(R_m)$ 使 $\delta(\beta)$ 最小, 则对任意 $\alpha \in R_m$, 存在 $\rho, \gamma \in R_m$ 使得 $\alpha = \rho\beta + \gamma$, 且 $\gamma = 0$ 或者 $\delta(\gamma) < \delta(\beta)$. 若 $\gamma \neq 0$, 则由 β 的取法知 $\gamma \in U(R_m)$, 即 $\gamma = \pm 1$. 这样我们就证出对任意 $\alpha \in R_m$, 一定存在 $\rho \in R_m$ 使得 $\alpha = \rho\beta$, 或者 $\alpha = \rho\beta + 1$, 或者 $\alpha = \rho\beta - 1$. 特别地, 取 $\alpha = 2$, 由 β 不可逆知存在 $\rho \in R_m$ 使得 $\rho\beta = 2$, 或者 $\rho\beta = 3$. 再由 $2, 3$ 都是 R_m 中不可约元, β 非零不可逆, 则必有 ρ 可逆, 从而 $\beta = \pm 2$ 或者 $\beta = \pm 3$. 再取

$$\alpha' = \frac{1 + \sqrt{m}}{2},$$

则存在 $\rho' \in R_m$ 使得

$$\alpha' = \rho'\beta, \ \alpha' = \rho'\beta + 1, \ \alpha' = \rho'\beta - 1 \tag{5.11}$$

中必有一个成立, 但是对于 $\beta = \pm 2$ 或者 ± 3, 容易验证 (5.11) 中三个等式均不成立, 所以 R_m 不是欧氏环. $\qquad\qquad\qquad\qquad\qquad\qquad\qquad\qquad\qquad\qquad\qquad\qquad\qquad\square$

我们已经证明了欧氏环是主理想整环, 主理想整环是唯一分解整环, 但反之不一定成立. 例如 $\mathbb{Z}[x]$ 是唯一因子分解整环但不是主理想整环, 由定理 5.4.2 知 R_{-19} 不是欧氏环, 但是 R_{-19} 是主理想整环, 可参见本节习题.

例 5.4.2 考察 $x^3 - y^2 - 2 = 0$ 的整数解问题. 验证得到 $(3,5)$ 和 $(3,-5)$ 都是 $x^3 - y^2 - 2 = 0$ 的整数解, 它是否还有其他的整数解? 首先, 若 x 为偶数, 则有 $8 \mid x^3$, 所以

$$y^2 = x^3 - 2 \equiv 6 \ (\mathrm{mod}\ 8).$$

而任何整数的平方模 8 余 0, 1 或 4, 矛盾, 所以 $x^3 - y^2 - 2 = 0$ 的整数解中的 x 为奇数, 由此 y 也是奇数. 原方程可改写为

$$x^3 = y^2 + 2 = (y + \sqrt{-2})(y - \sqrt{-2}),$$

这样我们可以在整环

$$R_{-2} = \mathbb{Z}[\sqrt{-2}] = \{a + b\sqrt{-2} \mid a, b \in \mathbb{Z}\}$$

中考虑问题. 由定理 5.4.2 知 R_{-2} 是欧氏环, 自然为唯一因子分解整环.

设 ζ 是 $y + \sqrt{-2}$ 和 $y - \sqrt{-2}$ 在 R_{-2} 中的公因子, 则

$$\zeta \mid ((y + \sqrt{-2}) - (y - \sqrt{-2})) = 2\sqrt{-2},$$

所以 $N(\zeta) \mid N(2\sqrt{-2}) = 8$. 又

$$N(\zeta) \mid N(y + \sqrt{-2}) = (y + \sqrt{-2})(y - \sqrt{-2}) = x^3,$$

且 x 为奇数, 我们有 $N(\zeta) = 1$, 即 ζ 可逆, 这表明 $y + \sqrt{-2}$ 和 $y - \sqrt{-2}$ 在 R_{-2} 中互素. 又它们的乘积是 R_{-2} 中元素的立方, 由习题 5.2 的第 3 题得到 $y + \sqrt{-2}$ 一定是 R_{-2} 中可逆元与 R_{-2} 中元素的立方之积. 又 R_{-2} 中的可逆元 ± 1 是自身的立方, 所以 $y + \sqrt{-2}$ 一定是 R_{-2} 中元素的立方.

设有整数 m 和 n 满足

$$y + \sqrt{-2} = (m + n\sqrt{-2})^3 = (m^3 - 6mn^2) + (3m^2n - 2n^3)\sqrt{-2},$$

则有 $y = m^3 - 6mn^2$ 和 $1 = 3m^2n - 2n^3 = n(3m^2 - 2n^2)$, 由后一个等式得到 $n = \pm 1$.

若 $n = 1$, 则有 $m^2 = 1$, 故 $m = \pm 1$. 所以 $y = \pm 5$ 且 $x^3 = 27$, 即 $x = 3$, 由此得到方程 $x^3 - y^2 - 2 = 0$ 的整数解 $(3, \pm 5)$. 若 $n = -1$, 则有 $3m^2 = 1$, 它无整数解. 所以方程 $x^3 - y^2 - 2 = 0$ 的所有整数解就是 $(3, 5)$ 和 $(3, -5)$.

环 $R_{-1} = \mathbb{Z}[\mathrm{i}]$ 称为 **Gauss 整数环**, 其中的每一个元素 $a + b\mathrm{i}$ 也称为 **Gauss 整数**, 其中 $a, b \in \mathbb{Z}$. 定理 5.4.2 告诉我们 Gauss 整数环 $\mathbb{Z}[\mathrm{i}]$ 为欧氏环, 从而为主理想整环和唯一因子分解整环, 从而 $\mathbb{Z}[\mathrm{i}]$ 中的素元和不可约元是一样的. 下面来确定 $\mathbb{Z}[\mathrm{i}]$ 中的素元, 为方便区分, 我们称整数环中的素数为**有理素数**, 而 $\mathbb{Z}[\mathrm{i}]$ 中的素元为 **Gauss 素数**. 依然利用定理 5.4.2 中的范数函数 (欧氏函数) N, 即对任意 $\alpha \in \mathbb{Z}[\mathrm{i}]$,

$$N(\alpha) = \alpha\overline{\alpha} = |\alpha|^2.$$

首先, 由定义易知对于正整数 n, 存在 $\alpha = a + b\mathrm{i} \in \mathbb{Z}[\mathrm{i}]$ 使得 $N(\alpha) = n$ 当且仅当 $n = a^2 + b^2$ 为两个整数的平方和. 另外也容易验证 Gauss 整数 α 在 $\mathbb{Z}[\mathrm{i}]$ 中可逆当且仅当 $N(\alpha) = 1$, 即当且仅当 $\alpha = \pm 1$ 或者 $\pm\mathrm{i}$, 所以 $U(\mathbb{Z}[\mathrm{i}]) = \{\pm 1, \pm\mathrm{i}\}$.

设 α 为 Gauss 素数, 则 $N(\alpha)$ 为大于 1 的整数, 显然在 $\mathbb{Z}[\mathrm{i}]$ 中有 $\alpha \mid N(\alpha)$, 令

$$S_\alpha = \{n \in \mathbb{Z} \mid \alpha \mid n\},$$

则 $S_\alpha \neq \{0\}$. 显然 S_α 为整数环 $\mathbb{Z}$ 的理想, 所以 $S_\alpha = (p)$, 其中 $p > 0$. 容易证明 p 为有理素数, 事实上, 若 $p = n_1 n_2$ 为两个整数的乘积, 由 $\alpha \mid n_1 n_2$ 和 α 为 Gauss 素数知 $\alpha \mid n_1$ 或者 $\alpha \mid n_2$, 即 $n_1 \in S_\alpha$ 或者 $n_2 \in S_\alpha$. 若 $n_1 \in S_\alpha$, 则 $n_1 = pm$ 对某个 $m \in \mathbb{Z}$, 所以 $p = pmn_2$, 故 $mn_2 = 1$, 从而 $n_2 = \pm 1$. 类似地, 若 $n_2 \in S_\alpha$, 则有 $n_1 = \pm 1$, 所以 p 为有理素数.

设 $p = \alpha_1 \alpha_2 \cdots \alpha_r$, 其中 $\alpha = \alpha_1, \alpha_2, \cdots, \alpha_r$ 都是 Gauss 素数, 两端用 N 作用得到

$$p^2 = N(p) = N(\alpha_1)N(\alpha_2)\cdots N(\alpha_r),$$

由于 $N(\alpha_i)$ 为大于 1 的正整数, 所以有 $r = 2$, $p = \alpha\alpha_2$, 且 $N(\alpha) = N(\alpha_2) = p$, 或者 $r = 1$, $p = u\alpha$ 为 Gauss 素数, u 为 $\mathbb{Z}[\mathrm{i}]$ 中的可逆元.

对第一种情形, $p = \alpha\alpha_2 = N(\alpha) = \alpha\overline{\alpha}$, 所以 $\alpha_2 = \overline{\alpha}$. 进一步地, 对于 $\alpha \in \mathbb{Z}[\mathrm{i}]$, 若 $N(\alpha)$ 为有理素数, 则 α 一定为 Gauss 素数. 事实上, 设 $N(\alpha) = p$ 为有理素数, 则显然 $\alpha \neq 0$ 且 α 不可逆. 若 $\alpha = \beta\gamma$, 其中 $\beta, \gamma \in \mathbb{Z}[\mathrm{i}]$, 则有

$$p = N(\alpha) = N(\beta)N(\gamma),$$

故 $N(\beta) = 1$ 或者 $N(\gamma) = 1$, 即 β 或 γ 为 $\mathbb{Z}[\mathrm{i}]$ 中可逆元, 所以 α 为 Gauss 素数.

对第二种情形的有理素数 p, 不可能存在某个元素 $\eta \in \mathbb{Z}[\mathrm{i}]$ 使得 $p = N(\eta)$. 事实上, 若存在元素 $\eta \in \mathbb{Z}[\mathrm{i}]$ 使得

$$u\alpha = p = N(\eta),$$

则 $\alpha = u^{-1}\eta\overline{\eta}$. 由于 $N(\eta) = N(\overline{\eta}) = p$ 为有理素数, 而上面已经证明范数为有理素数的 Guass 整数一定是 Gauss 素数, 故 η 和 $\overline{\eta}$ 都是 Gauss 素数, 与 α 为 Gauss 素数矛

盾. 即这时的有理素数 p 不是两个整数的平方和. 反之, 若有理素数 p 不是两个整数的平方和, 即 p 不是 $\mathbb{Z}[\mathrm{i}]$ 中元素的范数, 若 $p = \beta\gamma$, 其中 $\beta, \gamma \in \mathbb{Z}[\mathrm{i}]$, 则有

$$p^2 = N(p) = N(\beta)N(\gamma).$$

由于 $N(\beta) \neq p$, 故 $N(\beta) = 1$ 或者 $N(\beta) = p^2$. 而若 $N(\beta) = p^2$, 则有 $N(\gamma) = 1$, 所以 β 或 γ 中一定有一个为 $\mathbb{Z}[\mathrm{i}]$ 中的可逆元, 所以 p 为 Gauss 素数. 这样我们就确定了 Gauss 整数环的所有素元.

命题 5.4.2　设 $\alpha \in \mathbb{Z}[\mathrm{i}]$, 则 α 为 Gauss 素数当且仅当 $N(\alpha)$ 为有理素数, 或者 α 的相伴元 $\pm\alpha$, $\pm\mathrm{i}\alpha$ 中的一个为正有理素数, 并且该有理素数不是两个整数的平方和.

为进一步确定 Gauss 整数环的素元, 我们需要确定什么样的有理素数 p 是两个整数的平方和, 而这等价于是否存在 $\alpha \in \mathbb{Z}[\mathrm{i}]$ 使得 $p = N(\alpha)$. 显然

$$2 = 1^2 + 1^2 = N(1 + \mathrm{i}),$$

所以有理素数 2 是两个整数的平方和.

下面考虑奇有理素数 p, 若存在整数 $a, b \in \mathbb{Z}$ 使得 $p = a^2 + b^2$, 则由于任意整数的平方模 4 同余于 0 或 1, 故 $p \equiv 0, 1, 2 \pmod 4$. 又 p 为奇数, 有 $p \equiv 1 \pmod 4$.

反之, 设有理素数 $p \equiv 1 \pmod 4$. 我们知道整数模 p 的乘法群 $U(p)$ 是 $p-1$ 阶循环群, 取群 $U(p)$ 的一个生成元 θ, 令 $\xi = \theta^{\frac{p-1}{4}}$, 则由于元素 θ 在群 $U(p)$ 中的阶为 $p-1$, 故 $\xi^2 = \theta^{\frac{p-1}{2}}$ 的阶为 2, 即 ξ^2 为 $U(p)$ 中唯一的 2 阶元素 -1, 从而在 $U(p)$ 中有 $\xi^2 + 1 = 0$. 这样我们就证明了若有理素数 $p \equiv 1 \pmod 4$, 则存在整数 $a \in \mathbb{Z}$ 使得 $p \mid a^2 + 1$, 这样在 Gauss 整数环 $\mathbb{Z}[\mathrm{i}]$ 中有

$$p \mid (a + \mathrm{i})(a - \mathrm{i}).$$

若 $p \mid a + \mathrm{i}$, 则存在 $a' + b'\mathrm{i} \in \mathbb{Z}[\mathrm{i}]$ 使得

$$a + \mathrm{i} = p(a' + b'\mathrm{i}) = pa' + pb'\mathrm{i},$$

于是 $1 = pb'$, 与 p 为有理素数矛盾, 故 $p \nmid a + \mathrm{i}$, 同理 $p \nmid a - \mathrm{i}$. 从而 p 不是 Gauss 素数, 由命题 5.4.2 前面的说明知 p 为两个整数的平方和. 由此我们进一步确定了 Gauss 整数环的素元如下.

命题 5.4.3　设 $\alpha \in \mathbb{Z}[\mathrm{i}]$, 则 α 为 Gauss 素数当且仅当

$$\alpha = 1 + \mathrm{i}, \ 1 - \mathrm{i}, \ -1 + \mathrm{i}, \ -1 - \mathrm{i},$$

或者 $N(\alpha) \equiv 1 \pmod 4$ 为有理素数, 或者 α 的相伴元 $\pm\alpha$, $\pm\mathrm{i}\alpha$ 中的一个为正有理素数且 $\equiv 3 \pmod 4$.

对于任意整数 n, 何时 n 为两个整数的平方和? 显然 n 为非负整数, 而

$$0 = 0^2 + 0^2, \quad 1 = 1^2 + 0^2,$$

即 0 和 1 都是整数的平方和. 对于 $n \geqslant 2$, 设 n 的标准分解式为

$$n = p_1^{e_1} p_2^{e_2} \cdots p_r^{e_r},$$

其中 $p_1, p_2, \cdots, p_r$ 为互不相同的素数, $e_1, e_2, \cdots, e_r$ 为正整数. 若正整数 a, b 是两个整数的平方和, 即存在 $\alpha, \beta \in \mathbb{Z}[\mathrm{i}]$ 使得 $a = N(\alpha)$, $b = N(\beta)$, 则 $ab = N(\alpha\beta)$ 也是两个整数的平方和. 所以我们只需看 p^e 是否为两个整数的平方和, 其中 p 为素数, e 为正整数. 若 $p = 2$ 或 $p \equiv 1 \pmod 4$, 则 p 为两个整数的平方和, 从而 p^e 也是两个整数的平方和. 若 $p \equiv 3 \pmod 4$, 且 e 为偶数, 自然

$$p^e = (p^{\frac{e}{2}})^2 + 0^2$$

为两个整数的平方和. 所以对于大于 1 的正整数 n, 若 n 的标准分解式中所有 $\equiv 3 \pmod 4$ 的素因子的幂次为偶数, 则 n 是两个整数的平方和.

反之, 设 $n \geqslant 2$ 且 $n = p_1^{e_1} p_2^{e_2} \cdots p_r^{e_r}$ 是 n 的标准分解式. 若 n 是两个整数的平方和, 不妨设

$$n = a^2 + b^2 = (a + b\mathrm{i})(a - b\mathrm{i}).$$

若 n 的某个素因子 $p_j \equiv 3 \pmod 4$, 则 p_j 为 Gauss 素数. 由 $\mathbb{Z}[\mathrm{i}]$ 为唯一因子分解整环且

$$p_1^{e_1} p_2^{e_2} \cdots p_r^{e_r} = (a + b\mathrm{i})(a - b\mathrm{i}),$$

知 p_j 一定是 $a + b\mathrm{i}$ 或 $a - b\mathrm{i}$ 的不可约因子 (或者同时). 设 p_j 在 $a + b\mathrm{i}$ 中的重数为 s, 在 $a - b\mathrm{i}$ 中的重数为 t. 由 $p_j^s \mid a + b\mathrm{i}$ 得到在整数环 $\mathbb{Z}$ 中 $p_j^s \mid a$ 且 $p_j^s \mid b$, 从而 $p_j^s \mid a - b\mathrm{i}$, 故 $s \leqslant t$. 同理, 由 $p_j^t \mid a - b\mathrm{i}$ 也可以得到 $p_j^t \mid a + b\mathrm{i}$, 故 $t \leqslant s$. 所以 $s = t$, 再由唯一因子分解整环中分解的唯一性得到 $e_j = s + t = 2s$ 为偶数. 这样我们便证明了如下定理.

定理 5.4.3　设正整数 $n \geqslant 2$, 则 n 是两个整数的平方和当且仅当 n 的标准分解式中所有模 4 余 3 的素因子的幂次为偶数.

注 5.4.1　例 5.4.2 中求方程的整数解问题和二平方和问题, 即定理 5.4.3 解决的问题都是整数环 $\mathbb{Z}$ 上的问题, 但解决它们用到了 $\mathbb{Z}$ 的扩环 $\mathbb{Z}[\sqrt{-2}]$ 和 $\mathbb{Z}[\mathrm{i}]$, 以及这两个扩环中的唯一分解性质, 从中可以看到讨论整环的唯一分解性质的重要性. 历史上, 德国数学家 Kummer(库默尔) 在解决 Fermat 问题时也用到这个想法.

1637 年, Fermat 提出如下猜想: 对每个正整数 $n \geqslant 3$, 方程

$$x^n + y^n = z^n$$

没有非平凡整数解 (x, y, z), 即 $xyz \neq 0$ 的整数解. Fermat 本人证明了 $n = 4$ 的情形. 过了 100 多年, Euler 证明了 $n = 3$ 的情形. 后来 Legendre (勒让德) 和 Lame (拉梅) 分别证明了 $n = 5$ 和 $n = 7$ 的情形. 显然若对 $n \geqslant 3$, $x^n + y^n = z^n$ 有非平凡整数解 (a, b, c), 则对 n 的任意素因子 p, $(a^{\frac{n}{p}}, b^{\frac{n}{p}}, c^{\frac{n}{p}})$ 就是 $x^p + y^p = z^p$ 的非平凡解. 所以为解决 Fermat 猜想, 只需考虑其中 $n = p$ 为奇素数的情形. 1847 年前后, 德国数学家 Kummer 学习了 Gauss 解决二平方和问题的想法, 令 $\zeta_p = e^{\frac{2\pi i}{p}}$, $i = \sqrt{-1}$, 则方程可写为

$$x^p = z^p - y^p = (z - y)(z - \zeta_p y) \cdots (z - \zeta_p^{p-1} y).$$

如果方程有整数解 $x, y, z \in \mathbb{Z}$, 那么上式右端每个数 $z - \zeta_p^i y$ 都属于整环 $\mathbb{Z}[\zeta_p]$. Kummer 证明了若 $\mathbb{Z}[\zeta_p]$ 是唯一因子分解整环, 则 Fermat 猜想对 $n = p$ 成立. 而当 p 为 $\leqslant 19$ 的奇素数时, $\mathbb{Z}[\zeta_p]$ 均为唯一因子分解整环, 所以当 n 为 $\leqslant 19$ 的奇素数时, Fermat 猜想成立.

但是当 $p \geqslant 23$ 时, $\mathbb{Z}[\zeta_p]$ 不再是唯一因子分解整环. Kummer 努力改进他的方法, 改进为若环 $\mathbb{Z}[\zeta_p]$ 对一种 "理想数" 具有唯一分解性质, 则 Fermat 猜想对 $n = p$ 也成立, 结果他证明了 $\leqslant 100$ 的奇素数的情形. 当时没有多少人明白 "理想数" 是什么, 后来由 Dedekind 说清楚 "理想数" 不是环 $\mathbb{Z}[\zeta_p]$ 中的数, 而是 $\mathbb{Z}[\zeta_p]$ 的一个子集, 就是我们现在说的环的理想.

习题 5.4

1. 设 R 为整环, 函数 $\delta: R^* \to \mathbb{N}$ 满足对任意 $a, b \in R^*$, 若 $\delta(a) \geqslant \delta(b)$, 则必有 $b \mid a$ 或者存在 $u, v \in R$ 满足 $ua \neq vb$ 且 $\delta(ua - vb) < \delta(b)$, 证明 R 一定是主理想整环.

2. 利用第 1 题中的结论证明 R_{-19} 是主理想整环.

3. 证明 $U(R_{-3}) = \{\pm 1, \pm\omega, \pm\omega^2\}$, 其中 $\omega = -\dfrac{1 + \sqrt{-3}}{2}$ 为一个 3 次本原单位根.

4. 证明方程 $x^3 + y^3 = z^3$ 在 R_{-3} 中无非平凡解, 因而也没有非平凡整数解.

5. 证明环 $R_2 = \mathbb{Z}[\sqrt{2}]$ 是欧氏环.

6. 设 F 是域, 证明 F 上一元形式幂级数环 $F[[x]]$ 是欧氏环.

7. 设 p 为素数且存在整数 a, b 使得 $p = a^2 + b^2$, 证明在不考虑正负号和交换 a, b 的情况下, a, b 被 p 唯一确定.

8. 给出一个整环 R 和 R 的一个子环 S, 使得存在元素 $p \in S$ 满足 p 为 S 的素元但不是 R 的素元. 再给出一个整环 R 和 R 的一个子环 S, 使得存在元素 $p \in S$ 满足 p 为 R 的素元但不是 S 的素元.

9. 对下面 $\alpha, \beta \in \mathbb{Z}[i]$, 求出 $\gcd(\alpha,\beta)$ 和 $u,v \in \mathbb{Z}[i]$ 使得 $\gcd(\alpha,\beta) = u\alpha + v\beta$:

(1) $\alpha = 1+i$, $\beta = 1+2i$;

(2) $\alpha = 1+2i$, $\beta = 2+5i$.

5.5 唯一因子分解整环上的多项式环

如同习题 5.4 第 8 题, 设 R 为整环, A 为 R 的整扩环, $p \in R$ 是 R 中的不可约元 (或素元), 则 p 不一定是 A 中的不可约元 (或素元). 例如取 $R = \mathbb{Z}$, $A = \mathbb{Z}[i]$, 则 2 是 R 中的不可约元, 也是 R 中的素元, 但在 $\mathbb{Z}[i]$ 中

$$2 = (1+i)(1-i),$$

所以 2 不是 A 中的不可约元, 自然也不是 A 中的素元. 另外每个素数 $p \equiv 1 \pmod 4$ 都是 $\mathbb{Z}$ 中的不可约元和素元, 但不是 $\mathbb{Z}[i]$ 中的不可约元, 也不是 $\mathbb{Z}[i]$ 中的素元. 但若 A 是 R 上的多项式环, 则情形是不一样的, 我们有如下结论.

定理 5.5.1 设 R 为整环, p 是 R 的素元, 则 p 也是 $R[x]$ 的素元.

证明 设 φ 是由自然同态

$$R \to R/(p)$$
$$a \mapsto \bar{a} = a + (p)$$

诱导出的多项式环 $R[x]$ 到 $R/(p)[x]$ 的同态, 即对任意

$$f(x) = a_n x^n + a_{n-1} x^{n-1} + \cdots + a_1 x + a_0 \in R[x],$$

$$\varphi(f(x)) = \overline{a_n} x^n + \overline{a_{n-1}} x^{n-1} + \cdots + \overline{a_1} x + \overline{a_0} \in R/(p)[x],$$

也称 φ 为多项式系数模 p 的**约化同态**. 由于 p 为素元, 故 (p) 为 R 的素理想, 所以 $R/(p)$ 为整环, 从而 $R/(p)[x]$ 依然为整环.

为证明 p 为 $R[x]$ 中的素元, 设有 $f(x), g(x) \in R[x]$ 满足 $p \mid f(x)g(x)$, 则 p 整除多项式 $f(x)g(x)$ 的所有系数, 从而在 $R/(p)[x]$ 中有

$$\bar{0} = \varphi(f(x)g(x)) = \varphi(f(x))\varphi(g(x)).$$

由 $R/(p)[x]$ 为整环得到 $\varphi(f(x)) = \bar{0}$ 或者 $\varphi(g(x)) = \bar{0}$, 即 p 整除多项式 $f(x)$ 的所有系数或 p 整除多项式 $g(x)$ 的所有系数, 所以 $p \mid f(x)$ 或者 $p \mid g(x)$, 从而 p 为 $R[x]$ 中的素元. $\square$

定义 5.5.1   设 R 是唯一因子分解整环, $f(x) \in R[x]$, 称 $f(x)$ 为**本原多项式**, 若不存在 R 中素元 p 使得 p 整除 $f(x)$ 的所有系数.

由定义知 $f(x) \in R[x]$ 为本原多项式当且仅当对 R 的任意素元 p, 在 $R[x]$ 中均有 $p \nmid f(x)$, 或对多项式系数模 p 的约化同态 φ 有 $\varphi(f(x)) \neq \overline{0}$.

定理 5.5.2   设 R 为唯一因子分解整环, $f(x), g(x) \in R[x]$ 都是本原多项式, 则 $f(x)g(x)$ 也是本原多项式.

证明   若 $f(x)g(x)$ 不是本原多项式, 则存在 R 中素元 p 使得在 $R[x]$ 中有 $p \mid f(x)g(x)$. 由定理 5.5.1 的证明知 $p \mid f(x)$ 或者 $p \mid g(x)$, 即 $f(x)$ 或者 $g(x)$ 有一个不是本原多项式, 矛盾. $\square$

下面总设 R 为唯一因子分解整环, $\mathcal{P}$ 为 R 中素元 (不可约元) 相伴类的代表元集. 对 $a \in R, a \neq 0, p \in \mathcal{P}, m_a(p)$ 表示 p 在 a 中的重数.

命题 5.5.1   设 R 为唯一因子分解整环, $a, b \in R, f(x) \in R[x]$ 为本原多项式, 若在 $R[x]$ 中有 $a \mid bf(x)$, 则在 R 中有 $a \mid b$.

证明   若 $a \nmid b$, 则存在 $p \in \mathcal{P}$ 使得 $m_a(p) > m_b(p)$, 从而存在 $c, d \in R$ 和 $k \in \mathbb{N}$ 使得 $a = p^{k+1}c$ 和 $b = p^k d$ 且 $p \nmid d$. 由 $a \mid bf(x)$ 知存在 $g(x) \in R[x]$ 使得 $bf(x) = ag(x)$, 即

$$p^k df(x) = p^{k+1} cg(x),$$

消去 p^k 得到 $df(x) = pcg(x)$, 所以 $p \mid df(x)$. 由于 p 是 R 中的素元, 由定理 5.5.1 知 p 也是 $R[x]$ 中素元, 又 $p \nmid d$, 故 $p \mid f(x)$, 与 $f(x)$ 本原矛盾. $\square$

定义 5.5.2   设 R 是唯一因子分解整环,

$$f(x) = a_n x^n + a_{n-1} x^{n-1} + \cdots + a_1 x + a_0 \in R[x],$$

定义 $f(x)$ 的**容度** $c(f)$ 为

$$c(f) = \gcd(a_n, a_{n-1}, \cdots, a_1, a_0).$$

例如, 设 R 为整数环 $\mathbb{Z}$, 则

$$c(3x^3 - 6x^2 + 21x - 9) = 3, \quad c(6x^3 - 10x^2 + 5x - 2) = 1.$$

显然 $f(x) \in R[x]$ 为本原多项式当且仅当 $c(f)$ 为 R 中可逆元. 由定义得到存在 $g(x) \in R[x]$ 使得

$$f(x) = c(f)g(x).$$

进一步地, 多项式 $g(x)$ 一定本原. 事实上, 若存在 R 的素元 p 满足 $p \mid g(x)$, 则存在 $h(x) \in R[x]$ 使得 $g(x) = ph(x)$, 所以

$$f(x) = c(f)ph(x),$$

故 $c(f)p \mid f(x)$. 从而 $c(f)p$ 整除 $f(x)$ 的所有系数, 而 $c(f)$ 为 $f(x)$ 的所有系数的最大公因子, 所以 $c(f)p \mid c(f)$, 由此得到 $p \mid 1$, 矛盾.

定理 5.5.3 (Gauss 引理) 设 R 为唯一因子分解整环, F 是 R 的分式域, $R[x]$ 和 $F[x]$ 是相应的多项式环.

(1) 设 $f(x), g(x) \in R[x]$, $g(x)$ 本原, 且在 $F[x]$ 中 $g(x) \mid f(x)$, 则在 $R[x]$ 中依然有 $g(x) \mid f(x)$.

(2) 设 $f(x) \in R[x]$, 且存在 $g(x), h(x) \in F[x]$ 使得

$$f(x) = g(x)h(x),$$

则存在非零元 $r, s \in F$, 使得 $rs = 1$, $rg(x), sh(x) \in R[x]$ 且

$$f(x) = (rg(x))(sh(x)).$$

进一步地, 若 $g(x)$ 和 $h(x)$ 都是首一多项式, 则 $g(x), h(x) \in R[x]$.

证明 (1) 由已知存在 $h(x) \in F[x]$ 使得 $f(x) = g(x)h(x)$, 我们来证明 $h(x) \in R[x]$. 设

$$h(x) = h_n x^n + \cdots + h_1 x + h_0,$$

其中 $h_i \in F$, $0 \leqslant i \leqslant n$. 由于 F 为 R 的分式域, 令 $h_i = \dfrac{a_i}{b_i}$, 其中 $a_i, b_i \in R$ 且 $b_i \neq 0$. 设 $d = b_n \cdots b_1 b_0$, 则显然有 $dh(x) \in R[x]$ 且

$$df(x) = g(x)(dh(x)).$$

记 $dh(x) = c(dh)k(x)$, 其中 $c(dh)$ 为多项式 $dh(x)$ 的容度, 则有 $k(x) \in R[x]$ 本原, 且

$$df(x) = c(dh)g(x)k(x).$$

由于 $g(x), k(x)$ 都是 $R[x]$ 中本原多项式, 由定理 5.5.2 知 $g(x)k(x)$ 也是本原多项式, 由命题 5.5.1 知在 R 中有 $d \mid c(dh)$. 设 $c(dh) = db$, 其中 $b \in R$, 于是有 $df(x) = dbg(x)k(x)$, 消去 d 得到 $f(x) = g(x)(bk(x))$. 又 $f(x) = g(x)h(x)$, 在等式

$$g(x)(bk(x)) = g(x)h(x)$$

两端消去 $g(x)$ 得到 $h(x) = bk(x) \in R[x]$.

(2) 由于 $g(x), h(x) \in F[x]$, 类似于 (1) 中的证明, 存在 $a \in R$ 使得 $ag(x) \in R[x]$, 从而 $\dfrac{a}{c(ag)}g(x) \in R[x]$ 本原. 由 $f(x) = g(x)h(x)$ 得到

$$f(x) = \left(\frac{a}{c(ag)}g(x) \right) \left(\frac{c(ag)}{a}h(x) \right).$$

因为 $\dfrac{a}{c(ag)}g(x)$ 本原, $f(x) \in R[x]$, 由前面的 (1) 知 $\dfrac{c(ag)}{a}h(x) \in R[x]$. 令 $r = \dfrac{a}{c(ag)}$, $s = \dfrac{c(ag)}{a}$, 则有 $rs = 1, rg(x), sh(x) \in R[x]$ 且

$$f(x) = (rg(x))(sh(x)).$$

进一步地, 若 $g(x)$ 和 $h(x)$ 都是首一多项式, 则 $rg(x), sh(x)$ 的首项系数分别为 r 和 s, 从而 $r, s \in R$. 所以 $g(x) = s(rg(x)) \in R[x]$, $h(x) = r(sh(x)) \in R[x]$. □

设 R 为唯一因子分解整环, 下面考察多项式环 $R[x]$ 中的素元以及它的唯一分解性质.

定理 5.5.4　设 R 为唯一因子分解整环, F 为 R 的分式域, $f(x) \in R[x]$.

(1) 若 $f(x) = p \in R \setminus \{0\}$, 则 p 为 $R[x]$ 中的素元当且仅当 p 为 R 中的素元.

(2) 若 $\deg f(x) \geqslant 1$, 则 $f(x)$ 为 $R[x]$ 中的素元当且仅当 $f(x)$ 本原且 $f(x)$ 在 $F[x]$ 中不可约.

证明　(1) 充分性就是定理 5.5.1, 下面证明必要性. 设 p 为 $R[x]$ 中的素元且存在 $a, b \in R$ 使得 $p \mid ab$, 自然该整除式在 $R[x]$ 中依然成立, 从而在 $R[x]$ 中有 $p \mid a$ 或者 $p \mid b$. 不妨设 $p \mid a$, 若 $a = 0$, 则显然在 R 中有 $p \mid a$. 若 $a \neq 0$, 则存在 $q(x) \in R[x]$ 使得 $a = pq(x)$, 从而

$$\deg a = \deg p + \deg q(x).$$

由于 $\deg a = \deg p = 0$, 故 $\deg q(x) = 0$, 这表明 $q(x) = q \in R$, 从而在 R 中仍有 $p \mid a$. 类似地, 若在 $R[x]$ 中有 $p \mid b$, 则在 R 中仍有 $p \mid b$. 故 p 为 R 中的素元.

(2) 设 $f(x)$ 本原且 $f(x)$ 在 $F[x]$ 中不可约. 若存在 $g(x), h(x) \in R[x]$ 使得

$$f(x) \mid g(x)h(x),$$

则该整除在 $F[x]$ 中依然成立. 在 $F[x]$ 中 $f(x)$ 不可约, 从而 $f(x)$ 为 $F[x]$ 中素元, 故在 $F[x]$ 中有 $f(x) \mid g(x)$ 或者 $f(x) \mid h(x)$. 由于 $f(x)$ 本原, 由定理 5.5.3 的 (1) 得到在 $R[x]$ 中有 $f(x) \mid g(x)$ 或者 $f(x) \mid h(x)$, 所以 $f(x)$ 为 $R[x]$ 中的素元.

反之, 若 $f(x)$ 不是本原多项式, 则存在 R 中素元 p 使得在 $R[x]$ 中有 $p \mid f(x)$, 即存在 $k(x) \in R[x]$ 使得 $f(x) = pk(x)$. 故 $\deg k(x) = \deg f(x) \geqslant 1$, 从而 p 与 $k(x)$ 都是 $R[x]$ 中的非零不可逆元, 所以 $f(x)$ 不是 $R[x]$ 中的不可约元, 自然 $f(x)$ 也不是 $R[x]$ 中的素元. 若 $f(x)$ 在 $F[x]$ 中可约, 则存在 $g(x), h(x) \in F[x]$ 使得 $f(x) = g(x)h(x)$ 且 $\deg g(x) \geqslant 1$, $\deg h(x) \geqslant 1$. 由定理 5.5.3 的 (2) 有 $r, s \in F^*$ 使得 $rg(x), sh(x) \in R[x]$ 且

$$f(x) = (rg(x))(sh(x)).$$

由于 $\deg(rg(x)) = \deg g(x) \geqslant 1$ 和 $\deg(sh(x)) = \deg h(x) \geqslant 1$, 故 $rg(x)$ 和 $sh(x)$ 都是 $R[x]$ 中非零不可逆元, 所以 $f(x)$ 是 $R[x]$ 中的可约元, 从而 $f(x)$ 也不是素元. □

定理 5.5.5 设 R 为唯一因子分解整环, 则 $R[x]$ 也是唯一因子分解整环.

证明 设 $f(x) \in R[x]$, $f(x) \neq 0$ 且 $f(x)$ 在 $R[x]$ 中不可逆, 记

$$f(x) = c(f)g(x),$$

其中 $g(x) \in R[x]$ 本原. 若 $c(f)$ 为 R 中可逆元, 则 $f(x)$ 本身就是本原多项式. 若 $g(x)$ 为常数多项式, 则 $f = c(f)$, $g(x) = 1$. 下面设 $c(f)$ 在 R 中不可逆且 $\deg g(x) \geqslant 1$. 由于 $c(f) \in R$, R 为唯一因子分解整环, 故存在 R 中素元 $p_1, p_2, \cdots, p_m$ 使得

$$c(f) = p_1 p_2 \cdots p_m,$$

再由定理 5.5.1 知 $p_1, p_2, \cdots, p_m$ 也是 $R[x]$ 中素元. 设 F 为 R 的分式域, 由于 $F[x]$ 是欧氏环, 当然是唯一因子分解整环. 设

$$g(x) = q_1(x)q_2(x) \cdots q_n(x)$$

为 $g(x)$ 在 $F[x]$ 中的分解, 其中 $q_1(x), q_2(x), \cdots, q_n(x) \in F[x]$ 且都在 $F[x]$ 中不可约. 由定理 5.5.3 的 (2) 知存在 $r_j \in F^*$ 使得 $r_j q_j(x) \in R[x]$, $1 \leqslant j \leqslant n$, 且

$$g(x) = (r_1 q_1(x))(r_2 q_2(x)) \cdots (r_n q_n(x)).$$

显然对任意 $1 \leqslant j \leqslant n$, $r_j q_j(x)$ 依然在 $F[x]$ 中不可约, 再利用定理 5.5.2, 由 $g(x)$ 本原得到对任意 $1 \leqslant j \leqslant n$, $r_j q_j(x)$ 也是 $R[x]$ 中本原多项式, 故由定理 5.5.4 知 $r_j q_j(x)$ 为 $R[x]$ 中的素元. 这样

$$f(x) = p_1 p_2 \cdots p_m (r_1 q_1(x))(r_2 q_2(x)) \cdots (r_n q_n(x))$$

为 $R[x]$ 中有限个素元的乘积, 从而由推论 5.2.2 得到 $R[x]$ 是唯一因子分解整环. □

设 R 是唯一因子分解整环, 则 R 上的一元多项式环 $R[x]$ 依然是唯一因子分解整环, 从而 $R[x]$ 上的一元多项式环 $R[x][y]$, 即 R 上的二元多项式环 $R[x, y]$ 也是唯一因子分解整环, 以此类推, 我们有如下推论.

推论 5.5.1 设 R 为唯一因子分解整环, $n \geqslant 1$, 则 R 上的 n 元多项式环 $R[x_1, x_2, \cdots, x_n]$ 也是唯一因子分解整环.

设 R 为唯一因子分解整环, F 为 R 的分式域, $f(x) \in R[x]$, 那么何时 $f(x)$ 在 $F[x]$ 中不可约?

命题 5.5.2 设 R 为唯一因子分解整环, F 为 R 的分式域, A 为一交换环, 环同态 $\varphi: R \to A$ 诱导出的多项式环的环同态 $R[x] \to A[x]$ 仍记为 φ. 设 $f(x) \in R[x]$ 首一, $\deg f(x) = n \geqslant 1$, 且 $\varphi(f(x))$ 在 $A[x]$ 中无次数小于 n 且大于 0 的因子, 则 $f(x)$ 在 $F[x]$ 中不可约且为 $R[x]$ 的素元.

证明   若 $f(x)$ 在 $F[x]$ 中可约, 即存在 $g(x), h(x) \in F[x]$ 使得

$$f(x) = g(x)h(x)$$

且 $0 < \deg g(x), \deg h(x) < n$. 由于 $f(x)$ 首一, 由定理 5.5.3 的 (2) 可使得 $g(x), h(x) \in R[x]$. 设 $g(x)$ 的首项系数为 a, $h(x)$ 的首项系数为 b, 则有 $ab = 1$, 即 a, b 都是 R 中的可逆元. 又 $\varphi : R \to A$ 为环同态, 则 $\varphi(a), \varphi(b)$ 为环 A 中的可逆元, 故 $\deg \varphi(g(x)) = \deg g(x)$, $\deg \varphi(h(x)) = \deg h(x)$. 再由

$$\varphi(f(x)) = \varphi(g(x))\varphi(h(x))$$

知 $\varphi(f(x))$ 在 $A[x]$ 中有次数小于 n 且大于 0 的因子 $\varphi(g(x))$, 矛盾. 所以 $f(x)$ 在 $F[x]$ 中不可约, 又 $f(x)$ 首一, 自然在 $R[x]$ 中本原, 由定理 5.5.4 得到 $f(x)$ 为 $R[x]$ 的素元.   □

例 5.5.1   设 R 为整数环 $\mathbb{Z}$, 则 R 的分式域为有理数域 $\mathbb{Q}$, 设

$$f(x) = x^4 - 101x^3 + 1005x^2 - 2023x + 3939 \in \mathbb{Z}[x].$$

考虑整数模 2 这个同态所诱导的多项式环同态 $\varphi : \mathbb{Z}[x] \to \mathbb{Z}_2[x]$, 则

$$\varphi(f(x)) = x^4 + x^3 + x^2 + x + 1 \in \mathbb{Z}_2[x].$$

容易验证 $\varphi(f(x))$ 在 $\mathbb{Z}_2[x]$ 中不可约, 即没有次数小于 4 的正次数因子, 故 $f(x)$ 在 $\mathbb{Q}[x]$ 中不可约.

例 5.5.2   设 $R = \mathbb{Q}[y]$, p 为素数,

$$f(x, y) = x^{p-1} + yx^{p-2} + \cdots + y^{p-2}x + y^{p-1} \in R[x].$$

定义为 $\varphi(g(y)) = g(1)$ 的替换映射 $\varphi : \mathbb{Q}[y] \to \mathbb{Q}$ 为环同态, 它诱导的 $\mathbb{Q}[x, y]$ 到 $\mathbb{Q}[x]$ 的同态为 $\varphi(g(x, y)) = g(x, 1)$. 显然

$$\varphi(f(x, y)) = x^{p-1} + x^{p-2} + \cdots + x + 1$$

在 $\mathbb{Q}[x]$ 中不可约. 由命题 5.5.2 知 $f(x, y)$ 在 $\mathbb{Q}(y)[x]$ 中不可约, 自然也在 $\mathbb{Q}[x, y]$ 中不可约.

若多项式 $f(x) \in R[x]$ 的首项系数不是 1, 如何判断它的不可约性? 我们有如下著名的 Eisenstein (艾森斯坦) 判别法.

定理 5.5.6 (Eisenstein 判别法)   设 R 为唯一因子分解整环, F 为 R 的分式域,

$$f(x) = a_nx^n + a_{n-1}x^{n-1} + \cdots + a_1x + a_0 \in R[x].$$

若存在 R 中素元 p 满足 $p \mid a_j, 0 \leqslant j \leqslant n-1, p \nmid a_n$ 和 $p^2 \nmid a_0$, 则 $f(x)$ 在 $F[x]$ 中不可约.

证明　设

$$\varphi : R[x] \to R/(p)[x]$$

为多项式系数模 p 的约化同态. 若 $f(x)$ 在 $F[x]$ 中可约, 则存在 $g(x), h(x) \in F[x]$ 使得 $f(x) = g(x)h(x)$ 且 $0 < \deg g(x), \deg h(x) < n$. 由于 R 为唯一因子分解整环, 由定理 5.5.3 的 (2), 我们可以假设 $g(x), h(x) \in R[x]$, 由此有

$$\varphi(f(x)) = \varphi(g(x))\varphi(h(x)).$$

由已知有

$$\varphi(f(x)) = \varphi(a_n)x^n$$

且 $\varphi(a_n) = \overline{a_n} \neq \overline{0} \in R/(p)$. 由于 p 为 R 的素元, 故 $R/(p)$ 为整环, 由例 4.2.1 知 $\varphi(g(x))$ 和 $\varphi(h(x))$ 都是 $R/(p)[x]$ 中的单项式. 进一步地, 由 $\deg \varphi(g(x)) \leqslant \deg g(x)$, $\deg \varphi(h(x)) \leqslant \deg h(x)$ 和

$$\deg \varphi(g(x)) + \deg \varphi(h(x)) = \deg \varphi(f(x)) = n = \deg f(x) = \deg g(x) + \deg h(x)$$

得到 $\deg \varphi(g(x)) = \deg g(x)$ 和 $\deg \varphi(h(x)) = \deg h(x)$. 由 $\varphi(g(x))$ 为单项式且 $\deg \varphi(g(x)) > 0$ 得到 $\varphi(g(x))$ 的常数项为 $\overline{0}$. 同理 $\varphi(h(x))$ 的常数项也为 $\overline{0}$. 设 $g(x)$ 和 $h(x)$ 的常数项分别为 $c, d \in R$, 则有 $\varphi(c) = \overline{0}$ 且 $\varphi(d) = \overline{0}$. 这表明在 R 中有 $p \mid c$ 且 $p \mid d$, 又由 $a_0 = cd$ 得到 $p^2 \mid a_0$, 与已知矛盾. $\qquad\square$

　　注意到若取 R 为整数环 $\mathbb{Z}$, 则定理 5.5.6 就是《代数学 (一)》第三章中关于整系数多项式的 Eisenstein 判别法. 所以对任意素数 p 和正整数 n, 多项式 $x^n - p$ 在 $\mathbb{Q}[x]$ 中不可约.

　　例 5.5.3　设 $R = \mathbb{Q}[x]$, n 为正整数,

$$f(x, y) = y^n + x^2 + 1 \in R[y]. \tag{5.12}$$

R 为唯一因子分解整环, $x^2 + 1$ 在 R 中不可约, 自然为 R 中素元. 取 $p = x^2 + 1$, 由 Eisenstein 判别法知 $f(x, y)$ 在 $\mathbb{Q}(x)[y]$ 中不可约, 当然也在 $\mathbb{Q}[x, y]$ 中不可约.

　　进一步地, 若取 $R = \mathbb{C}[x]$, $f(x, y)$ 仍如 (5.12) 所示. 这时在 R 中有 $x^2 + 1 = (x + \mathrm{i})(x - \mathrm{i})$, $x + \mathrm{i}$ 为 R 中素元. 取 $p = x + \mathrm{i}$, 仍由 Eisenstein 判别法知 $f(x, y)$ 在 $\mathbb{C}(x)[y]$ 中不可约.

习题 5.5

　　1. 设 R 为整环, R 的分式域为 F. 设 $g(x) \in R[x]$, $\deg g(x) \geqslant 1$, 且 $g(x)$ 为 $R[x]$ 中素元, 证明 $g(x)$ 在 $F[x]$ 中不可约.

　　2. 设 R 为整环且一元多项式环 $R[x]$ 为唯一因子分解整环, 证明 R 也是唯一因子分解整环.

3. 设 $R = \mathbb{Z}[\sqrt{-4}]$, 证明 R 的分式域为 $F = \mathbb{Q}[\mathrm{i}]$. 多项式 $f(x) = x^2 + 1$ 在 $F[x]$ 中可约, 证明 $f(x)$ 不能写成 $R[x]$ 中两个一次多项式的乘积. 这表明定理 5.5.3 的 (2) 对非唯一因子分解整环不一定成立.

4. 设 R 是唯一因子分解整环, $f(x) \in R[x]$ 首一且在 R 的分式域 F 中有根 α, 证明 $\alpha \in R$.

5. 证明多项式

$$f(x) = 8x^3 - 6x - 1$$

和

$$g(x) = x^4 - 5x^2 + 6x + 1$$

均在 $\mathbb{Q}[x]$ 中不可约.

6. 设 $n \geqslant 2$ 为正整数, 证明多项式

$$x^{n-1} + x^{n-2} + \cdots + x + 1$$

在 $\mathbb{Q}[x]$ 中不可约当且仅当 n 为素数.

7. 设 p 为素数, n 为正奇数, 证明 $f(x) = x^n - p^2$ 在 $\mathbb{Q}[x]$ 中不可约.

8. 证明多项式 $f(x, y) = x^4 + x^3 y + x^2 y^2 + xy^3 + y^4$ 在 $\mathbb{Q}[x, y]$ 中不可约.

9. 设 p 为奇素数, n 为正整数, 证明 $x^n - p$ 在 $\mathbb{Z}[\mathrm{i}][x]$ 中不可约.

10. 证明多项式 $x^4 + 1$ 在 $\mathbb{Q}[x]$ 中不可约; 但对于任意素数 p, $x^4 + 1$ 在 $\mathbb{Z}_p[x]$ 中可约.

11. 设 R 为唯一因子分解整环, p 是 R 的素元,

$$f(x) = a_n x^n + a_{n-1} x^{n-1} + \cdots + a_1 x + a_0 \in R[x]$$

满足 $p \mid a_j$, 对所有 $0 \leqslant j \leqslant n - 1$, 且 $p \nmid a_n$, 又存在某个非负整数 k 使得 $p^2 \nmid a_k$. 证明: 若存在 $g(x), h(x) \in R[x]$ 使得

$$f(x) = g(x)h(x),$$

则 $g(x)$ 或 $h(x)$ 中有一个的次数 $\leqslant k$.

5.6   Hilbert 基定理

本章 5.3 节定义了 Noether 环, 本节我们来讨论 Noether 环上的多项式环. Noether 环即理想升链终止的交换环, 或等价地为每个理想都是有限生成的交换环.

定理 5.6.1 (Hilbert (希尔伯特) 基定理) 若 R 是 Noether 环, 则 $R[x]$ 也是 Noether 环.

证明 若 $R[x]$ 不是 Noether 环, 则存在 $R[x]$ 的一个理想 J 不是有限生成的, 显然 $J \neq 0$. 由选择公理, 设 $f_1(x)$ 是 J 中一个次数最低的多项式, 则

$$(f_1(x)) \subsetneq J.$$

设 $f_2(x)$ 是 $J \setminus (f_1(x))$ 中一个次数最低的多项式, 则有

$$(f_1(x), f_2(x)) \subsetneq J,$$

再设 $f_3(x)$ 是 $J \setminus (f_1(x), f_2(x))$ 中一个次数最低的多项式, 则有

$$(f_1(x), f_2(x), f_3(x)) \subsetneq J.$$

以此类推, 我们得到多项式序列

$$f_1(x), f_2(x), \cdots, f_n(x), f_{n+1}(x), \cdots, \tag{5.13}$$

使得对任意 $n \geqslant 1$, $f_{n+1}(x)$ 是 $J \setminus (f_1(x), \cdots, f_n(x))$ 中一个次数最低的多项式. 由多项式序列 (5.13) 的取法知对任意 $n \geqslant 1$, 有

$$\deg f_n(x) \leqslant \deg f_{n+1}(x).$$

对于 $n \geqslant 1$, 设 $f_n(x)$ 的首项系数为 a_n, 则有环 R 中的一个理想升链

$$(a_1) \subseteq (a_1, a_2) \subseteq (a_1, a_2, a_3) \subseteq \cdots \subseteq (a_1, a_2, \cdots, a_n) \subseteq \cdots. \tag{5.14}$$

由于 R 是 Noether 环, 理想升链 (5.14) 一定终止, 这表明存在某个正整数 m 使得

$$(a_1, a_2, \cdots, a_m) = (a_1, a_2, \cdots, a_m, a_{m+1}),$$

从而 $a_{m+1} \in (a_1, a_2, \cdots, a_m)$. 故存在 $u_1, u_2, \cdots, u_m \in R$ 使得

$$a_{m+1} = u_1 a_1 + u_2 a_2 + \cdots + u_m a_m.$$

容易计算出多项式

$$g(x) = \sum_{j=1}^{m} u_j x^{\deg f_{m+1}(x) - \deg f_j(x)} f_j(x)$$

的次数为 $\deg f_{m+1}(x)$, 首项系数为 a_{m+1}, 所以

$$\deg(f_{m+1}(x) - g(x)) < \deg f_{m+1}(x).$$

注意到 $g(x) \in (f_1(x), f_2(x), \cdots, f_m(x))$, $f_{m+1}(x) \in J \setminus (f_1(x), f_2(x), \cdots, f_m(x))$, 所以

$$f_{m+1}(x) - g(x) \in J \setminus (f_1(x), f_2(x), \cdots, f_m(x)),$$

与 $f_{m+1}(x)$ 是 $J \setminus (f_1(x), f_2(x), \cdots, f_m(x))$ 中次数最低的多项式矛盾. $\square$

设 F 为域, F 上的一元多项式环 $F[x]$ 是欧氏环, 自然是主理想整环, 当然是 Noether 环, 由 Hilbert 基定理, F 上的二元多项式环 $F[x, y] = F[x][y]$ 是 Noether 环, 以此类推, 对任意正整数 n, F 上的 n 元多项式环 $F[x_1, x_2, \cdots, x_n]$ 是 Noether 环. 由于整数环 $\mathbb{Z}$ 是 Noether 环, 故 $\mathbb{Z}$ 上的 n 元多项式环 $\mathbb{Z}[x_1, x_2, \cdots, x_n]$ 也是 Noether 环.

例 5.6.1 整数环 $\mathbb{Z}$ 上的 n 元多项式环 $\mathbb{Z}[x_1, x_2, \cdots, x_n]$ 是 Noether 环. 对任意复数 $\alpha_1, \alpha_2, \cdots, \alpha_n$, 替换映射

$$f(x_1, x_2, \cdots, x_n) \mapsto f(\alpha_1, \alpha_2, \cdots, \alpha_n)$$

是 $\mathbb{Z}[x_1, x_2, \cdots, x_n]$ 到复数域 $\mathbb{C}$ 的环同态, 同态像为 $\mathbb{Z}[\alpha_1, \alpha_2, \cdots, \alpha_n]$. 由例 5.3.1 知 Noether 环的同态像依然是 Noether 环, 所以环 $\mathbb{Z}[\alpha_1, \alpha_2, \cdots, \alpha_n]$ 是 Noether 环.

特别地, 对任意正整数 d, $\mathbb{Z}[\sqrt{-d}]$ 是 Noether 整环, 但是由例 5.1.3 得知当 $d \geqslant 3$ 时, $\mathbb{Z}[\sqrt{-d}]$ 不是唯一因子分解整环. 所以 Noether 整环不一定是唯一因子分解整环, 虽然 Noether 整环中任一非零不可逆元都是有限个不可约元的乘积, 即满足唯一因子分解整环的条件 (i).

例 5.6.2 对任意正整数 n, 设 $R_n = \mathbb{Z}[x_1, x_2, \cdots, x_n]$ 为整数环上的 n 元多项式环, 则对任意 $n \geqslant 1$, 显然有

$$R_n \subsetneqq R_{n+1} = R_n[x_{n+1}].$$

令

$$R = \bigcup_{n=1}^{\infty} R_n,$$

则容易验证 R 为整环, 称为整数环上的**无穷多个未定元的多项式环**, 且 $U(R) = \{1, -1\}$.

下面证明 R 是唯一因子分解整环. 任取 R 中一个非零不可逆元 a, 则存在某个正整数 m 使得 $a \in R_m$. 由于 R_m 是唯一因子分解整环, 故 a 可以写成 R_m 中有限个素元的乘积. 可以证明 R_m 中的素元一定是 R 中的素元. 事实上, 设 p 是 R_m 中的一个素元, 由定理 5.5.1 知 p 是 $R_{m+1} = R_m[x_{m+1}]$ 的素元, 以此类推对任意正整数 $k \geqslant m$, p 是 R_k 的素元. 设有 $f, g \in R$ 使得 $p \mid fg$, 则存在正整数 $t \geqslant m$ 使得 $f, g \in R_t$. 由于 p 是 R_t 的素元, 故在 R_t 中有 $p \mid f$ 或者 $p \mid g$, 当然在 R 中仍有 $p \mid f$ 或者 $p \mid g$, 故 p 为 R 中的素元. 这样 a 可写成 R 中有限个素元的乘积, 所以 R 是唯一因子分解整环.

注意到 R 中的理想升链

$$(x_1) \subseteq (x_1, x_2) \subseteq (x_1, x_2, x_3) \subseteq \cdots \subseteq (x_1, x_2, \cdots, x_n) \subseteq \cdots \tag{5.15}$$

不会终止. 事实上, 若如上理想升链 (5.15) 终止, 则存在正整数 n 使得 $x_{n+1} \in (x_1, x_2, \cdots, x_n)$, 这时存在 $f_1, f_2, \cdots, f_n \in R$ 使得

$$x_{n+1} = f_1 x_1 + f_2 x_2 + \cdots + f_n x_n. \tag{5.16}$$

显然存在某个正整数 $m \geqslant n$ 使得 $f_1, f_2, \cdots, f_n \in R_m$, 上式表明 $x_{n+1} \in R_m$. 使得

$$x_{n+1} \mapsto 1, \quad x_j \mapsto 0, \ \text{对任意} \ 1 \leqslant j \leqslant m \ \text{且} \ j \neq n+1$$

的环 R_m 的替换映射是 R_m 到 $\mathbb{Z}$ 的环同态, 该环同态作用到表达式 (5.16) 就得到 $1 = 0$, 矛盾. 故 R 中有不终止的理想升链, 所以 R 不是 Noether 环.

本例说明唯一因子分解整环也不一定是 Noether 环. 另外把整数环 $\mathbb{Z}$ 换成任意的唯一因子分解整环, 本例的结论依然成立.

设 R 为整环, F 为 R 的分式域. 设 p 为 R 的一个素元, 则 $P = (p)$ 为 R 的素理想, 从而 $D = R \setminus P$ 是 R 的一个分母集, R 关于分母集 $D = R \setminus (p)$ 的局部化 R_D 称为 R **在素元 p 处的局部化**, 记为 R_p. 显然 $D = \{b \in R \mid p \nmid b\}$, 所以

$$R_p = \left\{ \frac{a}{b} \in F \,\middle|\, a, b \in R, \ \text{且} \ p \nmid b \right\}.$$

对任意 $a \in R$, 把 a 看成 $\frac{a}{1} \in R_p$, 则 R 为 R_p 的子环. 又显然 R_p 为 F 的子环, 所以 R_p 为整环且 R_p 的分式域仍为 F.

命题 5.6.1 设 R 为整环, p 为 R 的素元, R_p 是 R 在 p 处的局部化, 则有

(1) 对任意 $a, b \in R$, 且 $p \nmid b$, $\frac{a}{b} \in R_p$ 在 R_p 中可逆当且仅当 $p \nmid a$ 且 $\left(\frac{a}{b}\right)^{-1} = \frac{b}{a}$.

(2) 在 R_p 中 $p \mid \frac{a}{b}$ 当且仅当在 R 中 $p \mid a$. 特别地, 对于 $a \in R$, 若在 R_p 中有 $p \mid a$, 则在 R 中依然有 $p \mid a$.

(3) 在相伴的意义下, R_p 有唯一的素元 p, 即 R_p 的所有素元为 up, 其中 u 为 R_p 的可逆元.

证明 (1) 对任意 $a, b \in R$, 且 $p \nmid b$, 若 $p \nmid a$, 则有 $\frac{b}{a} \in R_p$ 且

$$\frac{a}{b}\frac{b}{a} = 1,$$

所以 $\frac{a}{b}$ 可逆且

$$\left(\frac{a}{b}\right)^{-1} = \frac{b}{a}.$$

反之, 设 $\frac{a}{b} \in R_p$ 在 R_p 中可逆, 则存在 $\frac{c}{d} \in R_p$ 使得

$$\frac{a}{b}\frac{c}{d} = 1,$$

其中 $c, d \in R$ 且 $p \nmid d$, 故 $ac = bd$. 由于 $p \nmid b, p \nmid d, p$ 为素元, 故 $p \nmid bd$. 所以 $p \nmid ac$, 从而 $p \nmid a$.

(2) 若在 R 中有 $p \mid a$, 则存在 $c \in R$ 使得 $a = pc$, 从而

$$\frac{a}{b} = p\frac{c}{b},$$

所以在 R_p 中有 $p \mid \frac{a}{b}$. 反之, 设在 R_p 中 $p \mid \frac{a}{b}$, 则存在 $\frac{c}{d} \in R_p$ 使得

$$\frac{a}{b} = p \frac{c}{d},$$

其中 $c, d \in R$ 且 $p \nmid d$. 所以 $ad = pcb$, 故在 R 中有 $p \mid ad$. 由于 $p \nmid d$ 且 p 为素元, 故 $p \mid a$. 特别地, 在 R_p 中 $p \mid a$ 即在 R_p 中 $p \mid \frac{a}{1}$, 所以在 R 中有 $p \mid a$.

(3) 首先证明 p 为 R_p 中的素元. 设有 $\frac{a}{b}, \frac{c}{d} \in R_p$ 满足

$$p \mid \frac{a}{b} \frac{c}{d},$$

其中 $a, b, c, d \in R$ 且 $p \nmid b, p \nmid d$. 则有

$$p \mid \frac{ac}{bd},$$

由本命题中结论 (2) 得到在 R 中有 $p \mid ac$. 由于 p 是 R 的素元, 所以 $p \mid a$ 或者 $p \mid c$, 再由结论 (2) 有 $p \mid \frac{a}{b}$ 或者 $p \mid \frac{c}{d}$, 故 p 为 R_p 中的素元. 从而对 R_p 的任意可逆元 u, up 仍为 R_p 的素元.

另一方面, 设 $q = \frac{f}{g} \in R_p$ 为 R_p 的素元, 其中 $f, g \in R$ 且 $p \nmid g$. 因为素元是非零不可逆元, 由本命题结论 (1) 得到 $p \mid f$, 再由结论 (2) 知在 R_p 中有 $p \mid q$, 所以存在 $u \in R_p$ 使得 $q = up$. 由于素元一定是不可约元, 若 u 在 R_p 中不可逆, 则 q 为 R_p 中两个非零不可逆元的乘积, 与 q 不可约矛盾, 所以 u 为 R_p 的可逆元, 即 q 与 p 在 R_p 中相伴, 这便证明了 R_p 中素元在相伴意义下的唯一性. $\qquad\Box$

定理 5.6.2   设 R 为 Noether 整环, p 为 R 的素元, R_p 是 R 在 p 处的局部化, 则 R_p 既是 Noether 环也是唯一因子分解整环.

证明   先证 R_p 是 Noether 环. 设 I 为 R_p 的一个理想, 则 $I \cap R$ 是 R 的一个理想. 由于 R 为 Noether 环, 故 $I \cap R$ 是有限生成的, 不妨设

$$I \cap R = (a_1, a_2, \cdots, a_n),$$

其中 $a_1, a_2, \cdots, a_n \in I \cap R$. 对任意 $x = \frac{a}{b} \in I$, 有 $p \nmid b$ 且 $bx = a \in I \cap R$, 所以存在 $t_i \in R, 1 \leqslant i \leqslant n$, 使得

$$bx = t_1 a_1 + t_2 a_2 + \cdots + t_n a_n,$$

从而

$$x = \frac{t_1}{b} a_1 + \frac{t_2}{b} a_2 + \cdots + \frac{t_n}{b} a_n,$$

即 $a_1, a_2, \cdots, a_n$ 在 R_p 中生成 I, 所以 R_p 是 Noether 环.

为证明 R_p 为唯一因子分解整环, 只需证明 R_p 中任意非零不可逆元 x 都是有限多个素元的乘积, 由命题 5.6.1, R_p 中的素元都是 p 的相伴元, 故只需证明存在正整数 k 使得 $p^k \mid x$ 且 $p^{k+1} \nmid x$, 这时 $x = p^k u$, 其中 u 为 R_p 中可逆元. 由于 $x \in R_p$ 非零不可逆, 由命题 5.6.1 的 (1) 和 (2) 知 $p \mid x$. 若不存在这样的正整数 k, 即对所有正整数 $j \geqslant 1$ 均有 $p^j \mid x$. 设 $x = p^j y_j$, 其中 $y_j \in R_p$, 则由

$$p^j y_j = x = p^{j+1} y_{j+1}$$

得到 $y_j = p y_{j+1}$, 由此我们有 R_p 中的理想升链

$$(y_1) \subseteq (y_2) \subseteq \cdots \subseteq (y_j) \subseteq (y_{j+1}) \subseteq \cdots. \tag{5.17}$$

因为 R_p 是 Noether 环, 理想升链 (5.17) 一定终止, 即存在正整数 n 使得 $(y_n) = (y_{n+1})$. 这表明存在 $z \in R_p$ 使得 $y_{n+1} = z y_n$. 又 $y_n = p y_{n+1}$, 所以 $y_{n+1} = z p y_{n+1}$, 消去 y_{n+1} 得到 $zp = 1$, 与 p 在 R_p 中不可逆矛盾. □

注 5.6.1 从定理 5.6.2 的证明可知对任意 Noether 整环 R 和 R 中的素元 q, 若 $x \in R$ 非零, 则存在非负整数 k 满足 $q^k \mid x$ 但是 $q^{k+1} \nmid x$, 由此得到

$$\bigcap_{j=1}^{\infty} (q^j)$$

为 R 中的零理想.

定理 5.6.3 (Eisenstein 判别法)　设 R 为 Noether 整环, F 为 R 的分式域,

$$f(x) = a_n x^n + a_{n-1} x^{n-1} + \cdots + a_1 x + a_0 \in R[x].$$

若存在 R 中素元 p 满足 $p \mid a_j, 0 \leqslant j \leqslant n-1$, $p \nmid a_n$ 和 $p^2 \nmid a_0$, 则 $f(x)$ 在 $F[x]$ 中不可约.

证明　设 R_p 是 R 在素元 p 处的局部化, 由于 R 是 R_p 的子环, 故 $f(x) \in R_p[x]$. 由定理 5.6.2 知 R_p 是唯一因子分解整环, 由命题 5.6.1 知 p 依然是 R_p 的素元且在 R_p 中依然有

$$p \mid a_j, \ 0 \leqslant j \leqslant n-1.$$

进一步地, 若在 R_p 中有 $p \mid a_n$, 仍由命题 5.6.1 知在 R 中有 $p \mid a_n$, 与已知矛盾. 若在 R_p 中有 $p^2 \mid a_0$, 则存在 $\frac{c}{d} \in R_p$ 使得 $a_0 = p^2 \frac{c}{d}$, 其中 $c, d \in R$ 且 $p \nmid d$, 从而 $a_0 d = p^2 c$. 由于在 R 中有 $p \mid a_0$, 所以存在 $b \in R$ 使得 $a_0 = pb$, 故

$$pbd = p^2 c,$$

消去 p 得到 $bd = pc$, 故在 R 中有 $p \mid bd$. 由 p 为 R 的素元且 $p \nmid d$ 有 $p \mid b$, 设 $b = pb_0$, 其中 $b_0 \in R$. 故

$$a_0 = pb = p^2 b_0,$$

所以在 R 中有 $p^2 \mid a_0$. 这仍与已知矛盾, 所以在 R_p 中依然有 $p \nmid a_n$ 且 $p^2 \nmid a_0$. 注意到 R_p 的分式域仍为 F, 将定理 5.5.6, 即唯一因子分解整环上的 Eisenstein 判别法应用到 R_p 上得到 $f(x)$ 在 $F[x]$ 中不可约.   □

例 5.6.3   设 $R = \mathbb{Z}[\sqrt{-5}]$, 则 R 是 Noether 环但不是唯一因子分解整环, R 的分式域为

$$\mathbb{Q}(\sqrt{-5}) = \{a + b\sqrt{-5} \mid a, b \in \mathbb{Q}\}.$$

例 5.1.4 中给出 11 是 R 中的素元, 由定理 5.6.3 知对任意正整数 n, 多项式 $f(x) = x^n + 11$ 在 $\mathbb{Q}(\sqrt{-5})[x]$ 中不可约.

例 5.6.4   设 R 为所有常数项为整数的以 y 为未定元的复系数多项式构成的集合, 即

$$R = \{f(y) \in \mathbb{C}[y] \mid f(0) \in \mathbb{Z}\}.$$

容易验证 R 是环 $\mathbb{C}[y]$ 的子环, 从而为整环. 进一步地, 对任意 $f(y), g(y) \in \mathbb{C}[y]$, 其中 $g(y) \neq 0$, 有理分式 $\dfrac{f(y)}{g(y)}$ 可以写成 $\dfrac{yf(y)}{yg(y)}$, 而 $yf(y), yg(y) \in R$, 所以整环 R 的分式域仍为有理分式域 $\mathbb{C}(y)$.

可以证明整环 R 的可逆元只有整数 ± 1. 事实上, 设 $u(y) \in R$ 可逆, 则存在 $v(y) \in R$ 使得 $u(y)v(y) = 1$, 所以

$$\deg u(y) = \deg v(y) = 0,$$

这便得到 $u(y) = u(0)$, $v(y) = v(0)$. 在 $u(y)v(y) = 1$ 中代入 $y = 0$ 得到

$$u(0)v(0) = 1.$$

又 $u(0), v(0) \in \mathbb{Z}$, 所以 $u(0)$ 为 $\mathbb{Z}$ 中可逆元, 即 $u(0) = \pm 1$. 故 $u(y) = u(0) = \pm 1$, 而 ± 1 在 R 中可逆是显然的.

设 p 为素数, 则 p 为 R 的素元. 事实上, 若对 $f(y), g(y) \in R$ 有 $p \mid f(y)g(y)$, 则存在 $h(y) \in R$ 使得

$$f(y)g(y) = ph(y). \tag{5.18}$$

在式 (5.18) 中代入 $y = 0$ 得到

$$f(0)g(0) = ph(0).$$

由于 $f(0), g(0), h(0) \in \mathbb{Z}$, 故在 $\mathbb{Z}$ 中有

$$p \mid f(0)g(0).$$

又 p 为素数, 所以在 $\mathbb{Z}$ 中有 $p \mid f(0)$ 或者 $p \mid g(0)$. 若 $p \mid f(0)$, 则存在 $q \in \mathbb{Z}$ 使得 $f(0) = pq$. 由于 $f(y) = f(0) + yk(y)$, 其中 $k(y) \in \mathbb{C}[y]$, 故

$$f(y) = pq + yk(y) = p\left(q + \frac{1}{p}yk(y)\right).$$

显然 $q + \dfrac{1}{p}yk(y) \in R$, 所以在 R 中有 $p \mid f(y)$. 类似地, 若在 $\mathbb{Z}$ 中有 $p \mid g(0)$, 则在 R 中有 $p \mid g(y)$, 这便证出 p 是 R 的素元.

对任意正整数 $n \geqslant 2$ 和任意素数 p, 考虑以 x 为未定元的多项式

$$F(x) = x^n + p \in R[x].$$

对 R 的素元 p, $F(x)$ 满足定理 5.6.3 的条件, 但是 $F(x)$ 在 $\mathbb{C}[x]$ 中可以分解为一次因式的乘积, 自然在 $\mathbb{C}(y)[x]$ 中也可以分解为一次因式的乘积. 这表明 $F(x)$ 在 $\mathbb{C}(y)[x]$ 中可约, 不满足定理 5.6.3 的结论.

本例说明 Eisenstein 判别法并不能应用在所有的整环上, 由定理 5.5.6 和 5.6.3 知本例中的整环 R 既不是唯一因子分解整环也不是 Noether 环.

习题 5.6

1. 设 F 是域, $R = F[x, y]$ 是 F 上的二元多项式环. 令

$$S = F[x] + xF[x, y] = \{f(x) + xg(x, y) \mid f(x) \in F[x], \ g(x, y) \in F[x, y]\},$$

证明 S 是 R 的子环但不是 Noether 环.

　　注 5.6.2　本习题告诉我们 Noether 环的子环不一定是 Noether 环.

2. 设 R 为 Noether 整环, $g(x) \in R[x]$ 首一且满足 Eisenstein 判别法的假设条件, 证明 $g(x)$ 是 $R[x]$ 中的素元.

3. 证明 $3 - \sqrt{2}$ 是二次代数整数环 $R_2 = \mathbb{Z}[\sqrt{2}]$ 中的素元, 并由此证明对任意正整数 n, 多项式 $x^n - 7$ 在 $\mathbb{Q}[\sqrt{2}][x]$ 中不可约.

4. 证明

$$\mathbb{Q}[x]/(3x^4 - 12x^3 + 8x^2 + 10)$$

是域.

5. 设 $n \geqslant 2$ 为正整数, 证明多项式

$$1 + x_1^2 + x_2^2 + \cdots + x_n^2$$

在 $\mathbb{C}[x_1, x_2, \cdots, x_n]$ 中不可约.

6. 证明多项式 $x^4 - 2$ 在 $\mathbb{Z}_{13}[x]$ 中不可约, 并由此证明 13 是 $\mathbb{Z}[\sqrt[4]{2}]$ 中的素元.

第六章

域扩张及其应用

第四章中我们已经定义了子域和扩域的概念, 下面简要地回顾一下我们已经学过的部分域论方面的基础知识. 设 E 是域, $F \subseteq E$, 若 F 在 E 的运算下也成为域, 则称 F 为 E 的**子域**, 而 E 称为 F 的**扩域**或 F 的**扩张**, 且常把这样的两个域记为 E/F. 显然, 域 E 的非空子集 F 为 E 的子域当且仅当 $|F| \geqslant 2$ 且对任意 $x, y \in F$, $y \neq 0$, 有

$$x - y, \quad xy^{-1} \in F.$$

设 E, K 是域, $\varphi : E \to K$ 为同态, 则 $\operatorname{Ker} \varphi$ 是 E 的理想. 由于域只有平凡理想, 故 $\operatorname{Ker} \varphi = \{0\}$ 或者 $\operatorname{Ker} \varphi = E$. 又 φ 把 E 的单位元映到 K 的单位元, 所以 $\operatorname{Ker} \varphi \neq E$, 由此得到 $\operatorname{Ker} \varphi = \{0\}$, 从而 φ 为单射. 这表明域同态一定是单同态, 或者说一定是嵌入, 这时也把 E 看成是 K 的子域.

设 F 为域, $f(x) \in F[x]$ 且不可约, 则 $F[x]/(f(x))$ 是域且映射

$$\pi : F \to F[x]/(f(x))$$
$$a \mapsto \bar{a}$$

是同态. 因为 F 是域, 所以 π 是单同态, 故 F 是域 $F[x]/(f(x))$ 的一个子域, $F[x]/(f(x))$ 是 F 的一个扩域. 例如设 $F = \mathbb{R}$, 则 $f(x) = x^2 + 1$ 在 $\mathbb{R}[x]$ 中不可约, 所以实数域 $\mathbb{R}$ 是域 $K = \mathbb{R}[x]/(x^2 + 1)$ 的子域. (实际上域 K 就是复数域 $\mathbb{C}$.)

设 F 为域, 则 F 为整环, 所以 $\operatorname{char} F = 0$ 或素数 p. 若 $\operatorname{char} F = 0$, 则 F 包含整数环 $\mathbb{Z}$, 从而 F 包含 $\mathbb{Z}$ 的分式域 $\mathbb{Q}$. 若 $\operatorname{char} F = p$, 则 F 包含有限域 $\mathbb{Z}_p$. 故有理数域 $\mathbb{Q}$ 是每个特征为 0 的域的子域, 即 $\mathbb{Q}$ 是最小的特征为 0 的域. 而 $\mathbb{Z}_p$ 是每个特征为 p 的域的子域, 即 $\mathbb{Z}_p$ 是最小的特征为 p 的域. 它们都是**素域**.

若域 F 的特征 $\operatorname{char} F = p$, 其中 p 为素数, 对任意 $a, b \in F$, 由二项式定理有

$$(a+b)^p = \sum_{i=0}^{p} \binom{p}{i} a^i b^{p-i}.$$

对任意 $1 \leqslant i \leqslant p - 1$, 显然有 $p \nmid i$, 所以

$$p \left| \binom{p}{i} \right.,$$

由此得到

$$\binom{p}{i} a^i b^{p-i} = 0,$$

故有

$$(a+b)^p = a^p + b^p. \tag{6.1}$$

在式 (6.1) 两端同时 p 次幂得到

$$(a+b)^{p^2} = ((a+b)^p)^p = (a^p + b^p)^p = (a^p)^p + (b^p)^p = a^{p^2} + b^{p^2},$$

6.1 代数扩张 225

以此类推, 对任意 $a, b \in F$ 和任意正整数 m 有

$$(a+b)^{p^m} = a^{p^m} + b^{p^m}. \tag{6.2}$$

进一步地, 对任意 $a_1, a_2, \cdots, a_k \in F$ 和任意正整数 m, 对 k 做归纳可以得到

$$(a_1 + a_2 + \cdots + a_k)^{p^m} = a_1^{p^m} + a_2^{p^m} + \cdots + a_k^{p^m}. \tag{6.3}$$

研究域扩张有什么好处? 扩域的用处常常表现在子域 F 中的某些问题只在 F 中考虑就不能解决, 或者不能简单地解决, 而在扩域中就容易解决, 如同在整数环 $\mathbb{Z}$ 的扩环中来解决数论问题那样. 比如证明实数域上的不可约多项式的次数为 1 或者 2 时, 若只在实数域的范围内讨论就比较困难, 如果把问题放到复数域上讨论就很容易. 再如设 F 为域, $f(x) \in F[x]$ 不可约且其次数 $\deg f(x) \geqslant 2$, 则 $f(x)$ 在 F 中无根, 但 $f(x)$ 在 F 的扩域 $F[x]/(f(x))$ 中有根 $\overline{x}$. 这表明一个多项式在 F 中可能无根, 但在它的一个扩域中就有根了, 这就是定理 4.6.5 所给出的域论基本定理.

再看有理数域 $\mathbb{Q}$ 上的矩阵

$$A = \begin{pmatrix} 1 & 5 \\ 1 & 1 \end{pmatrix},$$

我们来求 A^k 的迹, 其中 k 为正整数. 矩阵 A 在有理数域 $\mathbb{Q}$ 中无特征值, 我们可以在 $\mathbb{Q}$ 的扩域, 即实数域 $\mathbb{R}$ 上考虑. A 在 $\mathbb{R}$ 中的特征值为 $1 \pm \sqrt{5}$, 所以 A^k 在 $\mathbb{R}$ 中的特征值为 $(1 \pm \sqrt{5})^k$, 故

$$\operatorname{tr}(A^k) = (1 + \sqrt{5})^k + (1 - \sqrt{5})^k. \tag{6.4}$$

所以虽然 $\operatorname{tr}(A^k)$ 是有理数 (整数), 但公式 (6.4) 却是用 $\mathbb{Q}$ 的扩域 $\mathbb{R}$ 中的数表示出的.

法国数学家 Galois 利用域扩张并对应到群的方法解决了代数方程根式解问题, 这是代数学发展史上的一个里程碑和转折点. Galois 解决这一重大数学问题的思想和方法被后人称为 Galois 理论. 本章我们将讨论域的代数扩张、正规扩张、可分扩张等不同的扩张类型, 之后在《代数学 (四)》中再给出经典的 Galois 理论.

6.1 代数扩张

设 E 是 F 的扩域, 任取 $\alpha \in E$, 则 E 的包含 F 和 α 的最小子域是什么? 类似于对群的由一个子集生成的子群的讨论, 因为 E 本身就是一个包含 F 和 α 的子域, 所以这样的域是存在的. 由于子域的交依然为子域, 所以这个最小子域是 E 的所有包含 F 和 α

的子域的交, 故它还是唯一的, 用 $F(\alpha)$ 来表示这个域, 并称其为 α 在 F 上生成的域或添加 α 到 F 得到的. 显然 $F(\alpha)$ 对 F 中的元素和 α 的所有可能的有限次加、减、乘、除 (除数不为 0) 封闭, 所以形如 $\dfrac{f_1(\alpha)}{f_2(\alpha)}$ 的元素一定属于 $F(\alpha)$, 其中 $f_1(x), f_2(x) \in F[x]$, 且 $f_2(\alpha) \neq 0$. 又容易验证

$$\left\{ \frac{f_1(\alpha)}{f_2(\alpha)} \,\middle|\, f_1(x), f_2(x) \in F[x], f_2(\alpha) \neq 0 \right\}$$

是 E 的一个子域且包含 F 和 α, 所以

$$F(\alpha) = \left\{ \frac{f_1(\alpha)}{f_2(\alpha)} \,\middle|\, f_1(x), f_2(x) \in F[x], f_2(\alpha) \neq 0 \right\}. \tag{6.5}$$

这表明 $F(\alpha)$ 中的元素就是由 F 中的元素和 α 的所有可能的有限次加、减、乘、除 (除数不为 0) 运算所得到的.

可以把添加一个元素 α 推广到添加 E 的一个子集 S. 设 E/F 是域扩张, $S \subseteq E$, 用 $F(S)$ 表示 E 的含有 F 和 S 的最小子域, 则类似于添加一个元素的讨论可以得到

$$F(S) = \left\{ \frac{f_1(\alpha_1, \alpha_2, \cdots, \alpha_k)}{f_2(\alpha_1, \alpha_2, \cdots, \alpha_k)} \,\middle|\, \begin{array}{l} k \in \mathbb{Z}^+, \alpha_1, \alpha_2, \cdots, \alpha_k \in S, \\ f_i(x_1, x_2, \cdots, x_k) \in F[x_1, x_2, \cdots, x_k], \\ i = 1, 2 \text{ 且 } f_2(\alpha_1, \alpha_2, \cdots, \alpha_k) \neq 0 \end{array} \right\}.$$

命题 6.1.1 设 E/F 是域扩张, $S_1, S_2 \subseteq E$, 则

$$F(S_1)(S_2) = F(S_1 \cup S_2) = F(S_2)(S_1).$$

证明 显然 $F, S_1, S_2 \subseteq F(S_1)(S_2)$, 所以 $S_1 \cup S_2 \subseteq F(S_1)(S_2)$, 故

$$F(S_1)(S_2) \supseteq F(S_1 \cup S_2).$$

另一方面, $F(S_1 \cup S_2)$ 包含 F 和 $S_1 \cup S_2$, 从而 $F(S_1 \cup S_2)$ 包含 $F(S_1)$ 和 S_2, 故

$$F(S_1)(S_2) \subseteq F(S_1 \cup S_2).$$

所以

$$F(S_1)(S_2) = F(S_1 \cup S_2).$$

互换 S_1 和 S_2 得到

$$F(S_2)(S_1) = F(S_2 \cup S_1) = F(S_1 \cup S_2),$$

从而

$$F(S_1)(S_2) = F(S_1 \cup S_2) = F(S_2)(S_1). \qquad \square$$

特别地, 当 $S = \{\alpha_1, \alpha_2, \cdots, \alpha_k\}$ 为有限集合时, 记 $F(S) = F(\alpha_1, \alpha_2, \cdots, \alpha_k)$. 由命题 6.1.1, 它可以按 $\alpha_1, \alpha_2, \cdots, \alpha_k$ 的任意次序, 从 F 起逐个地添加进去得到.

定义 6.1.1　设 E/F 是域扩张, $\alpha \in E$, $S \subseteq E$, 称 $F(\alpha)$ 为 F 的**单扩张**, 而当 S 有限时, 称 $F(S)$ 为 F 的**有限生成的扩张**. 当 $S = K$ 也是 E 的子域时, $F(K)$ 也记为 FK, 并称之为 F 和 K 的**复合域** (或**合成**).

定义 6.1.2　设 E/F 是域扩张, $\alpha \in E$, 若 α 是 F 上某个非零多项式的根, 则称 α 为 F 上的**代数元**, 否则称为 F 上的**超越元**. 若 E 中每个元素都是 F 上的代数元, 则称 E 是 F 的**代数扩张**.

例 6.1.1　$\sqrt{2}, \sqrt[5]{3}$ 都是有理数域 $\mathbb{Q}$ 上的代数元, 而 π, e 是 $\mathbb{Q}$ 上的超越元.

注 6.1.1　有理数域 $\mathbb{Q}$ 上的代数元常称为**代数数**, 超越元称为**超越数**.

设 E/F 为域扩张, $\alpha \in E$, 则对任意 $f(x) \in F[x]$, 由

$$\sigma(f(x)) = f(\alpha)$$

定义的替换映射 $\sigma : F[x] \to E$ 为环同态, 而

$$\mathrm{Ker}\, \sigma = \{f(x) \in F[x] \mid f(\alpha) = 0\}$$

为环 $F[x]$ 的理想. 由 F 为域知 $\mathrm{Ker}\, \sigma$ 为主理想, 设

$$\mathrm{Ker}\, \sigma = (p(x)),$$

其中 $p(x) \in F[x]$. 若 α 为 F 上的代数元, 则存在 $g(x) \in F[x]$, $g(x) \neq 0$ 使得 $g(\alpha) = 0$, 从而 $\mathrm{Ker}\, \sigma \neq \{0\}$, 故 $p(x) \neq 0$. 下面证明 $p(x)$ 在 $F[x]$ 中不可约. 事实上, 显然 $\deg p(x) \geqslant 1$, 若 $p(x)$ 可约, 则有 $p_1(x), p_2(x) \in F[x]$ 满足

$$p(x) = p_1(x)p_2(x) \tag{6.6}$$

且 $1 \leqslant \deg p_1(x), \deg p_2(x) < \deg p(x)$. 在式 (6.6) 中代入 α 得到

$$0 = p(\alpha) = p_1(\alpha)p_2(\alpha),$$

所以 $p_1(\alpha) = 0$ 或 $p_2(\alpha) = 0$, 故有 $p_1(x) \in (p(x))$ 或者 $p_2(x) \in (p(x))$, 即 $p(x) \mid p_1(x)$ 或者 $p(x) \mid p_2(x)$, 这与 $\deg p_1(x), \deg p_2(x) < \deg p(x)$ 矛盾. 称多项式 $p(x)$ 为 α 在 F 上的**极小多项式**. 显然对任意 $f(x) \in F[x]$, 若 $f(\alpha) = 0$, 则 $f(x) \in \mathrm{Ker}\, \sigma = (p(x))$, 所以 $p(x) \mid f(x)$. 这表明代数元 α 的极小多项式是次数最低的以 α 为根的非零多项式.

前已证明域 F 上代数元的极小多项式不可约. 反之, 若存在 F 上的一个不可约多项式 $q(x)$ 以 α 为根, 则 $q(x)$ 也一定是 α 在 F 上的极小多项式. 由于任意以 α 为根的 F 上的多项式可以被 α 在 F 上的极小多项式整除, 故 α 的两个极小多项式一定相伴, 从而在最多相差一个非零倍数的意义下, 极小多项式是唯一的. 极小多项式的次数

唯一, 称代数元 α 在 F 上的极小多项式的次数为 α 在 F 上的**次数**. 通常取极小多项式的首项系数为 1, 这样极小多项式就唯一了. 若无特别声明, 下面都假设 F 上代数元 α 在 F 上的极小多项式首一, 有时也称其为 α 在 F 上的**最小多项式**.

设 E 是 F 的扩域, E 中有加法, 也有乘法, 把 F 对 E 的乘法看成 F 对 E 的数量乘法. 由域满足的运算法则容易看到这时 E 构成 F 上的线性空间, 比如域中的加法为交换群, 即加法有交换律和结合律, 存在零元素, 每个元素都有负元素, 这恰好就是线性空间中加法需要的性质. 以 $[E:F]$ 表示 E 作为 F 上线性空间的维数, 称为 E 对 F 的**扩张次数**. 若 $[E:F] = \infty$, 则称 E 为 F 的**无限次扩张**; 若 $[E:F] = n$, 则称 E 为 F 的**有限次 (n 次) 扩张**, 有限次扩张有时也简称为**有限扩张**.

定义 6.1.3　设 $F_0, F_1, \cdots, F_n$ 是域, 且满足对任意 $0 \leqslant i \leqslant n-1$, F_i 为 F_{i+1} 的子域, 则称

$$F_0 \subseteq F_1 \subseteq \cdots \subseteq F_{n-1} \subseteq F_n$$

是一个**域扩张链**. 若 $F \subseteq L \subseteq E$ 是一个域扩张链, 则也称 L 为域扩张 E/F 的**中间域**.

定理 6.1.1 (望远镜法则)　设 $F \subseteq L \subseteq E$ 是域扩张链, 则

$$[E:F] = [E:L][L:F].$$

证明　若 $[L:F] = \infty$, 则对任意正整数 m, L 中有 m 个在 F 上线性无关的元素

$$h_1, h_2, \cdots, h_m,$$

因为 $L \subseteq E$, 它们也是 E 中 m 个在 F 上线性无关的元素, 所以 E 对 F 的扩张次数 $[E:F] = \infty$.

若 $[E:L] = \infty$, 则对任意正整数 m, E 中有 m 个在 L 上线性无关的元素

$$g_1, g_2, \cdots, g_m,$$

由于 $F \subseteq L$, 它们也是 E 中 m 个在 F 上线性无关的元素. 事实上, 若 $g_1, g_2, \cdots, g_m$ 在 F 上线性相关, 则存在 F 中不全为 0 的元素 $a_1, a_2, \cdots, a_m$ 使得

$$a_1 g_1 + a_2 g_2 + \cdots + a_m g_m = 0.$$

由 $a_1, a_2, \cdots, a_m \in F$ 得到它们也都在 L 中, 从而 $g_1, g_2, \cdots, g_m$ 在 L 上线性相关, 矛盾. 所以 E 对 F 的扩张次数 $[E:F] = \infty$.

下面设 $[E:L] = n$, $[L:F] = m$, 并设 $e_1, e_2, \cdots, e_n$ 是 E 作为 L 上线性空间的一组基, $f_1, f_2, \cdots, f_m$ 是 L 作为 F 上线性空间的一组基. 故对任意 $e \in E$, 存在 $l_1, l_2, \cdots, l_n \in L$ 使得

$$e = \sum_{i=1}^{n} l_i e_i.$$

对每一 $l_i \in L$, $1 \leqslant i \leqslant n$, 存在 $c_{ij} \in F$, 使得

$$l_i = \sum_{j=1}^{m} c_{ij} f_j.$$

所以

$$e = \sum_{i=1}^{n} l_i e_i = \sum_{i=1}^{n} \left(\sum_{j=1}^{m} c_{ij} f_j \right) e_i = \sum_{i=1}^{n} \sum_{j=1}^{m} c_{ij} (e_i f_j)$$

是 E 中元素集合 $\{e_i f_j \mid 1 \leqslant i \leqslant n, 1 \leqslant j \leqslant m\}$ 的系数在 F 上的线性组合.

下面再证明 E 中元素集合 $\{e_i f_j \mid 1 \leqslant i \leqslant n, 1 \leqslant j \leqslant m\}$ 在 F 上线性无关. 设对 $a_{ij} \in F$ 有

$$\sum_{i=1}^{n} \sum_{j=1}^{m} a_{ij} (e_i f_j) = 0,$$

则由 $a_{ij} \in F$ 和 $f_j \in L$ 有

$$\sum_{j=1}^{m} a_{ij} f_j \in L,$$

且

$$\sum_{i=1}^{n} \left(\sum_{j=1}^{m} a_{ij} f_j \right) e_i = 0.$$

由于 $e_1, e_2, \cdots, e_n$ 在 L 上线性无关, 故对任意 $1 \leqslant i \leqslant n$,

$$\sum_{j=1}^{m} a_{ij} f_j = 0.$$

又由于 $a_{ij} \in F$, 且 $f_1, f_2, \cdots, f_m$ 在 F 上线性无关, 故对任意 $1 \leqslant i \leqslant n$, $1 \leqslant j \leqslant m$ 有 $a_{ij} = 0$. 于是

$$\{e_i f_j \mid 1 \leqslant i \leqslant n, 1 \leqslant j \leqslant m\}$$

是 E 作为 F 上线性空间的一组基, 所以

$$[E : F] = nm = [E : L][L : F]. \qquad \square$$

由定理 6.1.1, 可立得如下推论.

推论 6.1.1　设 $F \subseteq L \subseteq E$ 是域扩张链, 若 E/L 和 L/F 都是有限次扩张, 则 E/F 也是有限次扩张, 且 $[E : L]$ 和 $[L : F]$ 都整除 $[E : F]$.

例 6.1.2　设 F 为有限域, 则 F 的特征一定为某个素数 p, 所以 F 是 $\mathbb{Z}_p$ 的扩张. 由于 $|F|$ 有限, 故显然扩张 $F/\mathbb{Z}_p$ 的扩张次数 $[F : \mathbb{Z}_p]$ 有限. 设 $[F : \mathbb{Z}_p] = m$, 且取 $\alpha_1, \alpha_2, \cdots, \alpha_m$ 为 F 在 $\mathbb{Z}_p$ 上的一组基. 任取 $\alpha \in F$, 存在唯一的 $a_1, a_2, \cdots, a_m \in \mathbb{Z}_p$ 使得

$$\alpha = a_1 \alpha_1 + a_2 \alpha_2 + \cdots + a_m \alpha_m.$$

反之, 每个系数取自域 $\mathbb{Z}_p$ 的 $\alpha_1, \alpha_2, \cdots, \alpha_m$ 的线性组合都在 F 中, 由于每个系数 a_i 有 p 种取法, 故 $|F| = p^m$. 这表明任意有限域中的元素个数一定是素数幂.

定理 6.1.2　设 E/F 是有限次扩张, 则 E 是 F 的代数扩张.

证明　设 $[E:F]=n$, 则对任意 $\alpha \in E$,

$$1, \alpha, \alpha^2, \cdots, \alpha^n$$

为 E 中 $n+1$ 个元素, 从而它们在 F 上线性相关. 故存在不全为零的 $a_i \in F, 0 \leqslant i \leqslant n$, 使得

$$a_0 + a_1\alpha + a_2\alpha^2 + \cdots + a_n\alpha^n = 0.$$

令

$$f(x) = a_0 + a_1 x + a_2 x^2 + \cdots + a_n x^n,$$

则 $f(x) \neq 0, f(x) \in F[x]$ 且 $f(\alpha) = 0$, 所以 α 为 F 上的代数元. 这便证出 E 中每个元素都是 F 上的代数元, 所以 E 是 F 的代数扩张.　$\square$

推论 6.1.2　设 E/F 是域扩张, $\alpha \in E$ 为 F 上的超越元, 则 $F(\alpha)$ 是 F 的无限次扩张.

定理 6.1.2 告诉我们有限次扩张都是代数扩张, 那么代数扩张的扩张次数又如何? 首先考虑单扩张 $F(\alpha)$, 其中 α 为 F 上的代数元.

定理 6.1.3　设 E/F 是域扩张, $\alpha \in E$ 为域 F 上的代数元, 且在 F 上的次数为 n, 则 $[F(\alpha):F] = n$.

证明　设 $p(x)$ 为 α 的极小多项式, 则有 $\deg p(x) = n$. 任取

$$\frac{f_1(\alpha)}{f_2(\alpha)} \in F(\alpha),$$

其中 $f_1(x), f_2(x) \in F[x]$ 且 $f_2(\alpha) \neq 0$. 由 $f_2(\alpha) \neq 0$ 得到 $p(x) \nmid f_2(x)$, 再由 $p(x)$ 不可约得到 $\gcd(p(x), f_2(x)) = 1$. 所以存在 $u(x), v(x) \in F[x]$ 使得

$$u(x)p(x) + v(x)f_2(x) = 1. \tag{6.7}$$

在式 (6.7) 中代入 α, 得 $v(\alpha)f_2(\alpha) = 1$, 即 $f_2(\alpha)^{-1} = v(\alpha)$. 所以

$$\frac{f_1(\alpha)}{f_2(\alpha)} = f_1(\alpha)v(\alpha) = g(\alpha),$$

其中 $g(x) = f_1(x)v(x) \in F[x]$. 这说明 $F(\alpha)$ 中任一元素一定形如 $g(\alpha)$, 对某个 $g(x) \in F[x]$.

进一步地, 做带余除法 $g(x) = h(x)p(x) + r(x)$, 其中 $h(x), r(x) \in F[x]$ 且 $\deg r(x) < n$, 则

$$g(\alpha) = h(\alpha)p(\alpha) + r(\alpha) = r(\alpha).$$

所以 $F(\alpha)$ 中每个元素又形如 $r(\alpha)$, 其中 $r(x) \in F[x]$ 且 $\deg r(x) < n$, 故 $F(\alpha)$ 中每个元素都是

$$1, \alpha, \cdots, \alpha^{n-1}$$

的系数在 F 中的线性组合.

下面再证明 $1, \alpha, \cdots, \alpha^{n-1}$ 在 F 上线性无关. 若有 $a_0, a_1, \cdots, a_{n-1} \in F$ 使得

$$a_0 + a_1\alpha + \cdots + a_{n-1}\alpha^{n-1} = 0,$$

令

$$s(x) = a_0 + a_1 x + \cdots + a_{n-1} x^{n-1},$$

则 $s(x) \in F[x]$ 且 $s(\alpha) = 0$. 故 $p(x) \mid s(x)$, 又 $\deg s(x) < \deg p(x)$, 所以 $s(x) = 0$, 即

$$a_0 = a_1 = \cdots = a_{n-1} = 0.$$

这表明 $F(\alpha)$ 作为 F 上的线性空间, $1, \alpha, \cdots, \alpha^{n-1}$ 是它的一组基, 从而 $[F(\alpha) : F] = n$. □

由定理 6.1.2 和定理 6.1.3 得到若 α 为域 F 上的代数元, 则 $F(\alpha)$ 是 F 的代数扩张, 称 $F(\alpha)$ 为 F 的**单代数扩张**. 进一步地, 推论 6.1.2 和定理 6.1.3 告诉我们 α 为域 F 上的代数元当且仅当 $F(\alpha)$ 是 F 的有限次扩张, 而 α 为域 F 上的超越元当且仅当 $F(\alpha)$ 是 F 的无限次扩张.

> **注 6.1.2** 设 $F(\alpha)$ 为单扩张, 则
>
> $$\pi : F[x] \to F(\alpha)$$
> $$f(x) \mapsto f(\alpha)$$
>
> 为环同态. 若 α 为 F 上的代数元, 则 π 为满同态且 $\operatorname{Ker} \pi = (p(x))$, 其中 $p(x)$ 是 α 的一个极小多项式. 由同态基本定理得
>
> $$F[x]/(p(x)) \cong F(\alpha),$$
>
> 这表明单代数扩张 $F(\alpha)$ 就是多项式环 $F[x]$ 模去一个不可约多项式所得到的域, 也就是把域 $F[x]/(p(x))$ 中的元素 $\bar{x}$ 记成 α 所得到的, 这时 α 是多项式 $p(x)$ 的根. 若 α 为 F 上的超越元, 则 $\operatorname{Ker} \pi = \{0\}$, 这时 π 为单同态, 故 $F(\alpha)$ 包含整环 $F[x]$, 从而 $F(\alpha)$ 包含 $F[x]$ 的分式域, 即包含 F 上的有理分式域. 实际上由单扩张 $F(\alpha)$ 中元素的表示形式 (6.5) 可以看出 $F(\alpha)$ 就是 F 上的有理分式域. 这便得到域 F 上的超越元也就是 F 上的不定元.

下面我们给出有限次扩张的一个刻画.

定理 6.1.4   设 E/F 是域扩张, 则 E 是 F 的有限次扩张当且仅当存在 F 上的代数元 $\alpha_1, \alpha_2, \cdots, \alpha_s \in E$ 使得 $E = F(\alpha_1, \alpha_2, \cdots, \alpha_s)$, 即有限次扩张就是有限生成的代数扩张. 特别地, 域 F 上任意两个代数元的和、差、积、商 (分母不为 0) 仍为 F 上的代数元.

证明   设 E/F 为有限次扩张, 则存在 E 在 F 上的一组基 $\alpha_1, \alpha_2, \cdots, \alpha_s$, 所以 E 中每个元素都可以被 $\alpha_1, \alpha_2, \cdots, \alpha_s$ 线性表出且表出系数在 F 中, 故

$$E = F(\alpha_1, \alpha_2, \cdots, \alpha_s).$$

进一步地, 因为 E/F 为有限次扩张, 所以 E/F 为代数扩张, 故 $\alpha_1, \alpha_2, \cdots, \alpha_s$ 都是 F 上的代数元.

反之, 设 $E = F(\alpha_1, \alpha_2, \cdots, \alpha_s)$, 且每个 α_i 都是 F 上的代数元, 令 $F_0 = F$,

$$F_i = F(\alpha_1, \alpha_2, \cdots, \alpha_i),\ 1 \leqslant i \leqslant s,$$

则 $F_s = E$, $F_i = F_{i-1}(\alpha_i)$, $1 \leqslant i \leqslant s$, 且有域扩张链

$$F = F_0 \subseteq F_1 \subseteq F_2 \subseteq \cdots \subseteq F_{s-1} \subseteq F_s = E.$$

显然对每个 $1 \leqslant i \leqslant s$, α_i 是 F 上的代数元, 也一定是 F_{i-1} 上的代数元, 所以由定理 6.1.3 知 $[F_i : F_{i-1}]$ 有限, 从而由望远镜法则有

$$[E : F] = \prod_{i=1}^{s} [F_i : F_{i-1}]$$

有限.

特别地, 设 α, β 为 F 上的代数元, 则 $F(\alpha, \beta)$ 是 F 的有限次扩张, 故为代数扩张. 从而 $F(\alpha, \beta)$ 中每个元素都是 F 上的代数元, 所以 $\alpha \pm \beta$, $\alpha\beta$, $\alpha/\beta\,(\beta \neq 0)$ 为 F 上的代数元.   □

注意到定理 6.1.4 利用代数扩张与有限次扩张的关系证明了代数元的和、差、积、商 (分母不为 0) 仍为代数元, 但如果直接用代数元的定义来证明这个事实, 即从以这两个代数元为根的多项式去构造以它们的和、差、积、商为根的多项式将会很麻烦. 进一步地, 由定理 6.1.4 可知对于域扩张 E/F, E 中 F 上的代数元全体构成 E 的子域, 称为 F 在 E 中的**代数闭包**.

由定理 6.1.3 知道, 若 α 为域 F 上的代数元, 则 $F(\alpha)$ 中每个元素形如 $f(\alpha)$, 其中 $f(x) \in F[x]$. 进一步地, 若 α, β 为域 F 上的代数元, 任取 $\gamma \in F(\alpha, \beta) = F(\alpha)(\beta)$, 则 $\gamma = f_\alpha(\beta)$, 其中 $f_\alpha(x) \in F(\alpha)[x]$, 从而

$$\gamma = \sum_{i,j} a_{ij} \alpha^i \beta^j,$$

其中 $a_{ij} \in F$, i,j 为非负整数, 且和式为有限项求和. 以此类推, 设 $\alpha_1, \alpha_2, \cdots, \alpha_s$ 都是 F 上的代数元, 则对任意 $\alpha \in F(\alpha_1, \alpha_2, \cdots, \alpha_s)$, α 一定形如

$$\alpha = \sum_{i_1, i_2, \cdots, i_s} a_{i_1 i_2 \cdots i_s} \alpha_1^{i_1} \alpha_2^{i_2} \cdots \alpha_s^{i_s}, \tag{6.8}$$

其中 $a_{i_1 i_2 \cdots i_s} \in F$, $i_1, i_2, \cdots, i_s$ 为非负整数, 且和式为有限项求和. 这样我们就得到了有限次扩张中元素的表达形式.

定义 6.1.4 设 E/F 和 K/F 都是域扩张, $\sigma : E \to K$ 为同态, 若对任意 $a \in F$ 有 $\sigma(a) = a$, 即 $\sigma|_F$ 为 F 的恒等变换, 则称 σ 为 **F-同态**. 类似地, 也可以定义 **F-同构**.

命题 6.1.2 设 E/F 为代数扩张, $\psi : E \to E$ 为 F-同态, 则 ψ 是 F-同构.

证明 由于 ψ 是同态, 故 ψ 为单同态, 所以只需证明 ψ 为满射即可.

任取 $\alpha \in E$, 则 α 为 F 上的代数元, 设 $p(x) \in F[x]$ 是 α 在 F 上的极小多项式, 并设 $\alpha_1 = \alpha, \alpha_2, \cdots, \alpha_s$ 是 $p(x)$ 在 E 中的全部根. 令 $K = F(\alpha_1, \alpha_2, \cdots, \alpha_s)$, 则 K 是 F 的有限生成的代数扩张, 由定理 6.1.4 知 K/F 是有限次扩张, 即 K 是 F 上的有限维线性空间.

由于 ψ 是同态且保持 F 中每个元素都不变, 故对任意 $1 \leqslant i \leqslant s$, 有

$$p(\psi(\alpha_i)) = \psi(p(\alpha_i)) = \psi(0) = 0,$$

从而 $\psi(\alpha_i)$ 也是 $p(x)$ 在 E 中的根, 故 $\psi(\alpha_i) \in K$. 由 (6.8) 得到对任意 $\beta \in K$,

$$\begin{aligned} \psi(\beta) &= \sum_{i_1, i_2, \cdots, i_s} \psi(a_{i_1 i_2 \cdots i_s}) \psi(\alpha_1^{i_1}) \psi(\alpha_2^{i_2}) \cdots \psi(\alpha_s^{i_s}) \\ &= \sum_{i_1, i_2, \cdots, i_s} a_{i_1 i_2 \cdots i_s} \psi(\alpha_1)^{i_1} \psi(\alpha_2)^{i_2} \cdots \psi(\alpha_s)^{i_s}, \end{aligned}$$

其中 $a_{i_1 i_2 \cdots i_s} \in F$, 所以 $\psi(K) \subseteq K$. 从而把 K 看成 F 上的线性空间, ψ 就是 K 在 F 上的线性变换. 又因为 ψ 为单射, 所以 $\psi : K \to K$ 为满射. 由此得到 $\alpha \in K$ 在 ψ 下有原像 $\gamma \in K \subseteq E$, 所以 $\psi : E \to E$ 为满射, 从而 ψ 是同构. $\square$

定理 6.1.5 设 $F \subseteq L \subseteq E$ 是一个域扩张链, 则域扩张 E/F 为代数扩张当且仅当 L/F 和 E/L 都是代数扩张.

证明 必要性: 设 E/F 为代数扩张, 任取 $\beta \in L$, 则显然 $\beta \in E$, 从而 β 为 F 上的代数元, 所以 L/F 为代数扩张. 由于 F 上的多项式也是 L 上的多项式, 故由 E/F 为代数扩张立得 E/L 为代数扩张.

充分性: 任取 $\alpha \in E$, 由 E/L 为代数扩张得到 α 是 L 上的代数元, 设 α 在 L 上的极小多项式为

$$p(x) = x^n + a_{n-1}x^{n-1} + \cdots + a_1 x + a_0,$$

其中 $a_0, a_1, \cdots, a_{n-1} \in L$. 令

$$K = F(a_0, a_1, \cdots, a_{n-1}) \subseteq L,$$

显然 $p(x) \in K[x]$, 由于 $p(x)$ 在 L 上不可约, 又 $K \subseteq L$, 故 $p(x)$ 在 K 上不可约, 所以 α 在 K 上的极小多项式仍为 $p(x)$, 从而 $[K(\alpha) : K] = n$. 又由 L/F 为代数扩张知 $a_0, a_1, \cdots, a_{n-1}$ 都是 F 上的代数元, 所以由定理 6.1.4 知 $K = F(a_0, a_1, \cdots, a_{n-1})$ 是 F 的有限次扩张. 由

$$[K(\alpha) : F] = [K(\alpha) : K][K : F]$$

有限知 $K(\alpha)/F$ 为代数扩张, 即 α 为 F 上的代数元, 从而 E/F 为代数扩张. □

前面我们都假定有一个域扩张 E/F, 然后在给定的扩域 E 中进行讨论. 这种讨论对数域是可行的, 因为复数域是最大的数域. 但是对于一般的域, 例如有限域、域上的有理分式域等就行不通了. 由代数基本定理, 复数域 $\mathbb{C}$ 上任一非常数多项式在 $\mathbb{C}$ 中有根, 那么对于任意域 F, F 是否存在具有这样性质的扩域? 如果这样的扩域存在, 又是否唯一? 下面我们就来讨论这个问题. 为讨论方便, 先给出如下定义.

定义 6.1.5 设 E 是域, 若 E 上任一非常数多项式在 E 中都有根, 则称 E 为**代数封闭域**.

设 F 是域, K/F 是一个代数扩张, 若 K 是代数封闭域, 则称 K 为 F 的**代数闭包**.

由定义易知 E 为代数封闭域等价于 E 没有真代数扩张, 即若 L/E 是代数扩张, 则必有 $L = E$. 设 E/F 为域扩张, 令 E' 是 E 中 F 上的所有代数元构成的集合, 前面我们已经证明 E' 为 E/F 的中间域且 E'/F 为代数扩张, E' 就是 F 在 E 中的代数闭包. 进一步地, 若 E 为代数封闭域, 我们有如下结论.

命题 6.1.3 设 E/F 为域扩张, 令 E' 是 E 中 F 上的所有代数元构成的集合, 若 E 为代数封闭域, 则 E' 为 F 的代数闭包.

证明 显然只需证明 E' 为代数封闭域. 任取 $f(x) \in E'[x]$ 且 $\deg f(x) \geqslant 1$, 我们来证明 $f(x)$ 在 E' 中有根. 显然 $f(x) \in E[x]$, 又 E 为代数封闭域, 故存在 $\alpha \in E$ 使得 $f(\alpha) = 0$. 这表明 α 为 E' 上的代数元, 所以 $E'(\alpha)/E'$ 为代数扩张. 由于代数扩张的代数扩张依然是代数扩张, 故 $E'(\alpha)/F$ 是代数扩张, 从而 α 为 F 上的代数元, 由此得到 $\alpha \in E'$. 这便证出 $f(x)$ 在 E' 中有根, 所以 E' 是代数封闭域. □

注 6.1.3 命题 6.1.3 中 E 是代数封闭域这个条件不能少, 如 $\mathbb{Q}$ 在 $\mathbb{R}$ 中的代数闭包就不是代数封闭域.

由于复数域 $\mathbb{C}$ 是代数封闭域, 任取 $\mathbb{C}$ 的子域 F, 由命题 6.1.3 知 F 在 $\mathbb{C}$ 中的代数闭包就是 F 的代数闭包, 所以 $\mathbb{C}$ 的任意子域都存在代数闭包. 例如取 $F = \mathbb{Q}$, 则所有代数数构成的集合就是 $\mathbb{Q}$ 的代数闭包, 该域通常记为 $\overline{\mathbb{Q}}$.

对任意域 F, F 的代数闭包是否存在? 这与数域的情形不同, 因为现在没有一个类似于复数域的域可供使用. 直观地去看, 若 F 本身是代数封闭域, 则 F 就是 F 的代数闭包. 不然有 F 上一个非零多项式在 F 中无根, 把 $f(x)$ 的一个根添加到 F 中得到 F 的单代数扩张 L/F. 一直进行下去, 经过 (可能无限次) 添加, 把 F 上的所有多项式的

根都添加到 F 上, 得到一个 (通常是无限生成的) 扩域, 它是 F 上的所有代数元组成的域. 但这需要解决不同多项式的根引起的扩域之间的关系如何, 这样的域是否唯一等问题. 要想把这个问题说清楚, 需要借助 Zorn 引理这样的集合论中的公理.

定理 6.1.6   设 F 是一个域, 则存在 F 的代数闭包.

证明   令 Ω 是 F 的所有代数扩张构成的集合, 即

$$\Omega = \{K \mid K/F \text{ 为代数扩张}\},$$

则由 $F \in \Omega$ 知 Ω 非空, 且易知集合间的包含关系是 Ω 上的一个偏序, 从而 Ω 在这个偏序下构成一个偏序集.

设 Δ 为 Ω 的一个全序子集, 对任意 $K_1, K_2 \in \Delta$, 设 $K_1 \subseteq K_2$, 记 $i_{K_1,K_2} : K_1 \to K_2$ 为包含映射, 即对任意 $x \in K_1$, $i_{K_1,K_2}(x) = x \in K_2$. 设

$$\mathcal{B} = \{(a,K) \mid a \in K, \ K \in \Delta\},$$

在集合 $\mathcal{B}$ 中定义关系 "$\sim$" 为 $(a,K) \sim (b,E)$ 当且仅当 $K \subseteq E$ 且 $b = i_{K,E}(a)$ 或者 $E \subseteq K$ 且 $a = i_{E,K}(b)$, 容易验证 "$\sim$" 是一个等价关系. 令 $\mathcal{A}$ 是 $\mathcal{B}$ 关于此等价关系的商集, 对任意 $K \in \Delta$, 定义

$$\sigma_K : K \to \mathcal{A}$$
$$a \mapsto \overline{(a,K)},$$

则 σ_K 为单射, 且对任意 $K_1 \subseteq K_2 \in \Delta$ 有

$$\sigma_{K_1} = \sigma_{K_2} i_{K_1,K_2}, \tag{6.9}$$

又显然有

$$\mathcal{A} = \bigcup_{K \in \Delta} \operatorname{Im} \sigma_K. \tag{6.10}$$

对任意 $x,y \in \mathcal{A}$, 存在 $K_1, K_2 \in \Delta$ 使得 $x = \sigma_{K_1}(a)$, $y = \sigma_{K_2}(b)$, 其中 $a \in K_1$, $b \in K_2$. 由于 Δ 为全序子集, $K_1 \subseteq K_2$ 或 $K_2 \subseteq K_1$ 必有一个成立, 不妨设 $K_1 \subseteq K_2$, 则有 $a,b \in K_2$. 定义

$$x + y = \sigma_{K_2}(a+b), \quad xy = \sigma_{K_2}(ab), \tag{6.11}$$

由 σ_K 的性质 (6.9) 知 $x+y$ 和 xy 不依赖于 K_1 和 K_2 的选取. 容易验证 $\mathcal{A}$ 在 (6.11) 定义的加法和乘法下构成一个域, 并且对任意 $K \in \Delta$, 映射 $\sigma_K : K \to \mathcal{A}$ 是同态, 从而 K 是 $\mathcal{A}$ 的子域. 由于 K/F 为代数扩张, 由 (6.10) 知 $\mathcal{A}/F$ 也是代数扩张, 因此 $\mathcal{A}$ 是 Δ 的一个上界. 由 Zorn 引理, Ω 有极大元 E.

下面证明 E 是代数封闭域. 设 L/E 是一个代数扩张, 则 L/F 是代数扩张, 从而 $L \in \Omega$. 由 $E \subseteq L$ 且 E 为 Ω 的极大元得到 $E = L$, 所以 E 为代数封闭域, 故为 F 的代数闭包. $\square$

下面证明 F 的代数闭包在 F-同构下唯一, 为此我们先证明如下引理.

引理 6.1.1　设 F, E 为域且 E 为代数封闭域, $\sigma : F \to E$ 是同态. 若 K/F 是代数扩张, 则存在域同态 $\tau : K \to E$ 使得 $\tau|_F = \sigma$.

证明　定义集合

$$\Gamma = \{(L, \gamma) \mid L \text{ 为 } K/F \text{ 的中间域}, \gamma : L \to E \text{ 为域同态且 } \gamma|_F = \sigma\},$$

由 $(F, \sigma) \in \Gamma$ 易知 Γ 非空. 在 Γ 上定义关系 "$\prec$" 为

$$(L_1, \gamma_1) \prec (L_2, \gamma_2) \Leftrightarrow L_1 \subseteq L_2 \text{ 且 } \gamma_2|_{L_1} = \gamma_1,$$

容易验证 "$\prec$" 为 Γ 上的一个偏序关系.

设 Λ 是 Γ 的一个全序子集, 令

$$B = \bigcup_{(L, \gamma) \in \Lambda} L,$$

容易验证 B 是 K/F 的一个中间域. 对任意 $x \in B$, 存在 $(L, \gamma) \in \Lambda$ 使得 $x \in L$. 定义 $\beta : B \to E$ 为 $\beta(x) = \gamma(x)$, 由 Λ 的全序性质, $\beta(x)$ 与 (L, γ) 的选取无关, 且容易验证 β 为域同态且 $\beta|_L = \gamma$. 由此对任意 $(L, \gamma) \in \Lambda$, 有 $L \subseteq B$ 且 $\beta|_L = \gamma$, 即

$$(L, \gamma) \prec (B, \beta),$$

所以 (B, β) 是 Λ 的一个上界. 由 Zorn 引理, Γ 有极大元 (A, τ), 即 A 为 K/F 的中间域, $\tau : A \to E$ 为域同态, 且 $\tau|_F = \sigma$.

下面证明 $A = K$. 否则存在 $\alpha \in K \setminus A$, 由于 K/F 是代数扩张, 故 K/A 也是代数扩张. 设 α 在 A 上的极小多项式为 $f(x)$, 则有域同构

$$q : A(\alpha) \to A[x]/(f(x)).$$

因为 $\tau : A \to E$ 为域同态, 所以 A 是 E 的子域, 从而 $f(x) \in E[x]$. 又 E 为代数封闭域, 故 $f(x)$ 在 E 中有根 θ. 因此有域同构

$$p : A[x]/(f(x)) \to A(\theta) \subseteq E.$$

令 $\eta = pq$, 则 $\eta : A(\alpha) \to E$ 为同态, 且 $\eta|_F = \tau|_F = \sigma$, 所以 $(A(\alpha), \eta) \in \Gamma$. 再由 $A \subseteq A(\alpha)$ 和 $\eta|_A = \tau$ 得到 $(A, \tau) \prec (A(\alpha), \eta)$, 与 (A, τ) 为 Γ 的极大元矛盾, 于是 $A = K$. 这便证出存在域同态 $\tau : K \to E$ 使得 $\tau|_F = \sigma$.　□

定理 6.1.7　设 F 是一个域, E_1 和 E_2 都是 F 的代数闭包, 则存在 F-同构 $\pi : E_1 \to E_2$, 即 F 的代数闭包在 F-同构意义下唯一.

证明　由于 E_1/F 为域扩张, 令 $\sigma_1: F \to E_1$ 为包含映射, 即对任意 $a \in F$ 有 $\sigma_1(a) = a$, 则 σ_1 为同态. 又 E_2/F 为代数扩张, 由引理 6.1.1 知存在域同态

$$\varphi: E_2 \to E_1$$

使得 $\varphi|_F = \sigma_1$. 这表明对任意 $a \in F$, 有 $\varphi(a) = \sigma_1(a) = a$, 所以 φ 是 F-同态. 类似地, 令 $\sigma_2: F \to E_2$ 为包含映射, 又 E_1/F 为代数扩张, 仍由引理 6.1.1 知存在域同态

$$\pi: E_1 \to E_2$$

使得 $\pi|_F = \sigma_2$, 从而 π 也是 F-同态. 于是

$$\pi\varphi: E_2 \to E_2$$

为 F-同态, 由命题 6.1.2 知 $\pi\varphi$ 是 F-同构. 从而任取 $\beta \in E_2$, 存在 $\theta \in E_2$ 使得

$$(\pi\varphi)(\theta) = \beta.$$

令 $\alpha = \varphi(\theta) \in E_1$, 则有 $\pi(\alpha) = \beta$, 这便证出 π 为满射, π 为同态自然是单射, 所以 π 是 F-同构. $\qquad\qquad\square$

由定理 6.1.6 和定理 6.1.7 得到任意域 F 的代数闭包存在且在 F-同构下唯一, 下面用 $\overline{F}$ 表示 F 的代数闭包.

习题 6.1

1. 设 K 是域 F 的代数扩域, L 是 K 的包含 F 的子环, 证明 L 是域.

2. 设 $\alpha \in \mathbb{Q}(\sqrt[5]{3}) \setminus \mathbb{Q}$, 证明 $\sqrt[5]{3} \in \mathbb{Q}(\alpha)$.

3. 给出域 $\mathbb{Q}(i)$ 到复数域 $\mathbb{C}$ 的所有域同态, 其中 $i = \sqrt{-1}$.

4. 证明不存在从域 $\mathbb{Q}(i)$ 到域 $\mathbb{Q}(\sqrt{2})$ 的域同态.

5. 设 α 是域 F 上的超越元, 证明 $F(\alpha)$ 到自身的域同态有无穷多个.

6. 设 $K = \mathbb{Q}(\sqrt[3]{2}, e^{\frac{2\pi i}{3}})$, 给出 K 的一个子域 F 和元素 $\alpha \in K$ 使得 $[F: \mathbb{Q}] = 3$ 且 $[F(\alpha): \mathbb{Q}(\alpha)] = 3$.

7. 求下列元素在 $\mathbb{Q}$ 上的最小多项式:

(1) $a + bi$, 其中 $a, b \in \mathbb{Q}, b \neq 0$;

(2) $e^{\frac{2\pi i}{p}}$, 其中 p 为奇素数.

8. 设 E/F 为域扩张, 且 $[E: F]$ 为素数, 证明对任意 $\alpha \in E \setminus F$, 都有 $E = F(\alpha)$.

9. 设 E/F 为域的有限次扩张, $\alpha \in E$ 是 F 上的一个 n 次代数元, 证明 $n \mid [E: F]$.

10. 设 E/F 是域扩张, $\alpha \in E$ 是 F 上的一个奇数次代数元, 证明 $F(\alpha) = F(\alpha^2)$.

11. 设 F 是域, $a \in F$, 且 $x^n - a$ 在 $F[x]$ 中不可约, 证明对 n 的任意正因数 m, $x^m - a$ 也在 $F[x]$ 中不可约.

12. 求下列域 K 作为 $\mathbb{Q}$ 上线性空间的一组基:

(1) $K = \mathbb{Q}(\sqrt{2}, \sqrt{3})$;

(2) $K = \mathbb{Q}(\sqrt{3}, \mathrm{i}, \omega)$, 其中 $\omega = \dfrac{-1 + \sqrt{3}\mathrm{i}}{2}$;

(3) $K = \mathbb{Q}(\mathrm{e}^{\frac{2\pi\mathrm{i}}{p}})$, 其中 p 为奇素数.

13. 设 K, L 是域扩张 E/F 的两个中间域, 证明

(1) $[KL : F]$ 有限当且仅当 $[K : F]$ 和 $[L : F]$ 都有限;

(2) $[KL : F] \leqslant [K : F][L : F]$;

(3) 若 $[K : F]$ 与 $[L : F]$ 互素, 则 $[KL : F] = [K : F][L : F]$.

14. 设 $F(x)$ 是域 F 上关于不定元 x 的有理分式域 (即 $F[x]$ 的分式域).

(1) 证明 $F(x)$ 中在 F 上的代数元只有常数多项式;

(2) 对任意 $\alpha \in F(x) \setminus F$, 证明 x 是 $F[\alpha]$ 的分式域 $F(\alpha)$ 上的代数元;

(3) 设 $\alpha = \dfrac{x^2 - 1}{x^3 + x + 1}$, 求 x 在域 $F(\alpha)$ 上的极小多项式.

15. 设 E/F 为一个域扩张, 正整数 $n \geqslant 2$, $a_1, a_2, \cdots, a_n \in E$. 称 $a_1, a_2, \cdots, a_n$ 在 F 上代数无关, 若对任意非零 n 元多项式 $f(x_1, x_2, \cdots, x_n) \in F[x_1, x_2, \cdots, x_n]$, 都有 $f(a_1, a_2, \cdots, a_n) \neq 0$.

(1) 证明: 若 $a_1, a_2, \cdots, a_n$ 在 F 上代数无关, 则 $a_1, a_2, \cdots, a_n$ 均为 F 上的超越元;

(2) 举例说明 (1) 的逆命题不成立.

16. 设 $a_1, a_2, \cdots, a_n$ 是两两互素的正整数并且都不是完全平方数, 证明

$$[\mathbb{Q}(\sqrt{a_1}, \sqrt{a_2}, \cdots, \sqrt{a_n}) : \mathbb{Q}] = 2^n.$$

17. 设 $\alpha_1, \alpha_2, \cdots, \alpha_n$ 是复数且满足 $\alpha_j^2 \in \mathbb{Q}$, 证明域 $\mathbb{Q}(\alpha_1, \alpha_2, \cdots, \alpha_n)$ 中不包含 $\sqrt[6]{2}$.

18. 证明 $\mathbb{Q}(\sqrt[3]{7} + 2\mathrm{i}) = \mathbb{Q}(\sqrt[3]{7}, \mathrm{i})$, 并求 $\sqrt[3]{7} + 2\mathrm{i}$ 在 $\mathbb{Q}$ 上的极小多项式.

19. 设 E 是实数域 $\mathbb{R}$ 的有限次扩张, 证明 $E = \mathbb{R}$ 或者 $E = \mathbb{C}$.

20. 设 $f(x) = x^5 + x^4 + x^2 + x + 1$.

(1) 证明 $f(x)$ 在 2 元域 $\mathbb{Z}_2$ 上不可约, 从而 $f(x)$ 在 $\mathbb{Q}$ 上不可约;

(2) 设 α 是 $f(x)$ 的一个复根, 证明 $[\mathbb{Q}(\alpha, \sqrt[5]{2}) : \mathbb{Q}] = 25$.

21. 设交换环 R 的特征为素数 p, 映射 $\varphi : R \to R$ 定义为 $\varphi(x) = x^p$, $\forall x \in R$, 该映射 φ 称为环 R 上的 **Frobenius 映射**.

(1) 证明 R 上的 Frobenius 映射是环 R 的自同态;

(2) 证明特征为 p 的有限域上的 Frobenius 映射是自同构;

(3) 设 $F = \mathbb{Z}_p(t)$ 为有限域 $\mathbb{Z}_p$ 上的以 t 为变元的有理分式域, 证明 F 上的 Frobenius 映射是单同态但不是满同态.

22. 设 $K = F(t)$ 是域 F 上关于变元 t 的有理分式域, $h(t) = \dfrac{f(t)}{g(t)} \in F(t) \setminus F$, 其

中 $f(t), g(t)$ 是关于 t 的互素多项式, 令 $E = F(h(t))$ 为在 F 中添加 $h(t)$ 所得到的 K 的子域.

(1) 证明 $K = E(t)$;

(2) 证明 t 是域 E 上的多项式 $p(x) = h(t)g(x) - f(x) \in E[x]$ 的根, 从而 t 是 E 上的代数元;

(3) 证明 $\deg p(x) = \max\{\deg f(t), \deg g(t)\}$;

(4) 证明 $p(x)$ 在 $E[x]$ 中不可约, 从而是 t 在域 E 上的一个极小多项式, 并计算扩张次数 $[K : E]$.

23. 令 $F = \{a \in \mathbb{R} \mid a \text{ 是 } \mathbb{Q} \text{ 上代数元}\}$, 证明 F 是与 $\overline{\mathbb{Q}}$ 不同构的域.

24. 设 E/F 是代数扩张, 证明 $\overline{E}$ 也是 F 的代数闭包.

6.2　多项式的分裂域与正规扩张

第四章 4.6 节中我们证明了域论基本定理, 即定理 4.6.5, 该定理告诉我们域上的非常数多项式一定在该域的某个扩域中有根.

例 6.2.1　设 $f(x) = x^5 + 2x^2 + 2x + 2 \in \mathbb{Z}_3[x]$, 则 $f(x)$ 在 $\mathbb{Z}_3$ 上的不可约分解为

$$f(x) = (x^2 + 1)(x^3 + 2x + 2).$$

我们可取 $E = \mathbb{Z}_3[x]/(x^2 + 1)$ (有 9 个元素) 或者 $E = \mathbb{Z}_3[x]/(x^3 + 2x + 2)$ (有 27 个元素), 则 $f(x)$ 在 E 中有根.

注 6.2.1　由于整环包含在它的分式域中, 故系数在一个整环中的非常数多项式也一定在此整环的某个扩域中有根. 但此结论对一般的交换环并不成立, 例如 $f(x) = 2x + 1 \in \mathbb{Z}_4[x]$ 在包含 $\mathbb{Z}_4$ 的任一环中都无根. 事实上, 若 $f(x)$ 有根 β, 则有 $2\beta + 1 = 0$, 从而

$$0 = 2(2\beta + 1) = 4\beta + 2 = 2,$$

矛盾.

注 6.2.2　设 F 是域, $p(x) \in F[x]$ 在 $F[x]$ 中不可约, α 和 β 都是 $p(x)$ 在 F 的某个扩域中的根. 由注 6.1.2 可得到 $F(\alpha) \cong F[x]/(p(x))$ 和 $F(\beta) \cong F[x]/(p(x))$, 故有

$$F(\alpha) \cong F(\beta).$$

定义 6.2.1　设 F 为域, E 为 F 的扩域, $f(x) \in F[x]$ 且 $\deg f(x) \geqslant 1$. 称 $f(x)$ 在 E 中**分裂**, 若 $f(x)$ 可在 $E[x]$ 中分解为一次因式之积, 或者 $f(x)$ 的根都在 E 中. 称 E 为 $f(x)$ 在 F 上的一个**分裂域**, 若 $f(x)$ 在 E 中分裂但不在 E 的任一真子域中分裂.

例 6.2.2　设 $f(x) = x^2 + 1 \in \mathbb{Q}[x]$, 显然 $f(x)$ 在复数域 $\mathbb{C}$ 中分裂, 但 $f(x)$ 在 $\mathbb{Q}$ 上的分裂域为

$$\mathbb{Q}(i) = \{r + si \mid r, s \in \mathbb{Q}\}.$$

若把 $f(x)$ 看成是实数域上的多项式, 则 $f(x)$ 在实数域 $\mathbb{R}$ 上的分裂域为复数域 $\mathbb{C}$. 所以一个多项式的分裂域不仅跟多项式有关, 还跟所基于的域有关. 实际上 $f(x)$ 在 F 上的分裂域是使得 $f(x)$ 在其中分裂的 F 的最小扩域.

下面证明多项式分裂域的存在唯一性.

定理 6.2.1 (分裂域的存在性)　设 F 为域, $f(x) \in F[x]$, $\deg f(x) = n \geqslant 1$, 则存在 $f(x)$ 在 F 上的一个分裂域 E, 并且

$$[E : F] \leqslant n!.$$

证明　对 n 做归纳. 若 $n = 1$, 则 F 就是所求的分裂域, 且 $[F : F] = 1$.

设结论对任意域上的任意次数小于 n 的多项式成立, 下面来看 n 次多项式 $f(x)$. 由域论基本定理, 存在 F 的一个扩域使得 $f(x)$ 在其中有根, 不妨设 α_1 为 $f(x)$ 的一个根, 令 $K = F(\alpha_1)$, 则

$$f(x) = (x - \alpha_1)g(x),$$

其中 $g(x) \in K[x]$. 又 α_1 在 F 上的极小多项式整除 $f(x)$, 所以 α_1 在 F 上的次数不超过 n, 即 $[K : F] \leqslant n$. 由于 $\deg g(x) = n - 1$, 由归纳假设, 存在 $g(x)$ 在 K 上的分裂域 L 且

$$[L : K] \leqslant (n - 1)!.$$

由于 L 包含 K 和 $g(x)$ 的所有根 $\alpha_2, \cdots, \alpha_n$, 容易验证 L 的子域 $E = F(\alpha_1, \alpha_2, \cdots, \alpha_n)$ 是 $f(x)$ 在 F 上的一个分裂域. 再由 $E \subseteq L$ 有

$$[E : F] \leqslant [L : F] = [L : K][K : F] \leqslant (n - 1)! \cdot n = n!. \qquad \square$$

注 6.2.3　从定理 6.2.1 的证明过程可以看出, 设 $f(x) \in F[x]$, 若在 F 的一个扩域中有

$$f(x) = a(x - \alpha_1)(x - \alpha_2) \cdots (x - \alpha_n),$$

则 $F(\alpha_1, \alpha_2, \cdots, \alpha_n)$ 是 $f(x)$ 在 F 上的一个分裂域. 进一步地, 设 $F \subseteq L \subseteq E$ 是域的一个扩张链, 如果 E 是 $f(x) \in F[x]$ 在 F 上的分裂域, 那么 E 也是 $f(x)$ 在 L 上的分裂域.

为证明多项式分裂域的唯一性, 我们先看下面的事实. 设 F 和 F' 是域, $\phi: F \to F'$ 为同态, 由第四章 4.2 节例 4.2.5 中的讨论知 ϕ 可以扩充为环同态 $\phi: F[x] \to F'[x]$, 其中对任意

$$f(x) = \sum_{i=0}^{n} c_i x^i \in F[x],$$

定义

$$\phi(f(x)) \triangleq \phi(f)(x) = \sum_{i=0}^{n} \phi(c_i) x^i \in F'[x],$$

我们仍用 ϕ 来表示这个同态, 该同态就是用同态 $\phi: F \to F'$ 作用于多项式系数所得到的. 因为 F 是域, 所以 ϕ 为单同态, 从而 $\deg \phi(f)(x) = \deg f(x)$. 显然, 对任意 $\alpha \in F$, 有

$$\phi(f(\alpha)) = \phi(c_n \alpha^n + \cdots + c_1 \alpha + c_0) = \phi(f)(\phi(\alpha)).$$

从而若 α 是 $f(x)$ 在 F 中的根, 则 $\phi(\alpha)$ 是 $\phi(f)(x)$ 在 F' 中的根. 进一步地, 容易验证若 $f(x)$ 在 F 上分裂, 则 $\phi(f)(x)$ 在 F' 上分裂. 特别地, 若 $\phi: F \to F'$ 为域同构, 则同态 $\phi: F[x] \to F'[x]$ 是环同构. 这时若 $p(x) \in F[x]$ 在 F 上不可约, 则 $\phi(p)(x) \in F'[x]$ 在 F' 上不可约.

定义 6.2.2 设 E/F 和 E'/F' 都是域扩张, $\phi: F \to F'$ 为域同态, 若 $\psi: E \to E'$ 也是域同态且满足 $\psi|_F = \phi$, 即对所有 $a \in F$ 有 $\psi(a) = \phi(a)$, 则称 ψ 为 ϕ 在 E 上的**延拓**.

由定义知, 若 $\phi: F \to F$ 为 F 上的恒等变换 id_F, 则 id_F 的延拓同态 $\psi: E \to E'$ 就是 F-同态, 而 id_F 的延拓同构 $\psi: E \to E'$ 就是 F-同构.

定理 6.2.2 (同构延拓定理) 设 $\phi: F \to F'$ 为域同构, $f(x) \in F[x]$ 且 $\deg f(x) \geqslant 1$. 若 $f(x)$ 在 F 上的分裂域为 E, $\phi(f)(x)$ 在 F' 上的分裂域为 E', 则

$$[E : F] = [E' : F'],$$

且存在同构 $\psi: E \to E'$ 使得 ψ 为 ϕ 在 E 上的延拓, 而这样的延拓 ψ 的个数 $\leqslant [E : F]$.

证明 对 $[E : F]$ 做归纳. 若 $[E : F] = 1$, 即 $E = F$, 则 $f(x)$ 在 F 上分裂, 故 $\phi(f)(x)$ 在 F' 上分裂, 从而 $E' = F'$. 这时有 $[E' : F'] = 1$ 且 $\psi = \phi$.

设 $[E : F] > 1$, 则 $f(x)$ 有根 $\alpha \in E$ 但是 $\alpha \notin F$. 设 α 在 F 上的极小多项式为 $p(x)$, 则有 $\deg p(x) \geqslant 2$ 且

$$p(x) \mid f(x).$$

从而 $\phi(p)(x)$ 在 F' 上不可约且

$$\phi(p)(x) \mid \phi(f)(x).$$

由于 $\phi(f)(x)$ 在 E' 上分裂, 故 $\phi(p)(x)$ 在 E' 上分裂. 设 $\alpha' \in E'$ 是 $\phi(p)(x)$ 的一个根, 则 α' 在 F' 上的极小多项式为 $\phi(p)(x)$. 注意到 $F(\alpha)$ 中任一元素形如 $g(\alpha)$, 对某个 $g(x) \in F[x]$, 定义 $\pi : F(\alpha) \to F'(\alpha')$ 为

$$\pi(g(\alpha)) = \phi(g)(\alpha'),$$

容易验证 π 为域同构, $\pi|_F = \phi$, $\pi(\alpha) = \alpha'$, 且

$$[F(\alpha) : F] = \deg p(x) = \deg \phi(p)(x) = [F'(\alpha') : F'] \geqslant 2.$$

注意到 $\pi|_F = \phi$ 而 $f(x) \in F[x]$, 故

$$\pi(f)(x) = \phi(f)(x).$$

因为 E 和 E' 分别是 $f(x)$ 和 $\phi(f)(x)$ 在 F 和 F' 上的分裂域, 所以 E 和 E' 也分别是 $f(x)$ 和 $\pi(f)(x)$ 在 $F(\alpha)$ 和 $F'(\alpha')$ 上的分裂域. 又

$$[E : F(\alpha)] = \frac{[E : F]}{[F(\alpha) : F]} < [E : F],$$

由归纳假设有

$$[E : F(\alpha)] = [E' : F'(\alpha')],$$

且存在同构 $\psi : E \to E'$ 使得 $\psi|_{F(\alpha)} = \pi$. 从而

$$[E : F] = [E : F(\alpha)][F(\alpha) : F] = [E' : F'(\alpha')][F'(\alpha') : F'] = [E' : F'],$$

且 $\psi|_F = (\psi|_{F(\alpha)})|_F = \pi|_F = \phi$. 这便证明了 ψ 为 ϕ 在 E 上的延拓.

下面看 $\phi : F \to F'$ 在 E 上的延拓个数. 首先我们证明任一延拓 ψ 都是从中间域 $F(\alpha)$ 到 E' 的某个子域的同构的延拓. 事实上, 记 $\sigma = \psi|_{F(\alpha)}$, 则 $\sigma : F(\alpha) \to E'$ 是域同态且 $\sigma|_F = \phi$. 由于 $\psi|_F = \phi$, α 是 $p(x) \in F[x]$ 的根, 从而 $\psi(\alpha)$ 是 $\phi(p)(x)$ 的根. 记 $\beta = \psi(\alpha)$, 则有 $\sigma(\alpha) = \psi(\alpha) = \beta$, 所以 $\sigma(F(\alpha)) = F'(\beta)$, 即 $\sigma : F(\alpha) \to F'(\beta)$ 是域同构, 而 ψ 是域同构 $\sigma : F(\alpha) \to F'(\beta)$ 在 E 上的延拓. 由归纳假设, σ 在 E 上的延拓个数 $\leqslant [E : F(\alpha)]$.

因为 $\sigma|_F = \phi$, 所以 σ 被 $\sigma(\alpha)$ 唯一确定. 又 $\sigma(\alpha)$ 是多项式 $\phi(p)(x)$ 的根, 前面又证明了对于 $\phi(p)(x)$ 的每一个根 α', 都存在域同构 $\pi : F(\alpha) \to F'(\alpha')$ 为 ϕ 在 $F(\alpha)$ 上的延拓, 所以 σ 的个数就是 $\phi(p)(x)$ 的不同根的个数, 从而

$$\sigma \text{ 的个数} \leqslant \deg \phi(p)(x) = \deg p(x) = [F(\alpha) : F].$$

注意到 ϕ 在 E 上的延拓个数等于 ϕ 在 $F(\alpha)$ 上的延拓 σ 的个数乘 σ 在 E 上的延拓个数, 所以

$$\phi \text{ 在 } E \text{ 上的延拓个数} \leqslant [F(\alpha) : F][E : F(\alpha)] = [E : F]. \qquad \square$$

定理 6.2.3 (分裂域的唯一性)　设 F 为域, $f(x) \in F[x]$, 且 $\deg f(x) \geqslant 1$, 则 $f(x)$ 在 F 上的分裂域在 F-同构意义下唯一, 即若 E 和 E' 都是 $f(x)$ 在 F 上的分裂域, 则存在 E 到 E' 的 F-同构.

证明　在定理 6.2.2 中取 $F = F'$ 且 ϕ 为恒等变换 id_F 即可.　　□

注 6.2.4　若 E 和 E' 都是 $f(x)$ 在 F 上的分裂域, 则同构延拓定理也告诉我们 E 到 E' 的 F-同构的个数 $\leqslant [E:F]$. 如果有 $E' = E$, 而 F-同构 $E \to E$ 称为 E 的 **F-自同构**, 所以 E 的 F-自同构的个数 $\leqslant [E:F]$.

若 $f(x) \in F[x]$ 在 F 上的分裂域 E 和 E' 都是同一个域 L 的子域, 则 $E = E'$. 事实上, 设

$$f(x) = a(x - \alpha_1)(x - \alpha_2)\cdots(x - \alpha_n)$$

为 $f(x)$ 在 E 上的分解, 而

$$f(x) = a(x - \alpha_1')(x - \alpha_2')\cdots(x - \alpha_n')$$

为 $f(x)$ 在 E' 上的分解, 那么这两个分解都在 $L[x]$ 中, 但是 $L[x]$ 是唯一因子分解整环, 所以

$$\{\alpha_1, \alpha_2, \cdots, \alpha_n\} = \{\alpha_1', \alpha_2', \cdots, \alpha_n'\},$$

从而

$$E = F(\alpha_1, \alpha_2, \cdots, \alpha_n) = F(\alpha_1', \alpha_2', \cdots, \alpha_n') = E'.$$

特别地, 因为我们认为有理数域 $\mathbb{Q}$ 上的每个非零多项式的分裂域都是复数域 $\mathbb{C}$ 的子域, 所以 $\mathbb{Q}$ 上的每个非常数多项式的分裂域唯一.

注 6.2.5　设 F 为域, $f(x) \in F[x]$, 由于 $f(x)$ 在 F 上的分裂域是 F 的有限次扩张, 故为代数扩张, 所以 $f(x)$ 在 F 上的分裂域是 F 的某个代数闭包的子域. 如果我们取定 F 的一个代数闭包 $\overline{F}$, 那么 $f(x)$ 的分裂域都是 $\overline{F}$ 的子域, 这时 $f(x)$ 的分裂域唯一. 但实际上 F 的代数闭包在 F-同构下唯一, 所以 $f(x)$ 的分裂域也在 F-同构下唯一. 为方便起见, 下面我们总是假定域 F 上的任一多项式在 F 上的分裂域唯一.

例 6.2.3　设 p 为素数, 考虑 $f(x) = x^p - 1$ 在有理数域 $\mathbb{Q}$ 上的分裂域. 设 ζ_p 是复数域 $\mathbb{C}$ 中的一个 p 次本原单位根, 例如令 $\zeta_p = \mathrm{e}^{\frac{2\pi \mathrm{i}}{p}}$, 则

$$f(x) = \prod_{j=0}^{p-1}(x - \zeta_p^j),$$

所以 $\mathbb{Q}(\zeta_p)$ 就是 $x^p - 1$ 在 $\mathbb{Q}$ 上的分裂域. 因为

$$x^p - 1 = (x - 1)(x^{p-1} + \cdots + x + 1),$$

又 ζ_p 不是 $x-1$ 的根, 所以 ζ_p 是多项式

$$\varPhi_p(x) = x^{p-1} + \cdots + x + 1$$

的根. 熟知 $\varPhi_p(x)$ 在有理数域 $\mathbb{Q}$ 上不可约, 所以 $\varPhi_p(x)$ 是 ζ_p 在 $\mathbb{Q}$ 上的极小多项式, 故

$$[\mathbb{Q}(\zeta_p) : \mathbb{Q}] = p - 1.$$

进一步地, 设 a 为一个正有理数, $n > 2$ 为正整数, 虽然 $\sqrt[n]{a}$ 是 $g(x) = x^n - a$ 的一个实根, 但 $\mathbb{Q}(\sqrt[n]{a})$ 并不是多项式 $g(x)$ 在有理数域 $\mathbb{Q}$ 上的分裂域. 令 $\theta = \sqrt[n]{a}$, $\zeta_n = \mathrm{e}^{\frac{2\pi i}{n}}$, 则多项式 $g(x)$ 的 n 个根为

$$\theta\zeta_n^i, \;\; 0 \leqslant i \leqslant n-1,$$

所以 $g(x) = x^n - a$ 在有理数域 $\mathbb{Q}$ 上的分裂域为

$$\mathbb{Q}(\theta, \theta\zeta_n, \cdots, \theta\zeta_n^{n-1}) = \mathbb{Q}(\sqrt[n]{a}, \zeta_n),$$

其扩张次数根据 n 和 a 的不同而不同.

定理 6.2.1 已经证明了域 F 上的多项式在 F 上的分裂域是 F 的有限次扩张, 那么 F 上的有限次扩张要满足什么条件才是 F 上的一个多项式的分裂域?

定义 6.2.3   设 E 是域 F 的一个代数扩张, 如果对任一 F 上的不可约多项式 $f(x)$, 若 E 中有 $f(x)$ 的一个根, 则 E 中就有 $f(x)$ 所有的根, 就称 E 为 F 的**正规扩张**.

设 E/F 是代数扩张, 由定义易知 E 为 F 的正规扩张等价于 E 中每个元素在 F 上的极小多项式 $p(x)$ 的根都在 E 中. 下面给出有限次扩张为正规扩张的两个刻画.

定理 6.2.4   设 E 为 F 的有限扩域, 则下列陈述等价:

(i) E 为 F 的正规扩张;

(ii) E 是某个多项式 $g(x) \in F[x]$ 在 F 上的分裂域;

(iii) 对于域 E 的任意扩张 K 和任意 F-自同态 $\sigma : K \to K$ (即 σ 为 K 的自同态且 $\sigma|_F$ 为 F 上的恒等变换), 都有 $\sigma|_E$ 为 E 的 F-自同构.

证明   由于有限次扩张就是有限生成的代数扩张, 故存在 F 上的代数元 $\alpha_1, \alpha_2, \cdots,$ $\alpha_r \in E$ 使得

$$E = F(\alpha_1, \alpha_2, \cdots, \alpha_r).$$

对任意 $1 \leqslant i \leqslant r$, 令 $p_i(x)$ 为 α_i 在 F 上的极小多项式, 设

$$f(x) = p_1(x)p_2(x)\cdots p_r(x).$$

(i) $\Rightarrow$ (ii): 因为 E 为 F 的正规扩张, 所以每个 $p_i(x)$ 的根都在 E 中, 故 $f(x)$ 的根也在 E 中. 设 $\beta_1, \beta_2, \cdots, \beta_s$ 是 $f(x)$ 的所有根, 则

$$F(\beta_1, \beta_2, \cdots, \beta_s) \subseteq E,$$

而 $\alpha_1, \alpha_2, \cdots, \alpha_r$ 是 $\beta_1, \beta_2, \cdots, \beta_s$ 的一部分, 反包含是显然的, 所以

$$E = F(\beta_1, \beta_2, \cdots, \beta_s)$$

是多项式 $f(x)$ 在 F 上的分裂域.

(ii) $\Rightarrow$ (iii): 设 E 是多项式 $g(x) \in F[x]$ 在 F 上的分裂域, 并设 $g(x)$ 的根为 $\gamma_1, \gamma_2, \cdots, \gamma_n$, 则

$$E = F(\gamma_1, \gamma_2, \cdots, \gamma_n).$$

又对 K 的任意 F-自同态 σ, 都有 $\sigma(g)(x) = g(x)$, 故对 $g(x)$ 的任意一个根 $\gamma \in E$, $\sigma(\gamma)$ 仍为 $g(x)$ 的根. 由于 σ 为单射, $\{\gamma_1, \gamma_2, \cdots, \gamma_n\}$ 为有限集, 故 σ 限制在集合 $\{\gamma_1, \gamma_2, \cdots, \gamma_n\}$ 上是集合 $\{\gamma_1, \gamma_2, \cdots, \gamma_n\}$ 的一个置换. 由式 (6.8) 知, 任取 $\alpha \in E$, 则

$$\alpha = \sum_{j_1, j_2, \cdots, j_n} c_{j_1 j_2 \cdots j_n} \gamma_1^{j_1} \gamma_2^{j_2} \cdots \gamma_n^{j_n},$$

其中 $c_{j_1 j_2 \cdots j_n} \in F$, $j_1, j_2, \cdots, j_n$ 为非负整数且和式为有限项求和. 从而

$$\sigma(\alpha) = \sum_{j_1, j_2, \cdots, j_n} c_{j_1 j_2 \cdots j_n} \sigma(\gamma_1)^{j_1} \sigma(\gamma_2)^{j_2} \cdots \sigma(\gamma_n)^{j_n}.$$

由于 $\sigma(\gamma_1), \sigma(\gamma_2), \cdots, \sigma(\gamma_n)$ 是 $\gamma_1, \gamma_2, \cdots, \gamma_n$ 的一个全排列, 故 $\sigma(\alpha) \in E$ 且当 α 跑遍 E 时, $\sigma(\alpha)$ 也跑遍 E, 所以 $\sigma|_E$ 为 E 的 F-自同构.

(iii) $\Rightarrow$ (i): 任取 F 上的不可约多项式 $p(x)$, 设 $p(x)$ 在 E 中有一个根 α, 于是

$$E = F(\alpha_1, \alpha_2, \cdots, \alpha_r) = F(\alpha, \alpha_1, \alpha_2, \cdots, \alpha_r).$$

令 K 为 $f(x)p(x)$ 在 F 上的分裂域, 则显然 $K \supseteq F(\alpha_1, \alpha_2, \cdots, \alpha_r) = E$, 且 K 为 E 的有限次扩张. 设 $\beta \in K$ 是 $p(x)$ 的任意一个根, 由同构延拓定理的证明知存在 F-同构 $\tau: F(\alpha) \to F(\beta)$ 使得 $\tau(\alpha) = \beta$, 且 τ 可以扩充成 K 的一个 F-自同构 σ. 由条件 (iii) 得到 $\sigma|_E$ 是 E 的 F-自同构, 所以

$$\beta = \tau(\alpha) = \sigma(\alpha) \in E,$$

即 $p(x)$ 的每一个根都在 E 中. 所以 E 为 F 的正规扩张. $\qquad \square$

命题 6.2.1 设 $F \subseteq L \subseteq E$ 是域的一个代数扩张链. 如果 E/F 正规, 那么 E/L 也正规.

证明 任取 $\alpha \in E$, 设 α 在域 F 和 L 上的极小多项式分别为 $p(x)$ 和 $q(x)$, 则在 $L[x]$ 中显然有 $q(x) \mid p(x)$. 如果 E/F 正规, 那么 $p(x)$ 可在 $E[x]$ 中分解为一次因式的乘积, 从而 $q(x)$ 亦如此, 于是 E/L 正规. $\qquad \square$

定义 6.2.4 设 E/F 是有限次扩张, 称 E 的代数扩张 $\widetilde{E}$ 为 E 在 F 上的一个**正规闭包**, 如果 $\widetilde{E}$ 是 F 的正规扩张, 并且对于 F 的任意正规扩张 K, 若 $F \subseteq E \subseteq K \subseteq \widetilde{E}$, 则有 $K = \widetilde{E}$. 所以 E 在 F 上的正规闭包就是包含 E 的 F 的最小正规扩张.

定理 6.2.5 设 E/F 是有限次扩张, 那么 E 在 F 上的正规闭包 $\widetilde{E}$ 存在且在 F-同构意义下唯一, 进一步地 $\widetilde{E}/F$ 有限.

证明 因为 E/F 是有限扩张, 所以存在 F 上的代数元 $\alpha_1, \alpha_2, \cdots, \alpha_r \in E$ 使得

$$E = F(\alpha_1, \alpha_2, \cdots, \alpha_r).$$

对任意 $1 \leqslant i \leqslant r$, 设 α_i 在 F 上的极小多项式为 $p_i(x)$. 令

$$f(x) = \prod_{i=1}^{r} p_i(x),$$

且 $\widetilde{E}$ 为 $f(x)$ 在 F 上的分裂域, 则显然 $E \subseteq \widetilde{E}$, 且由定理 6.2.4 知 $\widetilde{E}$ 为 F 的正规扩张. 如果 K 也是 F 的正规扩张且

$$F \subseteq E \subseteq K \subseteq \widetilde{E},$$

那么对所有 $1 \leqslant i \leqslant r$, $\alpha_i \in K$. 由 K/F 为正规扩张得到 $p_i(x)$ 的根都属于 K, 从而 $\widetilde{E} \subseteq K$, 故 $K = \widetilde{E}$. 这便证出 $\widetilde{E}$ 是 E 在 F 上的一个正规闭包.

另一方面, 如果 E' 也是 E 在 F 上的一个正规闭包, 因为 $\alpha_1, \alpha_2, \cdots, \alpha_r \in E'$, 所以对任意 $1 \leqslant i \leqslant r$, α_i 在 F 上的极小多项式 $p_i(x)$ 的根都在 E' 中, 即 E' 包含

$$f(x) = \prod_{i=1}^{r} p_i(x)$$

的所有根, 从而 E' 包含 $f(x)$ 在 F 上的一个分裂域 E_0'. 进一步地, 由于 E_0'/F 正规, $E \subseteq E_0' \subseteq E'$ 以及 E' 为正规闭包, 故 $E_0' = E'$, 从而 E' 也是 $f(x)$ 在 F 上的分裂域. 由分裂域的唯一性即得正规闭包的唯一性. 而由于 $\widetilde{E}$ 是 $f(x) \in F[x]$ 在 F 上的分裂域, 显然有 $\widetilde{E}/F$ 有限. $\qquad\square$

例 6.2.4 由于 $\sqrt[3]{2}$ 在 $\mathbb{Q}$ 上的极小多项式为 $x^3 - 2$, 而 $x^3 - 2$ 的根为 $\sqrt[3]{2}$, $\sqrt[3]{2}\zeta_3$ 和 $\sqrt[3]{2}\zeta_3^2$, 其中 $\zeta_3 = \dfrac{-1 + \sqrt{-3}}{2}$, 故 $\mathbb{Q}(\sqrt[3]{2})$ 不是 $\mathbb{Q}$ 上的正规扩张. 注意到 $x^3 - 2$ 在 $\mathbb{Q}$ 上的分裂域为 $\mathbb{Q}(\sqrt[3]{2}, \zeta_3)$, 因而 $\mathbb{Q}(\sqrt[3]{2}, \zeta_3)$ 是 $\mathbb{Q}(\sqrt[3]{2})$ 在 $\mathbb{Q}$ 上的正规闭包.

另一方面, 由于 $\mathbb{Q}(\zeta_3)$ 是 $\mathbb{Q}$ 的正规扩张, 故 $\mathbb{Q}(\zeta_3)$ 在 $\mathbb{Q}$ 上的正规闭包是它自身.

本例中我们有域扩张链

$$\mathbb{Q} \subseteq \mathbb{Q}(\sqrt[3]{2}) \subseteq \mathbb{Q}(\sqrt[3]{2}, \zeta_3),$$

其中 $\mathbb{Q}(\sqrt[3]{2}, \zeta_3)/\mathbb{Q}$ 为正规扩张, 但是 $\mathbb{Q}(\sqrt[3]{2})/\mathbb{Q}$ 不是正规扩张. 所以一般说来, 对任意域的代数扩张链 $F \subseteq L \subseteq E$, 若 E/F 为正规扩张, 则由命题 6.2.1 有 E/L 为正规扩张, 但是 L/F 不一定是正规扩张.

例 6.2.5 设 E/F 为域扩张且 $[E:F]=2$, 则对任意 $\alpha \in E$ 有

$$[F(\alpha):F] \mid [E:F],$$

从而 $[F(\alpha):F]=1$ 或者 2. 若 $[F(\alpha):F]=1$, 则有 $F(\alpha)=F$, 从而 $\alpha \in F$. 因此 α 在 F 上的极小多项式为 $x-\alpha$, 它只有一个根 α, 这表明 α 在 F 上的极小多项式的所有根都在 E 中. 若 $[F(\alpha):F]=2$, 则 α 在 F 上的次数为 2. 设

$$p(x)=x^2+ax+b$$

是 α 在 F 上的极小多项式, 其中 $a,b \in F$, 则由 Viète (韦达) 定理知 $p(x)$ 的另一个根为

$$-a-\alpha \in E,$$

这时也证明了 α 在 F 上的极小多项式的所有根都在 E 中. 所以 E 是 F 的正规扩张, 这便证出 2 次扩张一定是正规扩张.

特别地, 由于 $[\mathbb{C}:\mathbb{R}]=2$, 故复数域 $\mathbb{C}$ 是实数域 $\mathbb{R}$ 的正规扩张. 注意到 $\mathbb{R}/\mathbb{Q}$ 不是代数扩张, 因而不能谈论正规性问题.

由于扩张 $\mathbb{Q}(\sqrt{2})/\mathbb{Q}$ 和 $\mathbb{Q}(\sqrt[4]{2})/\mathbb{Q}(\sqrt{2})$ 的扩张次数都是 2, 故它们都是正规扩张, 但容易验证 $\mathbb{Q}(\sqrt[4]{2})/\mathbb{Q}$ 不是正规扩张. 这说明对任意域的代数扩张链 $F \subseteq L \subseteq E$, 若 L/F 和 E/L 都是正规扩张, 则 E/F 也不一定是正规扩张.

习题 6.2

1. 设 K, L 都是域 F 的扩域, $\phi: K \to L$ 为同态, 证明 ϕ 为 F-同态当且仅当把 K 和 L 看成是 F 上的线性空间时 ϕ 是线性映射.

2. 分别求多项式 $f(x)=(x^2-2)(x^2-3)$ 和 $g(x)=x^5-2$ 在有理数域 $\mathbb{Q}$ 上的分裂域.

3. 设 p 为素数, n 为正整数, 求多项式 $x^{p^n}-1$ 在域 $\mathbb{Z}_p$ 上的分裂域.

4. 设 F 是域, E 是 $f(x) \in F[x]$ 在 F 上的分裂域, $\deg f(x)=n$, 证明 $[E:F] \mid n!$. 进一步地, 若 $f(x)$ 不可约, 则有 $n \mid [E:F]$.

5. 设 E/F 为有限正规扩张, L 为中间域, 证明 L/F 正规当且仅当 L 关于 E/F 是稳定的, 即对 E 的任一 F-自同构 σ, 都有 $\sigma(L)=L$.

6. 设 K, L 是有限次扩张 E/F 的两个中间域, 证明: 若 K/F 和 L/F 都正规, 则 KL/F 和 $(K \cap L)/F$ 也都正规.

7. 设 E 是 F 的 2 次扩张, $f(x) \in F[x]$ 是 F 上的 6 次不可约多项式, 把 $f(x)$ 看成是 E 上的多项式, 证明 $f(x)$ 或者在 $E[x]$ 中不可约或者是 $E[x]$ 中两个 3 次不可约多项式的乘积.

8. 计算 $\mathbb{Q}(\sqrt[3]{2}, \sqrt{3}, \mathrm{i})$ 在 $\mathbb{Q}$ 上的次数, 并说明 $\mathbb{Q}(\sqrt[3]{2}, \sqrt{3}, \mathrm{i})$ 是否为 $\mathbb{Q}$ 上某个多项式的分裂域.

9. 设 K/F 为 2 次扩张, 证明: 若 $\operatorname{char} F \neq 2$, 则存在 $d \in F$ 使得 $K = F(\sqrt{d})$.

10. 设 $f(x) = x^3 - 3x + 1 \in \mathbb{Q}[x]$. 记 $\omega = \mathrm{e}^{\frac{2\pi \mathrm{i}}{9}}$, 令 $\alpha = \omega + \omega^{-1}$, $\beta = \omega^2 + \omega^{-2}$, $\gamma = \omega^4 + \omega^{-4}$.

(1) 证明 $f(x)$ 在 $\mathbb{Q}$ 上不可约;

(2) 证明 α, β, γ 是 $f(x)$ 的根;

(3) 证明 $\mathbb{Q}(\alpha)$ 是 $f(x)$ 在 $\mathbb{Q}$ 上的分裂域;

(4) 给出 $\mathbb{Q}(\alpha)$ 的所有自同构.

11. 设 p 为素数, $f(x) = x^p - 2 \in \mathbb{Q}[x]$, 令 $\zeta_p = \mathrm{e}^{\frac{2\pi \mathrm{i}}{p}}$.

(1) 证明 $\mathbb{Q}(\sqrt[p]{2}, \zeta_p)$ 是 $f(x)$ 在 $\mathbb{Q}$ 上的分裂域;

(2) 求出 $\mathbb{Q}(\sqrt[p]{2}, \zeta_p)$ 在 $\mathbb{Q}$ 上的扩张次数;

(3) 证明 $f(x) = x^p - 2$ 在 $\mathbb{Q}(\zeta_p)$ 上依然不可约.

12. 证明 $f(x) = x^2 + 1$ 和 $g(x) = x^2 - x - 1$ 都在域 $\mathbb{Z}_3$ 上不可约, 故 $E = \mathbb{Z}_3[x]/(f(x))$ 和 $E' = \mathbb{Z}_3[x]/(g(x))$ 都是 9 元域, 试给出 E 到 E' 的一个域同构.

13. 设 F 为域, $f(x) \in F[x]$ 首一且不可约, E 是 $f(x)$ 在 F 上的分裂域, α, β 是 $f(x)$ 的根, r 为一个正整数, 证明在 $E[x]$ 中 $(x - \alpha)^r \mid f(x)$ 当且仅当 $(x - \beta)^r \mid f(x)$. (这表明不可约多项式的根有相同的重数.)

14. 设域 F 为复数域 $\mathbb{C}$ 的子域, $a \in F$, p 是一个素数, 证明: 若 $x^p - a$ 在 F 中无根, 则 $x^p - a$ 在 F 上不可约.

15. 设域 F 的特征为 $p > 0$, $c \in F$, 证明: $x^p - x - c$ 在 $F[x]$ 中不可约当且仅当 $x^p - x - c$ 在 F 中无根. 如果 F 的特征是 0, 结论是否成立?

6.3 可分扩张

《代数学 (一)》的第三章中通过引入多项式的形式导数讨论了特征为 0 的域上的多项式的重因式问题. 本节我们来讨论任意域上的不可约多项式是否有重根的问题. 首先注意到 θ 为 $f(x)$ 的根当且仅当 $(x - \theta) \mid f(x)$.

定义 6.3.1   设 F 为域, $f(x) \in F[x]$, $\deg f(x) \geqslant 1$, K 为 F 的扩域, 元素 $\theta \in K$ 称为 $f(x)$ 的一个**重根**, 若在 $K[x]$ 中有

$$(x - \theta)^2 \mid f(x),$$

即 θ 作为 $f(x)$ 的根的重数大于 1.

判断一个多项式是否有重根的一个有力工具是多项式的导数.

定义 6.3.2 设

$$f(x) = a_n x^n + a_{n-1} x^{n-1} + \cdots + a_2 x^2 + a_1 x + a_0 \in F[x],$$

定义 $f(x)$ 的**导数**为

$$f'(x) = n a_n x^{n-1} + (n-1) a_{n-1} x^{n-2} + \cdots + 2 a_2 x + a_1,$$

其中对任意 $1 \leqslant i \leqslant n$, $i a_i$ 表示域 F 中元素 a_i 的 i 倍.

例 6.3.1 在 $\mathbb{Z}_5[x]$ 中

$$(3x^5 + 4x^3 + 2)' = 2x^2,$$

而

$$(x^{10} + x^5 + 1)' = 0.$$

由多项式导数的定义, 直接验证可以得到下面结论.

命题 6.3.1 设 F 为域, 则对任意 $f(x), g(x) \in F[x]$, 有

$$(f(x) \pm g(x))' = f'(x) \pm g'(x),$$
$$(f(x) g(x))' = f(x) g'(x) + f'(x) g(x),$$
$$(f(g(x)))' = f'(g(x)) g'(x).$$

定理 6.3.1 设 K/F 为域扩张, $f(x) \in F[x]$, $\deg f(x) \geqslant 1$, 且 $\theta \in K$ 是 $f(x)$ 的一个根, 则 θ 是 $f(x)$ 的重根当且仅当 θ 是 $f'(x)$ 的根.

证明 因为 θ 是 $f(x)$ 的一个根, 由命题 4.2.3 知存在 $g(x) \in K[x]$ 使得 $f(x) = (x - \theta) g(x)$. 由定义知 θ 是 $f(x)$ 的重根当且仅当

$$(x - \theta) \mid g(x),$$

再由

$$f'(x) = (x - \theta) g'(x) + g(x)$$

得到 $(x - \theta) \mid g(x)$ 当且仅当 $(x - \theta) \mid f'(x)$. 这便证出 θ 是 $f(x)$ 的重根当且仅当 θ 是 $f'(x)$ 的根. □

显然若 $\theta \in K$ 是 $f(x)$ 的一个根, 则 θ 是 $f(x)$ 的重根当且仅当在 $K[x]$ 中有

$$(x - \theta) \mid \gcd(f(x), f'(x)),$$

故 $f(x)$ 与 $f'(x)$ 在 $K[x]$ 中不互素. 显然 θ 在 F 上的极小多项式是 $f(x)$ 和 $f'(x)$ 在 $F[x]$ 中的公因子, 从而 $f(x)$ 与 $f'(x)$ 在 $F[x]$ 中不互素.

推论 6.3.1 设 $f(x) \in F[x]$, $\deg f(x) \geqslant 1$, 则 $f(x)$ 在 F 的扩域中有重根当且仅当 $f(x)$ 与 $f'(x)$ 不互素.

推论 6.3.2 设 $f(x) \in F[x]$ 不可约, 则 $f(x)$ 有重根当且仅当 $f'(x) = 0$.

证明 由推论 6.3.1 知 $f(x)$ 有重根当且仅当 $f(x)$ 与 $f'(x)$ 不互素, 又 $f(x)$ 不可约, 这等价于

$$f(x) \mid f'(x).$$

由于 $\deg f'(x) < \deg f(x)$, 故 $f(x) \mid f'(x)$ 当且仅当 $f'(x) = 0$. □

定理 6.3.2 设 F 为域, $f(x) \in F[x]$ 在 F 上不可约. 若 F 的特征为 0, 则 $f(x)$ 在 F 的分裂域中没有重根. 若 F 的特征为素数 p, 则 $f(x)$ 有重根当且仅当存在多项式 $g(x) \in F[x]$ 使得

$$f(x) = g(x^p).$$

证明 记 $f(x) = a_n x^n + \cdots + a_1 x + a_0$, 则

$$f'(x) = n a_n x^{n-1} + \cdots + a_1.$$

由推论 6.3.2 知 $f(x)$ 有重根当且仅当 $f'(x) = 0$, 这等价于对任意 $k = 1, 2, \cdots, n$, 有

$$k a_k = 0.$$

设 $\operatorname{char} F = 0$. 若 $f(x)$ 有重根, 则有

$$a_1 = a_2 = \cdots = a_n = 0,$$

故 $f(x) = a_0$, 与 $f(x)$ 是 F 上不可约多项式矛盾, 所以 $f(x)$ 没有重根.

设 $\operatorname{char} F = p$. 若 $f(x)$ 有重根, 则当 $p \nmid k$ 时有 $a_k = 0$, 这时

$$f(x) = a_{mp} x^{mp} + a_{(m-1)p} x^{(m-1)p} + \cdots + a_p x^p + a_0.$$

令

$$g(x) = a_{mp} x^m + a_{(m-1)p} x^{m-1} + \cdots + a_p x + a_0,$$

则 $g(x) \in F[x]$ 且 $f(x) = g(x^p)$. 反之, 若有 $g(x) \in F[x]$ 使得 $f(x) = g(x^p)$, 则

$$f'(x) = p x^{p-1} g'(x^p) = 0,$$

从而 $f(x)$ 有重根. □

定义 6.3.3 域 F 称为**完全域**, 若 F 的特征为 0 或者若 F 的特征为 p 且

$$F^p = \{a^p \mid a \in F\} = F.$$

例 6.3.2 设 F 为有限域且 F 的特征为素数 p. 定义 $\phi : F \to F$ 为

$$\phi(x) = x^p, \ \forall x \in F,$$

容易验证 ϕ 为域同态, 故 ϕ 为单射. 又 $|F|$ 有限, 单射也是满射, 而 ϕ 的像为 F^p, 从而有 $F^p = F$, 因此任意有限域都是完全域.

例 6.3.3　设 t 为有限域 $\mathbb{Z}_p$ 上的超越元, $F = \mathbb{Z}_p(t)$, 即 $\mathbb{Z}_p$ 上以 t 为变元的有理分式域, 则显然 char $F = p$. 下面证明 $t \in F$ 不是 F 中元素的 p 次方, 从而 F 不是完全域. 若否, 设

$$t = \left(\frac{f(t)}{g(t)}\right)^p,$$

其中 $f(x), g(x) \in \mathbb{Z}_p[x]$ 且 $g(t) \neq 0$, 则有

$$tg(t)^p = f(t)^p. \tag{6.12}$$

由于 t 为有限域 $\mathbb{Z}_p$ 上的超越元, $f(t)$ 和 $g(t)$ 都是 $\mathbb{Z}_p$ 上以 t 为变元的多项式. 显然多项式 $tg(t)^p$ 的次数为 $mp+1$, 而 $f(t)^p$ 的次数为 np, 其中 m, n 为非负整数, 它们不可能相等, 与式 (6.12) 矛盾.

推论 6.3.3　完全域上的不可约多项式一定没有重根.

证明　显然只需对素数特征的域证明即可. 设 F 是特征为 p 的域, $f(x) \in F[x]$ 不可约, 若 $f(x)$ 有重根, 则存在多项式

$$g(x) = a_m x^m + \cdots + a_1 x + a_0 \in F[x]$$

使得 $f(x) = g(x^p)$. 由于 $F^p = F$, 对任意 $a_i \in F$, 存在 $b_i \in F$ 使得 $a_i = b_i^p, 0 \leqslant i \leqslant m$. 故

$$\begin{aligned}
f(x) &= g(x^p) \\
&= a_m x^{pm} + \cdots + a_1 x^p + a_0 \\
&= b_m^p (x^m)^p + \cdots + b_1^p x^p + b_0^p \\
&= (b_m x^m + \cdots + b_1 x + b_0)^p,
\end{aligned}$$

与 $f(x)$ 在 F 上不可约矛盾.　$\square$

例 6.3.4　设域 F 的特征 char $F = p$, 其中 p 为素数, $a \in F$, 考察多项式

$$f(x) = x^p - a \in F[x].$$

若 $a \in F^p$, 即存在 $b \in F$ 使得 $a = b^p$, 则

$$f(x) = x^p - b^p = (x - b)^p,$$

故 $f(x)$ 在 F 中有根 b. 若 $a \notin F^p$, 设 E 是 $f(x)$ 在 F 上的一个分裂域, $\alpha \in E$ 是 $f(x)$ 的一个根, 则有 $a = \alpha^p$, 所以

$$f(x) = (x - \alpha)^p.$$

若 $f(x)$ 在 F 上可约, 则存在 $g(x) \in F[x]$ 使得 $g(x) \mid f(x)$ 且 $1 \leqslant r = \deg g(x) < p$. 由 $f(x)$ 在 $E[x]$ 中分解的唯一性得到

$$g(x) = (x - \alpha)^r, \ 1 \leqslant r < p.$$

因为 $g(x)$ 中 x^{r-1} 的系数为 $-r\alpha \in F$, 所以 $\alpha \in F$, 与 a 不是 F 中元素的 p 次方矛盾, 从而 $f(x)$ 在 F 上不可约. 这便得到多项式 $f(x) = x^p - a$ 或者在 F 中有根或者在 F 上不可约, 并且 $f(x) = x^p - a$ 在 F 中有根当且仅当 a 为 F 中元素的 p 次方.

易知若域 F 上的每个不可约多项式都没有重根, 则 F 一定是完全域. 事实上, 若 F 不是完全域, 则 F 的特征为 p 且 $F^p \neq F$, 故存在 $a \in F$ 使得 $a \notin F^p$. 由例 6.3.4 得到 $f(x) = x^p - a$ 是 F 上的有重根的不可约多项式.

类似于《代数学 (一)》第三章那样, 我们也可以定义一个多项式的重因式. 设 F 为域, $f(x), p(x) \in F[x]$, 且 $p(x)$ 在 $F[x]$ 中不可约. 若 $p(x)^k \mid f(x)$, 但是 $p(x)^{k+1} \nmid f(x)$, 则称 $p(x)$ 为 $f(x)$ 的 k-**重因式**. 若其中 $k = 0$, 显然 $p(x)$ 不是 $f(x)$ 的因式; 若 $k = 1$, 则称 $p(x)$ 为 $f(x)$ 的**单因式**; 若 $k > 1$, 则称 $p(x)$ 为 $f(x)$ 的**重因式**. 显然, 若 $f(x)$ 有重因式 $p(x)$, 则 $p(x)$ 在 F 的扩域中的根就是 $f(x)$ 的重根, 从而没有重根的多项式一定没有重因式. 所以由推论 6.3.1 和推论 6.3.3 我们可得如下结论.

命题 6.3.2 设 F 为完全域, $f(x) \in F[x]$, 则 $f(x)$ 无重因式当且仅当 $f(x)$ 与 $f'(x)$ 互素.

定义 6.3.4 设 F 为域, $p(x) \in F[x]$ 在 F 上不可约, 若 $p(x)$ 在它的分裂域中没有重根, 则称 $p(x)$ 为**可分多项式**. 对任意 $f(x) \in F[x]$, 称 $f(x)$ **可分**, 若它在 $F[x]$ 中的每个不可约因式都是可分的. 否则就称 $p(x)$ 或 $f(x)$ 为**不可分多项式**.

由推论 6.3.3 得到完全域上的多项式都是可分的, 而例 6.3.4 也告诉我们非完全域上一定有不可分多项式. 下面考察不可分不可约多项式的形式.

定理 6.3.3 设域 F 的特征为素数 p, $f(x)$ 是 F 上的不可分不可约多项式, E 是 $f(x)$ 在 F 上的分裂域, 则 $f(x)$ 在 $E[x]$ 中的分解为

$$f(x) = c(x - \alpha_1)^{p^e}(x - \alpha_2)^{p^e} \cdots (x - \alpha_r)^{p^e},$$

其中 c 为 $f(x)$ 的首项系数, $\alpha_1, \alpha_2, \cdots, \alpha_r$ 两两不同, e 是一个正整数.

证明 由于 $f(x)$ 不可约且有重根, 故由定理 6.3.2 知存在 $g_1(x) \in F[x]$ 使得

$$f(x) = g_1(x^p),$$

由 $f(x)$ 不可约可知 $g_1(x)$ 依然不可约. 如果 $g_1(x)$ 不可分, 那么 $g_1(x)$ 仍然有重根, 仍由定理 6.3.2 有 $F[x]$ 中不可约多项式 $g_2(x)$ 使得 $g_1(x) = g_2(x^p)$, 从而

$$f(x) = g_2(x^{p^2}).$$

继续这个步骤, 注意到

$$\deg f(x) > \deg g_1(x) > \deg g_2(x) > \cdots,$$

因为一次多项式一定可分, 所以有限步后可得 F 上的可分不可约多项式 $h(x)$ 使得

$$f(x) = h(x^{p^e}),\ e \geqslant 1.$$

显然 $h(x)$ 与 $f(x)$ 有相同的首项系数且 $h(x)$ 在 $E[x]$ 中分裂. 由于 $h(x)$ 可分, 故在 $E[x]$ 中有分解式

$$h(x) = c(x - \beta_1)(x - \beta_2)\cdots(x - \beta_r),$$

其中 $\beta_1, \beta_2, \cdots, \beta_r$ 两两不同, 从而

$$f(x) = c(x^{p^e} - \beta_1)(x^{p^e} - \beta_2)\cdots(x^{p^e} - \beta_r).$$

对任意 $1 \leqslant i \leqslant r$, 设 $\alpha_i \in E$ 是 $x^{p^e} - \beta_i$ 的一个根, 即 $\beta_i = \alpha_i^{p^e}$, 则有

$$x^{p^e} - \beta_i = x^{p^e} - \alpha_i^{p^e} = (x - \alpha_i)^{p^e},$$

从而

$$f(x) = c(x - \alpha_1)^{p^e}(x - \alpha_2)^{p^e}\cdots(x - \alpha_r)^{p^e}. \qquad \square$$

定理 6.3.4 (同构延拓定理的强形式) 设 $\phi: F \to F'$ 为域同构, $f(x) \in F[x]$ 在 F 上的分裂域为 E, $\phi(f)(x) \in F'[x]$ 在 F' 上的分裂域为 E'. 若 $f(x)$ 可分, 则 ϕ 在 E 上的延拓恰有 $[E:F]$ 个.

证明 对 $[E:F]$ 做归纳. $[E:F] = 1$ 时显然. 设 $[E:F] > 1$, 则存在 $f(x)$ 的根 $\alpha \in E$ 但是 $\alpha \notin F$, 设 α 在 F 上的极小多项式为 $p(x)$. 由 $f(x)$ 可分得到 $p(x)$ 无重根, 所以 $\phi(p)(x)$ 也无重根. 任意给定 $\phi(p)(x)$ 在 E' 中的一个根 α', 存在域同构 $\pi: F(\alpha) \to F'(\alpha')$ 且 $\pi|_F = \phi$. 所以 ϕ 在 $F(\alpha)$ 上的延拓个数为 $\phi(p)(x)$ 的不同根的个数, 由此得到

$$\phi \text{ 在 } F(\alpha) \text{ 上的延拓个数} = \deg \phi(p)(x) = \deg p(x) = [F(\alpha):F].$$

由归纳假设, 每个 ϕ 在 $F(\alpha)$ 上的延拓 π 在 E 上的延拓有 $[E:F(\alpha)]$ 个, 从而 ϕ 在 E 上的延拓个数为

$$[F(\alpha):F][E:F(\alpha)] = [E:F]. \qquad \square$$

推论 6.3.4 设可分多项式 $f(x) \in F[x]$ 在 F 上的分裂域为 E, 则 E 的 F-自同构个数为 $[E:F]$.

定义 6.3.5 设 E 为域 F 的一个代数扩张, $\alpha \in E$, 若 α 在 F 上的极小多项式可分, 则称之为 F 上的一个**可分元素**, 否则称其为 F 上的**不可分元素**. 代数扩张 E 称为 F 的**可分扩张**, 若 E 中每个元素都是 F 上的可分元素, 否则 E 称为 F 的**不可分扩张**.

显然, 完全域的任意代数扩张都是可分扩张. 特别地, 若 $\mathrm{char}\, F = 0$, 则 F 上的任意代数元均可分. 那么对于素数特征域上的代数元, 情形又如何?

定理 6.3.5 设 F 为域且 $\mathrm{char}\, F = p$, E/F 为代数扩张, $\alpha \in E$, 则 α 是 F 上的可分元素当且仅当

$$F(\alpha) = F(\alpha^p).$$

证明 因为 $F(\alpha^p) \subseteq F(\alpha)$, 若 $F(\alpha) \neq F(\alpha^p)$, 则 $\alpha \notin F(\alpha^p)$, 从而 $\alpha^p \notin F(\alpha^p)^p$. 由例 6.3.4 知多项式 $x^p - \alpha^p$ 在 $F(\alpha^p)[x]$ 中不可约, 所以 α 在 $F(\alpha^p)$ 上的极小多项式为 $x^p - \alpha^p$, 从而 α 在 F 上的极小多项式为 $x^p - \alpha^p$ 的倍式. 又

$$x^p - \alpha^p = (x - \alpha)^p$$

有重根, 所以 α 在 F 上的极小多项式有重根, 从而 α 在 F 上不可分.

反之若 α 在 F 上不可分, 则 α 在 F 上的极小多项式 $f(x)$ 形如

$$f(x) = g(x^p),$$

其中 $g(x) \in F[x]$. 于是 α^p 是 $g(x)$ 的根, 从而 α^p 在 F 上的极小多项式 $r(x) \mid g(x)$. 由

$$[F(\alpha^p) : F] = \deg r(x) \leqslant \deg g(x) < \deg f(x) = [F(\alpha) : F]$$

有

$$F(\alpha^p) \subsetneq F(\alpha). \qquad \square$$

命题 6.3.3 设 $F \subseteq L \subseteq E$ 是域的一个代数扩张链. 若 E/F 可分, 则 E/L, L/F 都是可分扩张.

证明 由于 E/F 可分, $L \subseteq E$, 故 L 中每个元素都是 F 上的可分元素, 从而 L/F 可分. 进一步地, 任取 $\alpha \in E$, 设 α 在域 F 和 L 上的极小多项式分别为 $p(x)$ 和 $q(x)$, 则显然在 $L[x]$ 中有 $q(x) \mid p(x)$. 由于 α 在 F 上可分, 故 $p(x)$ 没有重根, 进而 $q(x)$ 作为 $p(x)$ 的因式也没有重根, 所以 α 在 L 上可分. 因此 E/L 为可分扩张. $\qquad \square$

命题 6.3.4 设 F 是域, α 在 F 上可分, β 在 $F(\alpha)$ 上可分, 则 β 在 F 上可分.

证明 显然只需考虑素数特征的域, 不妨设 $\mathrm{char}\, F = p$. 设 α 在 $F(\beta)$ 上的极小多项式为

$$f(x) = \sum_{i=0}^{n} a_i x^i,$$

其中 $a_i \in F(\beta)$, $0 \leqslant i \leqslant n$. 由于 β 是 F 上的代数元, 故存在多项式 $s_i(x) \in F[x]$ 使得 $a_i = s_i(\beta)$, 从而 $a_i^p \in F(\beta^p)$. 由此得到

$$h(x) = f(x)^p = \sum_{i=0}^{n} a_i^p x^{ip} \in F(\beta^p)[x].$$

设 α 在 $F(\beta^p)$ 上的极小多项式为 $g(x)$, 由

$$h(\alpha) = f(\alpha)^p = 0$$

得到

$$g(x) \mid h(x).$$

又由 $F(\beta^p) \subseteq F(\beta)$ 有

$$f(x) \mid g(x).$$

由于 $g(x)$ 也是 $F(\beta)$ 上的多项式, 且 $f(x)$ 在 $F(\beta)[x]$ 中不可约, 故存在正整数 $t, 1 \leqslant t \leqslant p$, 使得 $g(x) = f(x)^t$. 由于 α 在 F 上可分, 由命题 6.3.3 知 α 在 $F(\beta^p)$ 上可分, 所以 $t = 1$, 即 $g(x) = f(x)$, 从而

$$[F(\beta)(\alpha) : F(\beta)] = \deg f(x) = \deg g(x) = [F(\beta^p)(\alpha) : F(\beta^p)].$$

由于 β 在 $F(\alpha)$ 上可分, 由定理 6.3.5 得到

$$F(\alpha)(\beta) = F(\alpha)(\beta^p),$$

即 $F(\beta)(\alpha) = F(\beta^p)(\alpha)$. 再由 $F(\beta^p) \subseteq F(\beta)$ 便得到

$$F(\beta) = F(\beta^p).$$

从而由定理 6.3.5 知 β 在 F 上可分. $\qquad\qquad\qquad\qquad\qquad\qquad\square$

定理 6.3.6 设 E 是域 F 的有限可分扩张, 则 E 是 F 的单扩张, 即存在 $\theta \in E$ 使得 $E = F(\theta)$.

证明 若 F 为有限域, 设 $|F| = q$ 且 $[E : F] = n$, 则 $|E| = q^n$, 这时 E 仍为有限域, 故其乘法群 E^* 为循环群. 设 θ 为 E^* 的生成元, 则显然有 $E = F(\theta)$.

下面设 F 为无限域. 由于 E 为 F 的有限可分扩张, 故存在 F 上可分元 $\alpha_1, \alpha_2, \cdots, \alpha_r \in E$ 使得

$$E = F(\alpha_1, \alpha_2, \cdots, \alpha_r).$$

下面对 r 做归纳. 当 $r = 1$ 时, E 是 F 的单扩张, 结论显然成立. 当 $r = 2$ 时, 设 $E = F(\beta, \gamma)$, 且 β, γ 在 F 上的极小多项式分别为 $f(x)$ 和 $g(x)$, 令 K 是 $f(x)g(x)$ 在 F 上的分裂域, 设

$$\beta = \beta_1, \beta_2, \cdots, \beta_s$$

和

$$\gamma = \gamma_1, \gamma_2, \cdots, \gamma_t$$

分别是 $f(x)$ 和 $g(x)$ 在 K 中的全部根. 由 β 和 γ 的可分性知 $\beta_1, \beta_2, \cdots, \beta_s$ 两两不同, $\gamma_1, \gamma_2, \cdots, \gamma_t$ 也两两不同. 考察以 y 为未知量的方程组

$$\beta_i + y\gamma_j = \beta_1 + y\gamma_1, \quad 1 \leqslant i \leqslant s, 2 \leqslant j \leqslant t.$$

该方程组共有 $s(t-1)$ 个方程, 每个方程在 F 中有至多 1 个解, 但 F 中有无穷多个元素, 所以一定有 $c \in F$, 使得对所有 $1 \leqslant i \leqslant s$ 和 $2 \leqslant j \leqslant t$ 都有

$$\beta_i + c\gamma_j \neq \beta_1 + c\gamma_1.$$

令 $\theta = \beta_1 + c\gamma_1$, 下面我们证明

$$E = F(\beta, \gamma) = F(\theta).$$

事实上, 显然 $F(\theta) \subseteq F(\beta, \gamma) \subseteq K$. 另一方面, 由 $\theta - c\gamma_1 = \beta_1$ 且对所有 $1 \leqslant i \leqslant s$ 和 $2 \leqslant j \leqslant t$ 有

$$\theta - c\gamma_j = (\beta_1 + c\gamma_1) - c\gamma_j \neq \beta_i$$

知 γ_1 是 $f(\theta - cx)$ 的根而 $\gamma_2, \cdots, \gamma_t$ 不是 $f(\theta - cx)$ 的根, 即 $f(\theta - cx)$ 与 $g(x)$ 只有一个公共根 γ_1, 从而 $f(\theta - cx)$ 和 $g(x)$ 在 $K[x]$ 中的最大公因式为 $x - \gamma_1$. 注意到 $f(\theta - cx)$ 和 $g(x)$ 的系数都属于 $F(\theta)$, 所以 $x - \gamma_1$ 也是它们在 $F(\theta)[x]$ 中的最大公因式, 故 $\gamma_1 \in F(\theta)$, 从而

$$\beta_1 = \theta - c\gamma_1 \in F(\theta),$$

这便证出 $F(\beta, \gamma) \subseteq F(\theta)$. 所以

$$E = F(\beta, \gamma) = F(\theta).$$

现在设 $r > 2$, 并设结论对 $r-1$ 成立. 则对 r 的情形, 存在 $\alpha_0 \in F(\alpha_1, \alpha_2)$ 使得 $F(\alpha_1, \alpha_2) = F(\alpha_0)$. 于是

$$\begin{aligned} E = F(\alpha_1, \alpha_2, \cdots, \alpha_r) &= F(\alpha_1, \alpha_2)(\alpha_3, \cdots, \alpha_r) \\ &= F(\alpha_0)(\alpha_3, \cdots, \alpha_r) = F(\alpha_0, \alpha_3, \cdots, \alpha_r). \end{aligned}$$

由归纳假设, 存在 $\theta \in E$ 使得 $F(\alpha_0, \alpha_3, \cdots, \alpha_r) = F(\theta)$, 从而

$$E = F(\alpha_0, \alpha_3, \cdots, \alpha_r) = F(\theta). \qquad \square$$

设 α 为 F 上的代数元, $E = F(\alpha)$, 则 α 也常称为 E 的**本原生成元**. 定理 6.3.6 告诉我们有限可分扩张存在本原生成元. 由此可以证明命题 6.3.3 的逆命题依然成立.

定理 6.3.7 设 $F \subseteq L \subseteq E$ 是域的一个代数扩张链, 则 E/F 是可分扩张当且仅当 L/F 和 E/L 都是可分扩张.

证明 必要性就是命题 6.3.3, 下面证明充分性. 任取 $\alpha \in E$, 设 α 在 L 上的极小多项式为

$$p(x) = x^n + a_{n-1}x^{n-1} + \cdots + a_1 x + a_0,$$

其中 $a_0, a_1, \cdots, a_{n-1} \in L$. 因为 α 是 L 上的可分元, 所以多项式 $p(x)$ 没有重根. 令

$$K = F(a_0, a_1, \cdots, a_{n-1}) \subseteq L,$$

则 K 是 F 上有限生成的代数扩张, 从而为有限次扩张. 由于 $p(x)$ 在 $L[x]$ 中不可约, 故 $p(x)$ 在 $K[x]$ 中依然不可约, 从而 $p(x)$ 为 α 在 K 上的一个极小多项式, 所以 α 是 K 上的可分元. 由于 L/F 可分, 由命题 6.3.3 得到 K/F 可分, 这样 K 是 F 的有限可分扩张. 由定理 6.3.6 知 K 是 F 的单扩张, 即存在 $\theta \in K$ 使得 $K = F(\theta)$. 由于 θ 为 F 上的可分元, 又 α 在 $F(\theta)$ 上可分, 由命题 6.3.4 知 α 在 F 上可分, 从而 E/F 为可分扩张. $\qquad\square$

例 6.3.5 设 E/F 为代数扩张, $\alpha \in E$ 且 α 在 F 上可分. 对任意 $\beta \in F(\alpha)$, 显然 β 在 $F(\alpha)$ 上的极小多项式为 $x - \beta$, 没有重根, 所以 β 在 $F(\alpha)$ 上可分. 再由命题 6.3.4 知 β 在 F 上可分, 所以 $F(\alpha)/F$ 为可分扩张. 即添加可分元素的单扩张为可分扩张.

进一步地, 设 E/F 为代数扩张, $\alpha, \beta \in E$ 且都在 F 上可分, 则在域扩张链

$$F \subseteq F(\alpha) \subseteq F(\alpha, \beta)$$

中 $F(\alpha)/F$ 可分. 由 β 在 F 上可分得到 β 在 $F(\alpha)$ 上可分, 从而 $F(\alpha, \beta)/F(\alpha)$ 可分, 再由定理 6.3.7 得到 $F(\alpha, \beta)/F$ 可分. 由此得到

$$\alpha \pm \beta, \quad \alpha\beta, \quad \alpha\beta^{-1} \ (\beta \neq 0)$$

均在 F 上可分. 这表明 E 中在 F 上可分的所有元素构成 E/F 的一个中间域, 称为 F 在 E 中的**可分闭包**.

自然地可以把添加两个可分元素推广到添加有限个可分元素的情形. 设 E/F 为代数扩张, $\alpha_1, \alpha_2, \cdots, \alpha_r \in E$ 且都在 F 上可分, 则 $F(\alpha_1, \alpha_2, \cdots, \alpha_r)$ 为 F 的可分扩张. 特别地, F 上可分多项式的分裂域在 F 上可分.

习题 6.3

1. 设域 F 的特征为素数 p, $a \in F$ 但是 $a \notin F^p$, 证明对任意正整数 e, $x^{p^e} - a$ 在 $F[x]$ 中不可约.

2. 设域 F 的特征为素数 p, $f(x)$ 是 F 上的一个 n 次不可约多项式, 且 $p \nmid n$, 证明 $f(x)$ 是 F 上的可分多项式.

3. 设域 F 的特征为素数 p, E/F 为有限次扩张, 且 $p \nmid [E:F]$, 证明 E/F 是可分扩张.

4. 设域 F 的特征为素数 p,

$$f(x) = \sum_{i=0}^{n} a_i x^i, \quad g(x) = \sum_{i=0}^{n} a_i^p x^i$$

都是 F 上的不可约多项式, 证明 $f(x)$ 在 F 上可分当且仅当 $g(x)$ 在 F 上可分.

5. 求下列扩张 $E/\mathbb{Q}$ 的一个本原元:

(1) $E = \mathbb{Q}(\sqrt{2}, \sqrt{3})$;

(2) $E = \mathbb{Q}(\sqrt[3]{2}, \omega)$, 其中 $\omega = \dfrac{-1 + \sqrt{-3}}{2}$.

6. 设 E/F 为代数扩张, F 为完全域, 证明 E 也是完全域.

7. 设 $p(x)$ 是域 F 上的首一不可约多项式, $\deg p(x) \geqslant 2$, 且 $p(x)$ 在它的一个分裂域中所有的根都相同, 证明 F 的特征一定是某个素数 p, 并且存在正整数 e 和 $a \in F$ 使得

$$p(x) = x^{p^e} - a.$$

8. 设 p 为素数, $f(x) \in \mathbb{Z}_p[x]$, 证明

$$f(x)^p = f(x^p).$$

进一步地, 比较 $\mathbb{Z}_p[x]$ 中多项式 $(1 + x^p)^n$ 和 $(1 + x)^{pn}$ 的系数, 证明对任意 $0 \leqslant r \leqslant n$ 有

$$\binom{pn}{pr} \equiv \binom{n}{r} \pmod{p}.$$

9. 证明每个代数封闭域都是无限域且素数特征的代数封闭域一定是完全域.

10. 设 E/F 是域扩张, $\alpha \in E$ 是 F 上的代数元, K 为 $F(\alpha)/F$ 的中间域. 设 α 在 K 上的极小多项式为

$$g(x) = x^n + a_{n-1}x^{n-1} + \cdots + a_1 x + a_0 \in K[x],$$

证明

$$K = F(a_0, a_1, \cdots, a_{n-1}).$$

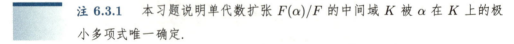

注 6.3.1 本习题说明单代数扩张 $F(\alpha)/F$ 的中间域 K 被 α 在 K 上的极小多项式唯一确定.

11. 设 $E = \mathbb{Z}_p(x, y)$ 是 p 元域 $\mathbb{Z}_p$ 上的二元有理分式域, $F = E^p$, 证明

(1) $F = \mathbb{Z}_p(x^p, y^p)$, 且 $[E : F] = p^2$;

(2) E/F 不是单扩张;

(3) E/F 有无限多个中间域.

注 6.3.2 本习题说明有限次扩张 E/F 不是可分扩张, 且定理 6.3.6 的结论对不可分扩张不一定成立.

12. (Steinitz (施泰尼茨) 定理) 设 E/F 为有限次扩张, 证明 E, F 之间只有有限个中间域当且仅当 E 为 F 的单代数扩张.

6.4 有限域

有限域就是只含有限个元素的域, 它在计算机、信息和统计等领域有重要的应用.

例 6.1.2 告诉我们有限域中的元素个数一定是素数幂. 反之, 任给素数幂 $q = p^m$, 其中 p 为素数, m 为正整数, 考虑多项式 $f(x) = x^q - x$ 在 $\mathbb{Z}_p$ 上的分裂域 E. 由于在 $\mathbb{Z}_p[x]$ 中有

$$f'(x) = (x^q - x)' = -1,$$

故 $f(x)$ 与 $f'(x)$ 互素, 所以 $f(x)$ 没有重根. 这表明 $f(x)$ 在 E 中恰有 q 个根 $\alpha_1, \alpha_2, \cdots, \alpha_q$, 而

$$E = \mathbb{Z}_p(\alpha_1, \alpha_2, \cdots, \alpha_q).$$

记

$$K = \{\alpha_1, \alpha_2, \cdots, \alpha_q\},$$

则显然有 $K \subseteq E$. 又对任意 $\alpha, \beta \in K$ 且 $\beta \neq 0$, 由于 char $E = p$, 有

$$(\alpha - \beta)^q = \alpha^q - \beta^q = \alpha - \beta$$

和

$$(\alpha\beta^{-1})^q = \alpha^q(\beta^{-1})^q = \alpha^q(\beta^q)^{-1} = \alpha\beta^{-1},$$

所以 $\alpha - \beta$, $\alpha\beta^{-1} \in K$, 故 K 为 E 的子域. 注意到 E 的特征为 p, 从而其子域 K 的特征也是 p, 所以 $\mathbb{Z}_p \subseteq K$. 由此得到

$$E = \mathbb{Z}_p(\alpha_1, \alpha_2, \cdots, \alpha_q) \subseteq K,$$

故 $E = K$. 所以多项式 $f(x) = x^q - x$ 在 $\mathbb{Z}_p$ 上的分裂域为 q 元域.

进一步地, 设 F 是任一 $q = p^m$ 元域, 其中 p 为素数, m 为正整数. 对任意 $\alpha \in F$, 若 $\alpha \neq 0$, 则 α 在 F 的乘法群 F^* 中, 又 F^* 的阶为 $q - 1$, 所以 $\alpha^{q-1} = 1$, 故 $\alpha^q = \alpha$. 而若 $\alpha = 0$, 显然有 $0^q = 0$. 这表明 F 中每个元素都是 $\mathbb{Z}_p$ 上的多项式 $x^q - x$ 的根, 所以 F 包含在多项式 $x^q - x$ 在 $\mathbb{Z}_p$ 上的分裂域中. 又前面证明了 $x^q - x$ 在 $\mathbb{Z}_p$ 上的分裂域为 q 元域, 从而 F 就是多项式 $x^q - x$ 在 $\mathbb{Z}_p$ 上的分裂域, 故每个 q 元域都是多项式 $x^q - x$ 在 $\mathbb{Z}_p$ 上的分裂域. 由分裂域的唯一性知任意两个 q 元域一定同构. 由此我们证明了如下定理.

定理 6.4.1 设 p 为素数, m 为正整数, $q = p^m$, 则 q 元域存在. 进一步地, 两个 q 元域同构.

Galois 首先研究了一般的有限域, 所以有限域也称为 **Galois 域**. 由于 q 元域的唯一性, 通常用符号 $\mathrm{GF}(q)$ 或者 $\mathbb{F}_q$ 来表示 q 元域, 所以 p 元域 $\mathbb{Z}_p$ 也可以表示为 $\mathbb{F}_p$. 注意到当 $n \geqslant 2$ 时, $\mathbb{F}_{p^n} \neq \mathbb{Z}_{p^n}$.

设 p 为素数, m 为正整数, $q = p^m$, $F = \mathbb{F}_q$ 为 q 元域. 则 F 为 $\mathbb{F}_p$ 上的 m 维线性空间, 所以 F 中每个元素都可以看成分量取自 $\mathbb{F}_p$ 的 m-维向量, 且 F 的加法就是向量的分量相加. 由于 $\mathbb{F}_p$ 的加法群为 p 阶循环群, 故 F 的加法群为 m 个 p 阶循环群的直积, 即初等交换 p-群. 而推论 2.3.2 告诉我们 F 的乘法群 F^* 为循环群, 所以有限域的加法和乘法群结构都非常简单.

命题 6.4.1 设 F 为 q 元域, E 为 F 的扩域, 则元素 $\beta \in E$ 落在它的子域 F 中当且仅当 $\beta^q = \beta$.

证明 前已证明对任意 $\beta \in F$, 有 $\beta^q = \beta$, 这样 F 中的 q 个元素已给出多项式 $x^q - x$ 的 q 个根. 又此多项式次数为 q, 它在 E 中有至多 q 个根, 所以 F 中的元素就是 $x^q - x$ 的全部根. 这表明对于 $\beta \in E$, 若 $\beta^q = \beta$, 则 $\beta \in F$. $\qquad \square$

命题 6.4.2 设 p 为素数, m 为正整数, F 为 p^m 元域, 则 F 的子域的阶为 p^d, 其中 $d \mid m$. 反之, 对于任意正整数 $d \mid m$, F 存在唯一一个 p^d 元子域.

证明 设 K 为 F 的子域, 则 K 也是有限域. 设 $|K| = p_1^d$, 其中 p_1 为素数. 又设 $[F : K] = t$, 则 $|F| = |K|^t$, 即

$$p^m = (p_1^d)^t = p_1^{dt}.$$

因为 p, p_1 都是素数, 所以 $p_1 = p$ 且 $m = dt$, 故 $|K| = p^d$ 且 $d \mid m$.

另一方面, 因为 F 中每个元素都是 $x^{p^m} - x$ 的根, 所以在 $F[x]$ 中有

$$x^{p^m} - x = \prod_{\alpha \in F} (x - \alpha).$$

若 $d \mid m$, 则

$$(x^{p^d} - x) \mid (x^{p^m} - x),$$

所以多项式 $x^{p^d} - x$ 可在 $F[x]$ 中分解为一次因式的乘积. 又 $x^{p^d} - x$ 无重根, 故

$$K = \{\alpha \in F \mid \alpha^{p^d} = \alpha\}$$

中恰含有 p^d 个元素. 又容易验证对任意 α, $\beta \in K$, $\beta \neq 0$, 有

$$\alpha - \beta, \, \alpha\beta^{-1} \in K,$$

所以 K 为 F 的子域. 这表明对 m 的正因子 d, F 存在 p^d 元子域.

进一步地, 若 $K_1 \neq K_2$ 都是 F 的 p^d 元子域, 则

$$|K_1 \cup K_2| > p^d.$$

又 $K_1 \cup K_2$ 中每个元素都是多项式 $x^{p^d} - x$ 的根, 与 $x^{p^d} - x$ 在 F 中的根至多有 p^d 个矛盾. $\square$

设 $F = \mathbb{F}_q$ 是 q 元域, E/F 是一个 n 次扩张, 则易知 $E = \mathbb{F}_{q^n}$. 由于 E/F 为有限次扩张, 故为代数扩张, 从而对任意 $\alpha \in E$, α 是 F 上的代数元, 下面讨论 α 在 F 上的极小多项式. 显然元素 0 在 F 上的极小多项式为 x, 所以只需讨论 $\alpha \neq 0$ 的情形.

设多项式
$$m(x) = a_0 + a_1 x + a_2 x^2 + \cdots + a_s x^s \in F[x]$$
满足 $m(\alpha) = 0$, 则有 $m(\alpha^q) = 0$. 事实上, 对任意 $0 \leqslant k \leqslant s$, 由 $a_k \in F$ 有 $a_k^q = a_k$, 故
$$m(\alpha^q) = \sum_{k=0}^{s} a_k (\alpha^q)^k = \sum_{k=0}^{s} a_k^q (\alpha^k)^q = \left(\sum_{k=0}^{s} a_k \alpha^k\right)^q = 0^q = 0.$$

所以若 α 是 $m(x)$ 的根, 则 α^q 也是 $m(x)$ 的根. 用 α^q 来代替 α, 有 $(\alpha^q)^q = \alpha^{q^2}$ 也是 $m(x)$ 的根, 重复这个过程, 我们有 $\alpha, \alpha^q, \alpha^{q^2}, \alpha^{q^3}, \cdots$ 都是 $m(x)$ 的根, 它们称为 α 的**共轭元素** (关于子域 F). 显然 α 的共轭元素只有有限多个, 所以序列
$$\alpha, \alpha^q, \alpha^{q^2}, \alpha^{q^3}, \cdots$$
中一定有重复. 设 $\alpha^{q^d} = \alpha^{q^j}$ 为第一个重复, 其中 $j < d$, 则
$$1 = \alpha^{q^d - q^j} = \alpha^{q^j(q^{d-j}-1)},$$
故 $o(\alpha) \mid q^j(q^{d-j}-1)$. 由于 $o(\alpha) \mid (q^n - 1)$, 这便得到 $\gcd(o(\alpha), q^j) = 1$, 所以
$$o(\alpha) \mid (q^{d-j} - 1),$$
由此可推出
$$\alpha^{q^{d-j}} = \alpha,$$
由于如上假设是第一个重复, 我们得到 $j = 0$. 再由 d 的最小性知 d 为满足
$$q^d \equiv 1 \pmod{o(\alpha)}$$
的最小正整数, 即 q 模 $o(\alpha)$ 的乘法阶.

现在 α 在 F 上的极小多项式一定有 d 个根 $\alpha, \alpha^q, \alpha^{q^2}, \cdots, \alpha^{q^{d-1}}$. 定义
$$p(x) = (x - \alpha)(x - \alpha^q)(x - \alpha^{q^2}) \cdots (x - \alpha^{q^{d-1}}),$$
则 $p(x)$ 为 α 的极小多项式的因子. 把多项式 $p(x)$ 展开为
$$p(x) = x^d + A_{d-1} x^{d-1} + \cdots + A_1 x + A_0,$$

其中系数 $A_i \in E$. 两端同时取 q 次幂得到

$$(x - \alpha)^q (x - \alpha^q)^q \cdots (x - \alpha^{q^{d-1}})^q = x^{qd} + A_{d-1}^q x^{q(d-1)} + \cdots + A_1^q x^q + A_0^q, \quad (6.13)$$

由于

$$(x - \beta)^q = x^q + (-1)^q \beta^q = x^q - \beta^q,$$

所以式 (6.13) 的左端为 $p(x^q)$. 又

$$p(x^q) = x^{qd} + A_{d-1} x^{q(d-1)} + \cdots + A_1 x^q + A_0,$$

对比式 (6.13) 两端系数得到 $A_i^q = A_i$, $0 \leqslant i \leqslant d - 1$, 即对所有 i 有 $A_i \in F$. 因为 $p(x)$ 是 α 在 F 上的极小多项式的因子, 又 $p(x) \in F[x]$, 所以 $p(x)$ 就是 α 在 F 上的极小多项式. 我们把此结论写成如下定理.

定理 6.4.2   设 F 为 q 元域, E/F 为 n 次扩张, $\alpha \in E^*$, 则 α 在 F 上的极小多项式为

$$p(x) = (x - \alpha)(x - \alpha^q)(x - \alpha^{q^2}) \cdots (x - \alpha^{q^{d-1}}),$$

其中 d 为满足 $q^d \equiv 1 \pmod{o(\alpha)}$ 的最小正整数.

进一步地, 显然 $[F(\alpha) : F] = d$, 由

$$n = [E : F] = [E : F(\alpha)][F(\alpha) : F]$$

得到 $d \mid n$, 故 α 在 F 上的极小多项式的次数为 n 的因子.

设 F 是 q 元域, n 为任意正整数, 是否存在域 F 上的 n 次不可约多项式? 注意到多项式

$$x^{q^n} - x \in F[x]$$

可以唯一地分解为 $F[x]$ 中的首一不可约多项式的乘积, 那么 $x^{q^n} - x$ 的这些首一不可约因式有什么特性?

定理 6.4.3   设 F 是 q 元域, n 为正整数, $f(x)$ 是 F 上的首一不可约多项式且 $\deg f(x) = d$, 则 $f(x) \mid (x^{q^n} - x)$ 当且仅当 $d \mid n$.

证明   由于 $f(x)$ 不可约, 故商环 $K = F[x]/(f(x))$ 是域. 记 $\alpha = \overline{x} \in K$, 则由例 4.4.7 知 $|K| = q^d$ 且

$$K = \{ g(\alpha) \mid g(x) \in F[x] \text{ 且 } \deg g(x) < d \}.$$

显然有 $\alpha^{q^d} = \alpha$, 从而 α 为多项式 $x^{q^d} - x$ 的根. 又 α 是不可约多项式 $f(x)$ 的根, 所以 α 在 F 上的极小多项式为 $f(x)$, 故

$$f(x) \mid (x^{q^d} - x).$$

充分性: 设 $d \mid n$, 则有

$$(x^{q^d} - x) \mid (x^{q^n} - x),$$

从而 $f(x) \mid (x^{q^n} - x)$.

必要性: 设 $f(x) \mid (x^{q^n} - x)$, 则有

$$f(x) \mid \gcd(x^{q^n} - x, x^{q^d} - x) = x^{q^e} - x,$$

其中 $e = \gcd(d, n)$. 由于 α 是 $f(x)$ 的根, 从而也是 $x^{q^e} - x$ 的根, 故 $\alpha^{q^e} = \alpha$. 任取 $\beta \in K$, 则

$$\beta = A_0 + A_1\alpha + \cdots + A_{d-1}\alpha^{d-1},$$

其中 $A_i \in F$, 故

$$\beta^{q^e} = A_0^{q^e} + A_1^{q^e}\alpha^{q^e} + \cdots + A_{d-1}^{q^e}(\alpha^{q^e})^{d-1} = A_0 + A_1\alpha + \cdots + A_{d-1}\alpha^{d-1} = \beta.$$

因此任意 $\beta \in K$ 都是多项式 $x^{q^e} - x$ 的根, 由于多项式 $x^{q^e} - x$ 在 K 中有至多 q^e 个根, 所以 $q^e \geqslant q^d$, 即 $e \geqslant d$. 又 $e = \gcd(d, n)$ 为 d 的因子, 从而 $e = d$, 这便得到 $d \mid n$.　□

记 $I_{q,d}(x)$ 为 $F[x]$ 中所有 d 次首一不可约多项式的乘积 (若这样的多项式不存在, 则令 $I_{q,d}(x) = 1$). 注意到

$$(x^{q^n} - x)' = -1,$$

所以 $x^{q^n} - x$ 与它的导数互素, 故 $x^{q^n} - x$ 无重因式, 再由定理 6.4.3 得到

$$x^{q^n} - x = \prod_{d|n} I_{q,d}(x). \tag{6.14}$$

用 $I_q(n)$ 表示 q 元域上的 n 次首一不可约多项式的个数, 比较式 (6.14) 两端的次数, 得到

$$q^n = \sum_{d|n} d I_q(d).$$

由 Möbius 反演公式得

$$I_q(n) = \frac{1}{n} \sum_{d|n} \mu(d) q^{\frac{n}{d}},$$

其中 μ 为 Möbius 函数. 这样我们就证明了如下定理.

定理 6.4.4　设 F 是 q 元域, n 为正整数, 则 F 上 n 次首一不可约多项式的个数为

$$I_q(n) = \frac{1}{n} \sum_{d|n} \mu(d) q^{\frac{n}{d}},$$

其中 μ 为 Möbius 函数.

当 q 给定时, 容易计算出

$$I_q(1) = q,$$

$$I_q(2) = \frac{1}{2}(q^2 - q),$$

$$I_q(3) = \frac{1}{3}(q^3 - q),$$

$$I_q(4) = \frac{1}{4}(q^4 - q^2),$$

$$I_q(5) = \frac{1}{5}(q^5 - q),$$

$$I_q(6) = \frac{1}{6}(q^6 - q^3 - q^2 + q),$$

等等. 从中可以看出它们都非零. 一般说来,

$$I_q(n) = \frac{1}{n} \sum_{d|n} \mu(d) q^{\frac{n}{d}} \geqslant \frac{1}{n}(q^n - q^{n-1} - q^{n-2} - \cdots - q) = \frac{q^n(q-2) + q}{n(q-1)} > 0,$$

这表明对任意有限域 F 和任意正整数 n, 一定存在 F 上的 n 次不可约多项式.

设 p 为素数, $q = p^m$, 设 $f(x)$ 是 $\mathbb{Z}_p$ 上的一个 m 次不可约多项式, 则 $\mathbb{Z}_p[x]/(f(x))$ 就是一个 q 元域. 这样我们用构作的办法又一次证明了对任意素数幂 q, q 元域存在.

定理 6.4.5   设 $F = \mathbb{F}_q$ 是 q 元域, 则 F 的代数闭包

$$\overline{F} = \bigcup_{i=1}^{\infty} \mathbb{F}_{q^i}.$$

证明   对任意正整数 i, 令

$$K = \{\alpha \in \overline{F} \mid \alpha^{q^i} = \alpha\},$$

则同命题 6.4.2 中的证明那样可知 K 为含有 q^i 个元素的 $\overline{F}$ 的子域, 故 $\mathbb{F}_{q^i} = K \subseteq \overline{F}$, 从而

$$\bigcup_{i=1}^{\infty} \mathbb{F}_{q^i} \subseteq \overline{F}.$$

另一方面, 任取 $\alpha \in \overline{F}$, 则 α 为 F 上的代数元. 设 α 在 F 上的次数为 i, 则 $[F(\alpha) : F] = i$, 从而 $F(\alpha) = \mathbb{F}_{q^i}$. 故 $\alpha \in \bigcup_{i=1}^{\infty} \mathbb{F}_{q^i}$, 这便证出 $\overline{F} \subseteq \bigcup_{i=1}^{\infty} \mathbb{F}_{q^i}$. 所以

$$\overline{F} = \bigcup_{i=1}^{\infty} \mathbb{F}_{q^i}. \qquad \qquad \square$$

本节的最后我们给出有限域在实验设计领域的一个应用.

例 6.4.1　设 X 是一个有限集, $\mathcal{B}$ 是 X 的子集构成的一个集族, v, k 和 λ 为正整数且满足 $v \geqslant k$, 一个 v 个点上的区组大小为 k 指数为 λ 的**平衡不完全区组设计** (简称为一个 (v, k, λ)-**设计**) 是二元组 $(X, \mathcal{B})$ 且满足下面的条件:

(i) $|X| = v$;

(ii) 对所有 $B \in \mathcal{B}$ 有 $|B| = k$;

(iii) 对于任意 $x \neq y \in X$, 恰有 λ 个 $B \in \mathcal{B}$ 使得 $x, y \in B$.

在一个平衡不完全区组设计 $(X, \mathcal{B})$ 中, X 中的元素称为**点**, $\mathcal{B}$ 中的元素称为**区组**. 设正整数 $n \geqslant 2$, 一个 n 阶**射影平面**就是一个 $v = n^2 + n + 1$, $k = n + 1$ 和 $\lambda = 1$ 的 (v, k, λ)-设计.

设 $V = \mathbb{F}_q^3$ 是有限域 $\mathbb{F}_q$ 上的 3 维向量空间, 令 X 是 V 的所有 1 维子空间构成的集合, $\mathcal{B}$ 是 V 的所有 2 维子空间构成的集合. 对任意 $x \in X$ 和 $B \in \mathcal{B}$, 作为 V 的子空间若 $x \subseteq B$, 则定义 $x \in B$. 显然 V 的两个不同的 1 维子空间的交只有零向量, 而每个 1 维子空间中有 $q - 1$ 个非零向量. 又 V 中有 $q^3 - 1$ 个非零向量, V 的每个 2 维子空间中有 $q^2 - 1$ 个非零向量, 故集合 X 中的元素个数 (或点数) 为

$$v = \frac{q^3 - 1}{q - 1} = q^2 + q + 1,$$

而每个区组中包含的点的个数为

$$k = \frac{q^2 - 1}{q - 1} = q + 1.$$

对任意两个不同的点 x, y, 它们是不同的 V 的 1 维子空间, 从而 $x + y$ 是包含它们的唯一的 2 维子空间. 这表明任意两个不同的点都恰好包含在一个区组中, 所以这样构作的 $(X, \mathcal{B})$ 就是一个平衡不完全区组设计, 参数为 $v = q^2 + q + 1$, $k = q + 1$, $\lambda = 1$, 这是一个 q 阶射影平面.

注 6.4.1　前面的具体构作告诉我们当 n 为素数幂时, n 阶射影平面是存在的. 一个著名的猜想说若 n 不是素数幂, 则 n 阶射影平面不存在. 利用数论的办法已经证明了若 n 阶射影平面存在, 则方程

$$z^2 = nx^2 + (-1)^{\frac{n(n+1)}{2}} y^2 \tag{6.15}$$

有非零整数解 (x, y, z). 由此得到 6 阶射影平面存在的一个必要条件是方程 $z^2 = 6x^2 - y^2$ 有非零整数解. 如果这样的一个解存在, 那么它也存在 x, y, z 互素的非零整数解, 故 z 与 y 都是奇数, 所以 z^2 与 y^2 都 $\equiv 1 \pmod 8$, 而 $6x^2 \pmod 8$ 为 0 或 6, 这表明方程 $z^2 = 6x^2 - y^2$ 无非零整数解. 所以 6 阶射影平面不存在. 由于 $(1, 1, 3)$ 是方程 $z^2 = 10x^2 - y^2$ 的一个非零整数解, 所以我们不能用这个必要条件来判定 10 阶射影平面是否存在, 20 世纪 80 年代人们借助计算机证明了 10 阶射影平面不存在.

由前面这个射影平面存在的必要条件, 容易证明若 $n \equiv 1$ 或 $2 \pmod 4$ 且存在 n 阶射影平面, 则 n 是两个整数的平方和. 由此可以推出不存在下面阶数的射影平面: 6, 14, 21, 22, 30, 33, 38, $\cdots$. 该猜想虽有部分结果, 但至今仍没有解决, 12 是未解决的射影平面是否存在的最小阶数.

习题 6.4

1. 设 F 为 q 元域, 其中 $q \geqslant 3$, 证明 F 中所有元素之和为 0.

2. 设 F 为有限域, E/F 是有限次扩张, 若存在 $\alpha \in E$ 使得 $E = F(\alpha)$, 那么 α 是否一定是 E 的乘法群 E^* 的生成元? 证明或举出反例.

3. 设 $F = \mathbb{F}_2$ 为二元域, 给出 $F[x]$ 中所有的 2 次、3 次和 4 次不可约多项式, 并由此给出 $x^{16} + x$ 在 $F[x]$ 中的完全分解.

4. 找出所有的素数 p, 正整数 n 和 $a \in \mathbb{F}_p^*$ 使得多项式

$$f(x) = x^{p^n} - x - a$$

在 $\mathbb{F}_p[x]$ 中不可约.

5. 证明有限域不是代数封闭域.

6. 构造一个 256 元域, 并给出其中的加法和乘法运算.

7. 设 p 为素数, m 为正整数, $q = p^m$, F 是一个 q 元域, 求出 F 的所有自同构并证明 F 的自同构群 $\mathrm{Aut}(F)$ 为 m 阶循环群.

8. 证明有限域中每个元素均可表示成两个元素的平方和.

9. 设 F 为 q 元域, n, m 是正整数, E/F 是 m 次扩张, $f(x)$ 是 $F[x]$ 中 n 次不可约多项式, 证明 $f(x)$ 在 $E[x]$ 中依然不可约当且仅当 n 与 m 互素.

10. 设 n 为奇数, $a, b \in \mathbb{F}_{2^n}$ 满足 $a^2 + ab + b^2 = 0$, 证明 $a = b = 0$.

11. 设 F 为任意域, 证明: 若 F 的乘法群 F^* 为循环群, 则 F 一定有限.

12. 设

$$f(x) = x^n + a_{n-1}x^{n-1} + \cdots + a_0 \in \mathbb{F}_q[x]$$

不可约, $a_0 \neq 0$, 且 $\alpha \in \mathbb{F}_{q^n}$ 是 $f(x)$ 的一个根. 证明

(1) 元素 $\alpha^{-1} \in \mathbb{F}_{q^n}$ 在 $\mathbb{F}_q$ 上的极小多项式为 $f^*(x) = a_0^{-1}\tilde{f}(x)$, 其中

$$\tilde{f}(x) = x^n f(1/x) = a_0 x^n + a_1 x^{n-1} + \cdots + a_{n-1}x + 1$$

是 $f(x)$ 的互反多项式;

(2) $f(x) = f^*(x)$ 当且仅当存在某个非负整数 m 使得 $\alpha^{q^m+1} = 1$;

(3) 若 $f(x) = f^*(x)$, 则或者 $n = 1$ 且 $f(x) = x \pm 1$ 或者 n 为偶数且 $a_0 = 1$.

参考文献

[1] 邓少强, 朱富海. 抽象代数. 北京: 科学出版社, 2017.

[2] 冯克勤, 李尚志, 章璞. 近世代数引论. 3 版. 合肥: 中国科学技术大学出版社, 2009.

[3] 顾沛, 邓少强. 简明抽象代数. 北京: 高等教育出版社, 2003.

[4] 李方, 邓少强, 冯荣权, 刘东文. 代数学: 一. 北京: 高等教育出版社, 2024.

[5] 李方, 邓少强, 冯荣权, 刘东文. 代数学: 二. 北京: 高等教育出版社, 2024.

[6] 刘绍学. 近世代数基础. 北京: 高等教育出版社, 1999.

[7] 孟道骥, 陈良云, 史毅茜, 白瑞蒲. 抽象代数 I: 代数学基础. 北京: 科学出版社, 2010.

[8] 聂灵沼, 丁石孙. 代数学引论. 3 版. 北京: 高等教育出版社, 2021.

[9] 欧阳毅, 叶郁, 陈洪佳. 代数学 II: 近世代数. 北京: 高等教育出版社, 2017.

[10] 丘维声. 抽象代数基础. 北京: 高等教育出版社, 2003.

[11] 石生明. 近世代数初步. 3 版. 北京: 高等教育出版社, 2022.

[12] 万哲先. 代数导引. 2 版. 北京: 科学出版社, 2010.

[13] 席南华. 基础代数: 第一卷. 北京: 科学出版社, 2016.

[14] 席南华. 基础代数: 第二卷. 北京: 科学出版社, 2018.

[15] 席南华. 基础代数: 第三卷. 北京: 科学出版社, 2021.

[16] 杨劲根. 近世代数讲义. 北京: 科学出版社, 2009.

[17] 姚慕生. 抽象代数学. 上海: 复旦大学出版社, 1998.

[18] 章璞, 吴泉水. 基础代数学讲义. 北京: 高等教育出版社, 2018.

[19] 张勤海. 抽象代数. 北京: 科学出版社, 2004.

[20] 张英伯, 王恺顺. 代数学基础: 下册. 2 版. 北京: 北京师范大学出版社, 2019.

[21] 赵春来, 徐明曜. 抽象代数: I. 北京: 北京大学出版社, 2008.

[22] ARTIN M. Algebra. New Jersey: Prentice-Hall, 1991.

[23] ATIYAH M F, MACDONALD I G. Introduction to commutative algebra. Boulder: Westview Press, 1969.

[24] DUMMIT D S, FOOTE R M. Abstract algebra. 3rd ed. New Jersey: John Wiley & Sons, 2003.

[25] GALLIAN J A. Contemporary abstract algebra. 9th ed. Boston: Cengage Learning, 2017.

[26] HUNGERFORD T W. Algebra. New York: Springer-Verlag, 1974.

[27] ISAACS I M. Algebra: A graduate course. Providence: American Mathematics Society, 1993.

[28] JACOBSON N. Basic algebra I. New York: Dover Publication, 2009.

[29] JACOBSON N. Basic algebra II. New York: Dover Publication, 2009.

[30] LANG S. GTM 211: Algebra. 3rd ed. New York: Springer-Verlag, 2002.

[31] LAWRENCE J W, ZORZITTO F A. Abstract algebra: a comprehensive introduction. Cambridge: Cambridge University Press, 2021.

索引

图书在版编目（CIP）数据

代数学 . 三 / 冯荣权等编著 . -- 北京：高等教育
出版社，2024.8（2025.8重印）. -- ISBN 978-7-04
-063032-9

Ⅰ. O15

中国国家版本馆 CIP 数据核字第 2024JB3983 号

Daishuxue

策划编辑	高　旭	出版发行	高等教育出版社
责任编辑	胡　颖	社　　址	北京市西城区德外大街4号
封面设计	王凌波　王　洋	邮政编码	100120
版式设计	徐艳妮	购书热线	010-58581118
责任绘图	黄云燕	咨询电话	400-810-0598
责任校对	张　然	网　　址	http://www.hep.edu.cn
责任印制	赵义民		http://www.hep.com.cn
		网上订购	http://www.hepmall.com.cn
			http://www.hepmall.com
			http://www.hepmall.cn

印　　刷	北京盛通印刷股份有限公司
开　　本	787mm×1092mm　1/16
印　　张	18.5
字　　数	360 千字
版　　次	2024年8月第1版
印　　次	2025年8月第2次印刷
定　　价	46.80 元

本书如有缺页、倒页、脱页等质量问题
请到所购图书销售部门联系调换

数学"101 计划"已出版教材目录

1. 《基础复分析》	崔贵珍 高 延	
2. 《代数学（一）》	李 方 邓少强 冯荣权 刘东文	
3. 《代数学（二）》	李 方 邓少强 冯荣权 刘东文	
4. 《代数学（三）》	冯荣权 邓少强 李 方 徐彬斌	
5. 《代数学（四）》	冯荣权 邓少强 李 方 徐彬斌	
6. 《代数学（五）》	邓少强 李 方 冯荣权 常 亮	
7. 《数学物理方程》	雷 震 王志强 华波波 曲 鹏 黄耿耿	
8. 《概率论（上册）》	李增沪 张 梅 何 辉	
9. 《概率论（下册）》	李增沪 张 梅 何 辉	
10. 《概率论和随机过程 上册》	林正炎 苏中根 张立新	
11. 《概率论和随机过程 下册》	苏中根	
12. 《实变函数》	程 伟 吕 勇 尹会成	
13. 《泛函分析》	王 凯 姚一隽 黄昭波	
14. 《数论基础》	方江学	
15. 《基础拓扑学及应用》	雷逢春 杨志青 李风玲	
16. 《微分几何》	黎俊彬 袁 伟 张会春	
17. 《最优化方法与理论》	文再文 袁亚湘	
18. 《数理统计》	王兆军 邹长亮 周永道 冯 龙	
19. 《数学分析》数字教材	张 然 王春朋 尹景学	
20. 《微分方程 II 》	周蜀林	